基礎数学

第2版

上野 健爾 監修
工学系数学教材研究会 編

工学系数学テキストシリーズ

FUNDAMENTAL MATHEMATICS

森北出版

監修の言葉

「宇宙という書物は数学の言葉を使って書かれている」とはガリレオ・ガリレイの言葉である．この言葉通り，物理学は微積分の言葉を使って書かれるようになった．今日では，数学は自然科学や工学の種々の分野を記述するための言葉として必要不可欠であるばかりでなく，人文・社会科学でも大切な言葉となっている．しかし，外国語の学習と同様に「数学の言葉」を学ぶことは簡単でない場合が多い．とりわけ大学で数学を学び始めると高校との違いに驚かされることが多い．問題の解き方ではなく理論の展開そのものが重視されることにその一因がある．

「原論」を著し今日の数学の基本をつくったユークリッドは，王様から幾何学を学ぶ近道はないかと聞かれて「幾何学には王道はない」と答えたという伝説が残されている．しかし一方では，優れた教科書と先生に巡り会えば数学の学習が一段と進むことも多くの例が示している．

本シリーズは学習者が数学の本質を理解し，数学を多くの分野で活用するための基礎をつくることができる教科書を，それのみならず数学そのものを楽しむこともできる教科書をめざして作成されている．企画・立案から執筆まで実際に教壇に立って高校から大学初年級の数学を教えている先生方が一貫して行った．長年，数学の教育に携わった立場から，学習者がつまずきやすい箇所，理解に困難を覚えるところなどに特に留意して，取り扱う内容を吟味し，その配列・構成に意を配っている．本書は特に高校数学から大学数学への移行に十分な注意が払われている．この点は従来の大学数学の教科書と大きく異なり，特筆すべき点である．さらに，図版を多く挿入して理解の手助けになるように心がけている．また，定義やあらかじめ与えられた条件とそこから導かれる命題との違いが明瞭になるように従来の教科書以上に注意が払われている．推論の筋道を明確にすることは，数学を他の分野に応用する場合にも大切なことだからである．それだけでなく，数学そのものの面白さを味わうことができるように記述に工夫がなされている．例題もたくさん取り入れ，それに関連する演習問題も多数収録して，多くの問題を解くことによって本文に記された理論の理解を確実にすることができるように配慮してある．このように，本シリーズは，従来の教科書とは一味も二味も違ったものになっている．

本シリーズが大学生のみならず数学の学習を志す多くの人々に学びがいのある教科書となることを切に願っている．

上野　健爾

まえがき

工学系数学テキストシリーズ『基礎数学』,『微分積分』,『線形代数』,『応用数学』,『確率統計』は，発行から 7 年を経て，このたび改訂の運びとなった．本シリーズは，実際に教壇に立つ経験をもつ教員によって書かれ，これを手に取る学生がその内容を理解しやすいように，教員が教室の中で使いやすいように，細部まで十分な配慮を払った．

改訂にあたっては，従来の方針のとおり，できる限り日常的に用いられる表現を使い，理解を助けるために多くの図版を配置し，また，定義や定理，公式の解説のあとには必ず例または例題をおいて，その理解度を確かめるための問いをおいた．本書を読むにあたっては，実際に問いが解けるかどうか，鉛筆を動かしながら読み進めるようにしてほしい．

本書は十分に教材の厳選を行って編まれたが，改訂版ではさらにそれを進めるとともに，より学びやすいようにいくつかの節の移動を行った．本書によって数学を習得することは，これから多くのことを学ぶ上で計り知れない力となることであろう．粘り強く読破してくれることを祈ってやまない．

改訂作業においても引き続き，京都大学名誉教授の上野健爾先生にこのシリーズ全体の監修をお引き受けいただけることになった．上野先生には「数学は考える方法を学ぶ学問である」という強い信念から，つねに私たちの進むべき方向を示唆していただいた．ここに心からの感謝を申し上げる．また，本書には「数学をどう勉強するか」というメッセージをいただいた．「本書について」の後に掲載しているので，ぜひ熟読していただきたい．

最後に，本シリーズの改訂の機会を与えてくれた森北出版の森北博巳社長，私たちの無理な要求にいつも快く応えてくれた同出版社の上村紗帆さん，太田陽喬さんに，ここに，紙面を借りて深くお礼を申し上げる．

2021 年 10 月

工学系数学テキストシリーズ 執筆者一同

本書について

1.1	この枠内のものは，数学用語の定義を表す．用語の内容をしっかりと理解し，使えるようになることが重要である．
1.1	この枠内のものは，証明によって得られた定理や公式を表す．それらは数学的に正しいと保証されたことがらであり，あらたな定理の証明や問題の解決に使うことができる．
☑	基本的な関数のグラフや平面図形などを取り出して図解とした．このマークのついた枠に出会ったら，これらの曲線をよく観察して，どんな特徴があるか，なぜこのような形の曲線となるか，と時間をかけて考えてほしい．
note	補助説明，典型的な間違いに対する注意など，数学を学んでいく上で役立つ，ちょっとしたヒントである．読んで得した，となることを期待する．
🖩	関数電卓や数表を利用して解く問いを示す．現代社会では，AI（人工知能）の活用が日常のものとなっている．数学もまた例外ではなく，コンピュータなどの機器やツールを使いこなす能力が求められる．

◆本書は 19 の節から構成されているが，さらに細かいテーマに分かれている．テーマごとに，ここでは何を学んだのか，何ができるようになったのかを確認しながら読み進めよう．とくに本書は高校で学ぶ数学の多くの部分を含んでいる．高校数学は大学で数学を学ぶ上の基礎となるので，本書で高校数学の復習をかねて学んでほしい．

◆第 1 章の「数と式の計算」と第 2 章の「集合と論理」では，数学的に正しい手続きとは何か，を述べてある．したがって，これら 2 つの章は，基礎数学の中の基礎であり，とくに重要である．この章だけに限らず，問題を解くにあたっては，答えが正しいかどうかだけではなく，どのようにして答えが得られたのかよく考えてほしい．このように考えることが大学数学を学ぶ基本となる．

◆第 5 章で学ぶ「三角関数」には，三角形の辺の長さと角の関係，円周上を回転する点の運動の記述という 2 つの側面がある．本書では後者に重点をおくが，章のはじめに両者に共通する基礎的な内容をまとめた 12.1 節「三角比の基礎」をおき，円滑に学習が進められるように配慮した．三角関数を，自然界におけるさまざまな振る舞いを理解するための道具としてとらえることができるようになってほしい．

◆数学の理解をより確かなものにするには，多くの問題を解いて学んだ知識を確実に身につける必要がある．そのため本書では，多くの問いを入れ，各節末には練習問題を入れた．主要な章の終わりには章末問題を設け，その解答は詳しく，道筋がわかるようにしたので，参照してほしい．

ギリシャ文字

大文字	小文字	読み	大文字	小文字	読み
A	α	アルファ	N	ν	ニュー
B	β	ベータ	Ξ	ξ	グザイ（クシィ）
Γ	γ	ガンマ	O	o	オミクロン
Δ	δ	デルタ	Π	π	パイ
E	ϵ, ε	イプシロン	P	ρ	ロー
Z	ζ	ゼータ（ツェータ）	Σ	σ	シグマ
H	η	イータ（エータ）	T	τ	タウ
Θ	θ	シータ	Υ	υ	ウプシロン
I	ι	イオタ	Φ	φ, ϕ	ファイ
K	κ	カッパ	X	χ	カイ
Λ	λ	ラムダ	Ψ	ψ	プサイ（プシィ）
M	μ	ミュー	Ω	ω	オメガ

監修者からのメッセージ

数学をどう勉強するか

数学を勉強していて，わからなくなったらどうしたらよいだろうか．どこがわからないのかはっきりすればよいが，最初はそこを見つけるのが難しい．

わからないことが出てきたら，まず，教科書でわからないことが出てきた単元を復習しよう．教科書の説明を読み，教科書の例題や問題を解答を見ずに自力で解いてみよう．その際大切なことは，必ずノートに解答を書くことである．自分の解答と教科書の解答とを比較して，もし間違ったところがあったら，どこを間違えたのかをよく見てみよう．こうすることによって，自分にどの知識が欠けているのか，あるいは何を誤解していたのかなどがわかるようになってくる．

しかし，問題をどのようにして解いたらよいかわからない場合もある．そのときは，問題の前の説明をもう一度よく読んでみよう．その説明が難しいと感じたら，さらにその前の部分を読んでみよう．それでも難しい場合は，その単元の基礎となる部分の知識が不十分かもしれない．そのときは，基礎になる部分を教科書で読み返そう．それ以上教科書で前に戻れないときは，高校の教科書に戻ろう．1 年生の教科書から順に教科書の例題と問題の解をすべてノートに書いていこう．3 年間勉強してきたのだから，一部に不完全な理解があっても驚くほど簡単に解けるはずである．難しく感じるところがあったら，その部分こそ欠けている基礎知識である．いまでは，高校の教科書のその部分を丁寧に読めば，簡単に理解できるようになっているはずである．

こうした勉強は時間がかかりそうに思われるが，それほど時間を必要としない．高校を卒業したのだから，いまさら高校の教科書を読むのは恥ずかしいと思う人も多いが，本当は恥ずかしいと思うほうが恥ずかしい．

文系出身の社会人から，高度な数学が必要になったのでどう勉強したらよいかと聞かれることがよくあるが，高校の数学の教科書を読むように勧めている．それが難しい場合は，中学数学から始めることを勧めている．それを実行した人は，皆数学がわかるようになっている．「急がば回れ」ということわざは，数学の勉強のためにあると思うことが多い．

ところで，この教科書では，新しい記号や新しい考え方が次々と出てきて難しいと思うことも増えてこよう．それへの対処法は，今度は逆に，わからなくても自分で少し先に進んで新しい記号に慣れておくことである．最初は説明がまったく理解できなくても，2 度目に読むときは最初のときより抵抗感が減っているだろう．こうして抵抗感をなくすことも，勉強では大切になってくる．

目　次

Chapter 1

数と式の計算

1 数とその計算

1.1 等式の性質

恒等式と方程式　文字を含む等式には 2 つの種類がある．等式

$$x^2 - 4 = (x+2)(x-2)$$

のように，x がどのような値でも成り立つ等式を，x についての**恒等式**という．

これに対して，等式

$$x^2 - 4 = 0$$

は $x = 2$ または $x = -2$ のときにだけ成り立つ．このように，x が特定の値のときにだけ成り立つ等式を x についての**方程式**といい，x を未知数という．方程式が成り立つ x の値を**方程式の解**といい，解を求めることを方程式を解くという．

等式を扱うときには，恒等式と方程式の区別をしておくことが大切である．

例 1.1　(1)　等式 $(a+2)(a-2) = a^2 - 4$ は，a についての恒等式である．

(2)　等式 $x^2 - 5x + 6 = 0$ は，x についての方程式である．

問 1.1　次の等式は，恒等式または方程式のいずれであるか答えよ．

(1)　$(x+1)^2 = x^2 + 1$　　(2)　$(x+1)^2 - 1 = x(x+2)$

(3)　$a^2 + 3a + 2 = (a+1)(a+2)$　　(4)　$t^2 + 2t - 3 = 0$

式の計算　特別な場合を除いて，数の積 2×4 は $\cdot$ を用いて $2 \cdot 4$ と表し，文字の積 $a \times b$ は，積の記号を省略して ab とかく．

文字を含む式の計算には，次の計算法則を用いる．

1.1　計算法則

[交換法則]　$A+B=B+A,\qquad AB=BA$

[結合法則]　$(A+B)+C=A+(B+C),\qquad (AB)C=A(BC)$

[分配法則]　$A(B+C)=AB+AC,\qquad (A+B)C=AC+BC$

例 1.2　$A=2a+b,\ B=a-b$ のとき，$2A-3B$ は，上の計算法則を用いて次のように計算する．途中に含まれる等式は，すべて恒等式である．

$$\begin{aligned}2A-3B &= 2(2a+b)-3(a-b)\\ &= 4a+2b-3a+3b \quad \text{[分配法則]}\\ &= 4a-3a+2b+3b \quad \text{[交換法則]}\\ &= (4-3)a+(2+3)b \quad \text{[分配法則]}\\ &= a+5b\end{aligned}$$

方程式の解法　方程式を解くには，等式に関する次の性質を用いる．

1.2　等式の性質

(1)　$A=B$　ならば　$A+C=B+C,\ A-C=B-C$

(2)　$A=B$　ならば　$AC=BC$

(3)　$A=B$　ならば　$\dfrac{A}{C}=\dfrac{B}{C}$　（ただし，$C\neq 0$）

等式 $A+B=C$ の両辺に $-B$ を加えて $A=C-B$ と変形することを，B を右辺に**移項**するという．

例 1.3　x についての方程式 $3x-12=x+4$ は，等式の性質を用いて次のように解くことができる．

$$\begin{aligned}3x-12 &= x+4\\ 2x &= 16 \quad \text{[左辺の }-12\text{，右辺の }x\text{ を移項する]}\\ \text{よって}\quad x &= 8 \quad \text{[両辺を 2 で割る]}\end{aligned}$$

2 つ以上の文字を含む式を，1 つの文字，たとえば x に関する方程式と考えて解くことを **$\boldsymbol{x}$ について解く**という．

例題 1.1 1つの文字について解く

$x = \dfrac{r - 5x}{2a}$ を x について解け．ただし，$2a + 5 \neq 0$ とする．

解 両辺に $2a$ をかけて分母を払い，x について解くと次のようになる．

$$2ax = r - 5x \qquad [\text{両辺に } 2a \text{ をかける}]$$

$$(2a + 5)x = r \qquad [\text{右辺の } -5x \text{ を移項する}]$$

$$\text{よって} \quad x = \frac{r}{2a + 5} \qquad [\text{両辺を } 2a + 5 \text{ で割る}]$$

問 1.2 次の式を（ ）内の文字について解け．

(1) $y = 2x - 3 \quad (x)$

(2) $x = \dfrac{1}{a}(y - a) \quad (y)$

(3) $30 = \dfrac{E}{R + r} \quad (R)$

(4) $y = \dfrac{x - 1}{x} \quad (x)$

1.2 不等式の性質

不等号 2つの数 a, b に対して，a が b より小さいとき（b が a より大きいとき），

$$a < b \quad \text{または} \quad b > a$$

と表す．$a = b$ か $a < b$ のいずれか一方が成り立つときは，

$$a \leqq b \quad \text{または} \quad b \geqq a$$

と表す．記号 $<$, $>$, $\leqq$, $\geqq$ を**不等号**といい，不等号を用いて大小関係を表した式を**不等式**という．不等式では次の性質が成り立つ．とくに，性質 (3) を利用すると，等式のときと同じように移項することができる．

1.3 不等式の性質

(1) $a > 0, b > 0$ ならば $a + b > 0, \quad ab > 0, \quad \dfrac{a}{b} > 0$

(2) $a < b, b < c$ ならば $a < c$

(3) $a < b$ ならば $a + c < b + c, \quad a - c < b - c$

(4) $a < b$ のとき，$c > 0$ ならば $ac < bc, \quad \dfrac{a}{c} < \dfrac{b}{c}$

$c < 0$ ならば $ac > bc, \quad \dfrac{a}{c} > \dfrac{b}{c}$

不等式の解法　文字 x を含む不等式が与えられたとき，この不等式を満たす x の範囲を**不等式の解**といい，解を求めることを不等式を解くという．

例 1.4　不等式 $-x-12 \leqq 2x-5$ は，不等式の性質を用いて次のように解くことができる．

$$-x-12 \leqq 2x-5$$

$$-3x \leqq 7 \qquad [\text{左辺の } -12\text{，右辺の } 2x \text{ を移項する}]$$

$$\text{よって}\quad x \geqq -\frac{7}{3} \qquad [\text{両辺を } -3 \text{ で割る}]$$

note　不等式の変形では，不等式の両辺に負の数をかけたり，両辺を負の数で割ったりすると，不等号の向きが変わることに注意する．

一般に，不等式の解は数直線上の範囲として表すことができる．例 1.4 の解は図 1 の範囲となる．不等式が $-x-12 < 2x-5$ であれば，その解を図 2 のように表す．図の数直線における黒丸 ● はその点が範囲に含まれることを示し，白丸 ○ はその点が含まれないことを示す．

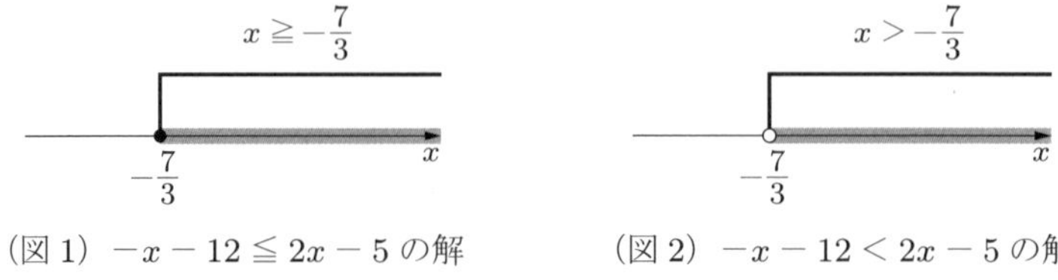

（図 1）$-x-12 \leqq 2x-5$ の解　　（図 2）$-x-12 < 2x-5$ の解

問 1.3　次の不等式を解き，解を数直線上の範囲として表せ．

(1)　$3x+2 > x-7$　　(2)　$x+8 \geqq 3x-2$

(3)　$2x+1 < \frac{1}{2}x-5$　　(4)　$\frac{1+2x}{3} \leqq -\frac{3-5x}{2}$

連立不等式の解　2つ以上の不等式の組を**連立不等式**といい，それらの不等式を同時に満たす x の範囲をその**連立不等式の解**という．連立不等式の解は，それぞれの不等式の解の共通部分である．

例題 1.2　連立不等式

次の連立不等式を解け．

$$\begin{cases} 3x-15 \leqq 0 & \cdots\cdots ① \\ 4x+7 > 2x+3 & \cdots\cdots ② \end{cases}$$

解 ① を解いて $x \leqq 5$, ② を解いて $x > -2$ となる．2つの解を数直線に図示すると，それらの共通部分は青色の範囲となる．よって，求める解は $-2 < x \leqq 5$ である．

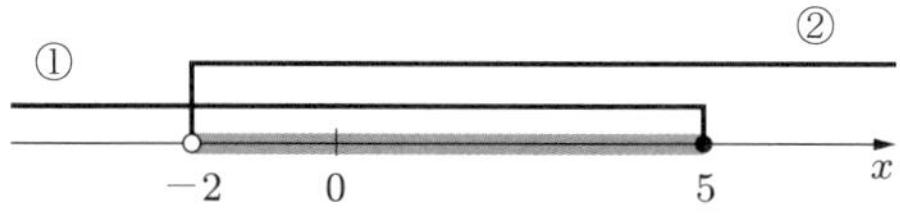

問 1.4 次の連立不等式を解け．

(1) $\begin{cases} x + 6 \geqq 4 \\ 3x - 4 < x + 2 \end{cases}$ (2) $\begin{cases} 5x - 4 > 3x \\ 1 - x \leqq 2x + 4 \end{cases}$

1.3 実数とその性質

有理数 $1, 2, 3, \cdots$ を**自然数**といい，自然数に 0 と $-1, -2, -3, \cdots$ をあわせたものを**整数**という．自然数は正の整数のことである．2つの整数 m, n $(n \neq 0)$ に対して，分数 $\dfrac{m}{n}$ で表される数を**有理数**という．整数 n は $\dfrac{n}{1}$ と分数で表すことができるから，整数は有理数である．有理数を小数で表すと，$\dfrac{13}{8} = 1.625$ のような**有限小数**か，$\dfrac{4}{33} = 0.121212\cdots$ や $\dfrac{7}{30} = 0.2333\cdots$ のような**循環小数**（循環する無限小数）のどちらかになる．

例 1.5 循環小数は，循環する部分の両端の数の上に点をつけて表す．

(1) $1.666\cdots = 1.\dot{6}$ (2) $0.123\,123\,123\cdots = 0.\dot{1}2\dot{3}$

(3) $0.231\,31\,31\cdots = 0.2\dot{3}\dot{1}$

問 1.5 次の分数を小数で表せ．循環小数は例 1.5 のように表せ．

(1) $\dfrac{3}{25}$ (2) $\dfrac{4}{11}$ (3) $\dfrac{3}{7}$ (4) $\dfrac{2}{15}$

循環小数で表された数は，次のようにして分数で表すことができる．

例 1.6 $a = 0.1\dot{2}\dot{3}$ を分数で表す．a を 100 倍したものから a を引くと，

$$\begin{array}{rrcl} & 100a & = & 12.3\,23\,23\,23\cdots \\ -) & a & = & 0.1\,23\,23\,23\cdots \\ \hline & 99a & = & 12.2 \end{array}$$

となる．したがって，$a = \dfrac{12.2}{99} = \dfrac{122}{990} = \dfrac{61}{495}$ である．

問 1.6　次の小数を分数で表せ．

(1)　0.125　　(2)　$0.\dot{3}$　　(3)　$0.\dot{5}1\dot{2}$

実数　円周率 $\pi = 3.14159265\cdots$ や $\sqrt{2} = 1.41421356\cdots$ は，有理数 $\dfrac{m}{n}$（m, n は整数，$n \neq 0$）で表すことができず，循環しない無限小数になる．このような数を**無理数**という．有理数と無理数をあわせて**実数**という．

例 1.7　$0.101001000100001\cdots$ は循環しない無限小数であるから，無理数である．

実数の分類　実数は次のように分類することができる．

1.4　実数の分類

- 実数
  - 有理数（有限小数，循環小数）
    - 整数
      - 自然数（正の整数）
      - 0
      - 負の整数
    - 整数以外の有理数
  - 無理数（循環しない無限小数）

実数の性質　任意の実数 a, b に対して，

$$a < b, \quad a = b, \quad a > b \tag{1.1}$$

のいずれか 1 つが必ず成り立つ．さらに，次のことが成り立つ．

1.5　実数の性質

任意の実数 a, b について，

$$a^2 \geqq 0 \quad （等号は\ a = 0\ のときだけ成り立つ）$$

である．また，$a^2 + b^2 = 0$ が成り立つのは $a = b = 0$ のときに限る．

絶対値　実数 a の絶対値 $|a|$ を次のように定める.

1.6　絶対値

$$|a| = \begin{cases} a & (a \geqq 0 \text{ のとき}) \\ -a & (a < 0 \text{ のとき}) \end{cases}$$

$a < 0$ のとき $-a > 0$ であるから, a がどんな実数であっても $|a| \geqq 0$ であり, 等号は $a = 0$ のときだけ成り立つ. さらに, 絶対値について, 次の性質が成り立つ.

1.7　絶対値の性質

(1) $|-a| = |a|$　　(2) $|a|^2 = a^2$

(3) $|ab| = |a||b|$　　(4) $\left|\dfrac{a}{b}\right| = \dfrac{|a|}{|b|}$　$(b \neq 0)$

例 1.8　$|-2| = -(-2) = 2$,　$x > 2$ のとき $|2 - x| = -(2 - x) = x - 2$

問 1.7　次の数を, 絶対値の記号を用いないで表せ.

(1)　$\left|-\sqrt{2}\right|$　　(2)　$|7| - |-3|$　　(3)　$|\pi - 4|$

絶対値と 2 点間の距離　数直線上の点 A が, 実数 a に対応する点であるとき, A(a) と表す. 数直線上の 2 点 A(a), B(b) 間の**距離** AB は, 絶対値記号を用いて

$$\mathrm{AB} = |b - a| = \begin{cases} b - a & (a \leqq b \text{ のとき}) \\ a - b & (a > b \text{ のとき}) \end{cases} \tag{1.2}$$

と表すことができる.

$a \leqq b$ のとき　AB $= b - a$

A　B

a　b　x

$a > b$ のとき　AB $= a - b$

とくに, 原点 O と点 A(a) との距離は

$$|a - 0| = |0 - a| = |a|$$

である．たとえば，原点と点 A(4) との距離は $|4| = 4$，原点と点 B(−6) との距離は $|-6| = 6$ である．

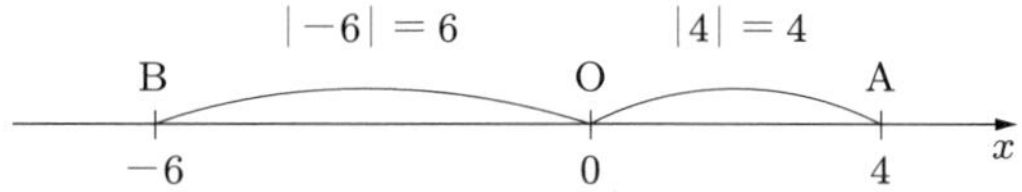

例 1.9　A(5), B(1), C($\sqrt{2}$) に対して，2 点間の距離 AB, BC は，それぞれ次のようになる．

$$\mathrm{AB} = |1-5| = |-4| = 4, \quad \mathrm{BC} = \left|\sqrt{2}-1\right| = \sqrt{2}-1$$

問 1.8　次の 2 点 A, B 間の距離 AB を求めよ．

(1)　A(8), B(5)　　(2)　A(2), B(−3)

(3)　A($-\sqrt{2}$), B(1)　　(4)　A(−3), B($-\sqrt{5}$)

1.4　平方根

平方根　実数 a に対して，$x^2 = a$ となる数 x を，a の**平方根**という．$a > 0$ のとき，a の平方根は正の数と負の数の 2 つがあり，正の平方根を $\sqrt{a}$，負の平方根を $-\sqrt{a}$ と表す．0 の平方根は 0 だけであり，$\sqrt{0} = 0$ と定める．したがって，$a \geqq 0$ のとき $\sqrt{a} \geqq 0$ である．任意の実数 a に対して $a^2 \geqq 0$ であるから，負の数の平方根は，実数の範囲では存在しない．$\sqrt{\quad}$ を**根号**または**ルート**という．

例 1.10　4 の平方根は $x^2 = 4$ の解 ±2 であり，$\sqrt{4} = 2$ である．

絶対値と根号の定義から，次のことが成り立つ．

1.8　根号と絶対値の関係

$$\sqrt{a^2} = |a|$$

問 1.9　次の値を求めよ．

(1)　16 の平方根　　(2)　$\sqrt{16}$　　(3)　$\sqrt{(-2)^2}$　　(4)　$-\sqrt{25}$

根号について，次の性質が成り立つ．

1.9 根号の性質

$a > 0, b > 0$ のとき

(1) $\sqrt{a}\sqrt{b} = \sqrt{ab}$ (2) $\dfrac{\sqrt{a}}{\sqrt{b}} = \sqrt{\dfrac{a}{b}}$

例 1.11 $\sqrt{a^2} = a \ (a > 0)$ を用いて，根号内の数字をできるだけ小さい自然数で表す．

(1) $\sqrt{5}\sqrt{10} = \sqrt{5}\sqrt{5 \cdot 2} = 5\sqrt{2}$ (2) $\dfrac{\sqrt{18}}{\sqrt{6}} = \dfrac{\sqrt{3 \cdot 6}}{\sqrt{6}} = \sqrt{3}$

(3) $2\sqrt{8} - \sqrt{18} = 2\sqrt{2^2 \cdot 2} - \sqrt{3^2 \cdot 2} = 4\sqrt{2} - 3\sqrt{2} = \sqrt{2}$

(4) $(\sqrt{5} + \sqrt{3})(\sqrt{5} - \sqrt{3}) = (\sqrt{5})^2 - (\sqrt{3})^2 = 2$

問 1.10 次の式を，根号内の数字をできるだけ小さい自然数で表せ．

(1) $\sqrt{54}$ (2) $\sqrt{8}\sqrt{18}$ (3) $\dfrac{\sqrt{63}}{\sqrt{28}}$

(4) $2\sqrt{27} - \sqrt{12}$ (5) $(2 + \sqrt{5})(2 - \sqrt{5})$ (6) $\left(\sqrt{3} + 1\right)^2$

分母の有理化 分母に根号を含む式は，分子と分母に同じ数をかけて，分母に根号を含まない式に変形することができる．この変形を，**分母の有理化**という．

例 1.12 分母の有理化には，$(\sqrt{a})^2 = a$, $(\sqrt{a} - \sqrt{b})(\sqrt{a} + \sqrt{b}) = a - b$ であることを用いる．

(1) $\dfrac{6}{\sqrt{3}} = \dfrac{6 \cdot \sqrt{3}}{\sqrt{3} \cdot \sqrt{3}} = \dfrac{6\sqrt{3}}{3} = 2\sqrt{3}$

(2) $\dfrac{\sqrt{3}}{\sqrt{5} + \sqrt{3}} = \dfrac{\sqrt{3}(\sqrt{5} - \sqrt{3})}{(\sqrt{5} + \sqrt{3})(\sqrt{5} - \sqrt{3})} = \dfrac{\sqrt{15} - 3}{5 - 3} = \dfrac{\sqrt{15} - 3}{2}$

問 1.11 次の分数の分母を有理化せよ．

(1) $\dfrac{2}{\sqrt{3}}$ (2) $\dfrac{4}{\sqrt{6}} - \dfrac{\sqrt{3}}{\sqrt{2}}$ (3) $\dfrac{2}{\sqrt{7} + \sqrt{3}}$ (4) $\dfrac{\sqrt{2} + 1}{2 - \sqrt{2}}$

1.5 複素数

虚数単位と複素数 x が実数のとき $x^2 \geqq 0$ であるから，方程式 $x^2 = -1$ は実数の範囲では解をもたない．そこで，$a < 0$ のときにも方程式 $x^2 = a$ を解くこ

とができるように，数の範囲を拡張する．具体的には，方程式 $x^2 = -1$ を満たす新たな数を考え，これを i で表す．i を**虚数単位**という．i の定め方から

$$i^2 = -1 \tag{1.3}$$

が成り立つ．

実数 a, b に対して，$\alpha = a + bi$ の形の数 α を考え，これを**複素数**という．a を α の**実部**，b を α の**虚部**という．虚部 $b \neq 0$ のとき α を**虚数**といい，とくに，$a = 0$ のとき $\alpha = bi$ を**純虚数**という．虚部 $b = 0$ のとき α は実数であるから，実数は複素数に含まれる．複素数は次のように分類することができる．

$$\text{複素数 } a + bi \begin{cases} \text{実数} \quad (b = 0) \\ \text{虚数} \quad (b \neq 0) \begin{cases} \text{純虚数} \quad (a = 0,\ b \neq 0) \\ \text{純虚数でない虚数} \quad (a \neq 0,\ b \neq 0) \end{cases} \end{cases}$$

例 1.13　$\alpha = 6 - 2i$ の実部は 6，虚部は -2 である．

問1.12　次の複素数の実部と虚部を求めよ．また，実数と純虚数を選べ．

(1)　$\sqrt{2} + 3i$　　(2)　$3i$　　(3)　$3 - i$　　(4)　-5

複素数の計算　2つの複素数 $a + bi, c + di$ の相等について，$a + bi = c + di$ が成り立つのは $a = c$ かつ $b = d$ のときであると定める．とくに，$a + bi = 0$ となるのは $a = b = 0$ のときに限る．

複素数の場合も実数と同じような計算ができるように，計算方法が定められている．複素数の計算では，i を文字であるかのように扱い，i^2 が現れたら -1 で置き換えるものとする．

2つの複素数の和，差，積はまた，複素数になる．

例 1.14　$\alpha = -1 + 3i, \beta = 2 - i$ のとき，それらの和，差，積は次のようになる．

(1)　$\alpha + \beta = (-1 + 3i) + (2 - i) = (-1 + 2) + (3 - 1)i = 1 + 2i$

(2)　$\alpha - \beta = (-1 + 3i) - (2 - i) = (-1 - 2) + (3 + 1)i = -3 + 4i$

(3)　$\alpha\beta = (-1 + 3i)(2 - i) = -2 + i + 6i - 3i^2 = -2 + 7i - 3 \cdot (-1) = 1 + 7i$

問1.13　$\alpha = 5 + 2i, \beta = 4 - 3i$ のとき，次の計算をせよ．

(1)　$\alpha + \beta$　　(2)　$\alpha - \beta$　　(3)　$\alpha\beta$　　(4)　$\alpha^2 + \beta^2$

例題 1.3 **複素数の相等**

$(1+3i)x+(2-i)y=11-2i$ となるような実数 x, y の値を求めよ．

解 左辺を展開して整理すれば，与えられた等式は

$$(x+2y)+(3x-y)i=11-2i$$

となる．2 つの複素数が一致するのは，それぞれの実部と虚部が一致するときであるから

$$\begin{cases} x+2y=11 \\ 3x-y=-2 \end{cases}$$

が成り立つ．これを解いて $x=1, y=5$ が得られる．

問 1.14 $(3-i)x+(1+4i)y=5+7i$ となるように，実数 x, y の値を定めよ．

共役複素数 複素数 $\alpha=a+bi$ に対して，$a-bi$ を α の**共役複素数**（きょうやく）といい，$\overline{\alpha}$ で表す．このとき，α と $\overline{\alpha}$ の和と積は，それぞれ

$$\alpha+\overline{\alpha}=(a+bi)+(a-bi)=2a \tag{1.4}$$

$$\alpha\overline{\alpha}=(a+bi)(a-bi)=a^2-(bi)^2=a^2+b^2 \tag{1.5}$$

となり，これらはいずれも実数である．

例 1.15 $\alpha=3-2i$ のとき，次のようになる．

(1) $\overline{\alpha}=\overline{3-2i}=3+2i$ (2) $\alpha+\overline{\alpha}=(3-2i)+(3+2i)=6$

(3) $\alpha\overline{\alpha}=(3-2i)(3+2i)=3^2-(2i)^2=13$

分母に虚数を含む分数は，分母の共役複素数を分子と分母にかけて $a+bi$（a, b は実数）の形に直すことができる．したがって，2 つの複素数の和・差・積・商は，いずれも複素数である．

例 1.16 分子・分母に適当な複素数をかけて，分母を実数に直す．

(1) $\dfrac{2+i}{i}=\dfrac{(2+i)i}{i^2}=\dfrac{2i+i^2}{-1}=1-2i$

(2) $\dfrac{-1+2i}{2-i}=\dfrac{(-1+2i)(2+i)}{(2-i)(2+i)}$

$$=\frac{-2-i+4i+2i^2}{4-i^2}=\frac{-4+3i}{5}=-\frac{4}{5}+\frac{3}{5}i$$

問1.15　次の式を計算し，$a+bi$（a, b は実数）の形で表せ．

(1) $\dfrac{2-i}{i}$　　(2) $\dfrac{5+4i}{3-2i}$　　(3) $\dfrac{1}{1+3i}+\dfrac{1}{3-i}$

負の数の平方根

複素数で考えると，負の数の平方根を求めることができる．

例 1.17　$(\sqrt{3}\,i)^2 = 3i^2 = -3,\ (-\sqrt{3}\,i)^2 = 3i^2 = -3$ であるから，-3 の平方根は $\pm\sqrt{3}\,i$ である．

note　方程式 $x^2=-3$ の解は，$x=\pm\sqrt{3}i$ である．

一般に，正の数 a に対して，次のように定める．

1.10　負の数の平方根 $\sqrt{-a}$ $(a>0)$

$a>0$ のとき　$\sqrt{-a}=\sqrt{a}\,i$,　とくに，$\sqrt{-1}=i$

例 1.18　$\sqrt{-4}=\sqrt{4}\,i=2i,\quad \sqrt{-5}=\sqrt{5}\,i$

例 1.19　負の数の平方根を含む計算は，まず i を用いた式に直してから行う．

(1) $\sqrt{-3}\sqrt{-12}=\sqrt{3}\,i\cdot\sqrt{12}\,i=6i^2=-6$

(2) $\dfrac{\sqrt{12}}{\sqrt{-3}}=\dfrac{2\sqrt{3}}{\sqrt{3}\,i}=\dfrac{2}{i}=\dfrac{2i}{i^2}=\dfrac{2i}{-1}=-2i$

note　$a>0, b>0$ のとき

$$\sqrt{-a}\sqrt{-b} \fallingdotseq \sqrt{(-a)\cdot(-b)},\quad \frac{\sqrt{a}}{\sqrt{-b}} \fallingdotseq \sqrt{\frac{a}{-b}}$$

となることに注意すること．

問1.16　次の計算をせよ．

(1) $\sqrt{-8}\sqrt{-12}$　　(2) $\dfrac{\sqrt{8}}{\sqrt{-12}}$　　(3) $\dfrac{\sqrt{-27}}{\sqrt{-12}}$

練習問題 1

[1] 次の方程式を（　）内の文字について解け.

(1) $S=\dfrac{(a+b)h}{2}$　(a)　　(2) $z=\dfrac{a}{a-r}$　(r)

(3) $x+y=xy$　(y)　　(4) $y=\dfrac{x-1}{2x+3}$　(x)

[2] 次の連立不等式を解け.

(1) $\begin{cases} 2x-3>0 \\ x-1 \leqq 5-2x \end{cases}$　　(2) $\begin{cases} 3x \geqq -2x+5 \\ 2-x \leqq -1 \end{cases}$

[3] a, b が実数で，$a \neq 0$ のとき，x についての不等式 $ax+b>0$ を解け.

[4] 次の数を分数で表せ.

(1) 0.725　　(2) $0.\dot{3}0\dot{3}$　　(3) $1.2\dot{3}\dot{5}$

[5] 次の等式が成り立たないような実数 a, b の例をあげよ.

(1) $\sqrt{a^2}=a$　　(2) $|a+b|=|a|+|b|$

[6] 次の式を絶対値を用いないで表せ.

(1) $\left|3-\sqrt{5}\right|-\left|2-\sqrt{5}\right|$　　(2) $\left|\sqrt{2}+2\right|\left|\sqrt{2}-2\right|$

[7] 次の式を簡単にせよ.

(1) $\left(2\sqrt{3}-\sqrt{5}\right)\left(2\sqrt{3}+\sqrt{5}\right)$　　(2) $\dfrac{3-2\sqrt{3}}{2+\sqrt{3}}$

(3) $\dfrac{1}{\sqrt{3}+1}+\dfrac{1}{\sqrt{3}-1}$　　(4) $\dfrac{\sqrt{a+1}-\sqrt{a}}{\sqrt{a+1}+\sqrt{a}}$　（ただし，$a>0$）

[8] 次の複素数を $a+bi$（a, b は実数）の形で表せ.

(1) $2(3-i)+5(-1+i)$　　(2) $(3+5i)(4-i)$

(3) $\dfrac{3+2i}{2+3i}$　　(4) $\dfrac{1}{i}+\dfrac{2}{i^2}+\dfrac{3}{i^3}+\dfrac{4}{i^4}$

(5) $\overline{(2+i)^2}$　　(6) $\overline{\left(\dfrac{1}{1+i}\right)}$

[9] 複素数 $\alpha=a+bi$ について次のことを証明せよ．ただし，a, b は実数，$b \neq 0$ とする.

(1) $\alpha-\overline{\alpha}$ は純虚数である.　　(2) $\alpha^2+\overline{\alpha}^2$ は実数である.

2　整式の計算

2.1　整式の加法・減法

整式と次数　$2axy^2$ のように，いくつかの数や文字をかけ合わせた 1 つの式を**単項式**という．数の部分を単項式の**係数**といい，かけ合わされている文字の個数を単項式の**次数**という．2 つ以上の文字を含むときには，特定の文字に着目して考えることがある．その場合，他の文字は数として扱う．

例 2.1　$-5a^2x^3y$ の係数は -5，次数は 6 である．x に着目すれば，係数は $-5a^2y$，次数は 3 である．

問2.1　$6ab^2x^2$ について，係数と次数を答えよ．また，文字 x に着目したときの係数と次数を答えよ．

単項式の和の形で表される式を**整式**または**多項式**という．整式に含まれる各単項式を**項**といい，数だけの項を**定数項**という．また，整式に含まれる単項式の次数で最大のものをその整式の次数という．ただし，定数項の次数は 0 とする．

例 2.2　整式 $A = 5ax^2 + 2ax - 3x - a + 4$ に含まれる項は，$5ax^2, 2ax, -3x, -a, 4$ であり，4 は定数項である．これらの項の次数は，順に 3, 2, 1, 1, 0 であり，整式 A の次数は 3 である．また，x に着目すれば，項の次数は順に 2, 1, 1, 0, 0 であり，定数項は $-a+4$，次数は 2 である．

整式の整理　整式に含まれる項のうち，文字の部分が同じ項を**同類項**という．同類項は 1 つの項にまとめて表す．これを，整式を整理するという．

例 2.3　整式 $A = 2x^2 + 3xy - 3x - 2yx + 4x$ は次のように整理できる．

$$A = 2x^2 + (3-2)xy + (-3+4)x = 2x^2 + xy + x$$

整式を，着目した文字について次数の大きい項から順に並べることを**降べきの順**に整理するといい，次数の小さい項から順に並べることを**昇べきの順**に整理するという．

例 2.4 整式 $A = 4a^2x^2 - 2ax + 3x^2 - 4a + x + 5$ を x について降べきの順に整理すると，次のようになる．

$$
\begin{aligned}
A &= 4a^2x^2 - 2ax + 3x^2 - 4a + x + 5 \\
&= 4a^2x^2 + 3x^2 - 2ax + x - 4a + 5 \\
&= (4a^2 + 3)x^2 - (2a - 1)x - (4a - 5)
\end{aligned}
$$

問 2.2 整式 $A = 3x^2 - 6x + 8y - 3xy + 5x^2 - 3 + xy + 7x$ を，x について降べきの順に整理せよ．

例題 2.1 整式の整理

$A = 3x^2 - ax + 2a,\ B = ax^2 + 3x - a + 1$ のとき，$2A - 3B$ を x について降べきの順に整理し，x の係数および定数項を求めよ．

解

$$
\begin{aligned}
2A - 3B &= 2(3x^2 - ax + 2a) - 3(ax^2 + 3x - a + 1) \\
&= 6x^2 - 2ax + 4a - 3ax^2 - 9x + 3a - 3 \\
&= -3(a - 2)x^2 - (2a + 9)x + (7a - 3)
\end{aligned}
$$

よって，x の係数は $-(2a + 9)$，定数項は $7a - 3$ である．

問 2.3 $A = -2x^2 + ax + a - 1,\ B = 2ax + 3x^2 - x + 3$ とするとき，次の式を x について降べきの順に整理し，x の係数および定数項を求めよ．

(1) $A - B$　　(2) $-2A + 3B$

2.2 整式の乗法

指数法則 n を自然数とする．n 個の a の積を a の n 乗といい，a^n で表す．このとき n を**指数**という．

$$
a^n = \overbrace{a \times a \times \cdots \times a}^{n\text{ 個}} \tag{2.1}
$$

$a, a^2, a^3, \ldots$ を総称して a の**累乗**という．累乗について，次の**指数法則**が成り立つ．

2.1　指数法則

m, n が自然数のとき，次のことが成り立つ．

(1)　$a^m a^n = a^{m+n}$　　(2)　$(a^m)^n = a^{mn}$　　(3)　$(ab)^n = a^n b^n$

例 2.5　(1)　$3a^2x^2 \cdot a^3x = 3a^{2+3}x^{2+1} = 3a^5x^3$

(2)　$(-3a^3b^2)^2 = (-3)^2(a^3)^2(b^2)^2 = 9a^{3\cdot2}b^{2\cdot2} = 9a^6b^4$

問2.4　次の式を簡単にせよ．

(1)　$-2a^2x(-5ax^3)$　　(2)　$(-3x^2y)^2(2xy^2)^3$

整式の展開　いくつかの整式の積を単項式の和の形で表すことを，その式を**展開する**という．指定された文字があれば，展開したあとはその文字について降べきの順に整理しておく．

例題 2.2　整式の展開と整理

$(x-3y+1)(x+4y-2)$ を展開して，x について降べきの順に整理せよ．

解

$$\begin{aligned}(x-3y+1)(x+4y-2) &= x(x+4y-2) - 3y(x+4y-2) + (x+4y-2) \\ &= x^2 + 4xy - 2x - 3yx - 12y^2 + 6y + x + 4y - 2 \\ &= x^2 + (y-1)x - 2(6y^2 - 5y + 1)\end{aligned}$$

問2.5　次の整式を展開し，x について降べきの順に整理せよ．

(1)　$2ax(1+3a+x^2)$　　(2)　$(x-3y-2)(x+2y+1)$

展開公式　整式の展開では，次の**展開公式**がよく用いられる．

2.2　展開公式 I

(1)　$(a+b)^2 = a^2 + 2ab + b^2$

(2)　$(a-b)^2 = a^2 - 2ab + b^2$

(3)　$(a+b)(a-b) = a^2 - b^2$

(4)　$(x+a)(x+b) = x^2 + (a+b)x + ab$

(5)　$(ax+b)(cx+d) = acx^2 + (ad+bc)x + bd$

例 2.6 $(2x+3)(4x-5) = 2\cdot 4x^2 + \{2\cdot(-5)+3\cdot 4\}x + 3\cdot(-5)$
$= 8x^2+2x-15$

問2.6 次の整式を展開し，x または a について降べきの順に整理せよ．

(1) $(2x+5)^2$　(2) $(3a-2b)^2$　(3) $(x-7)(x+7)$
(4) $(x+3)(x-5)$　(5) $(3a-2)(4a-1)$　(6) $(3x+4b)(2x-3b)$

展開公式 I の (1), (2) は，符号をまとめて 1 つの式で表すことができる．

$$(a\pm b)^2 = a^2 \pm 2ab + b^2 \quad \text{（複号同順）} \tag{2.2}$$

$\pm$ や $\mp$ を**複号**という．符号が異なる 2 つの式を，上の符号どうし，下の符号どうしを対応させて 1 つの式にまとめて表す方法を**複号同順**という．

2.3 展開公式 II

(1) $(a\pm b)^3 = a^3 \pm 3a^2b + 3ab^2 \pm b^3$ （複号同順）
(2) $(a\pm b)(a^2 \mp ab + b^2) = a^3 \pm b^3$ （複号同順）

証明 (1) $(a+b)^3 = a^3+3a^2b+3ab^2+b^3$ を証明する．

$$\begin{aligned}(a+b)^3 &= (a+b)^2(a+b)\\ &= (a^2+2ab+b^2)(a+b)\\ &= a^2(a+b)+2ab(a+b)+b^2(a+b)\\ &= a^3+a^2b+2a^2b+2ab^2+b^2a+b^3\\ &= a^3+3a^2b+3ab^2+b^3\end{aligned}$$

他の式も，左辺を展開すれば右辺が導かれる．　証明終

例 2.7 展開公式を用いて整式を展開する．

(1) $(a-2b)^3 = a^3 - 3a^2(2b) + 3a(2b)^2 - (2b)^3$
$= a^3 - 6a^2b + 12ab^2 - 8b^3$

(2) $(x+2)(x^2-2x+4) = (x+2)(x^2-2x+2^2) = x^3+8$

問2.7 次の整式を展開せよ．

(1) $(3x+y)^3$　(2) $\left(a-\dfrac{1}{3}\right)^3$

(3) $(2t-3)(4t^2+6t+9)$　(4) $\left(p+\dfrac{1}{2}\right)\left(p^2-\dfrac{1}{2}p+\dfrac{1}{4}\right)$

式の計算は，いくつかの項を1つの文字のように扱うことで，計算を簡単にすることができる．

例題 2.3　整式の展開

次の整式を展開せよ．

(1)　$(a+b+c)^2$　　(2)　$(x+y-3)(x-y+3)$

解　(1)　$(a+b+c)^2 = (a+X)^2$　　[$b+c=X$ とおく]

$$= a^2+2aX+X^2$$
$$= a^2+2a(b+c)+(b+c)^2$$
$$= a^2+2ab+2ac+b^2+2bc+c^2$$
$$= a^2+b^2+c^2+2ab+2bc+2ca$$

(2)　$(x+y-3)(x-y+3) = \{x+(y-3)\}\{x-(y-3)\}$　　[$y-3$ を1つの文字として扱う]

$$= x^2-(y-3)^2$$
$$= x^2-(y^2-6y+9) = x^2-y^2+6y-9$$

問2.8　次の整式を展開せよ．

(1)　$(x-3y+5)(x-3y-2)$　　(2)　$(a-b-c)(a+b+c)$

(3)　$(x-y+z)^2$　　(4)　$(2a-b-c)(2a+3b-c)$

2.3　因数分解

共通因数　与えられた整式を2つ以上の整式の積で表すことを**因数分解**という．整式 P が，整式 A, B を用いて $P=AB$ と因数分解されたとき，A, B を P の**因数**という．次の例のような，分配法則 $AB+AC=A(B+C)$ を用いた変形を**共通因数でくくる**という．

例 2.8　(1)　$-3x^2y+6xy^2 = -3xy\cdot x+3xy\cdot 2y = -3xy(x-2y)$

(2)　$2a(a-b)+3(b-a) = 2a(a-b)-3(a-b) = (a-b)(2a-3)$

問2.9　次の整式を因数分解せよ．

(1)　x^3+3x^2　　(2)　$-4a^3b^2+6ab^3$

(3)　$3x(x+y)+4y(x+y)$　　(4)　$x^2(2x-2)-x(x-1)^2$

公式を用いた因数分解 展開公式を逆に見れば，**因数分解の公式**が得られる．

2.4 2 次式の因数分解

(1) $a^2 \pm 2ab + b^2 = (a \pm b)^2$ （複号同順）

(2) $a^2 - b^2 = (a+b)(a-b)$

(3) $x^2 + (a+b)x + ab = (x+a)(x+b)$

(4) $acx^2 + (ad+bc)x + bd = (ax+b)(cx+d)$

例 2.9 公式を使って因数分解を行う．

(1) $$12xy - 9x^2 - 4y^2 = -(9x^2 - 12xy + 4y^2)$$
$$= -\left\{(3x)^2 - 2\cdot 3x \cdot 2y + (2y)^2\right\} = -(3x-2y)^2$$

(2) $$(x+2y)^2 - (3x-y)^2 = \{(x+2y)+(3x-y)\}\{(x+2y)-(3x-y)\}$$
$$= (4x+y)(-2x+3y)$$
$$= -(4x+y)(2x-3y)$$

(3) $$x^2 - 2xy - 8y^2 = x^2 + (-4y+2y)x + (-4y)\cdot 2y$$
$$= (x-4y)(x+2y)$$

note 因数分解された式を展開してもとの式と一致すれば，結果が正しいことを確認できる．

問 2.10 次の整式を因数分解せよ．

(1) $4x^2 - 9$ (2) $x^2 - 6x + 9$ (3) $x^2 - 5x + 6$

(4) $(2p-q)^2 - (p+2q)^2$ (5) $3a^2b^2 - 6ab + 3$ (6) $x^2 + 4xy - 12y^2$

例 2.10 $6x^2 - x - 15$ は次のように因数分解することができる．

$6x^2 - x - 15 = (ax+b)(cx+d)$ と因数分解されるとき，$ac = 6$, $bd = -15$ であり，また，$ad + bc = -1$ が成り立つ．このような a, b, c, d は，次の図式を作って探す．この方法を**たすきがけ**という．

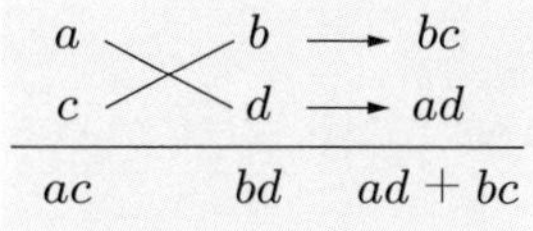

2 3 → 9
3 −5 → −10
6 −15 −1

この例では右側の図式のようになって，次のように因数分解できる．

$$6x^2 - x - 15 = (2x+3)(3x-5)$$

問2.11　次の整式を因数分解せよ.

(1)　$2x^2 - 3x - 2$　　(2)　$5x^2 + 13xy - 6y^2$

(3)　$12x^2 - 13x + 3$　　(4)　$6x^2 - 5xy - 6y^2$

2.5　3次式の因数分解

$$a^3 \pm b^3 = (a \pm b)(a^2 \mp ab + b^2) \quad (複号同順)$$

例2.11　$8x^3 + y^3 = (2x)^3 + y^3 = (2x + y)(4x^2 - 2xy + y^2)$

問2.12　次の整式を因数分解せよ.

(1)　$x^3 - 1$　　(2)　$8x^3 + 27y^3$　　(3)　$2a^3 - 16b^3$　　(4)　$2x^3 - \dfrac{a^3}{4}$

いろいろな因数分解

いくつかの因数分解の方法を紹介する.

例題2.4　いろいろな因数分解

次の整式を因数分解せよ.

(1)　$(x-3)^2 + 4(x-3) - 5$　　(2)　$x^4 + 2x^2 - 3$　　(3)　$x^2 - ax + 3x - 2a + 2$

解　(1)　$(x-3)^2 + 4(x-3) - 5$　　[$x - 3$ を1つの文字として扱う]

$$= \{(x-3) + 5\}\{(x-3) - 1\}$$
$$= (x+2)(x-4)$$

(2)　$x^4 + 2x^2 - 3 = (x^2)^2 + 2x^2 - 3$　　[x^2 を1つの文字として扱う]

$$= (x^2 + 3)(x^2 - 1)$$
$$= (x^2 + 3)(x - 1)(x + 1)$$

(3)　$x^2 - ax + 3x - 2a + 2 = -(x+2)a + x^2 + 3x + 2$　　[もっとも次数の低い文字 a について整理]

$$= -(x+2)a + (x+1)(x+2)$$
$$= (x+2)\{-a + (x+1)\}$$
$$= (x+2)(x - a + 1)$$

note　複数の文字を含む式の因数分解は，もっとも次数の低い文字について整理する.

問2.13　次の整式を因数分解せよ.

(1)　$(x+3)^2 - 2(x+3) - 8$　　(2)　$x^4 - 13x^2 + 36$

(3)　$2x^2 + 3ax - 6x - 9a$

練習問題 2

[1] $A = x^2 - x - 3,\ B = -x^2 + 3x - 1$ のとき，次の整式を計算せよ．

(1) $2A - 3B$　　(2) $A - \dfrac{1}{2}(A - B)$

[2] 次の整式を簡単にせよ．

(1) $a\{2a - 3(1 - a)\} + 5(a - a^2)$　　(2) $2x(x - 2) - \{5 - 2x(1 - x)\}$

[3] 次の整式を展開し，(　) 内の文字について降べきの順に整理せよ．

(1) $(x - 1)^3 + a(x - 1)^2 + b(x - 1)$　(x)

(2) $(a + b)(a^2 - ab - b^2 - 4)$　(a)

[4] 次の整式を展開せよ．

(1) $(3x - 4y)^2$　　(2) $(a + b - c)^2$

(3) $(x + 2y - 3)(x + 2y - 5)$　　(4) $(a - b + c)(a + b - c)$

(5) $(2x - 3y)^3$　　(6) $(x - 1)(x + 1)(x^2 + 1)$

[5] 次の整式を因数分解せよ．

(1) $2a^2x^2y - 8b^2y$　　(2) $ax - by - bx + ay$

(3) $4x^2 + 12xy + 9y^2$　　(4) $p^2 - 5p - 14$

(5) $2t^2 - 7t - 4$　　(6) $12x^2 - 5x - 2$

[6] 次の整式を因数分解せよ．

(1) $(x + 1)^2 + 3(x + 1) + 2$　　(2) $(2a - 3)^2 - 4(2a - 3) - 5$

(3) $x^4 - 3x^2 - 4$　　(4) $x^2 + xy + 2x - 3y - 15$

(5) $a^2 - bc - ab + ca$　　(6) $a^2 + 2ab + b^2 - c^2$

[7] 展開公式を利用して，次の計算をせよ．

(1) $(\sqrt{5} - 1)^3$　　(2) $(1 + \sqrt{2} + \sqrt{3})^2$

(3) $\left(\sqrt{x} + \dfrac{1}{\sqrt{x}}\right)^2$　　(4) $(\sqrt{a} + \sqrt{b})^2 + (\sqrt{a} - \sqrt{b})^2$

(5) $\left(x - \dfrac{1}{x}\right)^3$　　(6) $\left(3x^2 + \dfrac{2}{3x}\right)^3$

3 整式の除法

3.1 整式の除法

整式の商と余り　自然数の割り算 $a \div b$ の商が q，余りが r であるとき

$$a = bq + r \quad (0 \leqq r < b) \tag{3.1}$$

が成り立つ．たとえば，$73 \div 5$ の商は 14，余りは 3 であるから，$73 = 5 \cdot 14 + 3$ である．

1 つの文字についての整式でも，同じような計算をすることができる．たとえば，$A = 3x^3 - 5x + 6,\ B = x^2 + 2x + 2$ のとき，$A \div B$ は次のように計算する．

$$\begin{array}{rrrrrl}
 & 3x & -6 & & & \\
\hline
x^2 + 2x + 2 \;\big) & 3x^3 & & -5x & +6 & [x^2 \text{ の位は空けておく}] \\
 & 3x^3 & +6x^2 & +6x & & [(x^2 + 2x + 2) \cdot 3x] \\
\hline
 & & -6x^2 & -11x & +6 & [\text{引き算の結果}] \\
 & & -6x^2 & -12x & -12 & [(x^2 + 2x + 2) \cdot (-6)] \\
\hline
 & & & x & +18 &
\end{array}$$

このとき，$Q = 3x - 6$ を $A \div B$ の商，$R = x + 18$ を余りという．この計算から，関係式

$$3x^3 - 5x + 6 = (x^2 + 2x + 2)(3x - 6) + x + 18$$

が成り立つ．一般には，次のように定める．

3.1　商と余り

整式 A, B に対して，関係式

$$A = BQ + R \quad (R \text{ の次数} < B \text{ の次数})$$

を満たす整式 Q を $A \div B$ の**商**，R を**余り**という．とくに，$R = 0$ のとき，A は B で**割りきれる**という．

問3.1 次の整式 A, B について，$A \div B$ を計算し，商 Q と余り R を求めて，結果を $A = BQ + R$ の形に表せ．

(1) $A = 2x^3 + 2x^2 - x + 5, \quad B = x - 2$

(2) $A = x^4 - 6x^2 - 1, \quad B = x^2 + x - 3$

(3) $A = \dfrac{1}{2}t^3 + 2t^2 + 1, \quad B = t^2 + 1$

組立除法 整式を 1 次式で割るとき，次の**組立除法**という方法がある．たとえば，$x^3 - 5x^2 + 2x + 8$ を $x - 3$ で割るときは，

$$\begin{array}{rrrr|l} 1 & -5 & 2 & 8 & 3 \\ & 3 & -6 & -12 & \\ \hline 1 & -2 & -4 & -4 & \end{array}$$

のように計算して，商 $x^2 - 2x - 4$ と余り -4 が得られる．

一般に，$ax^3 + bx^2 + cx + d$ を $x - \alpha$ で割るとき，

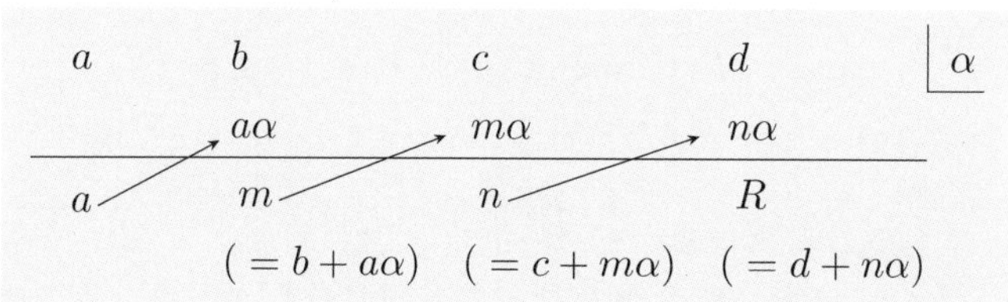

のように計算することによって，商 $ax^2 + mx + n$ と余り R が得られる．

問3.2 組立除法を用いて次の割り算の商と余りを求めよ．

(1) $(2x^3 + 2x^2 - x + 5) \div (x - 2)$ (2) $(a^3 + 2a^2 - 5a - 10) \div (a + 2)$

3.2 剰余の定理と因数定理

剰余の定理 x の整式を記号 $P(x), Q(x)$ などで表し，整式 $P(x)$ に $x = \alpha$ を代入したときの値を $P(\alpha)$ で表す．

例 3.1 $P(x) = x^2 - 3x - 1$ のとき，$P(5)$，$P(-1)$ の値は次のようになる．

$$P(5) = 5^2 - 3 \cdot 5 - 1 = 9$$
$$P(-1) = (-1)^2 - 3 \cdot (-1) - 1 = 3$$

問3.3 $P(x) = x^3 + 6x^2 + 4x - 15$ とするとき，$P(1)$, $P(-2)$ を求めよ．

整式 $P(x)$ を 1 次式 $x-\alpha$ で割ると，余りは定数（0 次式）である．そこで，商を $Q(x)$，余りを r とおけば，

$$P(x) = (x-\alpha)\,Q(x) + r \tag{3.2}$$

が成り立つ．この式に $x=\alpha$ を代入すると，

$$P(\alpha) = (\alpha-\alpha)\,Q(\alpha) + r = r$$

となる．これは，整式 $P(x)$ を 1 次式で割った余りは，実際に割り算を行わずに求められることを示している．これが次の**剰余の定理**である．

3.2 剰余の定理

整式 $P(x)$ を 1 次式 $x-\alpha$ で割った余りは $P(\alpha)$ である．

例 3.2 剰余の定理を用いて余りを求める．

(1) $P(x) = 2x^3 + 2x^2 - x + 5$ を $x-1$ で割った余りは，次のようになる．

$$P(1) = 2\cdot 1^3 + 2\cdot 1^2 - 1 + 5 = 8$$

(2) $P(x) = 2x^4 + 3x^3 + x - 5$ を $x+2$ で割った余りは，次のようになる．

$$P(-2) = 2\cdot(-2)^4 + 3\cdot(-2)^3 + (-2) - 5 = 1$$

(1), (2) ともに，実際に割り算を行っても同じ結果が得られることが確かめられる．

問 3.4 次の整式 $P(x)$ を（ ）内の 1 次式で割ったときの余りを求めよ．

(1) $P(x) = 3x^3 - 14x + 8$ $(x-2)$ (2) $P(x) = x^4 + x^2 + 1$ $(x+1)$

因数定理 整式 $P(x)$ が $P(\alpha)=0$ を満たせば，剰余の定理から，$P(x)$ を $x-\alpha$ で割ったときの余りは 0 である．したがって，$P(x)$ は $x-\alpha$ で割りきれ，$x-\alpha$ は $P(x)$ の因数である．これを**因数定理**という．

3.3 因数定理

整式 $P(x)$ が $P(\alpha)=0$ を満たせば $P(x)$ は $x-\alpha$ を因数にもち，$P(x)$ を $x-\alpha$ で割った商を $Q(x)$ とすると，次のように因数分解できる．

$$P(x) = (x-\alpha)Q(x)$$

例題 3.1 因数定理を用いた因数分解

整式 $x^3 - x^2 - 17x - 15$ を因数分解せよ.

解 与えられた整式を $P(x)$ とおく.

$$P(-1) = (-1)^3 - (-1)^2 - 17 \cdot (-1) - 15 = 0$$

であるから, $P(x)$ は $x + 1$ で割りきれる. 割り算を行うと, 商は $x^2 - 2x - 15$ となり,

$$P(x) = (x + 1)(x^2 - 2x - 15)$$

と因数分解できる. さらに, $x^2 - 2x - 15$ を因数分解することによって, 次が得られる.

$$P(x) = (x + 1)(x + 3)(x - 5)$$

note この問題で, $P(\alpha) = 0$ となる α を見つけるときは, 定数項 -15 の約数 ±1, ±3, ±5, ±15 を候補として探すとよい.

問3.5 因数定理を用いて, 次の整式を因数分解せよ.

(1) $x^3 - x^2 - 4x + 4$ (2) $x^3 - 7x - 6$

(3) $x^3 + x^2 - 8x - 12$ (4) $2x^3 - 5x^2 + 5x - 6$

3.3 分数式

既約分数式 整数の割り算 $2 \div 5$ を $\dfrac{2}{5}$ と表すように, A, B を整式 (B は定数ではない) とするとき, 整式の割り算 $A \div B$ を $\dfrac{A}{B}$ と表し, **分数式**という.

3.4 分数式の性質

$B \neq 0, C \neq 0$ のとき, 次のことが成り立つ.

$$\frac{A}{B} = \frac{A \cdot C}{B \cdot C}, \quad \frac{A}{B} = \frac{A \div C}{B \div C}$$

分母と分子に共通因数がない分数式を**既約分数式**という. 共通因数があるときは, その共通因数で分母と分子を割って既約分数式に直すことができる. これを**約分**という.

例 3.3　約分を行って既約分数式に直す．

(1) $\dfrac{6x^2y^3}{8xy^5} = \dfrac{3x \cdot \cancel{2xy^3}}{4y^2 \cdot \cancel{2xy^3}} = \dfrac{3x}{4y^2}$

(2) $\dfrac{x-1}{x^2-1} = \dfrac{\cancel{x-1}}{(x+1)\cancel{(x-1)}} = \dfrac{1}{x+1}$

問 3.6　次の分数式を既約分数式に直せ．

(1) $\dfrac{4x^3y^3}{6x^6y}$　　(2) $\dfrac{x^3+1}{x+1}$　　(3) $\dfrac{x^2-3x-4}{x^2+4x+3}$

分数式の計算　分数式の積と商の計算は，数の計算と同様に，次の計算法則を用いて行う．

3.5　分数式の積と商

$$\frac{A}{B} \cdot \frac{C}{D} = \frac{AC}{BD}, \quad \frac{A}{B} \div \frac{C}{D} = \frac{A}{B} \cdot \frac{D}{C} = \frac{AD}{BC}$$

例 3.4　分数式の積と商を計算して，既約分数式に直す．

(1) $\dfrac{x^2y}{8z} \cdot \dfrac{2xz^4}{3y^3} = \dfrac{x^2y \cdot 2xz^4}{8z \cdot 3y^3} = \dfrac{x^3z^3}{12y^2}$

(2) $\dfrac{2x}{x+1} \div \dfrac{4x}{x^2-1} = \dfrac{2x}{x+1} \cdot \dfrac{x^2-1}{4x} = \dfrac{2x(x+1)(x-1)}{4x(x+1)} = \dfrac{x-1}{2}$

問 3.7　次の分数式を計算して，既約分数式に直せ．

(1) $\dfrac{a^3b}{2c} \cdot \dfrac{4bc^2}{a^7}$　　(2) $\dfrac{15x^2y^2}{2(x+1)} \div \dfrac{5x^3y}{(x+1)^2}$

分数式の和と差は，分母が同じ式になるように変形してから計算する．この変形を**通分**という．通分した結果の式が約分できるときは，既約分数式にしておく．

3.6　分数式の和と差

$$\frac{A}{C} \pm \frac{B}{C} = \frac{A \pm B}{C}, \quad \frac{A}{C} \pm \frac{B}{D} = \frac{AD \pm BC}{CD} \quad \text{（複号同順）}$$

例 3.5　通分を行って分数式の和や差を計算する．

(1) $$\frac{1}{3ab^2}+\frac{2}{a^3}=\frac{1\cdot a^2}{3ab^2\cdot a^2}+\frac{2\cdot 3b^2}{a^3\cdot 3b^2}=\frac{a^2+6b^2}{3a^3b^2}$$

(2) $$\begin{aligned}\frac{3}{x-2}-\frac{x+10}{x^2-4}&=\frac{3}{x-2}-\frac{x+10}{(x+2)(x-2)}\\&=\frac{3(x+2)}{(x-2)(x+2)}-\frac{x+10}{(x+2)(x-2)}\\&=\frac{3(x+2)-(x+10)}{(x+2)(x-2)}\\&=\frac{2(x-2)}{(x+2)(x-2)}=\frac{2}{x+2}\end{aligned}$$

問3.8　次の分数式を計算せよ．

(1) $\dfrac{2}{xy^2}+\dfrac{1}{2x^2y}$　　(2) $\dfrac{x}{x-2}-\dfrac{x+2}{x+3}$

(3) $\dfrac{2}{x^2-3x-4}-\dfrac{1}{x^2+3x+2}$　　(4) $\dfrac{x}{x^2+3x+2}-\dfrac{3x}{x^2+x-2}$

繁分数式　分子や分母に分数式が含まれる分数式を**繁分数式**という．繁分数式は，分母と分子に同じ数や整式をかけて簡単な分数式に直すことができる．

3.7　繁分数式の計算

$$\frac{\dfrac{A}{B}}{\dfrac{C}{D}}=\frac{\dfrac{A}{B}\cdot BD}{\dfrac{C}{D}\cdot BD}=\frac{AD}{BC}$$

note　上の計算は，$\dfrac{\frac{A}{B}}{\frac{C}{D}}=\dfrac{A}{B}\div\dfrac{C}{D}=\dfrac{A}{B}\cdot\dfrac{D}{C}=\dfrac{AD}{BC}$ としてもよい．

例 3.6　分母と分子に適当な整式をかけて，繁分数式を簡単な分数式に直す．

(1) $$\frac{1}{\dfrac{1}{a}+\dfrac{1}{b}}=\frac{ab}{\left(\dfrac{1}{a}+\dfrac{1}{b}\right)\cdot ab}=\frac{ab}{a+b}$$

(2) $$\frac{a-1}{1-\dfrac{1}{a+1}}=\frac{(a-1)\cdot(a+1)}{\left(1-\dfrac{1}{a+1}\right)\cdot(a+1)}=\frac{(a-1)(a+1)}{(a+1)-1}=\frac{a^2-1}{a}$$

問3.9　次の繁分数式を簡単にせよ．

(1) $\dfrac{1+\dfrac{1}{a}}{1-\dfrac{1}{a}}$　　(2) $\dfrac{\dfrac{1}{x+h}-\dfrac{1}{x}}{h}$　　(3) $\dfrac{1}{1+\dfrac{1}{1+\dfrac{1}{a}}}$

分子の次数を下げる　分子の次数が分母の次数より大きい分数式は，割り算を行って，整式と分子の次数が分母の次数よりも小さい分数式の和で表すことができる．この変形を**分子の次数を下げる**という．

例 3.7　分数式 $\dfrac{3x^3+8x^2-5x+6}{x^2+2x+2}$ の分子は，割り算を行って

$$3x^3+8x^2-5x+6=(x^2+2x+2)(3x+2)-(15x-2)$$

と変形することができる．この式の両辺を x^2+2x+2 で割ると

$$\begin{aligned}\frac{3x^3+8x^2-5x+6}{x^2+2x+2}&=\frac{(3x+2)(x^2+2x+2)-(15x-2)}{x^2+2x+2}\\&=3x+2-\frac{15x-2}{x^2+2x+2}\end{aligned}$$

となり，整式と分子の次数が分母の次数よりも小さい分数式の和で表すことができる．

3.8　分子の次数を下げる

$A \div B$ の商を Q，余りを R とするとき，次の式が成り立つ．

$$\frac{A}{B}=Q+\frac{R}{B}\quad (R \text{ の次数} < B \text{ の次数})$$

問3.10　次の分数式の分子の次数を下げよ．

(1) $\dfrac{x^3-1}{x+1}$　　(2) $\dfrac{3x^3+2x^2+x-1}{x^2+1}$

note　**0 では割れない理由**

数学では 0 で割ることは禁じられており，$1 \div 0$ の値はない．たとえば，$6 \div 2$ は方程式 $2x=6$ の解のことである．すると，$1 \div 0$ は方程式 $0x=1$ を満たす x のことであるが，$0x=1$ の左辺は必ず 0 なのでこの方程式は解をもたない，つまり，$1 \div 0$ という値は存在しない．

練習問題 3

[1] 次の整式 A, B について，$A \div B$ を計算し，商 Q と余り R を求めて，$A = BQ + R$ の形に表せ．

(1) $A = -2x^2 + 11x - 11, \quad B = x - 3$

(2) $A = x^3 - 6x + 1, \quad B = x + 2$

(3) $A = x^4 - 3x^2 - 8, \quad B = x^2 + x + 2$

(4) $A = 3x^3 - 5x + 2, \quad B = 2x + 3$

[2] 次の整式 $P(x)$ を（　）内の 1 次式で割ったときの余りを求めよ．

(1) $P(x) = x^3 + x^2 + x + 1 \quad (x - 1)$

(2) $P(x) = x^3 - 2x^2 - 3x + 4 \quad (x + 2)$

[3] $P(x) = x^4 - 3x^3 + 5x^2 + ax - 6$ が $x - 3$ で割りきれるような定数 a の値を求めよ．

[4] 次の整式を因数分解せよ．

(1) $x^3 + 4x^2 - x - 4$　　(2) $2x^3 + 3x^2 - 11x - 6$

[5] 次の分数式の計算を行い，答えを既約分数式で表せ．

(1) $\dfrac{a^2 + 6ab - 7b^2}{a^2 + 2ab + b^2} \cdot \dfrac{a + b}{a - b}$　　(2) $\dfrac{p^2 + 5p + 6}{p^2 - 9} \div \dfrac{p^2 + 4p + 4}{p^3 - 3p^2}$

(3) $\dfrac{x - 3}{x^2 - 2x} - \dfrac{x - 4}{x^2 - 4}$　　(4) $\dfrac{a}{ab - b^2} + \dfrac{b}{ab - a^2}$

(5) $\dfrac{x}{2x - 1} + \dfrac{x - 1}{2x + 1} - \dfrac{2x}{4x^2 - 1}$　　(6) $\left(\dfrac{x}{x^2 - 9} - \dfrac{1}{x - 3}\right) \div \dfrac{x}{x + 3}$

[6] 次の繁分数式を簡単な分数式に直せ．

(1) $\dfrac{x + \dfrac{x - 3}{x + 1}}{x - \dfrac{2}{x + 1}}$　　(2) $\dfrac{\dfrac{1}{a} + \dfrac{1}{b}}{\dfrac{b}{2a} - \dfrac{a}{2b}}$

[7] 次の分数式の分子の次数を下げよ．

(1) $\dfrac{x^3 - 1}{x^2 + 1}$　　(2) $\dfrac{3x^4 + 2x^2 - 1}{x^2 + x + 1}$

[8] 整式 $P(x)$ を $x - 2$ で割ったときの余りが 3，$x + 1$ で割ったときの余りが -9 であるとき，$P(x)$ を $(x - 2)(x + 1)$ で割ったときの余りを求めよ．

4　方程式

4.1　2 次方程式の解法

2 次方程式の解の公式　すべての項を左辺に移項して整理したとき，

$$ax^2 + bx + c = 0 \quad (a,\ b,\ c \text{ は実数，} a \neq 0) \tag{4.1}$$

となる方程式を **2 次方程式**という．この方程式の解法として，次の解の公式が成り立つ．

4.1　2 次方程式の解の公式

2 次方程式 $ax^2 + bx + c = 0$ の解は，次の式で表される．

$$x = \frac{-b \pm \sqrt{b^2 - 4ac}}{2a}$$

例 4.1　解の公式を用いて 2 次方程式を解く．

(1)　$2x^2 - x - 4 = 0$ の解は

$$x = \frac{-(-1) \pm \sqrt{(-1)^2 - 4 \cdot 2 \cdot (-4)}}{2 \cdot 2} = \frac{1 \pm \sqrt{33}}{4}$$

である．このようなとき，2 次方程式は**異なる 2 つの実数解**をもつという．

(2)　$4x^2 - 12x + 9 = 0$ の解は

$$x = \frac{-(-12) \pm \sqrt{(-12)^2 - 4 \cdot 4 \cdot 9}}{2 \cdot 4} = \frac{12 \pm 0}{8} = \frac{3}{2}$$

である．このようなとき，2 次方程式は **2 重解**をもつという．

(3)　$x^2 - 2x + 3 = 0$ の解は

$$\begin{aligned} x &= \frac{-(-2) \pm \sqrt{(-2)^2 - 4 \cdot 1 \cdot 3}}{2 \cdot 1} \\ &= \frac{2 \pm \sqrt{-8}}{2} \\ &= \frac{2 \pm 2\sqrt{2}\,i}{2} = 1 \pm \sqrt{2}\,i \end{aligned}$$

である．このようなとき，2 次方程式は**異なる 2 つの虚数解**をもつという．2 つの虚数解は，互いに共役な複素数である．

問4.1 解の公式を用いて，次の 2 次方程式を解け．

(1) $x^2+3x+1=0$ (2) $2x^2-2x-1=0$

(3) $6x^2+5x-6=0$ (4) $2x^2-8x+8=0$

(5) $2x^2-4x+3=0$ (6) $2x^2+7=0$

2 次方程式の判別式 2 次方程式 $ax^2+bx+c=0$ の解が実数であるか虚数であるかは，解の公式の根号に含まれる式 b^2-4ac の符号によって決まる．この式を 2 次方程式の**判別式**といい，D で表す．

2 次方程式の解は，D の符号によって次のように判別することができる．

4.2 2 次方程式の解の判別

2 次方程式 $ax^2+bx+c=0$ は

(1) $D=b^2-4ac>0$ ならば 異なる 2 つの実数解をもつ．

(2) $D=b^2-4ac=0$ ならば 2 重解をもつ．

(3) $D=b^2-4ac<0$ ならば 異なる 2 つの虚数解をもつ．

2 重解も実数解だから，2 次方程式が実数解をもつのは $D \geqq 0$ のときである．

例 4.2 $5x^2+2x+3=0$ の判別式は $D=2^2-4\cdot5\cdot3=-56<0$ である．したがって，この 2 次方程式は異なる 2 つの虚数解をもつ．

問4.2 次の 2 次方程式の解を判別せよ．

(1) $2x^2+3x-1=0$ (2) $9x^2-6x+1=0$

(3) $x^2-3x+3=0$ (4) $x^2-4=0$

例題 4.1 2 重解をもつための条件

2 次方程式 $2x^2-kx+k=2x-8$ が 2 重解をもつように定数 k の値を定め，そのときの 2 重解を求めよ．

解 与えられた 2 次方程式を整理すると，$2x^2-(k+2)x+(k+8)=0$ となる．この 2 次方程式の判別式 D は

$$D=\{-(k+2)\}^2-4\cdot2\cdot(k+8)=k^2-4k-60$$

であるから，$k^2-4k-60=0$ のとき 2 重解をもつ．これを解いて，$k=-6,\ 10$ が得られる．$k=-6$ のときは，与えられた方程式は $2x^2+4x+2=0$ となるから，これを解い

て $x=-1$ が2重解である．$k=10$ のときは，$2x^2-12x+18=0$ となるから，これを解いて $x=3$ が2重解である．

問4.3　次の2次方程式が2重解をもつように k の値を定め，そのときの2重解を求めよ．

(1)　$2x^2+kx+2k-6=0$　　　(2)　$kx^2+2kx=1-4x$

4.2　2次方程式の解と2次式の因数分解

解と係数の関係　2次方程式 $ax^2+bx+c=0$ の2つの解を

$$\alpha=\frac{-b+\sqrt{b^2-4ac}}{2a},\quad \beta=\frac{-b-\sqrt{b^2-4ac}}{2a}$$

とすれば，それらの和と積は

$$\begin{aligned}\alpha+\beta&=\frac{-b+\sqrt{b^2-4ac}}{2a}+\frac{-b-\sqrt{b^2-4ac}}{2a}\\&=\frac{-2b}{2a}=-\frac{b}{a}\\\alpha\beta&=\frac{-b+\sqrt{b^2-4ac}}{2a}\cdot\frac{-b-\sqrt{b^2-4ac}}{2a}\\&=\frac{(-b)^2-(b^2-4ac)}{4a^2}=\frac{4ac}{4a^2}=\frac{c}{a}\end{aligned}$$

となる．したがって，次の関係式が得られる．

$$\alpha+\beta=-\frac{b}{a},\quad \alpha\beta=\frac{c}{a} \tag{4.2}$$

これを2次方程式の**解と係数の関係**という．

例4.3　2次方程式 $2x^2-3x+1=0$ の2つの解を α, β とするとき，解と係数の関係から次の式が成り立つ．

$$\alpha+\beta=-\frac{-3}{2}=\frac{3}{2},\quad \alpha\beta=\frac{1}{2}$$

問4.4　次の2次方程式の解を α, β とするとき，$\alpha+\beta, \alpha\beta$ の値を求めよ．

(1)　$x^2-4x-5=0$　　　(2)　$3x^2-4x+2=0$

2次式の因数分解　2次方程式 $ax^2+bx+c=0$ の2つの解を α, β とすると，解と係数の関係から，2次式 ax^2+bx+c は次のように因数分解できる．

$$
\begin{aligned}
ax^2+bx+c &= a\left(x^2+\frac{b}{a}x+\frac{c}{a}\right)\\
&= a\left\{x^2-(\alpha+\beta)x+\alpha\beta\right\}\\
&= a(x-\alpha)(x-\beta)
\end{aligned}
$$

4.3 2 次式の因数分解

2 次方程式 $ax^2+bx+c=0$ の解を α, β とすると，次の式が成り立つ．

$$ax^2+bx+c=a(x-\alpha)(x-\beta)$$

例題 4.2 解の公式と 2 次式の因数分解

次の 2 次式を因数分解せよ．

(1) x^2-2x-2　　(2) $2x^2+4x+3$

解 (1) $x^2-2x-2=0$ の解は $x=1\pm\sqrt{3}$ であるから，次のようになる．

$$
\begin{aligned}
x^2-2x-2 &= \{x-(1+\sqrt{3})\}\{x-(1-\sqrt{3})\}\\
&= (x-1-\sqrt{3})(x-1+\sqrt{3})
\end{aligned}
$$

(2) $2x^2+4x+3=0$ の解は $x=\dfrac{-2\pm\sqrt{2}\,i}{2}$ であるから，次のようになる．

$$
\begin{aligned}
2x^2+4x+3 &= 2\left(x-\frac{-2+\sqrt{2}\,i}{2}\right)\left(x-\frac{-2-\sqrt{2}\,i}{2}\right)\\
&= 2\left(x+\frac{2-\sqrt{2}\,i}{2}\right)\left(x+\frac{2+\sqrt{2}\,i}{2}\right)
\end{aligned}
$$

note　複素数の範囲で考えると，2 次式は必ず 1 次式の積に因数分解することができる．

問4.5 次の 2 次式を因数分解せよ．

(1) x^2-2x+3　　(2) $3x^2-4x-2$

4.3 3 次方程式・4 次方程式

因数定理による解法　$P(x)$ を 3 次以上の整式とする．方程式 $P(x)=0$ は，

$P(x)$ を因数分解することができれば，これを解くことができる．ここでは因数定理を用いて $P(x)$ が因数分解できるものを扱う．

例題 4.3　**3 次方程式・4 次方程式**

次の方程式を解け．

(1)　$x^3 - 3x^2 + 6x - 4 = 0$　　(2)　$x^4 - 2x^3 - 5x^2 + 8x + 4 = 0$

解　(1)　$P(x) = x^3 - 3x^2 + 6x - 4$ とおくと，

$$P(1) = 1^3 - 3 \cdot 1^2 + 6 \cdot 1 - 4 = 0$$

であるから，因数定理によって $P(x)$ は $x - 1$ で割りきれる．割り算を行って商を求めることにより，与えられた方程式は

$$(x - 1)(x^2 - 2x + 4) = 0$$

1	−3	6	−4	1
	1	−2	4	
1	−2	4	0	

と因数分解できる．$x^2 - 2x + 4 = 0$ の解は $x = 1 \pm \sqrt{3}\,i$ であるから，求める解は

$$x = 1,\ 1 \pm \sqrt{3}\,i$$

となる．

(2)　$P(x) = x^4 - 2x^3 - 5x^2 + 8x + 4$ とおくと，$P(2) = 0$ であるから，因数定理によって $P(x)$ は $x - 2$ で割りきれる．割り算を行うと，商は $x^3 - 5x - 2$ となるから，与えられた方程式は

$$(x - 2)(x^3 - 5x - 2) = 0$$

と因数分解できる．さらに，$Q(x) = x^3 - 5x - 2$ とおくと，$Q(-2) = 0$ となるから，$Q(x)$ は $x + 2$ で割りきれる．再び割り算を行うと，与えられた方程式は

$$(x - 2)(x + 2)(x^2 - 2x - 1) = 0$$

となる．$x^2 - 2x - 1 = 0$ の解は $x = 1 \pm \sqrt{2}$ であるから，求める解は次のようになる．

$$x = \pm 2,\quad 1 \pm \sqrt{2}$$

問 4.6　次の方程式を解け．

(1)　$x^3 - x^2 - 8x + 12 = 0$　　(2)　$x^3 - x^2 - 4x - 2 = 0$

(3)　$x^4 + 2x^3 + 4x^2 - 2x - 5 = 0$　　(4)　$x^4 - 6x^2 - 8x - 3 = 0$

4.4 いろいろな方程式

連立方程式　いくつかの未知数を含む方程式の組を**連立方程式**といい，これらの方程式を同時に満たす値の組を**連立方程式の解**という．連立方程式を解くには，適当な文字を消去して未知数の個数を減らすのが基本である．

例題 4.4　連立方程式

次の連立方程式を解け．

(1) $\begin{cases} x - 2y + z = 1 & \cdots\cdots ① \\ x + 5y - 3z = 6 & \cdots\cdots ② \\ -2x + 5y - z = -6 & \cdots\cdots ③ \end{cases}$　　(2) $\begin{cases} x^2 + y^2 = 5 & \cdots\cdots ① \\ x - y = 1 & \cdots\cdots ② \end{cases}$

解 (1)　ここでは z を消去する解法を示す．① × 3 + ②, ① + ③ を計算すれば，それぞれ

$$\begin{array}{rrrrl} & 3x - 6y + 3z & = & 3 \\ +) & x + 5y - 3z & = & 6 \\ \hline & 4x - y & = & 9 \end{array} \qquad \begin{array}{rrrrl} & x - 2y + z & = & 1 \\ +) & -2x + 5y - z & = & -6 \\ \hline & -x + 3y & = & -5 \end{array}$$

となって，x, y に関する連立 1 次方程式

$$\begin{cases} 4x - y = 9 \\ -x + 3y = -5 \end{cases}$$

が得られる．これを解けば $x = 2,\ y = -1$ となり，① に代入して $z = -3$ が得られる．よって，求める解は，$x = 2,\ y = -1,\ z = -3$ である．

(2)　② を x について解けば $x = y + 1$ となるから，これを ① に代入して x を消去する．

$$(y+1)^2 + y^2 = 5$$

$$2y^2 + 2y - 4 = 0$$

$$2(y-1)(y+2) = 0 \quad よって \quad y = 1,\ -2$$

$x = y + 1$ であるから，$y = 1$ のとき $x = 2$, $y = -2$ のとき $x = -1$ である．

よって，求める解は，次のようになる．

$$x = -1,\ y = -2 \quad または \quad x = 2,\ y = 1$$

問4.7　次の連立方程式を解け.

(1) $\begin{cases} 2x - y + 7z = -9 \\ x + 3z = -1 \\ -x + 2y - 2z = 6 \end{cases}$　　(2) $\begin{cases} x + y + z = 2 \\ x + 2y + 4z = 0 \\ 2x - y + 2z = 1 \end{cases}$

(3) $\begin{cases} x^2 - 2y^2 = 7 \\ x - y = 2 \end{cases}$　　(4) $\begin{cases} 2x^2 + y^2 = 2 \\ x - y - 1 = 0 \end{cases}$

分数式を含む方程式　分数式を含む方程式は，両辺に同じ式をかけて分母を払ってから解く.

例題 4.5　分数式を含む方程式

方程式 $\dfrac{2x}{x+1} - \dfrac{x}{x-1} + \dfrac{2}{x^2-1} = 0$ を解け.

解　与えられた方程式の分母は 0 でないから，$x \neq \pm 1$ である．方程式の分母を因数分解すると

$$\frac{2x}{x+1} - \frac{x}{x-1} + \frac{2}{(x-1)(x+1)} = 0$$

となるから，両辺に $(x-1)(x+1)$ をかけて分母を払うと，

$$2x(x-1) - x(x+1) + 2 = 0$$

$$x^2 - 3x + 2 = 0$$

$$(x-1)(x-2) = 0 \quad \text{よって} \quad x = 1,\ 2$$

となる．$x \neq 1$ であるから，与えられた方程式の解は $x = 2$ だけである.

note　分母を払って得られる方程式の解には，与えられた方程式の分母を 0 にするものが含まれる可能性がある．その値を除いたものが求める方程式の解である.

問4.8　次の方程式を解け.

(1) $\dfrac{1}{x-1} - \dfrac{x-2}{x^2+x-2} = 1$　　(2) $\dfrac{x+6}{x^2-4} + \dfrac{1}{x-2} + \dfrac{1}{x+2} = 1$

無理式を含む方程式 根号の中に文字を含む式を**無理式**という．無理式を含む方程式は，両辺を 2 乗して根号をはずしてから解く．

例題 4.6 無理式を含む方程式

方程式 $x+\sqrt{2x+1}=1$ を解け．

解 x を移項して，$\sqrt{2x+1}=1-x$ としてから両辺を 2 乗すると，

$$2x+1=(1-x)^2$$
$$x^2-4x=0$$
$$x(x-4)=0 \quad \text{よって} \quad x=0,\ 4$$

となる．$x=0$ を与えられた方程式に代入すると

$$\text{左辺}=0+\sqrt{1}=1, \quad \text{右辺}=1 \quad \text{よって} \quad \text{左辺}=\text{右辺}$$

であるから，$x=0$ は解である．$x=4$ のときは

$$\text{左辺}=4+\sqrt{2\cdot 4+1}=7, \quad \text{右辺}=1 \quad \text{よって} \quad \text{左辺}\neq\text{右辺}$$

であるから，$x=4$ は解ではない．したがって，求める解は $x=0$ だけである．

note 両辺を 2 乗して得られる方程式の解には，もとの方程式の解以外のものが含まれる可能性がある．そのため，得られた値がもとの方程式の解であるかどうかを確かめる必要がある．

問4.9 次の方程式を解け．

(1) $1-x=\sqrt{3-x}$ (2) $\sqrt{6x+10}-x=3$

練習問題 4

[1] 次の 2 次方程式を解け.

(1) $x^2 = 20 - x$　　(2) $4x(x+3) = -9$

(3) $x^2 - x + 1 = 0$　　(4) $x^2 + 4x + 5 = 0$

(5) $2x^2 + 5x - 12 = 0$　　(6) $x^2 - 2\sqrt{3}x + 1 = 0$

[2] x についての 2 次方程式 $x^2 + mx + m = 0$ が 2 重解をもつように m の値を定め，そのときの 2 重解を求めよ.

[3] 2 次方程式 $2x^2 - 3x - 4 = 0$ の 2 つの解を α, β とする．次の値を求めよ.

(1) $\alpha + \beta$　　(2) $\alpha\beta$

(3) $\alpha^2 + \beta^2$　　(4) $\dfrac{1}{\alpha} + \dfrac{1}{\beta}$

[4] 次の式を 1 次式の積に因数分解せよ.

(1) $3x^2 - 12x - 3$　　(2) $2x^2 + 5x + 4$

(3) $x^3 + 8$

[5] 次の方程式を解け.

(1) $x^3 + 2x^2 - 5x - 6 = 0$　　(2) $x^3 - 3x^2 - x + 6 = 0$

(3) $x^3 - 3x^2 + x - 3 = 0$　　(4) $x^4 - 2x^3 - 3x^2 + 4x + 4 = 0$

(5) $x^4 - x^3 - 5x^2 + 3x + 6 = 0$　　(6) $x^4 - 3x^3 + 8x - 24 = 0$

[6] 次の連立方程式を解け.

(1) $\begin{cases} x - y - z = 3 \\ 2x - y - 3z = 3 \\ x + 2y - 3z = -5 \end{cases}$　　(2) $\begin{cases} x + y = 7 \\ 3y + z = -2 \\ x - 5z = 3 \end{cases}$

(3) $\begin{cases} x^2 + y^2 = 2 \\ 2x + y = 1 \end{cases}$　　(4) $\begin{cases} 3x^2 - y^2 = 4x + y - 3 \\ 2x - y = 1 \end{cases}$

[7] 次の方程式を解け.

(1) $\dfrac{1}{x-5} - \dfrac{1}{x} = \dfrac{5}{6}$　　(2) $3 + \dfrac{1}{x-1} = \dfrac{3x-1}{x^2-1}$

(3) $3\sqrt{x} = x + 2$　　(4) $x + \sqrt{1-x} = -1$

[8] a, b を実数とする 2 次方程式 $x^2 + ax + b = 0$ が $x = 1 + i$ を 1 つの解にもつとき，a と b の値を求めて，もう 1 つの解を求めよ.

第1章の章末問題

1. 次の式を（　）内の文字について解け．

(1) $c = a + \sqrt{a^2 + b}$　(b)　　(2) $\dfrac{1}{z} = \dfrac{1}{x} + \dfrac{1}{y}$　(z)

2. 次の式の分母を有理化して簡単にせよ．

(1) $\dfrac{\sqrt{7}+\sqrt{3}}{\sqrt{7}-\sqrt{3}} + \dfrac{\sqrt{7}-\sqrt{3}}{\sqrt{7}+\sqrt{3}}$　　(2) $\dfrac{1}{1+\sqrt{5}+\sqrt{6}}$

3. 次の式を計算し，$a + bi$（a, b は実数）の形で表せ．

(1) $(1+i)(1-i)(2+i)(2-i)$　　(2) $(1+2i)(2+3i)(3+i)$

(3) $\dfrac{3+i}{2-i} + \dfrac{2-3i}{3+i}$　　(4) $\dfrac{3-4i}{3+4i} + \dfrac{3+4i}{3-4i}$

4. 次の整式を因数分解せよ．

(1) $x^2 + 3xy + 2y^2 + 4x + 7y + 3$　　(2) $2x^2 - xy - y^2 - 4x - 5y - 6$

(3) $(x^2 + x)^2 - 18(x^2 + x) + 72$　　(4) $x^4 + 3x^2 + 4$

5. 次の整式を展開せよ．

(1) $(x-1)(x+1)(x^2+1)(x^4+1)$　　(2) $(x+y)^2(x-y)^2$

(3) $(x+y+z)(x+y-z)(x-y+z)(x-y-z)$

(4) $(x+1)^4 - 2(x+1)^2 + 1$

6. 次の分数式を計算せよ．

(1) $\dfrac{1}{(x+1)(x+2)} + \dfrac{1}{(x+2)(x+3)} - \dfrac{1}{(x+3)(x+1)}$

(2) $\dfrac{1}{(x-y)(x-z)} + \dfrac{1}{(y-x)(y-z)} + \dfrac{1}{(z-x)(z-y)}$

7. 次の繁分数式を簡単にせよ．

(1) $\dfrac{1}{1 - \dfrac{1}{1 - \dfrac{1}{1-x}}}$　　(2) $1 - \dfrac{x}{x + \dfrac{1}{x - \dfrac{1}{x}}}$

8. 次の整式を因数分解せよ．

(1) $x^3 - 7x + 6$　　(2) $x^3 - 3x^2 - 14x + 12$

9. 次の方程式を解け．

(1) $\begin{cases} x + 2y + z = 3 \\ 4x + 7y + z = 2 \\ -3x + 3y - 2z = 3 \end{cases}$　　(2) $\begin{cases} x^2 + y^2 + 2x = 9 \\ 2x + y = 3 \end{cases}$

(3) $\dfrac{2x+5}{x^2+2x-3} - \dfrac{4}{x+3} = 1$　　(4) $2x + 1 = \sqrt{4 - 7x}$

Chapter 2

集合と論理

5 集合と論理

5.1 集合

集合とその要素　ものの集まりを**集合**といい，集合に含まれる個々のものをその集合の**要素**という．数学で扱う集合は，あるものがその集まりに含まれるかどうかがはっきりと定まらなければならない．たとえば，「6 以下の自然数の集まり」は集合であるが，「小さい自然数の集まり」は集合ではない．

ある集合を考えるときの，考察の対象となるもの全体を**全体集合**という．集合はふつう A, B などの大文字で表す．また，とくに断らない限り，U は全体集合を表すものとする．自然数全体の集合は $\mathbb{N}$，実数全体の集合は $\mathbb{R}$ で表すことが多い．

a が集合 A の要素であるとき，a は A に**属する**といい，

$$a \in A \quad \text{または} \quad A \ni a$$

で表す．また，a が A の要素ではないことを

$$a \notin A \quad \text{または} \quad A \not\ni a$$

で表す．

問5.1　A を数 20 の約数からなる集合とするとき，1 から 5 までの自然数がそれぞれ A に属するかどうかを記号 $\in, \notin$ を用いて示せ．

集合を表すには，すべての要素を $\{\quad\}$ の中に並べて表す方法と，その集合の要素が満たす条件を用いて $\{x \mid x$ が満たす条件$\}$ のように表す方法とがある．

例 5.1 集合は次のように表す.

(1) 12 の正の約数の集合は $\{1, 2, 3, 4, 6, 12\}$ と表す.

(2) 正の偶数の集合は $\{2, 4, 6, \ldots\}$ と表す.

このように, 要素の一部を示し, 残りを ... で表してもよい.

(3) 正の実数の集合 $\{x \mid x$ は正の実数$\}$ は, $\{x \in \mathbb{R} \mid x > 0\}$ とも表す.

問5.2 次の集合を例 5.1 にならって表せ.

(1) 20 の正の約数の集合 (2) 100 以下である正の 3 の倍数の集合

(3) -1 以上 1 以下の実数の集合

A のすべての要素が B の要素であるとき, A は B の**部分集合**である, または, A は B に**含まれる**といい,

$$A \subset B \quad \text{または} \quad B \supset A$$

と表す. とくに, A 自身も A の部分集合である. $A \subset B$, $B \subset A$ がいずれも成り立つとき, A と B は**等しい**といい, $A = B$ と表す.

例 5.2 $A = \{2, 3, 5, 7\}$, $B = \{3, 5, 7\}$, $C = \{x \mid x$ は 10 以下の素数$\}$ とするとき, 次のことが成り立つ.

$$B \subset A, \quad A = C$$

問5.3 自然数全体の集合 $\mathbb{N}$ を全体集合とするとき, 次の集合 A, B の関係を記号 $\subset$, $=$ を用いて表せ.

(1) $A = \{1, 2, 3, 6\}$, $B = \{x \mid x$ は 6 の約数$\}$

(2) $A = \{x \mid x$ は 8 の約数$\}$, $B = \{x \mid x$ は 16 の約数$\}$

(3) $A = \{x \mid x$ は 3 の倍数$\}$, $B = \{x \mid x$ は 6 の倍数$\}$

ベン図 集合とその要素を四角や円などの図形を用いて表すことがある. このような図を**ベン図**という. 右図は, 全体集合を $U = \{x \in \mathbb{N} \mid x \leqq 10\}$ とし, $A = \{x \mid x$ は偶数$\} = \{2, 4, 6, 8, 10\}$, $B = \{x \mid x$ は 4 の倍数$\} = \{4, 8\}$ を表したベン図である.

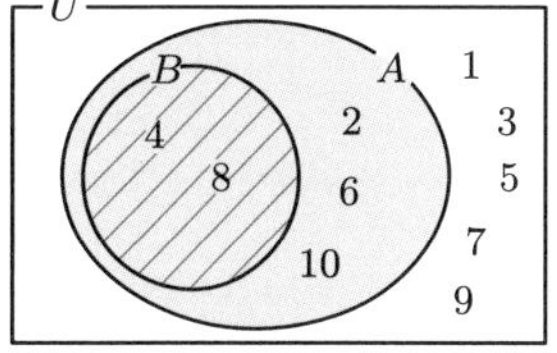

共通部分と和集合 2 つの集合 A と B の両方に属する要素全体の集合を，A と B の**共通部分**といい，$A \cap B$ で表す．また，A, B の一方または両方に属する要素全体の集合を A, B の**和集合**といい，$A \cup B$ で表す．すなわち

$$A \cap B = \{x \,|\, x \in A \text{ かつ } x \in B\}, \quad A \cup B = \{x \,|\, x \in A \text{ または } x \in B\} \tag{5.1}$$

である．

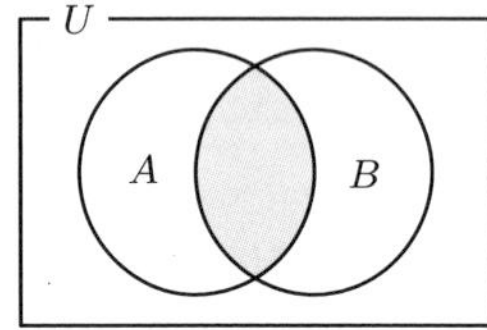

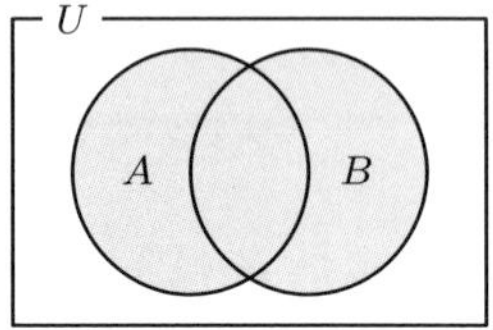

例 5.3 $A = \{x \in \mathbb{R} \,|\, -4 \leqq x \leqq 3\}, B = \{x \in \mathbb{R} \,|\, -2 < x\}$ のとき，

$$A \cap B = \{x \,|\, -2 < x \leqq 3\}, \quad A \cup B = \{x \,|\, -4 \leqq x\}$$

となる．

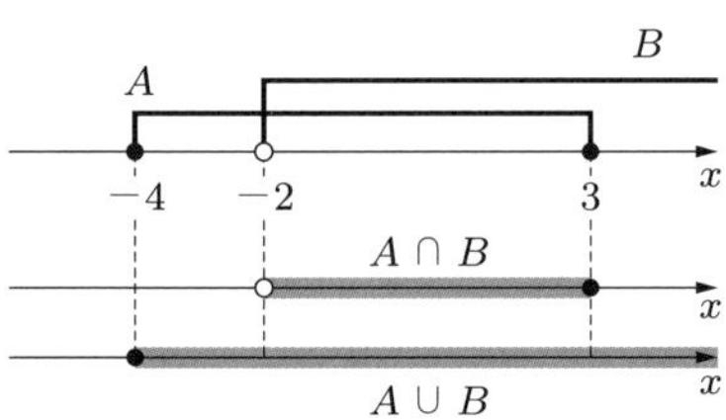

問 5.4 次の集合 A, B について，共通部分 $A \cap B$ と和集合 $A \cup B$ を求めよ．

(1) $A = \{x \in \mathbb{N} \,|\, x$ は 10 以下の奇数 $\}$，$B = \{x \in \mathbb{N} \,|\, x$ は 10 の約数 $\}$

(2) $A = \{x \in \mathbb{R} \,|\, x \leqq 4\}$，$B = \{x \in \mathbb{R} \,|\, 0 < x < 10\}$

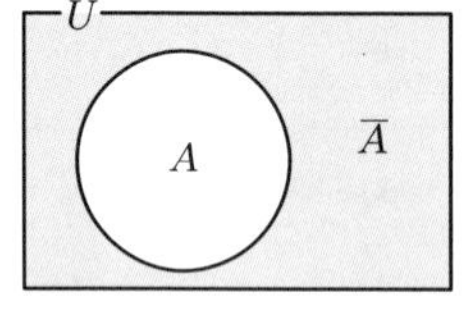

補集合と空集合 全体集合を U とするとき，集合 A に対して，A に属さない要素全体の集合を A の**補集合**といい，$\overline{A}$ で表す．すなわち，

$$\overline{A} = \{x \in U \,|\, x \notin A\} \tag{5.2}$$

である．要素をもたない集合を**空集合**といい，記号 $\varnothing$ で表す．空集合はすべての集合の部分集合である．全体集合，補集合，空集合について次の関係が成り立つ．

$$A \cap \overline{A} = \varnothing, \quad A \cup \overline{A} = U, \quad \overline{U} = \varnothing, \quad \overline{\varnothing} = U, \quad \overline{\overline{A}} = A \tag{5.3}$$

例 5.4 補集合の例を示す.

(1) 全体集合 $U = \{1, 2, 3, 4, 5, 6\}$, $A = \{1, 3, 6\}$ のとき, $\overline{A} = \{2, 4, 5\}$

(2) $A = \{x \in \mathbb{N} \mid x$ は偶数$\}$ のとき, $\overline{A} = \{x \in \mathbb{N} \mid x$ は奇数$\}$

(3) $A = \{x \in \mathbb{R} \mid -2 \leqq x < 3\}$ のとき, $\overline{A} = \{x \in \mathbb{R} \mid x < -2$ または $3 \leqq x\}$（下図）

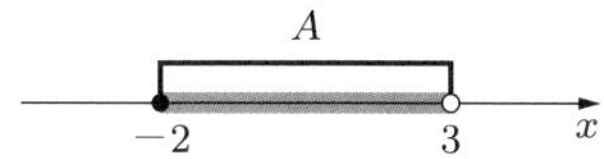

問5.5 次の集合 A の補集合 $\overline{A}$ を求めよ.

(1) 全体集合を $U = \{x \mid x$ は 9 以下の自然数$\}$ とするとき, $A = \{x \mid x$ は 3 の倍数$\}$

(2) $A = \{x \in \mathbb{R} \mid x \leqq 3$ または $10 \leqq x\}$

ド・モルガンの法則 全体集合 U とその部分集合 A, B について, 次のド・モルガンの法則が成り立つ.

5.1 ド・モルガンの法則

集合 A, B に対して, 次のことが成り立つ.

(1) $\overline{A \cap B} = \overline{A} \cup \overline{B}$　　(2) $\overline{A \cup B} = \overline{A} \cap \overline{B}$

例題 5.1 ド・モルガンの法則

$U = \{x \in \mathbb{N} \mid x \leqq 9\}$ を全体集合とし, $A = \{x \mid x \leqq 5\}$, $B = \{x \mid x$ は偶数$\}$ とするとき, 次の集合を求めて, ド・モルガンの法則が成り立つことを確かめよ.

(1) $\overline{A \cap B}$　(2) $\overline{A \cup B}$　(3) $\overline{A} \cap \overline{B}$　(4) $\overline{A} \cup \overline{B}$

解 3 つの集合 U, A, B の関係をベン図で表すと, 右図のようになる. この図から,

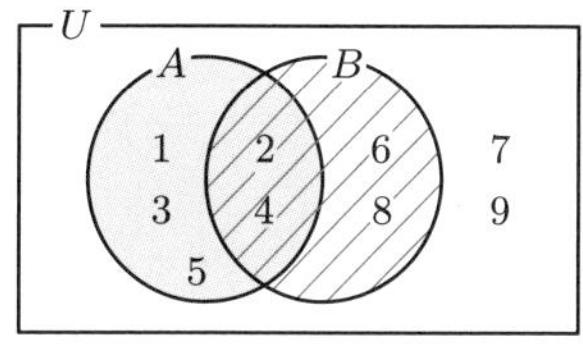

$$U = \{1, 2, 3, 4, 5, 6, 7, 8, 9\}$$

$$\overline{A} = \{6, 7, 8, 9\}, \quad \overline{B} = \{1, 3, 5, 7, 9\},$$

$$A \cap B = \{2, 4\},$$

$$A \cup B = \{1, 2, 3, 4, 5, 6, 8\}$$

である. したがって, 求める集合は次のようになり, (1) と (4), (2) と (3) が等しいから, ド・モルガンの法則が成り立っている.

(1) $\overline{A \cap B} = \{1, 3, 5, 6, 7, 8, 9\}$　(2) $\overline{A \cup B} = \{7, 9\}$

(3) $\overline{A} \cap \overline{B} = \{7, 9\}$　(4) $\overline{A} \cup \overline{B} = \{1, 3, 5, 6, 7, 8, 9\}$

問5.6　$U = \{x \in \mathbb{N} \,|\, x \leqq 12\}$ を全体集合として，$A = \{\,x \,|\, x$ は 12 以下の偶数 $\}$，$B = \{\,x \,|\, x$ は 12 の約数 $\}$ とするとき，次の集合を求めよ．

(1) $\overline{A \cap B}$　(2) $\overline{A \cup B}$　(3) $\overline{A} \cap \overline{B}$　(4) $\overline{A} \cup \overline{B}$

5.2 命題

命題と条件　正しいか正しくないかが定まる文または式を**命題**という．命題が正しいとき，その命題は**真**であるといい，正しくないときは**偽**であるという．

例 5.5　次の (1), (2) はともに命題であって，(1) は真，(2) は偽である．

(1) 3 は素数である．　(2) $5 > 7$

「$x^2 = 4$」や「a は正の数」のように，含まれる文字 x や a の値によって真か偽かが定まる文や式を**条件**という．また，条件 p に対して「p でない」という条件を p の**否定**といい，$\overline{p}$ で表す．

例 5.6　(1) 条件「$x > 4$」は $x = 1$ のとき偽，$x = 5$ のとき真である．

(2) 条件「$x > 4$」の否定は「$x \leqq 4$」である．

条件 p を満たすもの全体の集合 P を条件 p の**真理集合**という．たとえば，条件 p「$x > 4$」の真理集合は $P = \{x \in \mathbb{R} \,|\, x > 4\}$ である．

条件 p の真理集合を P とするとき，条件 $\overline{p}$ の真理集合は $\overline{P}$ である．また，条件 p, q の真理集合を P, Q とするとき，条件「p かつ q」，「p または q」の真理集合は，それぞれ $P \cap Q$，$P \cup Q$ であり，ド・モルガンの法則

$$\overline{P \cap Q} = \overline{P} \cup \overline{Q}, \quad \overline{P \cup Q} = \overline{P} \cap \overline{Q}$$

から，条件 p, q に対して次のことが成り立つ．

条件「p かつ q」の否定は「$\overline{p}$ または $\overline{q}$」である．

条件「p または q」の否定は「$\overline{p}$ かつ $\overline{q}$」である．

例 5.7　a, b が実数のとき，

(1) 「$a = 0$ かつ $b = 0$」の否定は「$a \neq 0$ または $b \neq 0$」

(2) 「$a > 0$ または $b > 0$」の否定は「$a \leqq 0$ かつ $b \leqq 0$」

問5.7 次の条件の否定を述べよ．ただし，a は実数，m, n は自然数とする．

(1) $-1 \leqq a \leqq 1$ (2) $a \neq 1$ かつ $a \neq -1$ (3) m は偶数または n は偶数

反例 p, q を条件とする．命題「p ならば q」に対して，p をこの命題の**仮定**，q をこの命題の**結論**という．

条件 p, q の真理集合をそれぞれ P, Q とすると，命題「p ならば q」は，$P \subset Q$ であるときに限って真である．したがって，仮定 p を満たすが結論 q を満たさない例があるとき，命題「p ならば q」は偽となる．このような例を**反例**という．

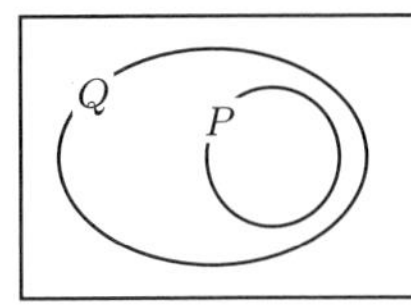

「p ならば q」は真

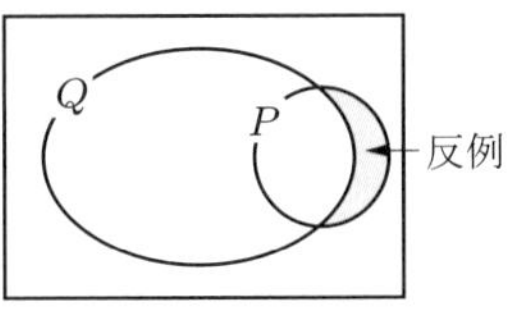

「p ならば q」は偽

例 5.8 (1) 命題「$x^2 = 9$ ならば $x = 3$」は偽である．$x = -3$ がこの命題の反例である．

(2) 命題「$x^2 > 1$ ならば $x > 1$」は偽である．$x = -2$ など，$x < -1$ である数がこの命題の反例である．

問5.8 次の命題はいずれも偽である．反例を示せ．

(1) 2つの内角が等しい三角形は正三角形である．

(2) m, n が自然数のとき，$m + n$ が偶数ならば m も n も偶数である．

必要条件と十分条件，同値 命題「p ならば q」が真であるとき，$p \Longrightarrow q$ と表す．$p \Longrightarrow q$ であるとき，

条件 q を，p であるための**必要条件**

条件 p を，q であるための**十分条件**

という．$p \Longrightarrow q$ かつ $q \Longrightarrow p$ であることを，記号

$$p \Longleftrightarrow q$$

で表し，p は q であるための**必要十分条件**という．このとき，q は p であるための必要十分条件であり，p と q とは互いに**同値**であるという．

例 5.9　a, b は実数とする．

(1)　2 つの条件 $a=0$ と $ab=0$ について

$$a=0 \Longrightarrow ab=0$$

であるから，$ab=0$ は $a=0$ であるための必要条件であり，$a=0$ は $ab=0$ であるための十分条件である．

(2)　2 つの条件「$a^2>0$」と「$a \neq 0$」について

$$a^2>0 \Longleftrightarrow a \neq 0$$

であるから，$a^2>0$ は $a \neq 0$ であるための必要十分条件であり，$a^2>0$ と $a \neq 0$ とは互いに同値である．

問 5.9　次の文中の (　) に，必要条件，十分条件，必要十分条件，必要条件でも十分条件でもない，のうち適切な言葉を入れよ．ただし，a, b は実数とする．

(1)　△ ABC が正三角形であることは，$\angle \mathrm{A} = \angle \mathrm{B}$ であるための (　)

(2)　2 次方程式の判別式が 0 であることは，2 次方程式が 2 重解をもつための (　)

(3)　$ab>0$ は，$a>0$ かつ $b>0$ であるための (　)

(4)　$a+b=4$ は，$a=2$ であるための (　)

対偶　命題「p ならば q」に対して，命題「q ならば p」をもとの命題の**逆**，命題「$\overline{p}$ ならば $\overline{q}$」を**裏**，命題「$\overline{q}$ ならば $\overline{p}$」を**対偶**という．それらの関係を図示すると，次のようになる．とくに，対偶の対偶はもとの命題である．

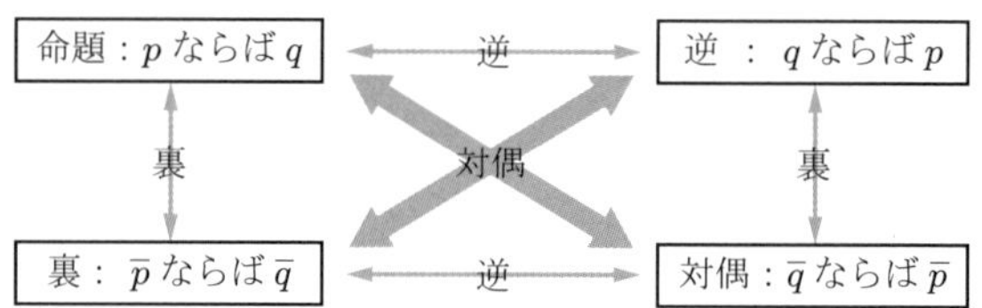

条件 p, q の真理集合をそれぞれ P, Q とすると，命題「p ならば q」が真であれば $P \subset Q$ である．このとき，下図のように $\overline{Q} \subset \overline{P}$ となるから，対偶「$\overline{q}$ ならば $\overline{p}$」は真である．

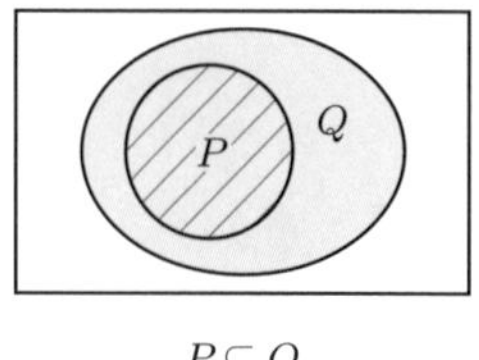

$P \subset Q$

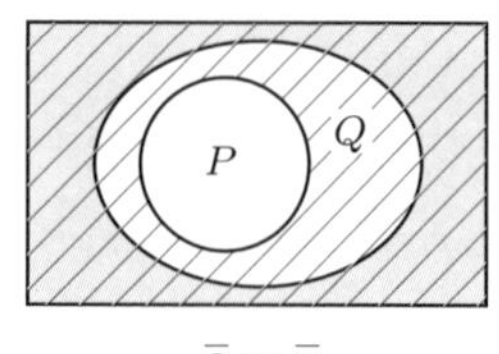

$\overline{Q} \subset \overline{P}$

したがって，次のことが成り立つ．

5.2 命題とその対偶の真偽

命題「p ならば q」とその対偶「$\overline{q}$ ならば $\overline{p}$」は真偽が一致する．

例 5.10 命題「n が 2 の倍数ならば，n は 4 の倍数」の対偶は「n が 4 の倍数でないならば，n は 2 の倍数ではない」である．$n = 6$ はこれらの命題の反例になっており，これらの命題はともに偽である．

問 5.10 命題「$x^2 = 9$ ならば $x = 3$」の対偶を作り，真偽を調べよ．偽であればその反例を示せ．

命題とその対偶の真偽は一致するから，ある命題を証明するかわりに，その対偶を証明してもよい．

例題 5.2 対偶による証明

自然数 n について，n^2 が偶数ならば，n は偶数であることを証明せよ．

証明 偶数でなければ奇数であるから，この命題の対偶は

自然数 n について，n が奇数ならば，n^2 は奇数である

であり，これを証明する．

n が奇数ならば，整数 m（$m \geqq 0$）を用いて $n = 2m + 1$ と表すことができるから

$$n^2 = (2m+1)^2 = 4m^2 + 4m + 1 = 2(2m^2 + 2m) + 1$$

となり，n^2 は奇数である．したがって，与えられた命題の対偶は真である．よって，もとの命題も真である． 証明終

問 5.11 自然数 n について，n^2 が 3 の倍数ならば，n は 3 の倍数であることを証明せよ．

背理法 ある命題 p が真であることを示したいとき，「p が偽であると仮定すると矛盾が起こる．したがって p は真である」とする証明法を**背理法**という．

例題 5.3　背理法による証明

$\sqrt{2}$ が無理数であることを背理法によって証明せよ．

証明　$\sqrt{2}$ が有理数であると仮定すると，

$$\sqrt{2} = \frac{m}{n} \quad (m, n \text{ は最大公約数が 1 である自然数})$$

と表すことができる．この式の分母を払った等式 $\sqrt{2}n = m$ の両辺を 2 乗すると，

$$2n^2 = m^2 \qquad \cdots\cdots ①$$

が得られる．したがって，m^2 は偶数であるから，例題 5.2 によって m も偶数である．よって，$m = 2k$（k は自然数）とおくことができ，これを①に代入すると $2n^2 = 4k^2$，すなわち，$n^2 = 2k^2$ が得られる．再び例題 5.2 によって，n は偶数となる．よって，m と n はどちらも偶数であり，公約数 2 をもつから，最大公約数が 1 であることに矛盾する．したがって，$\sqrt{2}$ は無理数である．　証明終

問5.12　$\sqrt{3}$ が無理数であることを証明せよ．

練習問題 5

[1] 集合 $A = \{1, 2, 3\}$ の部分集合をすべてあげよ．

[2] 全体集合を実数全体の集合 $\mathbb{R}$ とし，$A = \{x \mid -2 < x < 3\}$, $B = \{x \mid 1 \leqq x \leqq 4\}$ とするとき，次の集合を求めよ．

(1) $A \cap B$　(2) $A \cup B$　(3) $\overline{B}$
(4) $\overline{A} \cap B$　(5) $\overline{A} \cap \overline{B}$　(6) $\overline{A \cap B}$

[3] 3 つの集合 A, B, C を図のような集合とするとき，次の集合をそれぞれベン図の中に斜線で示せ．

(1) $A \cup (B \cap C)$　(2) $A \cap (B \cup C)$
(3) $\overline{A} \cap (B \cup C)$　(4) $A \cup \overline{(B \cap C)}$

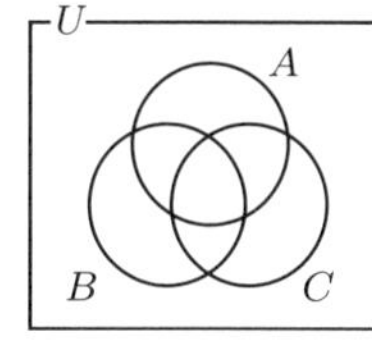

[4] 次の文中の（　）に，必要条件，十分条件，必要十分条件，必要条件でも十分条件でもない，のうち適切な言葉を入れよ．ただし，a, b は実数，m, n は自然数とする．

(1) $a > 50$ は $a > 100$ であるための（　）
(2) $a^2 > b^2$ は $a > b$ であるための（　）
(3) 積 mn が奇数であることは，m, n がともに奇数であるための（　）
(4) 四角形がひし形であることは，対角線が直交するための（　）

[5] 次の命題の対偶を作り，その真偽を判定せよ．偽であるときは，その反例を示せ．

(1) x, y が実数のとき，$x + y < 0$ ならば，$x < 0$ または $y < 0$ である．
(2) x, y が複素数のとき，$x^2 + y^2 = 0$ ならば，$x = y = 0$ である．

[6] a, b が有理数で $a \neq 0$ のとき，$\sqrt{2}a + b$ が無理数であることを証明せよ．ただし，$\sqrt{2}$ が無理数であることは使ってよいものとする．

6　等式と不等式の証明

6.1　恒等式

恒等式の性質　x についての等式には恒等式と方程式があり，恒等式は x がどんな値であっても成り立つ等式であることはすでに学んだ．

a, b, c を定数として，等式

$$ax^2 + bx + c = 0$$

が x についての恒等式であれば，x がどんな値であっても両辺の値は等しい．したがって，たとえば，$x = 1, 0, -1$ を代入すれば

$$\begin{cases} a + b + c = 0 \\ \qquad\quad c = 0 \\ a - b + c = 0 \end{cases}$$

が成り立つ．この連立方程式を解けば

$$a = b = c = 0$$

が得られる．逆に，$a = b = c = 0$ ならば，x がどんな値であっても $ax^2+bx+c = 0$ が成り立つ．

6.1　恒等式の性質

$ax^2 + bx + c = 0$ が x についての恒等式であるための必要十分条件は，

$$a = b = c = 0$$

が成り立つことである．

また，$ax^2 + bx + c = a'x^2 + b'x + c'$ が x についての恒等式ならば，

$$(a - a')x^2 + (b - b')x + (c - c') = 0$$

も恒等式である．これが成り立つための必要十分条件は，

$$a - a' = b - b' = c - c' = 0 \quad すなわち \quad a = a', \quad b = b', \quad c = c'$$

が成り立つことである．

一般の n 次式についても，これと同様の性質が成り立つ．

例題 6.1 恒等式であるための条件

次の等式が x についての恒等式であるように，定数 a, b, c の値を定めよ．

$$3x^2 - 5x + 4 = a(x-2)^2 + b(x-2) + c$$

解 右辺を展開して整理すると

$$3x^2 - 5x + 4 = a(x^2 - 4x + 4) + b(x-2) + c$$

$$3x^2 - 5x + 4 = ax^2 + (-4a + b)x + (4a - 2b + c)$$

となる．これが x についての恒等式であるためには，両辺の係数を比較して

$$\begin{cases} a = 3 \\ -4a + b = -5 \\ 4a - 2b + c = 4 \end{cases}$$

でなければならない．これを a, b, c について解けば，$a = 3$, $b = 7$, $c = 6$ となる．

この方法を**係数比較法**という．

別解 与えられた式

$$3x^2 - 5x + 4 = a(x-2)^2 + b(x-2) + c$$

の x に適当な値を代入して係数を求める．たとえば，

$x = 2$ を代入すると　$6 = c$

$x = 3$ を代入すると　$16 = a + b + c$

$x = 0$ を代入すると　$4 = 4a - 2b + c$

となるから，これを解けば，$a = 3$, $b = 7$, $c = 6$ となる．

この方法を**数値代入法**という．数値代入法では，展開して整理する手順を省略することができる．

note　一般に，x についての 2 つの n 次式 $P(x)$, $Q(x)$ が，異なる $n+1$ 個の x の値に対して等しければ，$P(x) = Q(x)$ は恒等式になる．

問6.1　次の等式が x についての恒等式であるように，定数 a, b, c の値を定めよ．

(1)　$2x-8=a(x-1)+b(x-3)$

(2)　$2x^2+7x-5=a(x+2)^2+b(x+2)+c$

(3)　$3x^2-4x+2=a(x^2+1)+x(bx+c)$

部分分数への分解　分数式の分母が因数分解できるときは，次の式のように，分母の個々の因数を分母とする簡単な分数式の和に直すことができる．

$$\frac{1}{x(x+1)}=\frac{1}{x}-\frac{1}{x+1}$$

この変形を**部分分数**に分解するという．この変形は，いろいろな場面で必要とされる重要な変形である．

例題 6.2　**部分分数への分解**

次の等式が x についての恒等式であるように，定数 a, b の値を定めよ．

$$\frac{x+8}{(x-2)(x+3)}=\frac{a}{x-2}+\frac{b}{x+3}$$

解　両辺に $(x-2)(x+3)$ をかけて分母を払うと

$$x+8=a(x+3)+b(x-2)$$

となる．右辺を整理すれば

$$x+8=(a+b)x+(3a-2b)$$

となる．この式の両辺の係数を比較して，連立方程式

$$\begin{cases} a+b=1 \\ 3a-2b=8 \end{cases}$$

が得られる．これを解いて $a=2, b=-1$ となる．

例題の結果から，次のような部分分数に分解することができる．

$$\frac{x+8}{(x-2)(x+3)}=\frac{2}{x-2}-\frac{1}{x+3}$$

問6.2　次の等式が x についての恒等式であるように，定数 a, b, c の値を定め，部分分数に分解せよ．

(1)　$\dfrac{1}{(x-1)(x+2)}=\dfrac{a}{x-1}+\dfrac{b}{x+2}$　　(2)　$\dfrac{3x-4}{x(x^2+2)}=\dfrac{a}{x}+\dfrac{bx+c}{x^2+2}$

問6.3 分数式 $\dfrac{2x-11}{(x-3)(x+2)}$ を部分分数に分解せよ.

6.2 等式の証明

等式の証明 等式 $A=B$ が成り立つことを証明するには，次の 3 つの方法が一般的である.

(i) 左辺 A または右辺 B を変形して，他の辺に一致することを示す.

(ii) 左辺 $-$ 右辺 $=A-B$ を変形して，0 になることを示す.

(iii) 左辺 A，右辺 B をそれぞれ変形して，同じ式 C に一致することを示す.

例題 6.3 等式の証明

次の等式が成り立つことを証明せよ.

(1) $(ac+bd)^2+(ad-bc)^2=(a^2+b^2)(c^2+d^2)$

(2) $a+b+c=0$ のとき，$a^3+b^3+c^3=3abc$

証明 (1) 左辺を変形して右辺に一致することを示す.

$$\begin{aligned}
\text{左辺} &= (ac+bd)^2+(ad-bc)^2\\
&= a^2c^2+2abcd+b^2d^2+a^2d^2-2abcd+b^2c^2\\
&= a^2(c^2+d^2)+b^2(c^2+d^2)\\
&= (a^2+b^2)(c^2+d^2)=\text{右辺}
\end{aligned}$$

よって，与えられた等式が成り立つ.

(2) 左辺 $-$ 右辺 $=0$ となることを示す.

条件 $a+b+c=0$ を $c=-(a+b)$ と変形して代入すると，

$$\begin{aligned}
\text{左辺}-\text{右辺} &= a^3+b^3+c^3-3abc\\
&= a^3+b^3+\{-(a+b)\}^3-3ab\{-(a+b)\}\\
&= a^3+b^3-(a^3+3a^2b+3ab^2+b^3)+3a^2b+3ab^2\\
&= 0
\end{aligned}$$

となる．よって，与えられた等式が成り立つ. 証明終

例題 6.3(2) のように，ある条件のもとで成り立つ等式もある.

問6.4　次の等式が成り立つことを証明せよ．

(1)　$\left(a+\dfrac{1}{a}\right)^2-4=\left(a-\dfrac{1}{a}\right)^2$　（ただし，$a\neq 0$）

(2)　$x+y=1$ のとき $x^2-x=y^2-y$

6.3 不等式の証明

不等式の証明　不等式 $A>B$（または $A\geqq B$）が成り立つことの証明には

$$\text{左辺}-\text{右辺}=A-B>0\quad(\text{または}\ \geqq 0)$$

を示す方法がよく用いられる．等号が成り立つときには，それがどのような場合であるかを明記する必要がある．

不等式の証明では，次の性質がよく用いられる［→定理 1.5］．

(1)　x が実数のとき，$x^2\geqq 0$ である．等号は $x=0$ のときだけ成り立つ．

(2)　a,b が実数のとき，$a^2+b^2\geqq 0$ である．等号は $a=b=0$ のときだけ成り立つ．

例 6.1　任意の実数 a,b に対して，$a^2+2ab+b^2=(a+b)^2$ であるから，

$$a^2+2ab+b^2\geqq 0$$

が成り立つ．等号は $a+b=0$ のときだけ成り立つ．

例題 6.4　不等式の証明

a,b が実数のとき，不等式 $a^2+b^2\geqq ab$ が成り立つことを証明せよ．また，等号が成り立つ場合を調べよ．

証明　与えられた式の 左辺 − 右辺 を変形して，0 以上になることを示す．

$$\begin{aligned}\text{左辺}-\text{右辺}&=a^2-ab+b^2\\&=\left(a-\frac{b}{2}\right)^2-\frac{b^2}{4}+b^2\\&=\left(a-\frac{b}{2}\right)^2+\frac{3b^2}{4}\geqq 0\end{aligned}$$

となるから，与えられた不等式が成り立つ．等号が成り立つのは $a-\dfrac{b}{2}=0$ かつ $b=0$ のとき，すなわち $a=b=0$ のときだけである．　証明終

問6.5　次の不等式が成り立つことを証明せよ．また，等号が成り立つ場合を調べよ．

(1)　x, y が実数のとき，$x^2 + y^2 \geqq 2y - 1$　　(2)　$a \geqq b$ のとき，$a^3 \geqq b^3$

相加平均と相乗平均　$a > 0, b > 0$ のとき，$\dfrac{a+b}{2}$ を a と b の**相加平均**，$\sqrt{ab}$ を a と b の**相乗平均**という．これらの間には次の関係が成り立つ．

6.2　相加平均と相乗平均の関係

$a > 0, b > 0$ のとき，次の不等式が成り立つ．

$$\frac{a+b}{2} \geqq \sqrt{ab}$$　等号は $a = b$ のときだけ成り立つ．

証明　左辺 − 右辺 を変形して，0 以上であることを示す．

$$\frac{a+b}{2} - \sqrt{ab} = \frac{a+b-2\sqrt{ab}}{2}$$

$$= \frac{(\sqrt{a})^2 - 2\sqrt{a}\sqrt{b} + (\sqrt{b})^2}{2} = \frac{(\sqrt{a} - \sqrt{b})^2}{2} \geqq 0$$

したがって，与えられた不等式が成り立つ．等号が成り立つのは $\sqrt{a} - \sqrt{b} = 0$，すなわち，$a = b$ のときだけである．　証明終

なお，相加平均と相乗平均の関係は，$a + b \geqq 2\sqrt{ab}$ の形で使われることも多い．

例題 6.5　相加平均と相乗平均の関係を利用した証明

$a > 0, b > 0$ のとき，不等式 $\dfrac{b}{a} + \dfrac{a}{b} \geqq 2$ が成り立つことを証明せよ．また，等号が成り立つ場合を調べよ．

証明　$a > 0, b > 0$ のとき $\dfrac{b}{a} > 0, \dfrac{a}{b} > 0$ であるから，相加平均と相乗平均の関係から

$$\text{左辺} = \frac{b}{a} + \frac{a}{b} \geqq 2\sqrt{\frac{b}{a} \cdot \frac{a}{b}} = 2 = \text{右辺}$$

が得られる．等号は $\dfrac{b}{a} = \dfrac{a}{b}$ のとき，すなわち，$a = b$ のときだけ成り立つ．　証明終

問6.6　$a > 0, b > 0$ のとき，次の不等式が成り立つことを証明せよ．また，等号が成り立つ場合を調べよ．

(1)　$a^2 + b^2 \geqq 2ab$　　(2)　$a + \dfrac{1}{a} \geqq 2$

練習問題 6

[1] 次の等式が x についての恒等式であるように，定数 a, b, c の値を定めよ．

(1) $3x+1=a(x-1)(x+1)+bx(x+1)+cx(x-1)$

(2) $2x^2-3x+5=a(x-1)^2+b(x-1)+c$

(3) $\dfrac{1}{(x-1)(x^2+x+1)}=\dfrac{a}{x-1}+\dfrac{bx+c}{x^2+x+1}$

(4) $\dfrac{7x+4}{(x-2)(x+1)^2}=\dfrac{a}{x-2}+\dfrac{b}{x+1}+\dfrac{c}{(x+1)^2}$

[2] 次の等式が成り立つことを証明せよ．

(1) $a^2(b-c)+b^2(c-a)+c^2(a-b)=-(a-b)(b-c)(c-a)$

(2) $a+b+c=0$ のとき，$a^2-bc=b^2-ca=c^2-ab$

(3) $\dfrac{a}{x}=\dfrac{b}{y}=\dfrac{c}{z}$ のとき，$\dfrac{(a+b+c)^2}{(x+y+z)^2}=\dfrac{ab+bc+ca}{xy+yz+zx}$

[3] 不等式 $(a^2+b^2)(c^2+d^2)\geqq(ac+bd)^2$ が成り立つことを証明せよ．また，等号が成り立つ場合を調べよ．

[4] $x>0$ のとき，不等式 $\dfrac{1}{1+x}>1-x$ が成り立つことを証明せよ．

[5] 次の不等式が成り立つことを証明せよ．また，等号が成り立つ場合を調べよ．

(1) $a>0, b>0$ のとき，$(a+b)\left(\dfrac{1}{a}+\dfrac{1}{b}\right)\geqq 4$

(2) $a\geqq 1, b\geqq 1$ のとき，$ab+1\geqq a+b$

(3) $a^2+b^2+c^2\geqq ab+bc+ca$

第2章の章末問題

1. 次の命題の真偽を調べて，偽であるものには反例を示せ．
   (1) 正の整数 m が 3 の倍数ならば奇数である．
   (2) すべての実数 x について，$x^2 - 7x = 0$ である．
   (3) a, b を実数とするとき，$a + b \geqq 0$ ならば $a \geqq 0$ または $b \geqq 0$ である．

2. 次の文中の（　）に必要条件，十分条件，必要十分条件のうち適切な言葉を入れよ．
   (1) $a = 0$ は $ab = 0$ であるための（　）である．
   (2) $|x| > 0$ は $x \neq 0$ であるための（　）である．
   (3) $ab < 0$ は $a < 0$ または $b < 0$ であるための（　）である．
   (4) $x < 1$ は $x^2 - 1 < 0$ であるための（　）である．

3. 次の命題の逆，裏，対偶を述べよ．また，それらの真偽を調べて，偽であるものには反例を示せ．
   (1) a, b を実数とするとき，$a^2 + b^2 = 0$ ならば $a = 0$ かつ $b = 0$
   (2) 四角形において，正方形ならば対角線が互いに長さを二等分する．

4. 自然数 n について，n^2 が 3 の倍数ならば，n は 3 の倍数であることを証明せよ．

5. 次の分数式を部分分数に分解せよ．
   (1) $\dfrac{x^2 + 15x + 18}{(x-3)(x+3)^2}$　　(2) $\dfrac{11x^2 + 3x - 5}{(x+2)(x^2+7)}$

6. 次の等式が成り立つことを証明せよ．
   (1) $(x^2 + \sqrt{2}xy + y^2)(x^2 - \sqrt{2}xy + y^2) = x^4 + y^4$
   (2) $a + b = 1$ のとき，$a^2 + b^2 + 1 = 2(a^2 + b^2 + ab)$
   (3) $(a-b)^3 + (b-c)^3 + (c-a)^3 = 3(a-b)(b-c)(c-a)$
   (4) $a + b + c = 0$ のとき，$2a^2 + bc = (a-b)(a-c)$
   (5) $\dfrac{a}{b} = \dfrac{c}{d}$（$a$, b, c, d は正の数）のとき，$\dfrac{b^2}{a^2 + b^2} = \dfrac{bd}{ac + bd}$

7. a, b, c, d, x, y が実数のとき，次の不等式が成り立つことを証明せよ．(2)〜(5) については，等号が成り立つ場合も調べよ．
   (1) $2(x^2 + y^2) > (x + y)^2 - 1$
   (2) $a^2 + ab + b^2 \geqq 0$
   (3) $(a^2 - b^2)(x^2 - y^2) \leqq (ax - by)^2$
   (4) $|a + b| \leqq |a| + |b|$
   (5) $a, b, c, d > 0$ のとき，$(a + b)(b + c)(c + a) \geqq 8abc$

Chapter

3 いろいろな関数

7 2次関数とそのグラフ

7.1 2次関数

2次関数　2つの変数 x, y があって，x の値を定めると，それに対応して y の値がただ1つ決まるとき，y は x の**関数**であるという．y が x の1次式

$$y = ax + b \quad (a, b \text{ は定数，} a \neq 0) \tag{7.1}$$

で表されるとき，y は x の1次関数であるという．1次関数のグラフは直線であるから，これを直線 $y = ax + b$ という．同じように，y が x の2次式

$$y = ax^2 + bx + c \quad (a, b, c \text{ は定数，} a \neq 0) \tag{7.2}$$

で表されるとき，y は x の**2次関数**であるという．

2次関数 $y = ax^2$ のグラフは下図のようになり，$a > 0$ のとき**下に凸**，$a < 0$ のとき**上に凸**であるという．この曲線を**放物線**という．あとで述べるように，$y = ax^2 + bx + c$ のグラフは $y = ax^2$ のグラフと重ねることができるので放物線である．これを，放物線 $y = ax^2 + bx + c$ という．放物線はある直線に関して対

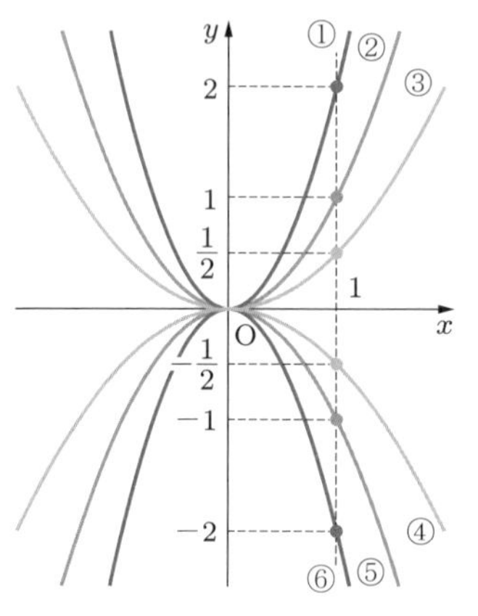

$y = ax^2$ のグラフ
① $y = 2x^2$
② $y = x^2$
③ $y = \frac{1}{2}x^2$
④ $y = -\frac{1}{2}x^2$
⑤ $y = -x^2$
⑥ $y = -2x^2$

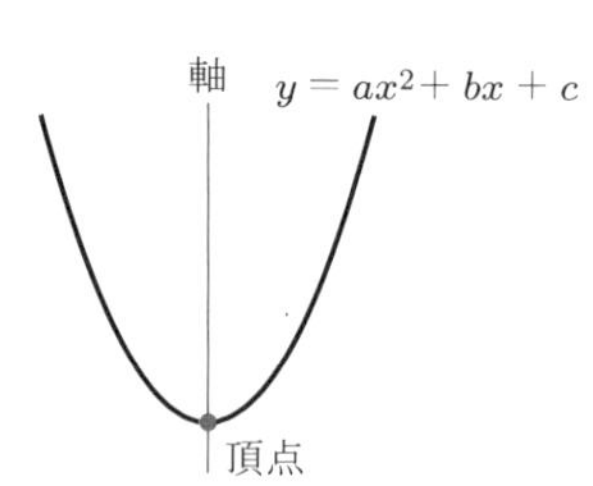

称であり，その直線を放物線の**軸**という．軸と放物線との交点を**頂点**という．放物線 $y = ax^2$ の軸は y 軸（直線 $x = 0$），頂点は原点 O であり，点 $(1, a)$ を通る．

問7.1　次の 2 次関数のグラフをかけ．

(1)　$y = 3x^2$　　(2)　$y = \dfrac{2}{3}x^2$　　(3)　$y = -\dfrac{3}{2}x^2$

$y = ax^2 + q$ のグラフ　$y = x^2,\ y = x^2 + 2,\ y = x^2 - 2$ のグラフをかくために，x の値に対応する y の値の表を作る．これによって下図のグラフが得られ，

$y = x^2 + 2$ のグラフは，$y = x^2$ のグラフを上に 2（y 軸方向に 2）

$y = x^2 - 2$ のグラフは，$y = x^2$ のグラフを下に 2（y 軸方向に -2）

移動したものであることがわかる．

x	x^2	x^2+2	x^2-2
⋮	⋮	⋮	⋮
-3	9	11	7
-2	4	6	2
-1	1	3	-1
0	0	2	-2
1	1	3	-1
2	4	6	2
3	9	11	7
⋮	⋮	⋮	⋮

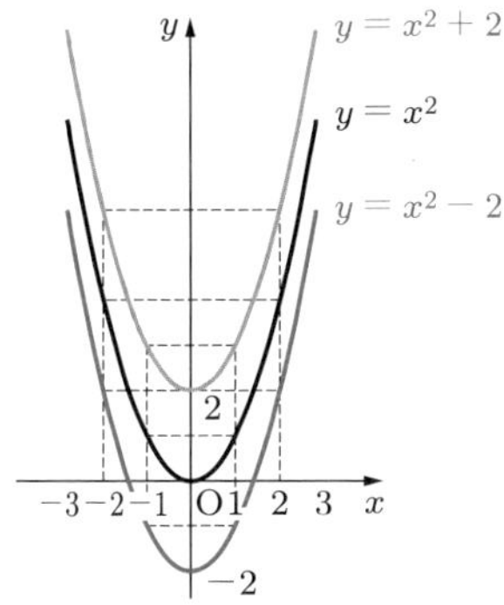

$y = a(x - p)^2$ のグラフ　$y = 3x^2,\ y = 3(x + 2)^2,\ y = 3(x - 2)^2$ について，次のページの表を作ってグラフをかく．表右の図より，

$y = 3(x + 2)^2$ のグラフは，$y = 3x^2$ のグラフを左に 2（x 軸方向に -2）

$y = 3(x - 2)^2$ のグラフは，$y = 3x^2$ のグラフを右に 2（x 軸方向に 2）

移動したものであることがわかる．

放物線 $y = a(x - p)^2$ と x 軸とは，1 点 $\mathrm{P}(p, 0)$ だけを共有する．このとき，$y = a(x - p)^2$ は点 P で x 軸に**接する**といい，点 P を**接点**という．交点と接点をあわせて**共有点**という．

x	$3x^2$	$3(x+2)^2$	$3(x-2)^2$
-5	$\cdots$	27	$\cdots$
-4	$\cdots$	12	$\cdots$
-3	27	3	$\cdots$
-2	12	0	$\cdots$
-1	3	3	27
0	0	12	12
1	3	27	3
2	12	$\cdots$	0
3	27	$\cdots$	3
4	$\cdots$	$\cdots$	12
5	$\cdots$	$\cdots$	27

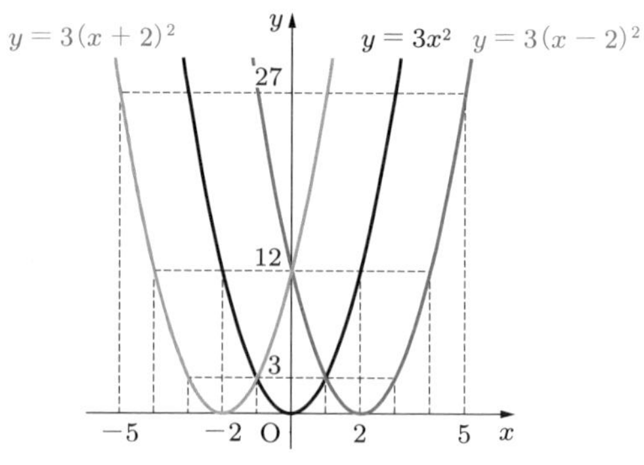

2次関数のグラフの平行移動　図形をある方向に，一定の距離だけ移動することを，その図形を**平行移動**するという．

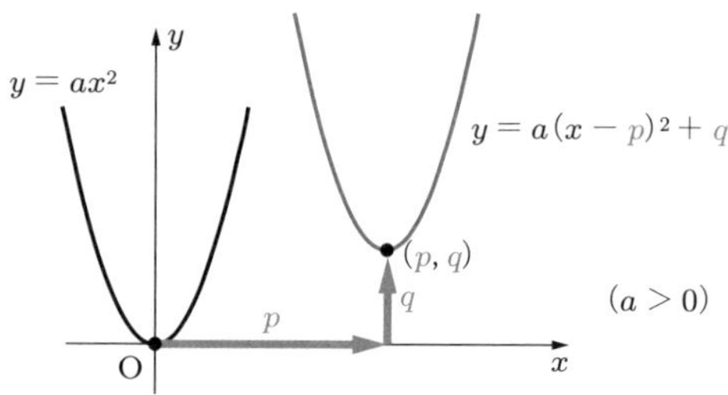

これまでみてきたように，$y=ax^2+q$ のグラフは，$y=ax^2$ のグラフを y 軸方向に q 平行移動したものであり，$y=a(x-p)^2$ のグラフは，$y=ax^2$ のグラフを x 軸方向に p 平行移動したものになる．したがって，$y=a(x-p)^2+q$ のグラフは，$y=ax^2$ のグラフを x 軸方向に p，y 軸方向に q 平行移動したものである．

7.1　2次関数の標準形

2次関数 $y=a(x-p)^2+q$ のグラフは，$a>0$ のとき下に凸，$a<0$ のとき上に凸であり，$y=ax^2$ のグラフを x 軸方向に p，y 軸方向に q 平行移動したものである．

$$y=a(x-p)^2+q$$

を2次関数の**標準形**という．放物線 $y=a(x-p)^2+q$ の軸は直線 $x=p$，頂点は (p,q) である．

例 7.1　2 次関数 $y=(x+1)^2-4$ のグラフは下に凸で，$y=x^2$ のグラフを x 軸方向に -1，y 軸方向に -4 平行移動したものである．この放物線の軸は直線 $x=-1$，頂点は $(-1,-4)$ である．$x=0$ のとき $y=-3$ であるから，y 軸との共有点は $(0,-3)$ である．以上のことから，$y=(x+1)^2-4$ のグラフは右図のようになる．

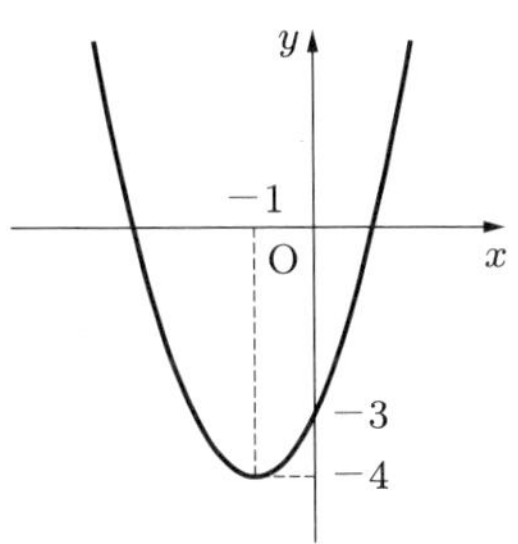

問 7.2　次の関数のグラフは，$y=-3x^2$ のグラフをどのように平行移動したものか．

(1)　$y=-3(x-1)^2+2$　　(2)　$y=-3(x-3)^2-3$

(3)　$y=-3x^2+4$　　(4)　$y=-3(x+4)^2$

問 7.3　次の 2 次関数は下に凸か上に凸かを述べよ．また，頂点の座標，軸の方程式，y 軸との共有点の座標を求めてグラフをかけ．

(1)　$y=\dfrac{1}{2}(x-2)^2+1$　　(2)　$y=-(x+2)^2+5$

(3)　$y=-x^2-2$　　(4)　$y=3(x+1)^2$

2 次関数 $y=ax^2+bx+c$ を標準形に変形すれば，グラフをかくことができる．

例題 7.1　2 次関数のグラフ

2 次関数 $y=2x^2-8x+5$ のグラフをかけ．

解　$y=2x^2-8x+5$ を標準形に変形すると，

$$
\begin{aligned}
y &= 2x^2-8x+5 \\
&= 2(x^2-4x)+5 && [x^2 \text{ の係数でくくる}] \\
&= 2\left\{(x-2)^2-2^2\right\}+5 && [\text{平方完成を行う}] \\
&= 2(x-2)^2-8+5 && [\{\ \}\text{をはずす}] \\
&= 2(x-2)^2-3
\end{aligned}
$$

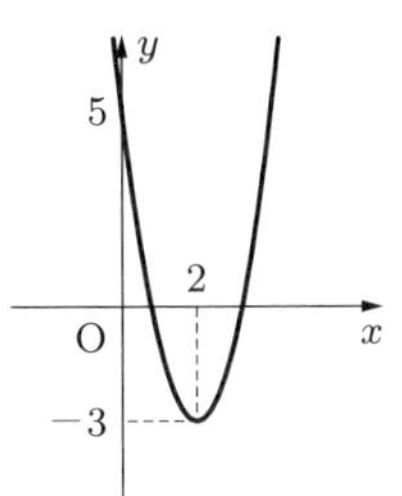

となる．したがって，与えられた関数のグラフは，図のように下に凸で，$y=2x^2$ のグラフを x 軸方向に 2，y 軸方向に -3 平行移動したものである．頂点は点 $(2,-3)$，軸は直線 $x=2$ である．また，$x=0$ のとき $y=5$ であるから，このグラフは y 軸と点 $(0,5)$ で交わる．

問7.4　次の2次関数を標準形に直してグラフをかけ．また，関数のグラフである放物線の頂点の座標，軸の方程式，y 軸との共有点の座標を求めよ．

(1)　$y = x^2 - 4x + 1$　　(2)　$y = -x^2 - 2x$

(3)　$y = \dfrac{1}{2}x^2 - 2x + 3$　　(4)　$y = 2x^2 - 2x - 3$

7.2 いろいろな2次関数のグラフ

x 軸との共有点とグラフ　$y = ax^2 + bx + c$ のグラフと x 軸との共有点の x 座標は $y = 0$，すなわち，2次方程式 $ax^2 + bx + c = 0$ の解である．x 軸との共有点がわかれば，標準形に直さずにグラフをかくことができる．

例題 7.2　x 軸との共有点とグラフ

次の2次関数のグラフをかけ．

(1)　$y = \dfrac{1}{3}(x-1)(x+5)$　　(2)　$y = -2x^2 + 4x$

解　(1)　$y = 0$ の解は $x = 1, x = -5$ であるから，グラフは x 軸と2点 $(1, 0), (-5, 0)$ で交わる．放物線は軸に関して対称であるから，軸の方程式は $x = \dfrac{1 + (-5)}{2} = -2$ である．$x = -2$ のとき $y = -3$ となるから，頂点の座標は $(-2, -3)$ である．また，$x = 0$ のとき $y = -\dfrac{5}{3}$ となるから，グラフは y 軸と点 $\left(0, -\dfrac{5}{3}\right)$ で交わる．したがって，グラフは図1のようになる．

(2)　$y = -2x^2 + 4x = -2x(x-2)$ であるから，$y = 0$ の解は $x = 0, x = 2$ である．よって，グラフは x 軸と $(0, 0), (2, 0)$ で交わり，軸の方程式は $x = 1$ である．$x = 1$ のとき $y = 2$ であるから，頂点の座標は $(1, 2)$ である．したがって，グラフは図2のようになる．

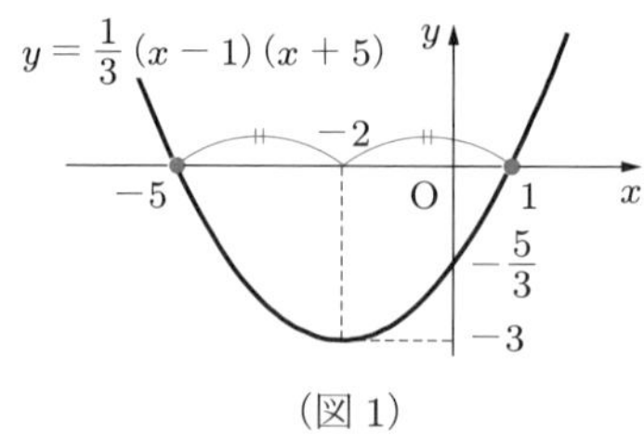

(図1)

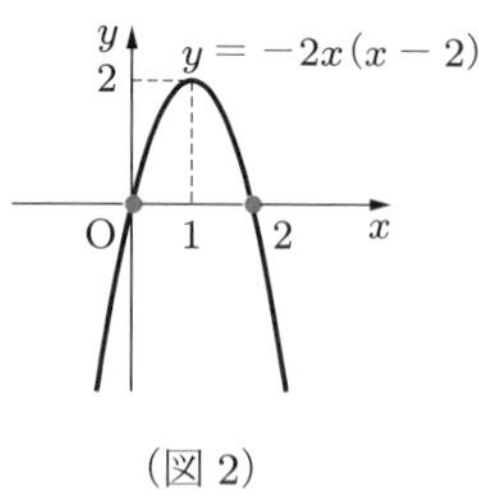

(図2)

問7.5　次の2次関数のグラフをかけ．座標軸との共有点，頂点の座標を記入すること．

(1)　$y = 2(x+1)(x-5)$　　(2)　$y = -(x+2)(x-4)$

(3)　$y = -x^2 + 8x$　　(4)　$y = 2x^2 + 6x$

2 次関数の決定 一般に，2 次関数は $y = ax^2 + bx + c$ $(a \neq 0)$ と表されるが，軸の方程式 $x = p$ や頂点の座標 (p, q) が与えられている場合には，標準形 $y = a(x-p)^2 + q$ で表すとよい．また，x 軸との共有点の座標 $(\alpha, 0)$, $(\beta, 0)$ がわかる場合には $y = a(x-\alpha)(x-\beta)$ の形に表すとよい．

例題 7.3 グラフの条件から 2 次関数を求める

グラフが次の条件を満たす 2 次関数を求めよ．

(1) 頂点の座標が $(1, 3)$ で，点 $(0, 1)$ を通る．

(2) x 軸と 2 点 $(3, 0)$, $(-5, 0)$ で交わり，y 軸と点 $(0, 5)$ で交わる．

(3) 3 点 $(0, 2)$, $(1, 0)$, $(2, 4)$ を通る．

解 (1) 頂点の座標が $(1, 3)$ であることから，求める 2 次関数は $y = a(x-1)^2 + 3$ とおくことができる．グラフが点 $(0, 1)$ を通ることから，$x = 0$, $y = 1$ を代入して

$$1 = a + 3 \quad \text{よって} \quad a = -2$$

となる．したがって，$y = -2(x-1)^2 + 3$ である．

(2) x 軸と 2 点 $(3, 0)$, $(-5, 0)$ で交わるから，求める 2 次関数は $y = a(x-3)(x+5)$ とおくことができる．グラフが点 $(0, 5)$ を通ることから，$x = 0$, $y = 5$ を代入して

$$5 = -15a \quad \text{よって} \quad a = -\frac{1}{3}$$

となる．したがって，$y = -\dfrac{1}{3}(x-3)(x+5)$ である．

(3) 求める 2 次関数を $y = ax^2 + bx + c$ とおく．3 点 $(0, 2)$, $(1, 0)$, $(2, 4)$ を通るから，

$$\begin{cases} 2 = c & [x = 0,\ y = 2 \text{ を代入}] \\ 0 = a + b + c & [x = 1,\ y = 0 \text{ を代入}] \\ 4 = 4a + 2b + c & [x = 2,\ y = 4 \text{ を代入}] \end{cases}$$

が成り立つ．これを解くと $a = 3$, $b = -5$, $c = 2$ となるから，$y = 3x^2 - 5x + 2$ である．

問 7.6 グラフが次の条件を満たす 2 次関数を求めよ．

(1) 頂点が $(3, -1)$ で，点 $(1, 3)$ を通る．

(2) x 軸と 2 点 $(1, 0)$, $(5, 0)$ で交わり，点 $(2, 6)$ を通る．

(3) 3 点 $(0, -1)$, $(1, 1)$, $(-1, -5)$ を通る．

7.3　2次関数の最大値・最小値

2次関数の最大値・最小値　2次関数 $y = a(x-p)^2 + q$ のグラフは，点 (p, q) を頂点とし，$a > 0$ のとき下に凸，$a < 0$ のとき上に凸の放物線である．

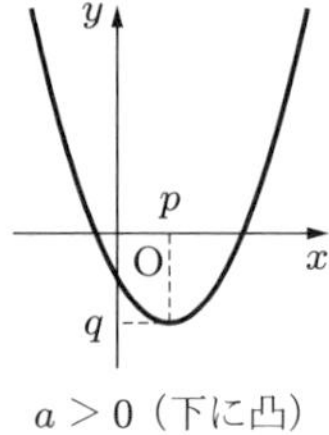

$a > 0$（下に凸）

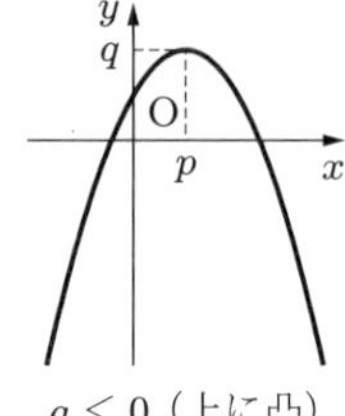

$a < 0$（上に凸）

グラフより，$a > 0$ のとき，

$$y = a(x-p)^2 + q \geqq q \quad (\text{等号は } x = p \text{ のとき成り立つ})$$

である．このとき y は $x = p$ で最小値 $y = q$ をとるという．また $a < 0$ のとき，

$$y = a(x-p)^2 + q \leqq q \quad (\text{等号は } x = p \text{ のとき成り立つ})$$

である．このとき y は $x = p$ で最大値 $y = q$ をとるという．

例題 7.4　**2次関数の最大値・最小値**

次の2次関数のグラフをかき，y の最大値と最小値を求めよ．

(1)　$y = 2(x+1)^2 + 3$　　　(2)　$y = -x^2 + 2x + 3$

解　(1)　$y = 2(x+1)^2 + 3$ のグラフは下に凸の放物線で，頂点は $(-1, 3)$ である．したがって，$x = -1$ のとき最小値 $y = 3$ をとる．最大値はない（図1）．

(2)　$y = -x^2 + 2x + 3 = -(x-1)^2 + 4$ のグラフは上に凸の放物線で，頂点は $(1, 4)$ である．したがって，$x = 1$ のとき最大値 $y = 4$ をとる．最小値はない（図2）．

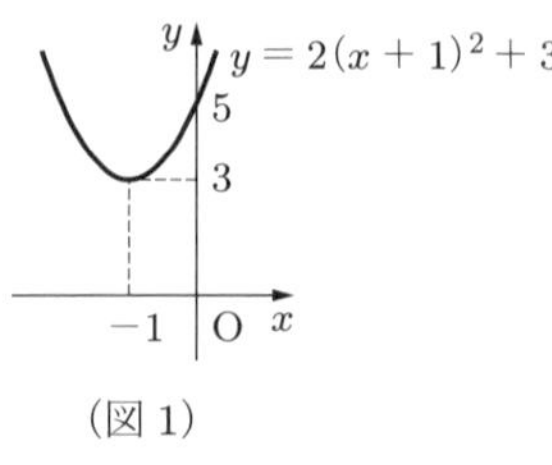

（図1）

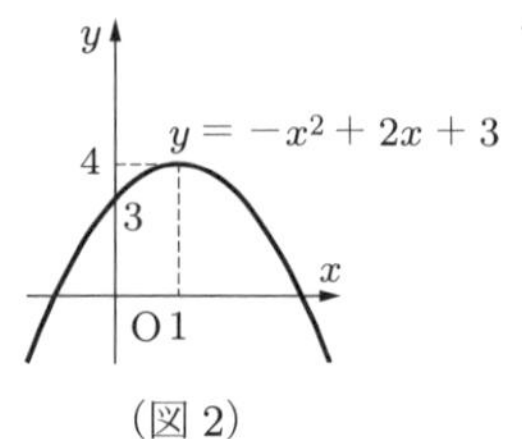

（図2）

問 7.7　次の 2 次関数のグラフをかき，y の最大値と最小値を求めよ．

(1)　$y = 2(x-1)^2 + 3$　　(2)　$y = -5(x-2)^2 + 4$

(3)　$y = -x^2 - 4x + 1$　　(4)　$y = 2x^2 - 12x + 13$

定義域が制限された 2 次関数の値域と最大値・最小値　y が x の関数であるとき，x を**独立変数**，y を**従属変数**という．変数が変化する範囲を**変域**といい，独立変数 x の変域を**定義域**，従属変数 y の変域を**値域**という．関数の値域は定義域に応じて定まる．定義域が制限されている場合には，それに応じて y の最大値，最小値が定まる場合がある．定義域が指定されていない場合には，y の値が定まるような x の範囲を定義域とする．

例題 7.5　2 次関数の値域

次の範囲を定義域とする 2 次関数 $y = (x-2)^2 + 1$ の値域を求めよ．また，y の最大値，最小値と，そのときの x の値を求めよ．

(1)　$3 \leqq x \leqq 4$　　(2)　$1 \leqq x < 4$

解　2 次関数 $y = (x-2)^2 + 1$ のグラフは下に凸であり，$x = 2$ のとき最小値 $y = 1$ をとる．最大値はない．

(1)　$x = 3$ のとき $y = 2$，$x = 4$ のとき $y = 5$ である．また，頂点の x 座標 2 は定義域 $3 \leqq x \leqq 4$ に含まれないから，値域は $2 \leqq y \leqq 5$ となる（図 1）．したがって，y は $x = 4$ のとき最大値 $y = 5$，$x = 3$ のとき最小値 $y = 2$ をとる．

(2)　頂点の x 座標 2 は $1 \leqq x < 4$ に含まれるから，$x = 2$ で最小値 $y = 1$ をとる．$x = 1$ のとき $y = 2$，$x = 4$ のとき $y = 5$ であるから，値域は $1 \leqq y < 5$ となる（図 2）．したがって，y は $x = 2$ のとき最小値 $y = 1$ をとるが，最大値はない．

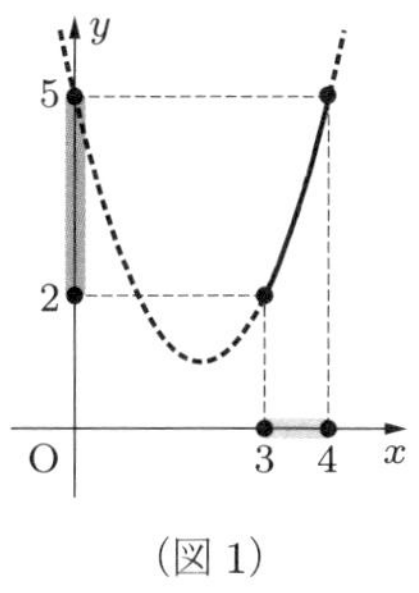

（図 1）

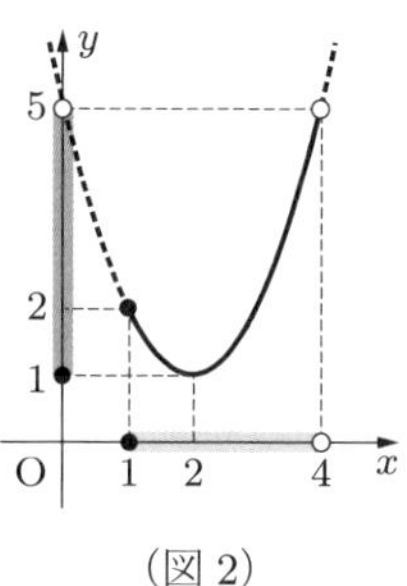

（図 2）

問7.8　（　）内を定義域とする次の 2 次関数の値域を求めよ．また y の最大値，最小値と，そのときの x の値を求めよ．

(1)　$y = 2(x-3)^2 + 1 \quad (0 \leqq x \leqq 5)$　　(2)　$y = -x^2 + 4x - 2 \quad (-2 < x \leqq 3)$

例題 7.6　2 次関数の応用

図のように A(0, 40), B(60, 0) を結ぶ線分 AB 上に点 P をとり，P から x 軸，y 軸に下ろした垂線と x 軸，y 軸との交点をそれぞれ Q, R とする．長方形 OQPR の面積の最大値とそのときの点 P の座標を求めよ．

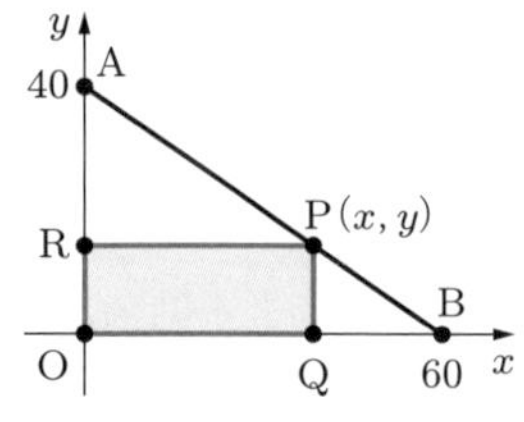

解　長方形 OQPR の面積を S とし，点 P の座標を (x, y) とする．直線 AB の方程式は $y = -\dfrac{2}{3}x + 40$ であるから，

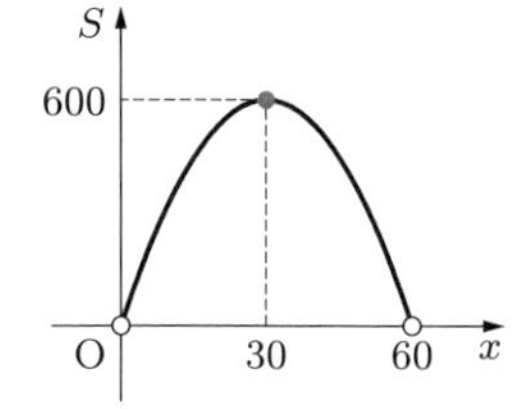

$$
\begin{aligned}
S = xy &= x\left(-\frac{2}{3}x + 40\right) \\
&= -\frac{2}{3}x^2 + 40x \\
&= -\frac{2}{3}(x^2 - 60x) \\
&= -\frac{2}{3}(x-30)^2 + 600 \quad (0 < x < 60)
\end{aligned}
$$

となる．したがって，長方形の面積 S は $x = 30$ のとき最大値 $S = 600$ をとる．$x = 30$ のとき，$y = 20$ であるから，最大値をとるのは点 P の座標が $(30, 20)$ のときである．

問7.9　幅 20 cm の細長い長方形の金属板の両端を，同じ幅だけ垂直に折り曲げて水路を作る．断面積を最大にするには，折り曲げる幅を何 cm にすればよいか．

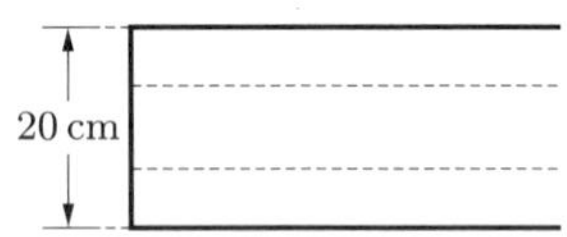

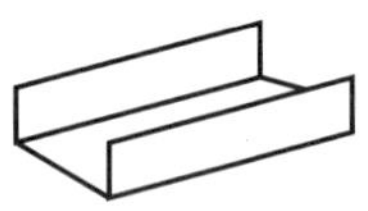

練習問題 7

[1]　次の 2 次関数のグラフをかけ．

(1)　$y = x^2 - 1$　　(2)　$y = \frac{1}{9}x^2 - 1$

(3)　$y = -x^2 + 4x - 4$　　(4)　$y = x^2 - 4x + 4$

(5)　$y = x^2 + 4x + 1$　　(6)　$y = x^2 - 4x + 1$

(7)　$y = -2x^2 + 4x$　　(8)　$y = -\frac{1}{2}x^2 + x$

[2]　次の 2 次関数のグラフをかけ．

(1)　$y = (x-1)(x+3)$　　(2)　$y = -\frac{1}{2}(x+1)(x+5)$

(3)　$y = \frac{1}{3}x^2 - 2x$　　(4)　$y = -2x^2 + 5x$

[3]　グラフが次の条件を満たす 2 次関数を求めよ．

(1)　2 点 $(1, 1)$, $(-2, -2)$ を通り，y 軸に関して対称である．

(2)　2 点 $(-3, 0)$, $(5, 0)$ で x 軸と交わり，最小値が $y = -4$ である．

(3)　3 点 $(-1, 0)$, $(2, -3)$, $(3, 4)$ を通る．

[4]　(　) 内を定義域とする次の 2 次関数のグラフをかき，最大値と最小値を求めよ．また，そのときの x の値を求めよ．

(1)　$y = x^2 - 4x + 5 \quad (0 \leqq x \leqq 4)$

(2)　$y = -x^2 + 2x \quad (-2 \leqq x \leqq 0)$

(3)　$y = x^2 + x - 1 \quad (-2 \leqq x \leqq 2)$

(4)　$y = -2x^2 + 3x + 2 \quad (-1 \leqq x \leqq 1)$

[5]　次の問いに答えよ．

(1)　ある関数のグラフを x 軸方向に 2，y 軸方向に -1 平行移動すると，$y = 2x^2$ のグラフと一致する．この関数を求めよ．

(2)　関数 $y = 2x^2 + 4x + 7$ のグラフを平行移動して，関数 $y = 2x^2 - 8x + 5$ のグラフに重ねるには，どのように平行移動すればよいか．

[6]　高さ 1.8 m のところから初速度 19.6 m/s で真上に投げたボールの，t 秒後の高さ h は，次の式で表される．

$$h = -4.9t^2 + 19.6t + 1.8 \quad [\mathrm{m}]$$

このとき，ボールが最高の高さに達するのは投げてから何秒後か．また，そのときの高さを求めよ．

8　2次関数と2次方程式・2次不等式

8.1　2次関数と2次方程式

2次関数のグラフと判別式　2次関数 $y = ax^2 + bx + c$ のグラフと x 軸との共有点の x 座標は，2次方程式 $ax^2 + bx + c = 0$ の実数解である．2次方程式の解の公式によれば，$ax^2 + bx + c = 0$ の解は

$$x = \frac{-b \pm \sqrt{b^2 - 4ac}}{2a} \tag{8.1}$$

であるから，2次関数のグラフと x 軸との共有点の個数は，判別式 $D = b^2 - 4ac$ の符号によって調べることができる．また，グラフの凹凸は a の符号によって調べることができる．これらについて，x 軸との位置関係や共有点の個数をまとめると，次の表のようになる．

$D = b^2 - 4ac$	$D > 0$	$D = 0$	$D < 0$
x 軸との位置関係	2点で交わる	接する	共有点はない
共有点の個数	2個	1個	0個
$a > 0$	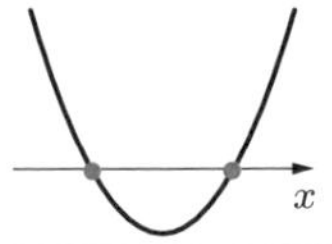 x	 x	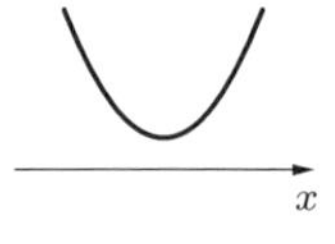 x
$a < 0$	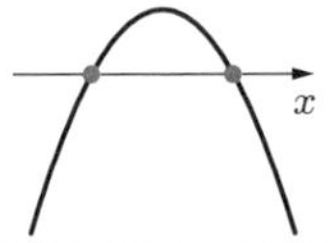 x	 x	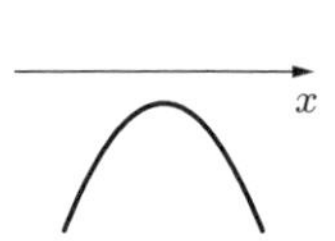 x

例題 8.1　2次関数のグラフと判別式

次の2次関数のグラフと x 軸との位置関係を調べよ．共有点がある場合には，その座標を求めよ．

(1)　$y = x^2 - 3x - 4$　　(2)　$y = x^2 - 2x + 1$　　(3)　$y = x^2 + 2x + 3$

解　(1)　判別式は $D = (-3)^2 - 4 \cdot 1 \cdot (-4) = 25 > 0$ であるから，グラフは x 軸と2点で交わる．$x^2 - 3x - 4 = 0$ の解は $x = -1, 4$ であるから，共有点の座標は $(-1, 0)$，$(4, 0)$ である．

(2)　判別式は $D = (-2)^2 - 4 \cdot 1 \cdot 1 = 0$ であるから，グラフは x 軸と接する．$x^2 - 2x + 1 = 0$ の解は $x = 1$ であるから，接点の座標は $(1, 0)$ である．

(3)　判別式は $D = 2^2 - 4 \cdot 1 \cdot 3 = -8 < 0$ であるから，グラフは x 軸と共有点をもたない．

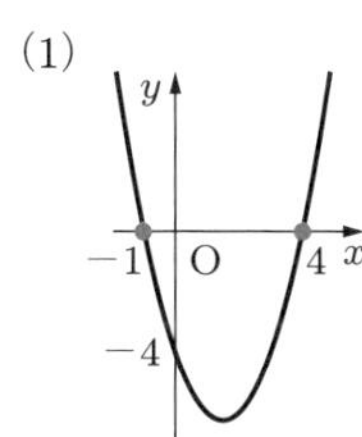

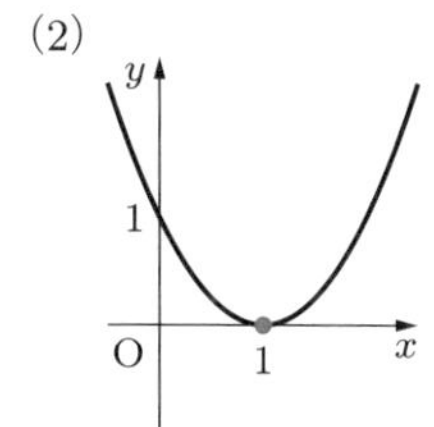

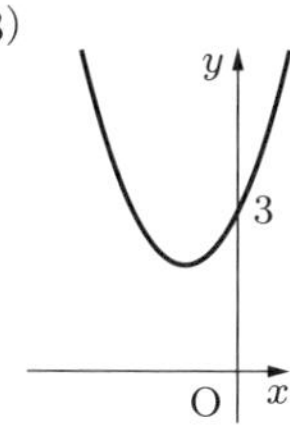

問8.1　次の 2 次関数のグラフと x 軸との位置関係を調べよ．共有点がある場合には，その座標を求めよ．

(1)　$y = 2x^2 + x - 3$　　(2)　$y = -x^2 + 3x$

(3)　$y = x^2 + 6x + 9$　　(4)　$y = -x^2 + 2x - 4$

直線との共有点　2 つのグラフの共有点は連立方程式を解いて求める．

例題 8.2　2 次関数のグラフと直線の共有点

2 次関数 $y = x^2 + 2x - 3$ のグラフと直線 $y = 3x - 1$ の共有点の座標を求めよ．

解　共有点の座標を (x, y) とすれば，x, y は連立方程式

$$\begin{cases} y = x^2 + 2x - 3 & \cdots\cdots ① \\ y = 3x - 1 & \cdots\cdots ② \end{cases}$$

の実数解である．①，②から y を消去すれば，

$$x^2 + 2x - 3 = 3x - 1 \quad よって \quad x^2 - x - 2 = 0$$

となるから，これを解いて $x = -1, 2$ が得られる．

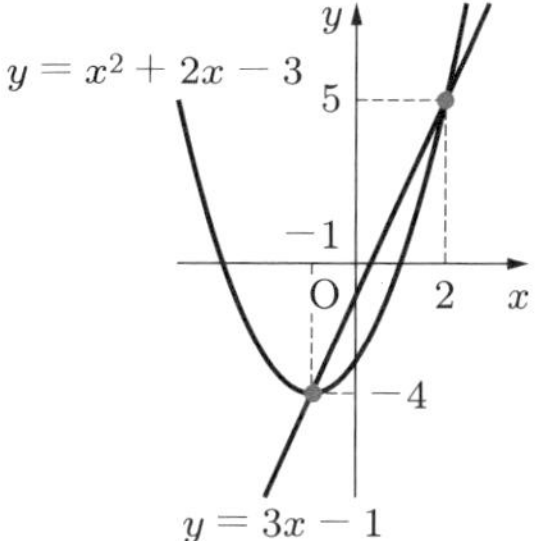

$x = -1$ のとき $y = -4$，$x = 2$ のとき $y = 5$ であるから，共有点の座標は $(-1, -4)$, $(2, 5)$ である．

問8.2　次の 2 次関数のグラフと直線の共有点の座標を求めよ．

(1)　$y = x^2 - 2,\ y = 2x + 1$　　(2)　$y = -x^2 + 3x - 1,\ y = -3x + 4$

2 次関数のグラフが y 軸に平行でない直線とただ 1 点を共有しているとき，2 次関数のグラフと直線はその点で**接する**といい，その点を**接点**，その直線を**接線**という．

例題 8.3　**2次関数のグラフが直線と接するための条件**

2次関数 $y = x^2 - 4x - 1$ のグラフと直線 $y = -2x + k$ が接するように k の値を定め，そのときの接点の座標を求めよ．

解　接点の座標を (x, y) とすれば，x, y は連立方程式

$$\begin{cases} y = x^2 - 4x - 1 & \cdots\cdots ① \\ y = -2x + k & \cdots\cdots ② \end{cases}$$

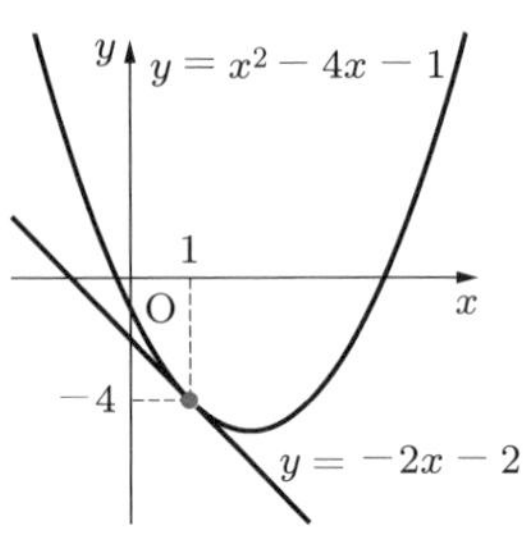

の実数解である．①，②から y を消去すれば

$$x^2 - 4x - 1 = -2x + k$$

よって　$x^2 - 2x - (k + 1) = 0$　$\cdots\cdots$ ③

となる．2次関数のグラフと直線が接するのは，③が2重解をもつときであるから，

$$D = 4 + 4(k + 1) = 0 \quad \text{よって} \quad k = -2$$

のときに接する．$k = -2$ のとき，③の解は $x = 1$（2重解）である．このとき $y = -4$ であるから，接点の座標は $(1, -4)$ である．

問8.3　2次関数 $y = x^2 + 2x + 3$ のグラフと直線 $y = kx - 1$ が接するように k の値を定め，そのときの接点の座標を求めよ．

8.2　2次関数と2次不等式

2次関数のグラフと2次不等式　a, b, c を定数 $(a \neq 0)$ とするとき，x についての不等式

$$ax^2 + bx + c > 0, \quad ax^2 + bx + c \geqq 0$$

$$ax^2 + bx + c < 0, \quad ax^2 + bx + c \leqq 0$$

を**2次不等式**という．これらの不等式は，2次関数 $y = ax^2 + bx + c$ のグラフと x 軸との位置関係を調べることによって解くことができる．

例題 8.4　**2次不等式 I**

2次関数のグラフを利用して，次の2次不等式を解け．

(1)　$x^2 + x - 2 > 0$　　　(2)　$x^2 + x - 2 \leqq 0$

解　$x^2+x-2=0$ の判別式は $D=9>0$ であるから，$y=x^2+x-2$ のグラフは下に凸で x 軸と 2 点で交わる．$x^2+x-2=(x+2)(x-1)$ と因数分解できるから，x 軸との交点の x 座標は $x=-2, 1$ である．

(1)　$x^2+x-2>0$ の解は $y>0$ となる x の範囲であるから，グラフが x 軸より上にある x の範囲である．したがって，図 1 によって，次の解が得られる．

$$x<-2, \quad 1<x$$

(2)　$x^2+x-2 \leqq 0$ の解は $y \leqq 0$ となる x の範囲であるから，グラフが x 軸上または x 軸より下にある x の範囲である．したがって，図 2 によって，次の解が得られる．

$$-2 \leqq x \leqq 1$$

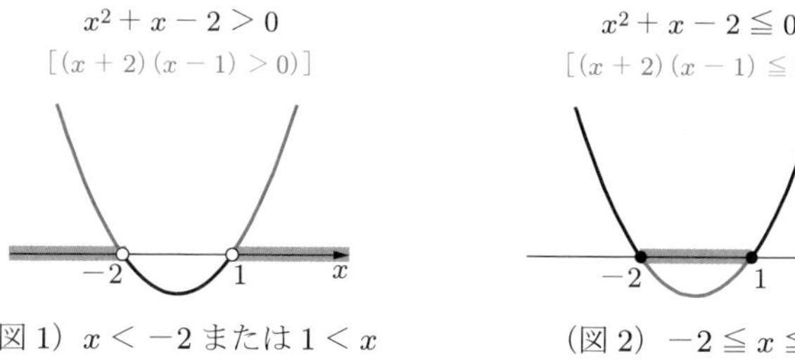

（図 1）$x<-2$ または $1<x$　　（図 2）$-2 \leqq x \leqq 1$

問8.4　2 次関数のグラフを利用して，次の 2 次不等式を解け．

(1)　$x^2-2x-8<0$　　(2)　$x^2+5x+4 \geqq 0$

(3)　$x^2 \leqq 4$　　(4)　$-x^2+x<0$

例題 8.5　2 次不等式 II

2 次関数のグラフを利用して，次の 2 次不等式を解け．

(1)　$x^2-2x+3>0$　　(2)　$x^2-2x+3 \leqq 0$

解　$y=x^2-2x+3$ とおく．判別式は $D=-8<0$ であるから，このグラフは下に凸で x 軸と共有点をもたない．したがって，グラフは図のようになり，すべての実数 x について $x^2-2x+3>0$ が成り立つ．

(1)　解は，すべての実数である．

(2)　この不等式 $x^2-2x+3 \leqq 0$ を満たす実数は存在しない．したがって，この不等式の解はない．

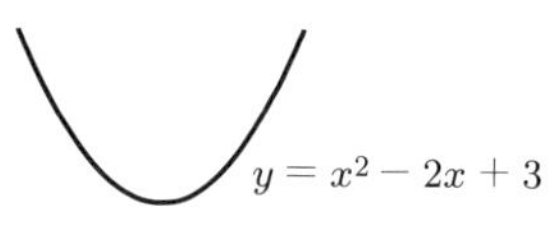

$D=0$ の場合はグラフが x 軸と接するから，接点では $y=0$ である．それ以外では y の符号は一定である．

例 8.1　$x^2-2x+1=(x-1)^2$ であるから，2 次関数 $y=x^2-2x+1$ のグラフは下に凸で点 $(1,0)$ で x 軸と接する．したがって，

$$x^2-2x+1<0 \text{ の解はない（図 1）}$$
$$x^2-2x+1\leqq 0 \text{ の解は } x=1 \text{（図 2）}$$
$$x^2-2x+1>0 \text{ の解は } x\neq 1 \text{（図 3）}$$
$$x^2-2x+1\geqq 0 \text{ の解はすべての実数（図 4）}$$

となる．図 3 の解を $x<1,\ x>1$ と表す場合もある．

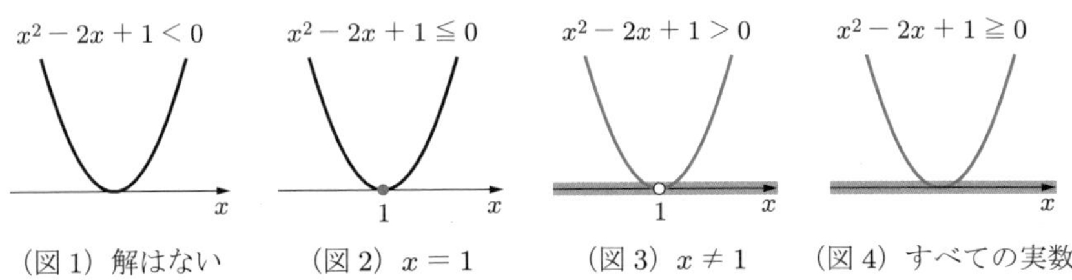

（図 1）解はない　（図 2）$x=1$　（図 3）$x\neq 1$　（図 4）すべての実数

問 8.5　2 次関数のグラフを利用して，次の 2 次不等式を解け．

(1)　$x^2+4x+5>0$

(2)　$2x^2-3x+4<0$

(3)　$-x^2+4x-4<0$

(4)　$9x^2-6x+1\leqq 0$

練習問題 8

[1] 次の 2 次関数のグラフと x 軸との共有点の個数を求めよ.

(1) $y = x^2 + x - 3$　　(2) $y = 4x^2 - 4x + 1$

(3) $y = -2x^2 + x - 1$　　(4) $y = -\dfrac{1}{4}x^2 + 5x + 2$

[2] 次の 2 次関数のグラフが x 軸と接するように定数 k の値を定め，そのときの接点の座標を求めよ.

(1) $y = kx^2 - 2x + 1$　　(2) $y = \dfrac{1}{2}x^2 + kx + 3$

[3] 2 次関数 $y = 3x^2 + 4x + 2k$ のグラフが，x 軸と 2 点で交わるような，定数 k の値の範囲を求めよ.

[4] 次の 2 次不等式を解け.

(1) $x^2 - 3x - 10 \geqq 0$　　(2) $(x+3)^2 > 0$

(3) $x^2 - 5x < 0$　　(4) $2x^2 + x + 2 > 0$

(5) $-x^2 + 3x - 4 \geqq 0$　　(6) $x(x+2) \leqq -1$

(7) $x^2 + 3x + 1 > 0$　　(8) $-x^2 + 2x + 2 \geqq 0$

[5] 次の連立不等式を解け.

(1) $\begin{cases} 2x - 3 < 0 \\ x^2 + x - 6 < 0 \end{cases}$　　(2) $\begin{cases} x^2 + 4x + 3 \geqq 0 \\ x^2 + 2x \leqq 0 \end{cases}$

[6] すべての実数 x について，不等式 $x^2 + kx + 4 > 0$ が成り立つような定数 k の値の範囲を求めよ.

[7] 2 つの 2 次関数 $y = x^2 + 4x - 2, y = -x^2 + x$ のグラフの共有点の座標を求めよ.

[8] 2 次関数 $y = x^2 - kx + 2$ のグラフと直線 $y = x + k$ が接するように定数 k の値を定め，そのときの接点の座標を求めよ.

9 関数とグラフ

9.1 関数

関数を表す記号　y が x の関数であるということを，$y=f(x)$, $y=g(x)$ などと表す．$y=f(x)$ であるとき，$x=a$ のときの y の値を $f(a)$ と表す．

例 9.1　$f(x)=x^2-3x-5$ のとき，

(1)　$f(-2)=(-2)^2-3(-2)-5=5$

(2)　$f(a+1)=(a+1)^2-3(a+1)-5=a^2-a-7$

(3)　$f(-x)=(-x)^2-3(-x)-5=x^2+3x-5$

問 9.1　$f(x)=x^2+\dfrac{1}{x}$ のとき，次の値または式を求めよ．

(1)　$f(-1)$　　(2)　$f\left(\dfrac{1}{2}\right)$　　(3)　$f(a+1)$

(4)　$f(-x)$　　(5)　$f(x-2)$　　(6)　$2f(x)-f(2x)$

座標平面　座標軸が定められた平面を**座標平面**という．2 つの直交する座標軸をそれぞれ x 軸，y 軸とするとき，座標軸の交点を原点といい，O で表す．座標平面上の点 P に対し，P から x 軸，y 軸に垂直な直線を引いてその交点の座標をそれぞれ a, b とするとき，それらの組 (a,b) を点 P の座標といい，a を x 座標，b を y 座標という．座標軸によって分けられた 4 つの部分を**象限**という．図に示すように，それぞれの象限を第 1 象限，第 2 象限，第 3 象限，第 4 象限という．ただし，座標軸上の点はどの象限にも属さないものとする．

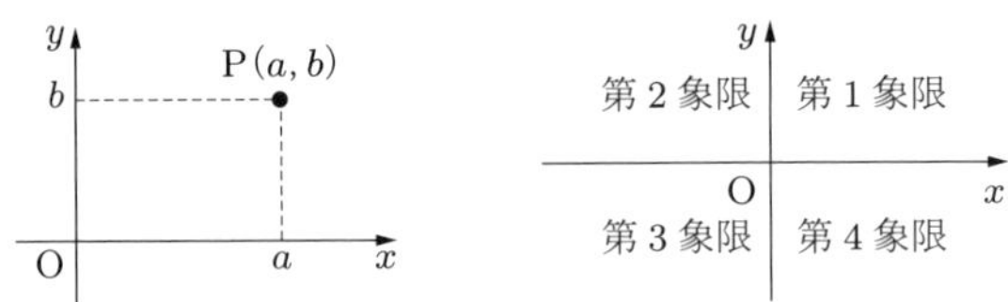

問 9.2　次の点はそれぞれ第何象限に属するか．

(1)　$(1,-3)$　　(2)　$(-5,-2)$　　(3)　$(-8,1)$

関数とグラフ　1 次関数や 2 次関数のグラフについてはすでに学んでいる．それらと同様に，関数 $y=f(x)$ に対して，点 $(x, f(x))$ 全体の集合を，関数 $y=f(x)$ の**グラフ**という．この節で学ぶいくつかの関数とそのグラフを次の例で示す．

例 9.2

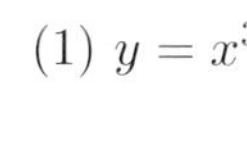

(1) $y = x^3$

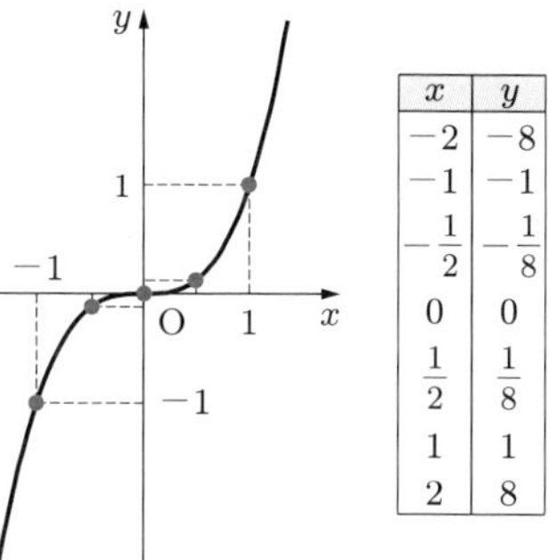

x	y
-2	-8
-1	-1
$-\frac{1}{2}$	$-\frac{1}{8}$
0	0
$\frac{1}{2}$	$\frac{1}{8}$
1	1
2	8

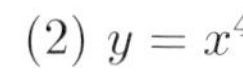

(2) $y = x^4$

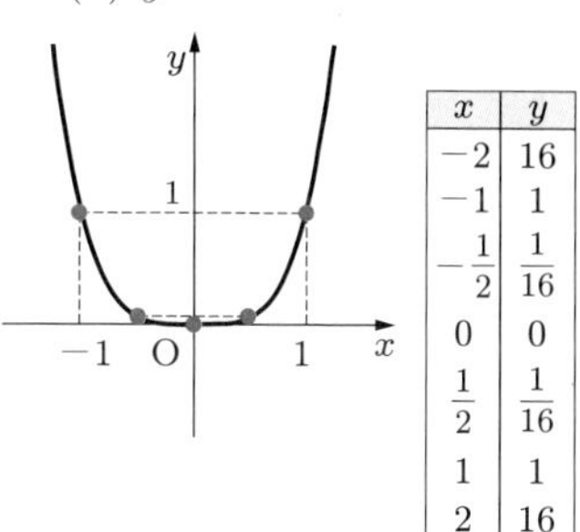

x	y
-2	16
-1	1
$-\frac{1}{2}$	$\frac{1}{16}$
0	0
$\frac{1}{2}$	$\frac{1}{16}$
1	1
2	16

(3) $y = \dfrac{1}{x}$

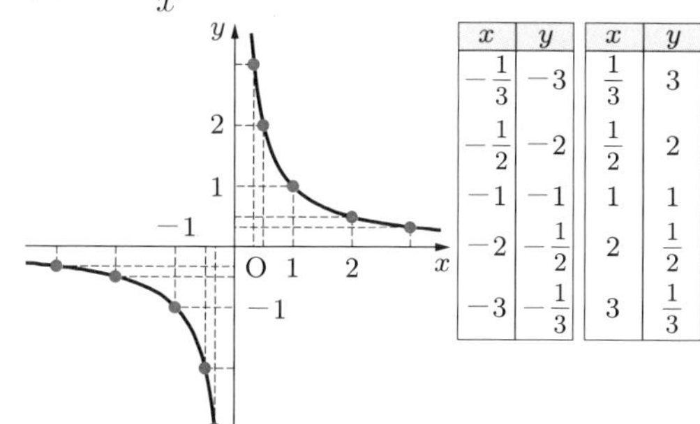

x	y	x	y
$-\frac{1}{3}$	-3	$\frac{1}{3}$	3
$-\frac{1}{2}$	-2	$\frac{1}{2}$	2
-1	-1	1	1
-2	$-\frac{1}{2}$	2	$\frac{1}{2}$
-3	$-\frac{1}{3}$	3	$\frac{1}{3}$

(4) $y = \sqrt{x}$

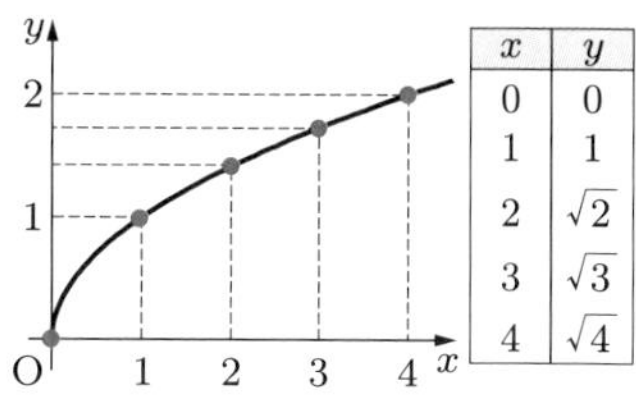

x	y
0	0
1	1
2	$\sqrt{2}$
3	$\sqrt{3}$
4	$\sqrt{4}$

単調増加，単調減少　$2 \leqq x \leqq 5$ や，$x < 0$ などのように，数直線上の連続した範囲を**区間**という．実数全体も区間として扱う．区間 I が関数 $y = f(x)$ の定義域に含まれているとき，区間 I の任意の点 x_1, x_2（$x_1 < x_2$）に対して

つねに $f(x_1) < f(x_2)$ であれば，$f(x)$ は区間 I で**単調増加**である

つねに $f(x_1) > f(x_2)$ であれば，$f(x)$ は区間 I で**単調減少**である

という．実数全体で単調増加または単調減少のときは，単に単調増加または単調減少であるという．単調増加または単調減少であるとき，**単調**であるという．

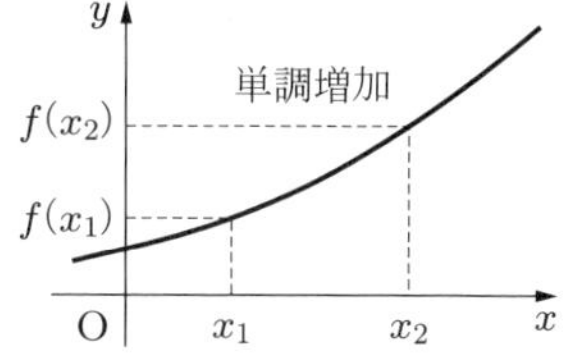

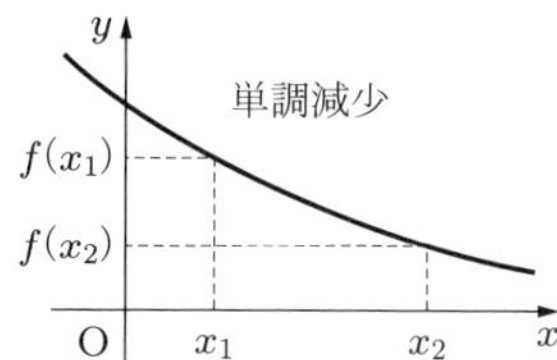

例 9.3　$y = x^2$ は $x \leqq 0$ のとき単調減少，$x \geqq 0$ のとき単調増加である．

9.2 グラフの移動

平行移動　2 次関数のグラフの平行移動についてはすでに学んだ．ここでは，一般の関数 $y = f(x)$ のグラフの**平行移動**について調べる．

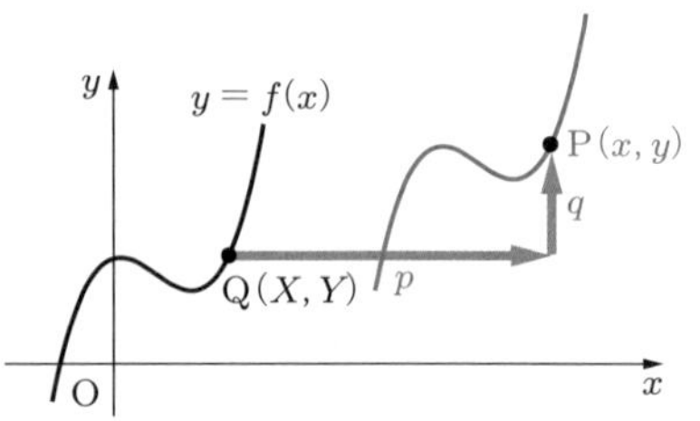

関数 $y = f(x)$ のグラフ上に点 $\mathrm{Q}(X, Y)$ をとり，点 Q を x 軸方向に p，y 軸方向に q 平行移動した点を $\mathrm{P}(x, y)$ とすると，

$$X = x - p, \quad Y = y - q$$

が成り立つ．$\mathrm{Q}(X, Y)$ は $y = f(x)$ のグラフ上の点であるから，$Y = f(X)$ が成り立つ．したがって

$$y - q = f(x - p) \tag{9.1}$$

が得られる．これは，点 P が $y = f(x - p) + q$ のグラフ上の点であることを示す．点 Q のとり方は任意であるから，次のことが成り立つ．

9.1　グラフの平行移動

関数

$$y = f(x - p) + q$$

のグラフは，$y = f(x)$ のグラフを x 軸方向に p，y 軸方向に q 平行移動したものである．

例 9.4　(1)　関数 $y = (x + 2)^3 - 4$ のグラフは，関数 $y = x^3$ のグラフを x 軸方向に -2，y 軸方向に -4 平行移動したものである．

(2)　関数 $y = x^2 - x + 3$ のグラフを x 軸方向に 2，y 軸方向に 1 平行移動したものは，$f(x) = x^2 - x + 3$ とおくと $y = f(x - 2) + 1$ であるから，次のようになる．

$$y = (x - 2)^2 - (x - 2) + 3 + 1 \quad \text{よって} \quad y = x^2 - 5x + 10$$

問 9.3 次の関数のグラフは，(　) 内の関数のグラフをどのように平行移動したものか．

(1) $y = (x-3)^4 + 1 \quad (y = x^4)$　　(2) $y = \dfrac{3}{x+2} + 5 \quad \left(y = \dfrac{3}{x}\right)$

問 9.4 次の関数のグラフを (　) 内のように平行移動すると，どのような関数のグラフになるか．

(1) $y = -x^2 + 2x - 4$ (x 軸方向に -1，y 軸方向に 3)

(2) $y = \sqrt{x}$ (x 軸方向に 2，y 軸方向に 5)

対称移動　平面上の点 P を，定められた点 A または直線 ℓ に関して対称な点 Q に移すことを，点 A または直線 ℓ に関する対称移動という．また，関数 $y = f(x)$ のグラフ上のすべての点を対称移動することを，グラフの**対称移動**という．

とくに，x 軸，y 軸，原点に関する対称移動は次のようになる．

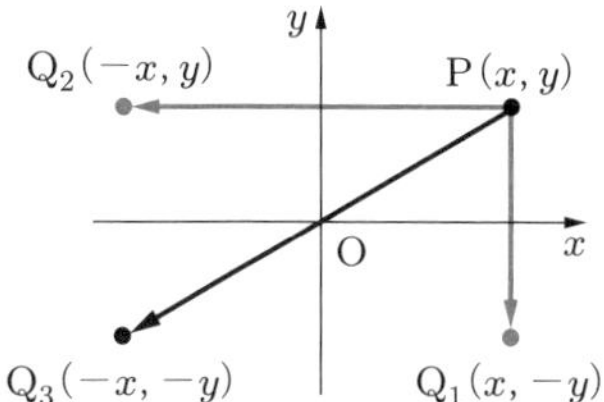

Q_1：点 P を x 軸に関して対称移動
Q_2：点 P を y 軸に関して対称移動
Q_3：点 P を原点に関して対称移動

関数 $y = f(x)$ のグラフを x 軸に関して対称移動すると，どのような関数のグラフになるかを調べる．

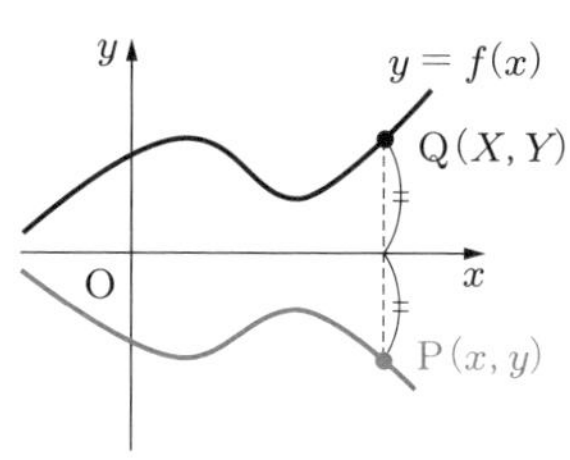

関数 $y = f(x)$ のグラフ上に点 $Q(X, Y)$ をとり，点 Q を x 軸に関して対称移動した点を $P(x, y)$ とすると，

$$X = x, \quad Y = -y$$

が成り立つ．$Q(X, Y)$ は $y = f(x)$ の上の点であるから，$Y = f(X)$ が成り立つ．したがって

$$-y = f(x) \quad よって \quad y = -f(x) \tag{9.2}$$

が得られる．これは，点 $P(x, y)$ が $y = -f(x)$ のグラフ上の点であることを示す．点 Q のとり方は任意であるから，$y = -f(x)$ のグラフは，$y = f(x)$ のグラフを x 軸に関して対称移動したグラフであることがわかる．

他の対称移動についても，同様に次のことが成り立つ．

9.2　グラフの対称性

(1)　関数 $y=f(-x)$ のグラフは，$y=f(x)$ のグラフと y 軸に関して対称
(2)　関数 $y=-f(x)$ のグラフは，$y=f(x)$ のグラフと x 軸に関して対称
(3)　関数 $y=-f(-x)$ のグラフは，$y=f(x)$ のグラフと原点に関して対称

例 9.5　(1)　関数 $y=2x^2-x$ のグラフを原点に関して対称移動すると，

$$y=-\{2(-x)^2-(-x)\} \quad \text{よって} \quad y=-2x^2-x$$

のグラフとなる．

(2)　関数 $y=\sqrt{-x}$ のグラフは，$y=\sqrt{x}$ のグラフを y 軸に関して対称移動したものである．

問9.5　関数 $y=x^2-4x+5$ のグラフを，次の点または直線に関して対称移動すると，どのような関数のグラフになるか．

(1)　x 軸　　(2)　y 軸　　(3)　原点

問9.6　次の関数のグラフは，$y=\sqrt{x}$ のグラフをどのように対称移動したものか．

(1)　$y=-\sqrt{x}$　　(2)　$y=-\sqrt{-x}$

9.3　べき関数

べき関数　$y=x^3$, $y=x^4$ などのように，

$$y=x^n \quad (n \text{ は自然数}) \tag{9.3}$$

の形で表される関数を**べき関数**という．べき関数の x と y の値の対応表を作ってグラフをかけば，次のようになる．

n が偶数のとき

x	x^2	x^4	x^8
−1.5	2.250	5.063	25.629
−1.0	1.000	1.000	1.000
−0.5	0.250	0.063	0.004
0.0	0.000	0.000	0.000
0.5	0.250	0.063	0.004
1.0	1.000	1.000	1.000
1.5	2.250	5.063	25.629

（計算値は小数第 4 位で四捨五入した）

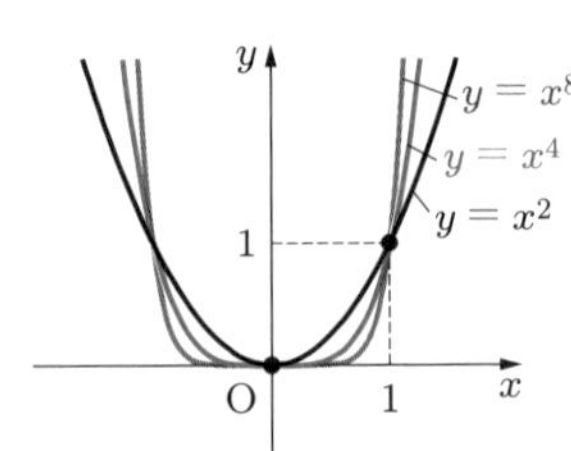

n が奇数のとき

x	x^3	x^5	x^9
-1.5	-3.375	-7.594	-38.443
-1.0	-1.000	-1.000	-1.000
-0.5	-0.125	-0.031	-0.002
0.0	0.000	0.000	0.000
0.5	0.125	0.031	0.002
1.0	1.000	1.000	1.000
1.5	3.375	7.594	38.443

（計算値は小数第 4 位で四捨五入した）

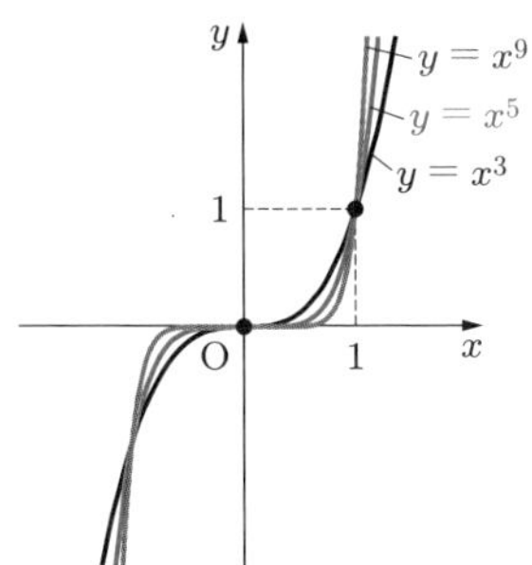

9.3　べき関数 $y = x^n$ の性質

べき関数 $y = x^n$（n は自然数）について，次のことが成り立つ．

(1)　点 $(0, 0)$, $(1, 1)$ を通る．

(2)　n が偶数のとき，$x \leqq 0$ で単調減少，$x \geqq 0$ で単調増加であり，グラフは y 軸に関して対称である．

(3)　n が奇数のとき，実数全体で単調増加であり，グラフは原点に関して対称である．

偶関数と奇関数　関数 $y = f(x)$ と $y = f(-x)$ のグラフは y 軸に関して対称である［→定理 9.2］．したがって，関数 $y = f(x)$ が $f(-x) = f(x)$ を満たせば，$y = f(x)$ のグラフは y 軸に関して対称である．

同じ定理から，関数 $y = f(x)$ と $y = -f(-x)$ のグラフは原点に関して対称である．したがって，関数 $y = f(x)$ が $f(-x) = -f(x)$ を満たせば，$y = f(x)$ のグラフは原点に関して対称である．

ここで，このような性質をもつ関数について次のように定める．

9.4　偶関数と奇関数

(1)　$f(-x) = f(x)$ を満たす関数 $y = f(x)$ を，**偶関数**という．

(2)　$f(-x) = -f(x)$ を満たす関数 $y = f(x)$ を，**奇関数**という．

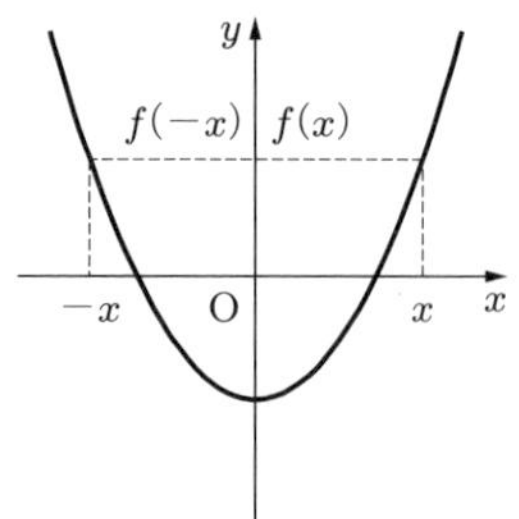

（図1）偶関数 $f(-x)=f(x)$

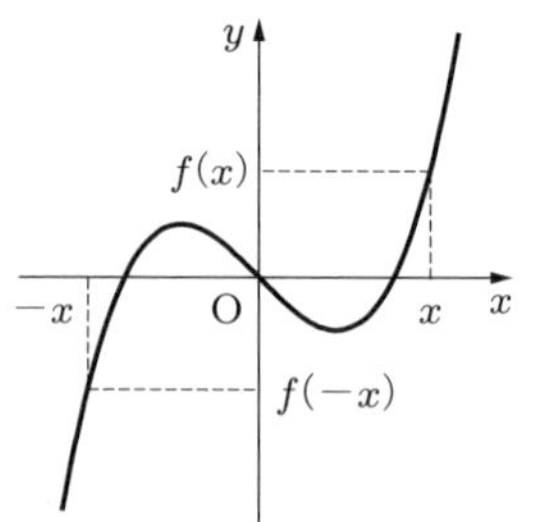

（図2）奇関数 $f(-x)=-f(x)$

偶関数と奇関数のグラフについて，次が成り立つ．

9.5　偶関数と奇関数の性質

(1)　$y=f(x)$ が偶関数のとき，グラフは y 軸に関して対称である．

(2)　$y=f(x)$ が奇関数のとき，グラフは原点に関して対称である．

例 9.6　(1)　$f(x)=3x^3$ のとき，

$$f(-x)=3(-x)^3=-3x^3=-f(x)$$

となるから，$f(x)=3x^3$ は奇関数である．一般に，偶関数の定数倍は偶関数であり，奇関数の定数倍は奇関数である．

(2)　$f(x)=x^2+x^6$ のとき，

$$f(-x)=(-x)^2+(-x)^6=x^2+x^6=f(x)$$

となるから，$f(x)=x^2+x^6$ は偶関数である．一般に，偶関数と偶関数の和は偶関数であり，奇関数と奇関数の和は奇関数である．

(3)　$f(x)=x^2+2x$ のとき，

$$f(-x)=(-x)^2+2(-x)=x^2-2x$$

となるが，$f(-x)$ は $f(x)=x^2+2x$, $-f(x)=-(x^2+2x)$ のどちらとも一致しない．したがって，$f(x)=x^2+2x$ は偶関数でも奇関数でもない．

問 9.7　次の関数 $f(x)$ は偶関数か奇関数か，あるいは，どちらでもないかを判定せよ．

(1)　$f(x)=2x^5$　(2)　$f(x)=x^4-1$　(3)　$f(x)=-x^3+x^2$

(4)　$f(x)=x^3+\dfrac{1}{x}$　(5)　$f(x)=-\dfrac{2}{x^2+1}$　(6)　$f(x)=|x|$

9.4 分数関数

分数関数　分母に変数 x を含む分数式で表される関数を**分数関数**という．代表的な分数関数は，$y=\dfrac{k}{x}$（k は 0 ではない定数）である．その定義域は $x \neq 0$ で，グラフは次のようになる．

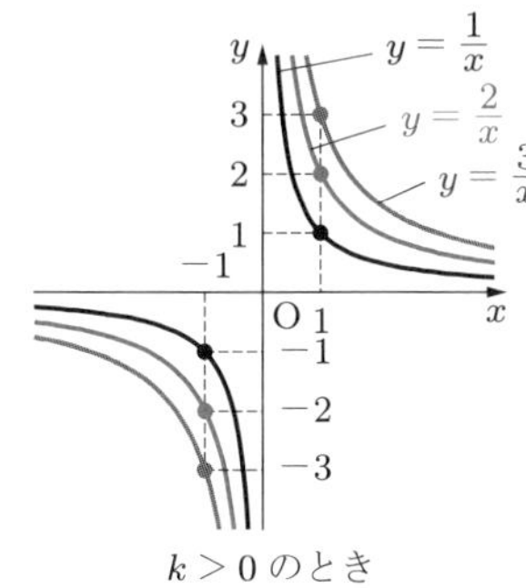

$k>0$ のとき

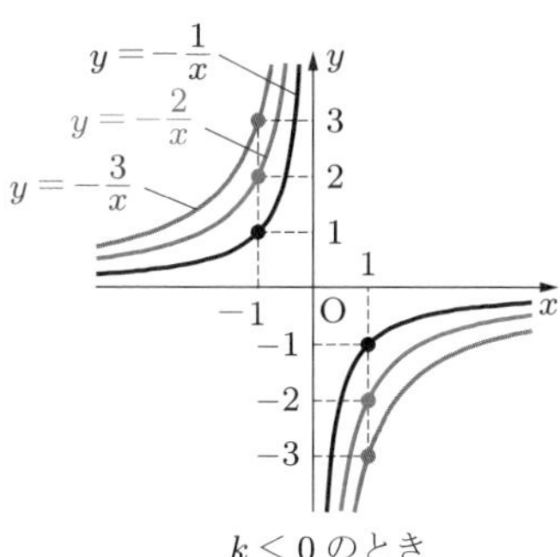

$k<0$ のとき

このグラフは 2 つの曲線からなり，**双曲線**という．この曲線上の点は原点から限りなく遠ざかるにしたがって，x 軸および y 軸に限りなく近づいていく．このように，曲線がある直線に限りなく近づいていくとき，その直線を**漸近線**という．分数関数 $y=\dfrac{k}{x}$ の漸近線は，x 軸（$y=0$）と y 軸（$x=0$）である．

問9.8　次の分数関数のグラフをかけ．

(1)　$y=-\dfrac{2}{x}$　　　　(2)　$y=\dfrac{1}{2x}$

$y=\dfrac{k}{x-p}+q$ のグラフは，$y=\dfrac{k}{x}$ のグラフを x 軸方向に p，y 軸方向に q だけ平行移動したものである［→定理 9.1］．したがって，その漸近線は直線 $x=p$，$y=q$ である．

例 9.7　分数関数 $y=\dfrac{-2}{x+3}+2$ のグラフは，$y=\dfrac{-2}{x}$ のグラフを x 軸方向に -3，y 軸方向に 2 平行移動したものであるから，漸近線は直線 $x=-3$, $y=2$ である．$x=0$ のとき $y=\dfrac{4}{3}$ であるから，グラフと y 軸との共有点の座標は $\left(0, \dfrac{4}{3}\right)$

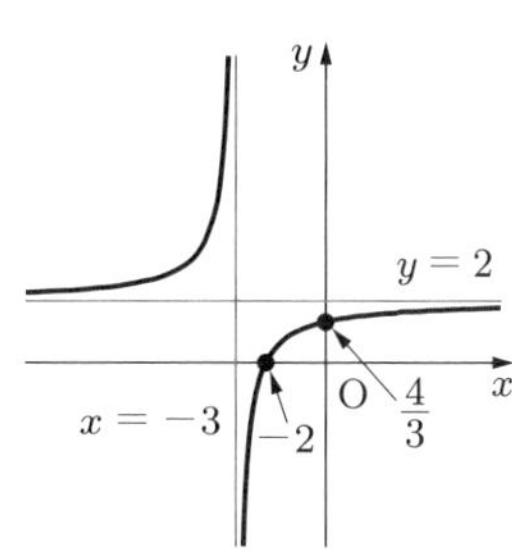

である．また，$\dfrac{-2}{x+3}+2=0$ を解くと $x=-2$ となるから，グラフと x 軸との共有点の座標は $(-2,0)$ である．したがって，グラフは図のようになる．

note　関数 $y=f(x)$ のグラフと y 軸との交点の y 座標は $f(0)$，x 軸との共有点の x 座標は方程式 $f(x)=0$ の実数解である．

問9.9　次の分数関数の漸近線の方程式を求めてグラフをかけ．また，座標軸との共有点の座標を求めよ．

(1)　$y=\dfrac{2}{x-2}-1$　　(2)　$y=\dfrac{-2}{x+1}$

$c\neq 0$ のとき，割り算 $(ax+b)\div(cx+d)$ の商が q，余りが k であるとき，$\dfrac{ax+b}{cx+d}=\dfrac{k}{x-p}+q$ と変形することができる．これを用いると，$y=\dfrac{ax+b}{cx+d}$ のグラフをかくことができる．

例題 9.1　分数関数のグラフ

分数関数 $y=\dfrac{2x+5}{x+1}$ の漸近線の方程式を求めてグラフをかけ．また，座標軸との共有点の座標を求めよ．

解　$f(x)=\dfrac{2x+5}{x+1}$ とおく．割り算 $(2x+5)\div(x+1)$ の商は 2，余りは 3 になるから，$f(x)$ は

$$\frac{2x+5}{x+1}=\frac{2(x+1)+3}{x+1}=\frac{3}{x+1}+2$$

と変形することができる．したがって，$y=\dfrac{2x+5}{x+1}$ のグラフは，$y=\dfrac{3}{x}$ のグラフを x 軸方向に -1，y 軸方向に 2 平行移動したものである．よって，漸近線は直線 $x=-1$ と $y=2$ である．$f(0)=5$ であるから，y 軸との共有点の座標は $(0,5)$ である．また，$f(x)=0$ となるのは $2x+5=0$ のときであるから，x 軸との共有点の座標は $\left(-\dfrac{5}{2},0\right)$ である．したがって，グラフは図のようになる．

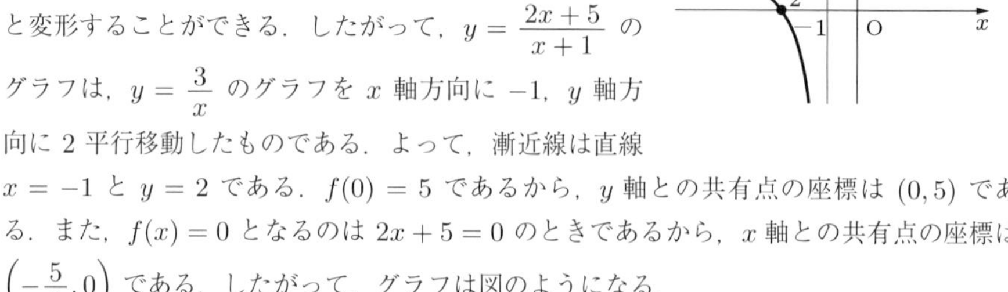

問9.10　次の分数関数の漸近線の方程式を求めてグラフをかけ．また，座標軸との共有点の座標を求めよ．

(1)　$y = \dfrac{x+1}{x-1}$　　(2)　$y = \dfrac{2x+1}{x+1}$

例題 9.2　**分数式を含む不等式**

グラフを利用して，不等式 $\dfrac{3}{x} > x - 2$ を解け．

解　求める不等式の解は，$y = \dfrac{3}{x}$ のグラフが直線 $y = x - 2$ より上にある x の範囲である．分数関数 $y = \dfrac{3}{x}$ のグラフと直線 $y = x - 2$ の共有点の x 座標は連立方程式

$$\begin{cases} y = \dfrac{3}{x} \\ y = x - 2 \end{cases}$$

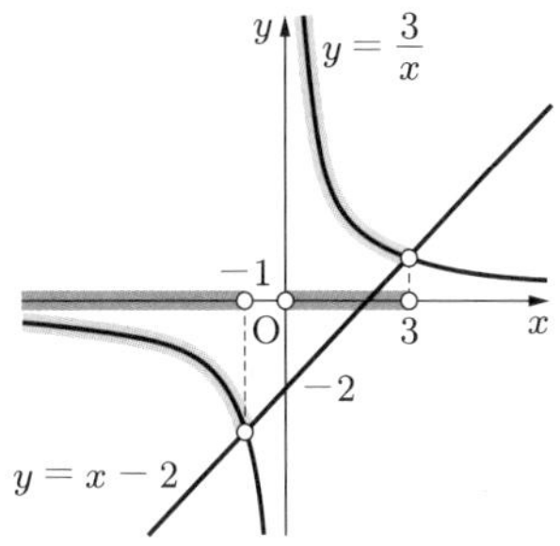

の解である．y を消去して得られる方程式 $\dfrac{3}{x} = x - 2$ の解は $x = 3, -1$ であるので，グラフから不等式の解は $x < -1,\ 0 < x < 3$ である．

問9.11　グラフを利用して，不等式 $\dfrac{2}{x+1} < x + 2$ を解け．

9.5 無理関数

無理関数　根号の中に変数 x を含む関数を**無理関数**という．無理関数の定義域は，根号の中が正または 0 であるような x の範囲である．

無理関数 $y = k\sqrt{x}$（k は 0 でない定数）の定義域は $x \geqq 0$ であり，$k = 1, 2, 3$ のときのグラフは次のようになる．

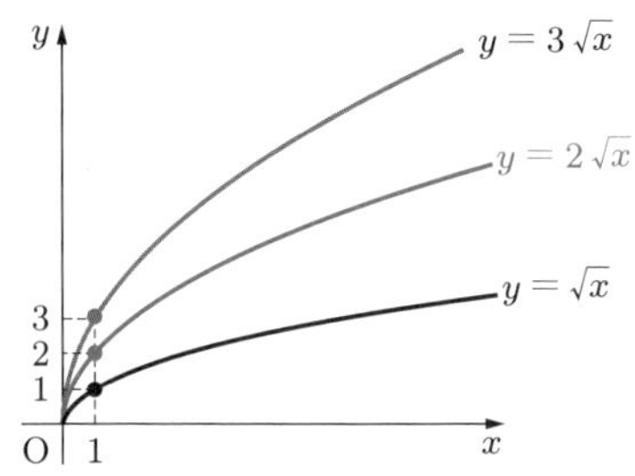

無理関数 $y=-\sqrt{x}$, $y=\sqrt{-x}$, $y=-\sqrt{-x}$ のグラフは，それぞれ $y=\sqrt{x}$ のグラフと x 軸，y 軸，原点に関して対称である．したがって，グラフは次のようになる．(　) 内に定義域と値域を示す．

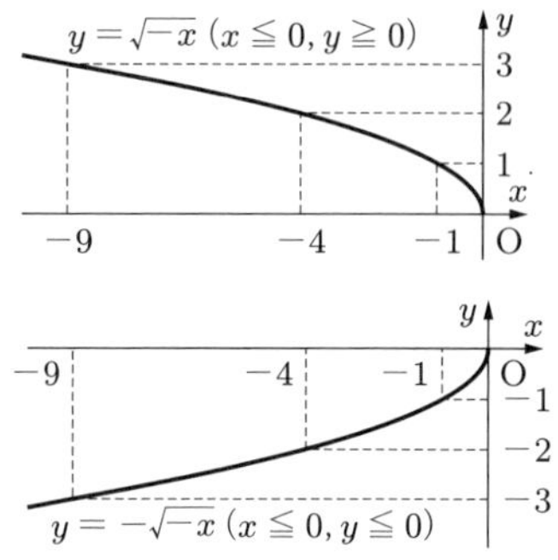

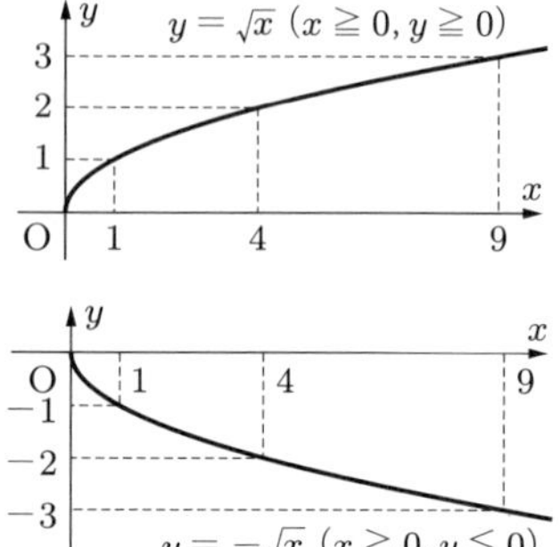

例 9.8　無理関数 $y=-\sqrt{2-x}-1$ の定義域は，$2-x \geqq 0$ であることから $x \leqq 2$ である．また，$y+1=-\sqrt{2-x} \leqq 0$ であるから，値域は $y \leqq -1$ である．

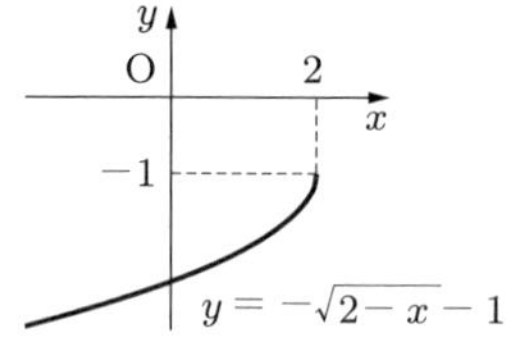

例題 9.3　無理関数のグラフ

次の無理関数の定義域と値域を求めてグラフをかけ．また，座標軸との共有点の座標を求めよ．

(1)　$y=\sqrt{x+1}-2$　　　(2)　$y=-\sqrt{4-2x}$

解　(1)　$y=\sqrt{x+1}-2$ のグラフは，$y=\sqrt{x}$ のグラフを x 軸方向に -1，y 軸方向に -2 平行移動したものである（図 1）．定義域は $x \geqq -1$，値域は $y \geqq -2$ である．$x=0$ のとき $y=-1$ であるから，y 軸との共有点は $(0,-1)$ である．$y=0$ とおくと $\sqrt{x+1}-2=0$ となり，$\sqrt{x+1}=2$ を解くと $x=3$ である．したがって x 軸との共有点は $(3,0)$ である．

(2)　$y=-\sqrt{4-2x}$ のグラフは，$\sqrt{4-2x}=\sqrt{-2(x-2)}$ であるから，$y=-\sqrt{-2x}$ のグラフを x 軸方向に 2 平行移動したものである（図 2）．定義域は $x \leqq 2$，値域は $y \leqq 0$ である．$x=0$ のとき $y=-2$，また，$y=0$ となるのは $x=2$ のときであるから，座標軸との共有点は $(0,-2)$, $(2,0)$ である．

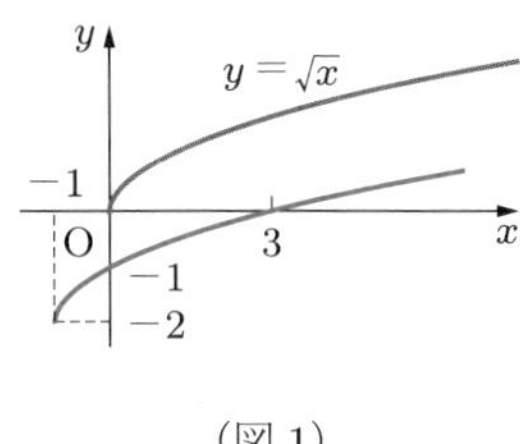

（図 1）

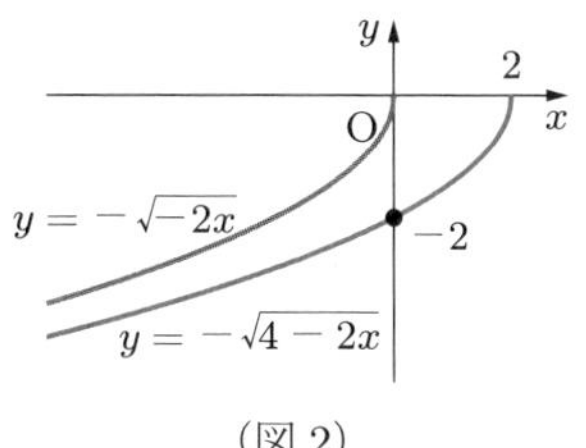

（図 2）

問9.12　次の無理関数の定義域と値域を求めてグラフをかけ．また，座標軸との共有点の座標を求めよ．

(1)　$y = \sqrt{2x} - 1$　　　(2)　$y = -\sqrt{x+2}$

例題 9.4　無理式を含む不等式

グラフを利用して，不等式 $\sqrt{2x+1} > x - 1$ を解け．

解　求める不等式の解は，$y = \sqrt{2x+1}$ のグラフが $y = x - 1$ のグラフより上にある x の範囲である．

2 つのグラフの共有点の x 座標を求めるために，連立方程式

$$\begin{cases} y = \sqrt{2x+1} \\ y = x - 1 \end{cases}$$

を解く．y を消去して得られる方程式 $\sqrt{2x+1} = x - 1$ の両辺を 2 乗して整理すると，

$$x^2 - 4x = 0 \quad よって \quad x = 0, 4$$

となる．$x = 4$ は $\sqrt{2x+1} = x - 1$ を満たすが，$x = 0$ は満たさない．したがって，共有点の x 座標は $x = 4$ だけである．無理関数 $y = \sqrt{2x+1}$ の定義域は $x \geqq -\dfrac{1}{2}$ であるから，グラフから求める解は $-\dfrac{1}{2} \leqq x < 4$ である．

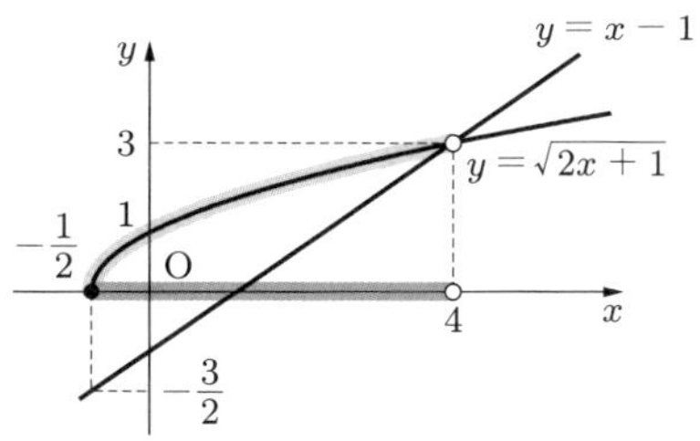

問9.13　グラフを利用して，不等式 $\sqrt{3-x} > x + 3$ を解け．

9.6 逆関数

逆関数　関数 $y = f(x)$ が定義域全体で単調増加または単調減少であるとき，y の値に対して，$y = f(x)$ となる x の値がただ1つ定まり，x は y の関数となる．この関数を

$$x = f^{-1}(y)$$

と表し，これを $y = f(x)$ の**逆関数**という．$x = f^{-1}(y)$ は y が独立変数で x が従属変数であるが，通常は独立変数を x，従属変数を y とするから，x と y を交換した関数 $y = f^{-1}(x)$ を，$y = f(x)$ の逆関数ということが多い．$y = f(x)$ の定義域が $a \leqq x \leqq b$，値域が $c \leqq y \leqq d$ のとき，$y = f^{-1}(x)$ の定義域は $c \leqq x \leqq d$，値域は $a \leqq y \leqq b$ となる．

例 9.9　関数 $y = 2x + 1$ において，$y = 2x + 1$ を x について解くと

$$x = \frac{y-1}{2}$$

となる．この式の x と y を交換して得られる関数 $y = \dfrac{x-1}{2}$ が，$y = 2x + 1$ の逆関数である．

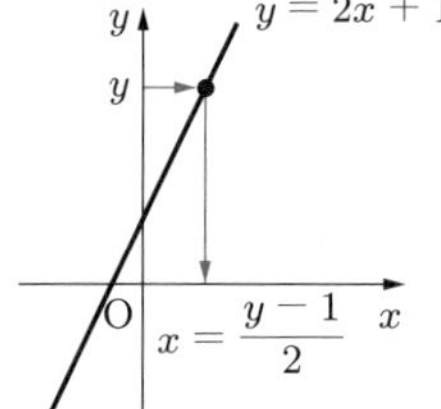

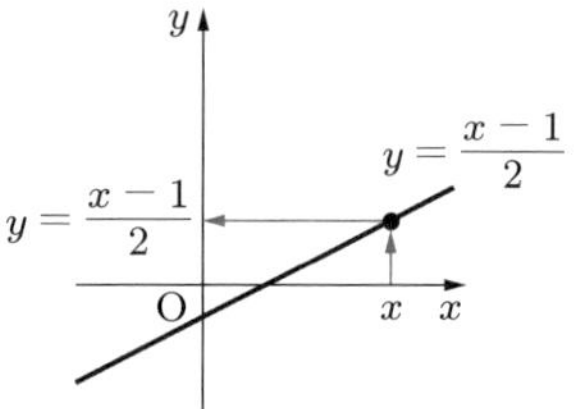

関数が単調でない場合でも，単調となる区間に定義域を制限することによって，逆関数を考えることができる．

例 9.10　関数 $y = x^2 + 1$ の場合には，y の値から x の値を1つに定めることができない．したがって，$y = x^2 + 1$ の逆関数は存在しない（図1）．

しかし，定義域を制限した関数 $y = x^2 + 1$ $(x \geqq 0)$ は単調増加であるから，

$$x = \sqrt{y-1} \quad (x \geqq 0,\ y \geqq 1)$$

として，x の値がただ1つ定まる（図2）．したがって，逆関数は $y = \sqrt{x-1}$

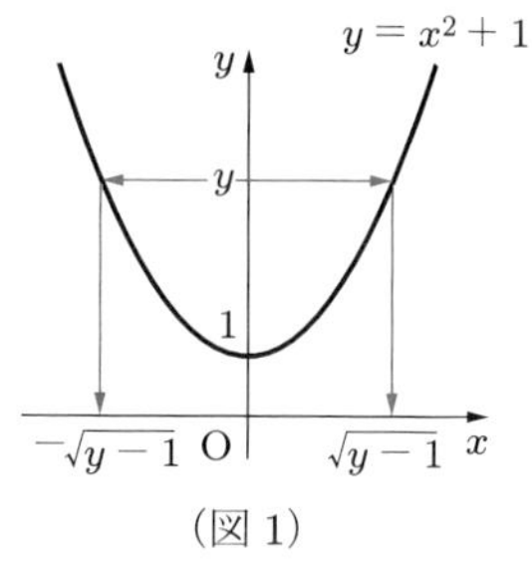

(図 1)

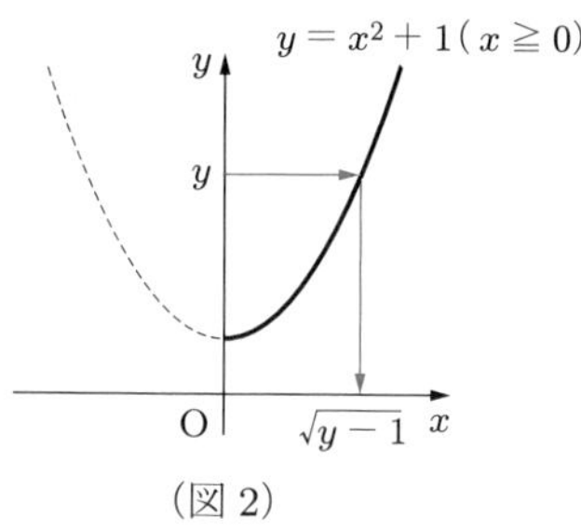

(図 2)

$(x \geqq 1,\ y \geqq 0)$ である．

問 9.14　次の関数の逆関数を求めよ．また，逆関数の定義域を求めよ．

(1)　$y = -2x + 4 \quad (-1 \leqq x \leqq 3)$　　(2)　$y = x^2 \quad (x \leqq 0)$

(3)　$y = \dfrac{2}{x} - 1 \quad (x \neq 0)$　　(4)　$y = (x-2)^2 + 3 \quad (x \geqq 2)$

逆関数のグラフ　逆関数 $y = f^{-1}(x)$ は，$x = f^{-1}(y)$ の変数 x と y を交換したものである．点 $\mathrm{P}(a, b)$ と点 P の x 座標と y 座標を交換した点 $\mathrm{Q}(b, a)$ とは，直線 $y = x$ に関して対称であるから，$y = f(x)$ とその逆関数 $y = f^{-1}(x)$ のグラフは直線 $y = x$ に関して対称である．

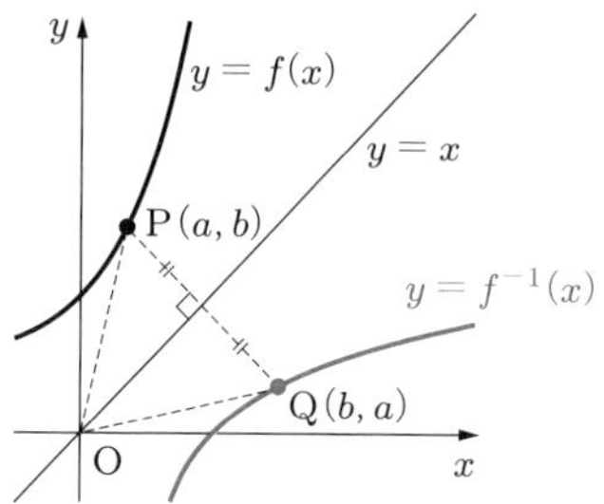

9.6　逆関数のグラフ

関数 $y = f(x)$ とその逆関数 $y = f^{-1}(x)$ のグラフは，直線 $y = x$ に関して対称である．

例 9.11　$y = x^2\ (x \geqq 0)$ の逆関数は $y = \sqrt{x}$ である．したがって，関数 $y = \sqrt{x}$ のグラフは，関数 $y = x^2$ $(x \geqq 0)$ のグラフと直線 $y = x$ に関して対称である．

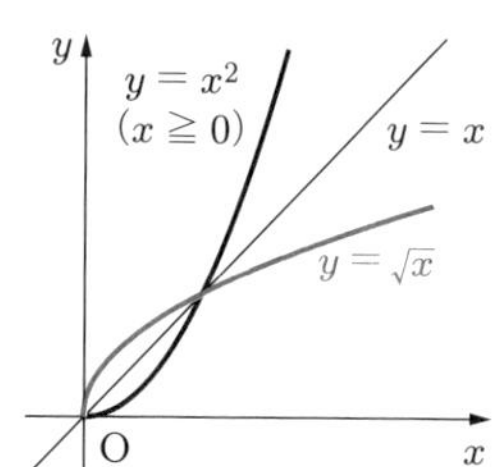

問 9.15　次の関数の逆関数を求め，そのグラフをかけ．

(1)　$y = x^2 + 1 \quad (x \leqq 0)$　　(2)　$y = \sqrt{-x}$

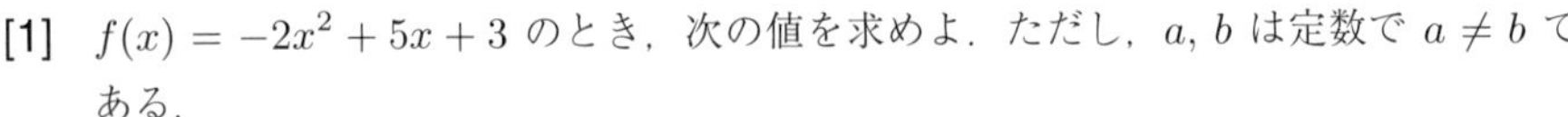

練習問題 9

[1] $f(x) = -2x^2 + 5x + 3$ のとき，次の値を求めよ．ただし，a, b は定数で $a \neq b$ である．

(1) $f(a) + f(-a)$　　(2) $f(a) - f(-a)$　　(3) $\dfrac{f(b) - f(a)}{b - a}$

[2] 関数 $y = x^2 - x + 2$ のグラフを次のように移動すると，どのような関数のグラフになるか．

(1) x 軸方向に 3，y 軸方向に -1 平行移動

(2) 原点に関して対称移動

[3] 次の関数のグラフは，$y = \sqrt{2x}$ のグラフをどのように移動したものか．

(1) $y = -\sqrt{2(x-1)}$　　(2) $y = \sqrt{-2(x-1)}$

[4] 次の関数は偶関数か，奇関数か，あるいは，どちらでもないかを判定せよ．

(1) $f(x) = x^3 - x$　　(2) $f(x) = 3x^4 - x^2 + 3$

(3) $f(x) = x^2 - x + 1$　　(4) $f(x) = (x^3 + 1)(x^3 - 1)$

(5) $f(x) = x^3(x^2 + 1)^2$　　(6) $f(x) = (x^4 + x^2 + 5)(x^2 - 3)$

[5] 次の分数関数の漸近線の方程式を求めて，グラフをかけ．また，座標軸との共有点の座標を求めよ．

(1) $y = \dfrac{x + 3}{x + 2}$　　(2) $y = \dfrac{2x - 1}{x + 1}$

[6] 次の無理関数の定義域と値域を求めて，グラフをかけ．また，座標軸との共有点の座標を求めよ．

(1) $y = \sqrt{x + 4} - 1$　　(2) $y = 1 - \sqrt{3 - x}$

[7] グラフを利用して，次の不等式を解け．

(1) $-\dfrac{2}{x} < -x + 1$　　(2) $\sqrt{x + 2} < -2x - 1$

[8] 次の関数の逆関数と，その定義域を求めよ．

(1) $y = -4x + 3 \quad (-1 \leqq x \leqq 3)$　　(2) $y = -x^2 + 6 \quad (x \leqq 0)$

(3) $y = -\sqrt{3 - x} + 1 \quad (x \leqq 3)$　　(4) $y = \dfrac{3x + 5}{x - 1} \quad (x \neq 1)$

第 3 章の章末問題

1. 次の 2 次関数を標準形に直せ．また，関数のグラフである放物線の頂点の座標，軸の方程式，y 軸との交点の座標を求めよ．

(1) $y = 3x^2 - 3x + 2$　　(2) $y = -2x^2 + 6x - \dfrac{11}{2}$

2. (　) 内を定義域とする，次の 2 次関数の最大値と最小値を求めよ．また，そのときの x の値を求めよ．

(1) $y = x^2 + 4x + 2 \quad (-1 \leqq x \leqq 1)$　　(2) $y = -x^2 - 2x + 3 \quad (-2 \leqq x \leqq 1)$

3. 長さ 120 cm の針金の両端から同じ長さのところを切って，針金を 3 本にし，それぞれ折り曲げて正方形を作る．作った 3 つの正方形の面積の和が最小となるようにするには，どのように切ればよいか．

4. $2x + y = 5$ のとき，$x^2 + y^2$ の最小値を求めよ．また，そのときの x と y の値を求めよ．

5. 次の条件を満たす放物線をグラフにもつ 2 次関数を求めよ．

(1) 3 点 $(1, 1), (2, 4), (3, 11)$ を通る．

(2) x 軸と 2 点 $(1, 0)$, $(3, 0)$ で交わり，y 軸と点 $(0, 3)$ で交わる．

(3) 頂点が直線 $y = x$ 上にあり，x 軸と 2 点 $(-1, 0)$, $(3, 0)$ で交わる．

6. 次の連立不等式を解け．

(1) $\begin{cases} x^2 > 1 & \cdots ① \\ x^2 - 2x - 15 \leqq 0 & \cdots ② \end{cases}$　　(2) $\begin{cases} x^2 + x + 1 > 0 & \cdots ① \\ 6x^2 - 7x + 2 < 0 & \cdots ② \end{cases}$

7. 点 $(1, -1)$ から放物線 $y = 2x^2 - x$ へ引いた接線の方程式を求めよ．また，接点の座標も求めよ．

8. 関数 $y = \dfrac{ax + b}{x + c}$ が次の条件を満たすように，定数 a, b, c の値を求めよ．

(1) グラフは点 $(-2, 6)$, $(2, 2)$ を通り，直線 $y = 1$ を漸近線にもつ．

(2) グラフは点 $(-1, 1)$ を通り，直線 $x = -2$, $y = -2$ を漸近線にもつ．

9. グラフを利用して，次の不等式を解け．

(1) $\dfrac{-2x + 1}{x - 2} \geqq 3x + 2$　　(2) $x \geqq 1 + \sqrt{2x + 3}$

10. 次の関数の逆関数を求めよ．

(1) $y = x^2 - 4x \quad (x \geqq 2)$　　(2) $y = \dfrac{x}{ax + b} \quad (a \neq 0)$

Chapter

4 指数関数と対数関数

10 指数関数

10.1 累乗根

累乗根　n を 2 以上の自然数とするとき，n 乗すると a になる数を a の $\boldsymbol{n}$ **乗根**という．とくに，2 乗根を**平方根**，3 乗根を**立方根**という．平方根，立方根，4 乗根，…を総称して**累乗根**という．

例 10.1　(1)　25 の平方根は $x^2 = 25$ の解であり，5, -5 の 2 つである．

(2)　27 の立方根は $x^3 = 27$ の解である．この方程式 $x^3 - 27 = 0$ を解けば

$$(x-3)(x^2+3x+9) = 0 \quad \text{よって} \quad x = 3,\ \frac{-3 \pm 3\sqrt{3}\,i}{2}$$

となり，これら 3 つの数が 27 の立方根である．

(3)　16 の 4 乗根は $x^4 = 16$ の解である．この方程式 $x^4 - 16 = 0$ を解けば

$$(x-2)(x+2)(x^2+4) = 0 \quad \text{よって} \quad x = \pm 2,\ \pm 2i$$

となり，これら 4 つの数が 16 の 4 乗根である．

問 10.1　次の累乗根を求めよ．

(1)　1 の立方根　　　(2)　81 の 4 乗根

$a > 0$ に対して，n 乗すると a になる正の数を $\sqrt[n]{a}$ と表す．$\sqrt[2]{a}$ は $\sqrt{a}$ と書く．$\sqrt[n]{}$ を**根号**という．定義から $\sqrt[n]{a} > 0$ で $\left(\sqrt[n]{a}\right)^n = a$ が成り立つ．したがって，$\sqrt[n]{a}$ は，$y = x^n$ $(x \geqq 0)$ のグラフと直線 $y = a$ の交点の x 座標である．

n が奇数のとき，$\sqrt[n]{-a} = -\sqrt[n]{a}$ と定める．n が偶数のときには $\sqrt[n]{-a}$ は定義しない．また，$\sqrt[n]{0} = 0$ と定める．

$y = x^n$　$y = a$　$-\sqrt[n]{a}$　O　$\sqrt[n]{a}$　x　y

n が偶数

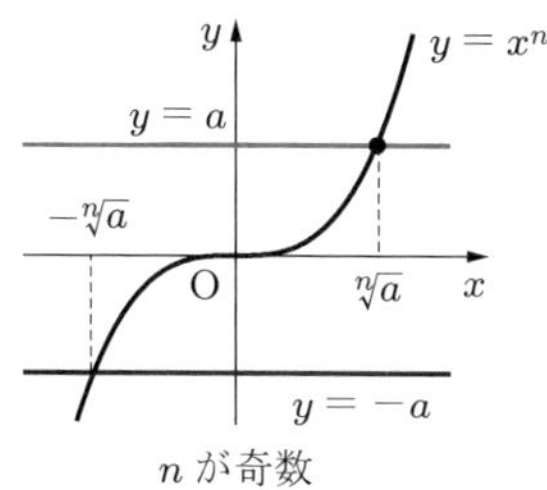

n が奇数

例 10.2　$\sqrt{25} = 5$,　$\sqrt[3]{27} = 3$,　$\sqrt[3]{-27} = -3$,　$\sqrt[4]{16} = 2$. また, $\sqrt[4]{-16}$ は存在しない.

問 10.2　次の値を求めよ.

(1)　$\sqrt[3]{8}$　　(2)　$\sqrt[3]{64}$　　(3)　$\sqrt[4]{625}$　　(4)　$\sqrt[5]{-32}$

10.1　累乗根の性質

$a > 0, b > 0$ で m, n が 2 以上の自然数のとき, 次の性質が成り立つ.

(1)　$(\sqrt[n]{a})^m = \sqrt[n]{a^m}$　　(2)　$\sqrt[m]{\sqrt[n]{a}} = \sqrt[mn]{a}$

(3)　$\sqrt[n]{a}\sqrt[n]{b} = \sqrt[n]{ab}$　　(4)　$\dfrac{\sqrt[n]{a}}{\sqrt[n]{b}} = \sqrt[n]{\dfrac{a}{b}}$

証明　(1) を示す. $x = (\sqrt[n]{a})^m$ とおくと, $x > 0$ である. x の n 乗は

$$x^n = \{(\sqrt[n]{a})^m\}^n = (\sqrt[n]{a})^{mn} = \{(\sqrt[n]{a})^n\}^m = a^m$$

であるから, $x = \sqrt[n]{a^m}$ となる. よって, $(\sqrt[n]{a})^m = \sqrt[n]{a^m}$ である.　**証明終**

問 10.3　累乗根の性質の (2)〜(4) を証明せよ.

問 10.4　次の値を求めよ.

(1)　$\sqrt{9^3}$　　(2)　$\sqrt[3]{3}\sqrt[3]{9}$　　(3)　$\dfrac{\sqrt[4]{48}}{\sqrt[4]{3}}$　　(4)　$\sqrt[3]{\sqrt{64}}$

10.2　指数の拡張

指数法則とその拡張　m, n が自然数のとき, 次の指数法則が成り立つ.

(1)　$a^m a^n = a^{m+n}$　　(2)　$(a^m)^n = a^{mn}$　　(3)　$(ab)^n = a^n b^n$

ここでは, m, n がどんな実数でも指数法則が成り立つように, 実数 x に対する a^x の値を定めよう. このことを, 指数法則を実数の場合に拡張するという.

0 以下の整数への拡張　$a \neq 0$ とする．指数が 0 以下の整数のときにも指数法則が成り立つように，a^0, a^{-n} の値を定める．

指数法則 (1) が，$m = 1$, $n = 0$ に対しても成り立つとすれば，

$$a^1 a^0 = a^{1+0} = a^1 \quad \text{よって} \quad a^0 = 1 \tag{10.1}$$

となる．さらに，$m = -n$（n は自然数）のときも成り立つとすれば，

$$a^{-n} a^n = a^{-n+n} = a^0 = 1 \quad \text{よって} \quad a^{-n} = \frac{1}{a^n} \tag{10.2}$$

となる．そこで，これを定義として次のように定める．

10.2　0 以下の整数への指数の拡張

$a \neq 0$，n が自然数のとき，次のように定める．

$$a^0 = 1, \quad a^{-n} = \frac{1}{a^n}$$

これによって，指数法則は指数がすべての整数に対して成り立つようになる．

例 10.3　$4^0 = 1, \quad 4^{-3} = \dfrac{1}{4^3} = \dfrac{1}{64}, \quad \left(\dfrac{5}{2}\right)^{-3} = \left(\dfrac{2}{5}\right)^3 = \dfrac{8}{125}$

問 10.5　次の値を求めよ．

(1)　$(-2)^0$　　(2)　3^{-2}　　(3)　$(-4)^{-1}$　　(4)　$\left(\dfrac{3}{4}\right)^{-3}$

有理数への拡張　$a > 0$ とする．任意の有理数 r について指数法則が成り立つように，a^r の値を定める．

指数法則 (2) が，$m = \dfrac{1}{n}$（n は自然数）に対しても成り立つとすれば，

$$(a^{\frac{1}{n}})^n = a^{\frac{1}{n} \cdot n} = a^1 = a \quad \text{よって} \quad a^{\frac{1}{n}} = \sqrt[n]{a} \tag{10.3}$$

となる．さらに，m が整数のとき

$$(a^{\frac{m}{n}})^n = a^{\frac{m}{n} \cdot n} = a^m \quad \text{よって} \quad a^{\frac{m}{n}} = \sqrt[n]{a^m} \tag{10.4}$$

となる．そこで，これを定義として次のように定める．

10.3 有理数への指数の拡張

$a>0$, m が整数, n が 2 以上の自然数のとき, 次のように定める.

$$a^{\frac{1}{n}}=\sqrt[n]{a},\quad a^{\frac{m}{n}}=\sqrt[n]{a^m}=\left(\sqrt[n]{a}\right)^m$$

これによって, 指数法則は指数がすべての有理数に対して成り立つようになる.

例 10.4 $4^{\frac{1}{2}}=\sqrt{4}=2,\quad 16^{\frac{3}{4}}=(\sqrt[4]{16})^3=2^3=8,$

$$27^{-\frac{2}{3}}=(\sqrt[3]{27})^{-2}=3^{-2}=\frac{1}{3^2}=\frac{1}{9}$$

問 10.6 次の値を求めよ.

(1) $8^{\frac{1}{3}}$ (2) $16^{\frac{5}{4}}$ (3) $9^{-1.5}$

例 10.5 $a>0$ のとき, $a^{\frac{2}{3}}=\sqrt[3]{a^2}$, $a^{-\frac{5}{2}}=\dfrac{1}{\sqrt{a^5}}$, $\sqrt{a}=a^{\frac{1}{2}}$, $\sqrt[3]{a^4}=a^{\frac{4}{3}}$

問 10.7 $a>0$ のとき, 次の式を根号を使って表せ.

(1) $a^{\frac{1}{2}}$ (2) $a^{\frac{3}{4}}$ (3) $a^{-\frac{2}{5}}$

問 10.8 $a>0$ のとき, 次の式を a^r の形で表せ.

(1) $\sqrt[3]{a}$ (2) $\sqrt[4]{a^3}$ (3) $\dfrac{1}{\sqrt{a}}$

拡張された指数法則 $a>0$ のとき, 任意の実数 x に対して, 次の定理を満たすように a^x の値を定められることが知られている.

10.4 指数の性質

$a>0,\ b>0$ を定数とする. 任意の実数 $x,\ r,\ s$ に対して次の性質が成り立つ.

I. $a^x>0$

II. $r<s$ のとき, $a>1$ ならば $a^r<a^s$

$0<a<1$ ならば $a^r>a^s$

III. 指数法則

(1) $a^ra^s=a^{r+s}$ (2) $(a^r)^s=a^{rs}$ (3) $(ab)^r=a^rb^r$

例 10.6　$a > 0$，r, s が実数のとき，$\dfrac{a^r}{a^s} = a^r \dfrac{1}{a^s} = a^r a^{-s} = a^{r-s}$

例 10.7　$(a^{-\frac{1}{3}})^{\frac{6}{5}} = a^{-\frac{1}{3}\cdot\frac{6}{5}} = a^{-\frac{2}{5}} = \dfrac{1}{\sqrt[5]{a^2}}$,　$\dfrac{\sqrt[4]{a^3}}{\sqrt{a}} = \dfrac{a^{\frac{3}{4}}}{a^{\frac{1}{2}}} = a^{\frac{3}{4}-\frac{1}{2}} = a^{\frac{1}{4}}$

問 10.9　$a > 0$ のとき，次の式を根号を用いて表せ．

(1)　$a^{\frac{1}{2}} a^{\frac{2}{3}}$　　(2)　$\left(a^{\frac{4}{5}}\right)^{\frac{3}{2}}$　　(3)　$\dfrac{a^{\frac{5}{3}}}{a^{\frac{3}{2}}}$

問 10.10　$a > 0$ のとき，次の式を a^r の形で表せ．

(1)　$\dfrac{\sqrt[4]{a}}{\sqrt[3]{a^2}}$　　(2)　$\sqrt{\sqrt[5]{a^4}}$　　(3)　$\sqrt[3]{a^4}\,\sqrt[4]{a^3}$

10.3　指数関数

指数関数　a が 1 でない正の定数のとき，x の関数 $y = a^x$ を a を底とする**指数関数**という．

x の値に対する y の値を調べて指数関数 $y = 2^x$ と $y = \left(\dfrac{1}{2}\right)^x$ のグラフをかくと，次のようになる．

x	2^x	$\left(\dfrac{1}{2}\right)^x$
⋮	⋮	⋮
−3	0.125	8
−2	0.25	4
−1	0.5	2
0	1	1
1	2	0.5
2	4	0.25
3	8	0.125
⋮	⋮	⋮

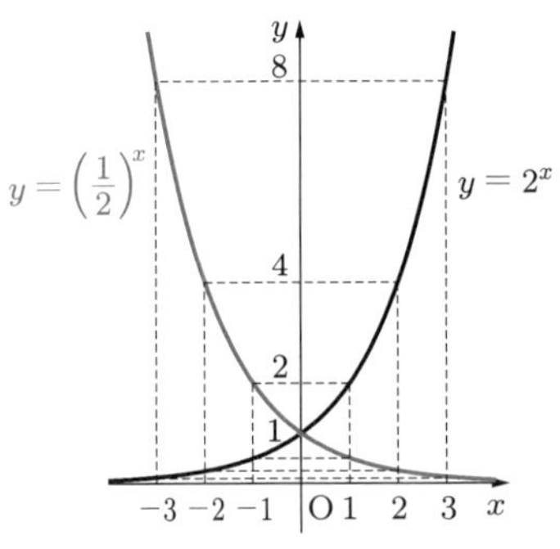

$x = 0$ のときはいずれも $y = 1$ である．また，x の値が 1 増加するごとに，$y = 2^x$ の値は 2 倍になっていくのに対し，$y = \left(\dfrac{1}{2}\right)^x$ の値は $\dfrac{1}{2}$ 倍になっていく．

一般に，指数関数 $y = a^x$ は次の性質をもつ．

10.5 指数関数 $y = a^x$ の性質

指数関数 $y = a^x$ $(a \neq 1, a > 0)$ について，次のことが成り立つ．

(1) 定義域は実数全体である．

(2) 値域は正の実数全体である．グラフはつねに x 軸より上側にある．

(3) グラフは点 $(0, 1)$ と点 $(1, a)$ を通る．

(4) グラフは x 軸を漸近線とする．

(5) $a > 1$ のとき単調増加，$0 < a < 1$ のとき単調減少である．

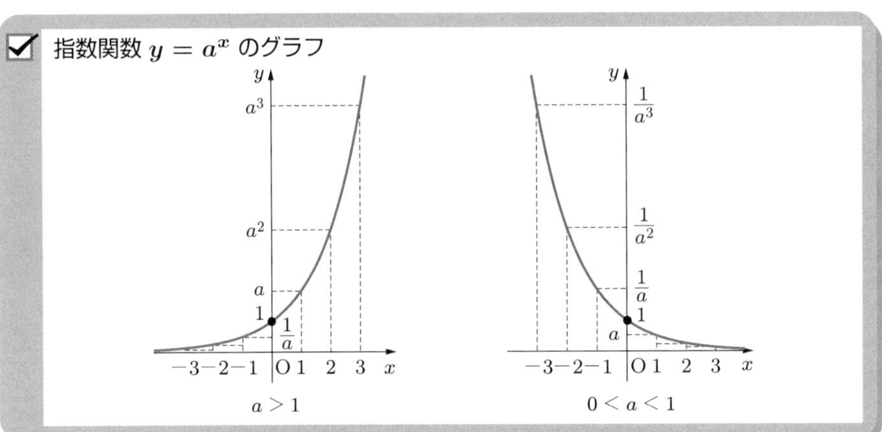

note $\left(\dfrac{1}{a}\right)^x = (a^{-1})^x = a^{-x}$ となるから，$y = \left(\dfrac{1}{a}\right)^x$ のグラフは $y = a^x$ のグラフと y 軸に関して対称である．

問 10.11 次の関数のグラフをかけ．

(1) $y = 3^x$　(2) $y = 3^{-x}$　(3) $y = -3^x$　(4) $y = -3^{-x}$

例題 10.1 指数関数のグラフ

次の関数のグラフをかけ．また，漸近線の方程式を求めよ．

(1) $y = 3^{x+1}$　(2) $y = 1 - 2^{-x}$

解 (1) $3^{x+1} = 3^{x-(-1)}$ であるから，$y = 3^{x+1}$ のグラフは，$y = 3^x$ のグラフを x 軸方向に -1 平行移動したものである（図 1）．漸近線は直線 $y = 0$（x 軸）である．

(2) $y = 1 - 2^{-x}$ のグラフは，$y = 2^x$ のグラフを原点に関して対称移動した $y = -2^{-x}$ のグラフを，y 軸方向に 1 平行移動したものである（図 2）．漸近線は直線 $y = 1$ である．

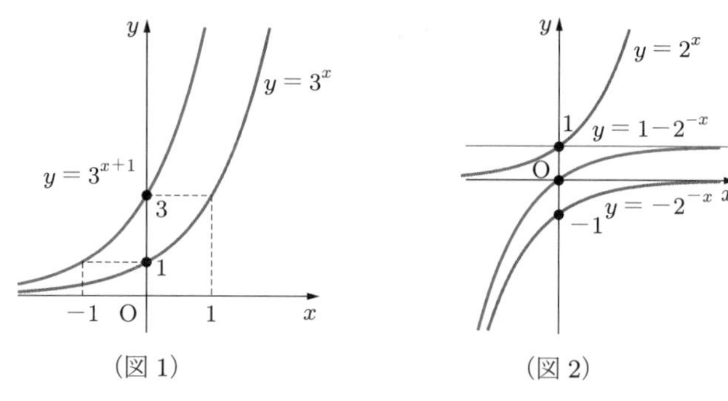

（図 1）　（図 2）

note　$y=3^{x+1}=3\cdot 3^x$ であるから，例題 10.1(1) のグラフは，$y=3^x$ のグラフの y の値を 3 倍にしたグラフと考えることもできる．

問 10.12　次の指数関数のグラフをかけ．また，漸近線の方程式を求めよ．

(1)　$y=2^x-1$　(2)　$y=3^{x-2}$

(3)　$y=2^{-x}+2$　(4)　$y=\dfrac{1}{3}\cdot 3^{-x}$

10.4 指数関数と方程式・不等式

指数関数を含む方程式　a は 1 でない正の数とする．指数関数 $y=a^x$ は単調であるから

$$a^r=a^s \iff r=s \tag{10.5}$$

が成り立つ．これを用いて $a^x=k$ の形の方程式を解くことができる．

例題 10.2　指数関数を含む方程式

次の方程式を解け．

(1)　$3^{x+2}=3\sqrt{3}$　(2)　$\left(\dfrac{1}{2}\right)^{3x}=\dfrac{\sqrt{2}}{4}$

解　(1)　底を 3 にそろえる．$3\sqrt{3}=3^1\cdot 3^{\frac{1}{2}}=3^{\frac{3}{2}}$ であるから，与えられた方程式は

$$3^{x+2}=3^{\frac{3}{2}}$$

となる．指数を比較すれば，次の解が得られる．

$$x+2=\frac{3}{2}\quad よって\quad x=-\frac{1}{2}$$

(2) 底を 2 にそろえる. $\left(\dfrac{1}{2}\right)^{3x} = (2^{-1})^{3x} = 2^{-3x}$, $\dfrac{\sqrt{2}}{4} = \dfrac{2^{\frac{1}{2}}}{2^2} = 2^{-\frac{3}{2}}$ であるから, 与えられた方程式は

$$2^{-3x} = 2^{-\frac{3}{2}}$$

となる. 指数を比較すれば, 次の解が得られる.

$$-3x = -\frac{3}{2} \quad よって \quad x = \frac{1}{2}$$

問10.13 次の方程式を解け.

(1) $2^x = 8$　(2) $3^{3-x} = 3\sqrt{3}$　(3) $2^{x-1} = \dfrac{1}{4}$

(4) $3^{2x} = \dfrac{1}{81}$　(5) $\left(\dfrac{1}{2}\right)^x = 4\sqrt[3]{4}$　(6) $9^{-2x} = \dfrac{1}{3}$

指数関数を含む不等式　$a > 1$ のとき, 関数 $y = a^x$ は単調増加だから,

$$a^r < a^s \iff r < s \tag{10.6}$$

が成り立つ. また $0 < a < 1$ のとき, 関数 $y = a^x$ は単調減少だから,

$$a^r < a^s \iff r > s \tag{10.7}$$

が成り立つ. これを用いて, $a^x > k$ や $a^x < k$ の形の不等式を解くことができる.

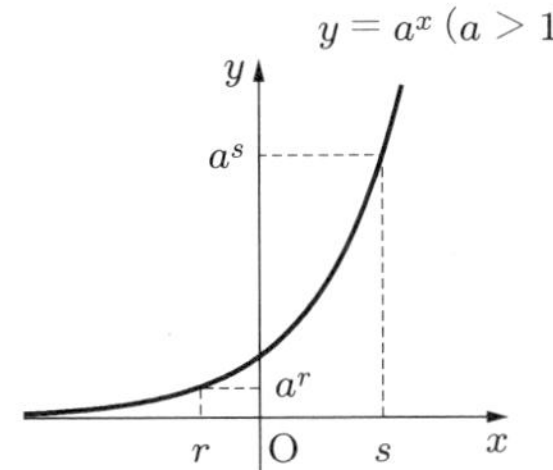

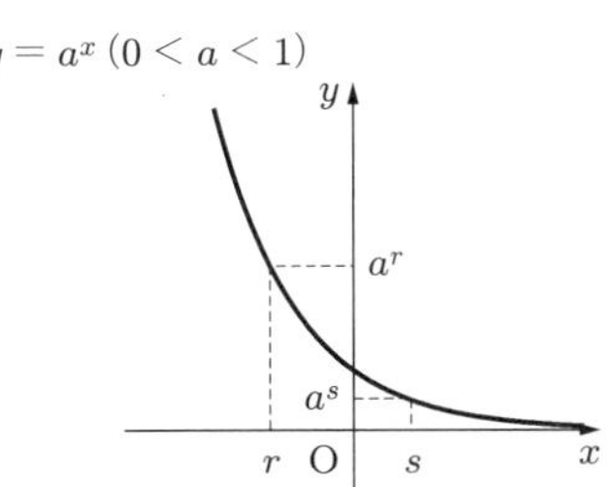

例題 10.3 指数関数を含む不等式

次の不等式を解け.

(1) $4^{x-1} > 8$　(2) $\left(\dfrac{1}{3}\right)^{2x+1} \geqq 9$

解 (1)　底を 2 にそろえる．$4^{x-1} = (2^2)^{x-1} = 2^{2x-2}$ であるから，与えられた不等式は

$$2^{2x-2} > 2^3$$

と変形できる．指数を比較すれば，底が 1 より大きいから，次の解が得られる．

$$2x - 2 > 3 \quad \text{よって} \quad x > \frac{5}{2}$$

(2)　底を 3 にそろえる．$\left(\frac{1}{3}\right)^{2x+1} = (3^{-1})^{2x+1} = 3^{-2x-1}$ であるから，与えられた不等式は

$$3^{-2x-1} \geqq 3^2$$

となる．指数を比較すれば，底が 1 より大きいから，次の解が得られる．

$$-2x - 1 \geqq 2 \quad \text{よって} \quad x \leqq -\frac{3}{2}$$

---

note　例題 10.3(2) では底を $\frac{1}{3}$ にそろえてもよい．その場合は

$$\left(\frac{1}{3}\right)^{2x+1} \geqq \left(\frac{1}{3}\right)^{-2} \quad \text{よって} \quad 2x + 1 \leqq -2$$

となる．底が 1 より小さいときには，指数の大小関係が逆転することに注意すること．

問 10.14　次の不等式を解け．

(1)　$2^x < \frac{1}{8}$　　(2)　$3^{-x} \geqq \frac{1}{9}$　　(3)　$3^{2x+3} \leqq 9\sqrt{3}$

(4)　$4^{x-2} < 8$　　(5)　$\left(\frac{1}{2}\right)^x > \sqrt{2}$　　(6)　$\left(\frac{1}{9}\right)^{2x+1} < 81$

練習問題 10

[1] 次の値を求めよ．

(1) 3^{-3}　(2) $4^{\frac{3}{2}}$　(3) $8^{-\frac{2}{3}}$

(4) $\left(\sqrt[4]{4}\right)^2$　(5) $\sqrt[6]{4}\sqrt[3]{32}$　(6) $\dfrac{\sqrt[4]{9}}{\sqrt{3}}$

[2] 次の式の値を a^r（r は有理数）の形で表せ．ただし，a は正の数とする．

(1) $\dfrac{a^{\frac{3}{4}} \cdot a^{\frac{1}{2}}}{a^{\frac{1}{3}}}$　(2) $a^{\frac{3}{2}} \cdot \left(a^{\frac{1}{6}}\right)^{\frac{3}{5}}$　(3) $\dfrac{\sqrt[3]{a} \cdot \sqrt[6]{a^5}}{\sqrt{a^3}}$

[3] $2^x = t$ とするとき，次の式を t を用いた式で表せ．

(1) 2^{x+2}　(2) 2^{3-x}　(3) 4^x　(4) $(\sqrt{2})^x$

[4] 次の関数のグラフをかけ．

(1) $y = -4 \cdot 2^x$　(2) $y = 2^{-x} + 3$　(3) $y = 3^{1-x}$　(4) $y = 3^{x-2} - 1$

[5] 次の方程式を解け．

(1) $3^{1-x} = \sqrt{3}$　(2) $4^{2x+1} = 8$　(3) $\left(\dfrac{1}{2}\right)^x = 4$　(4) $\left(\dfrac{1}{\sqrt{3}}\right)^{3x} = 9$

[6] 次の不等式を解け．

(1) $2^{x-3} < \dfrac{1}{16}$　(2) $3^{2x+3} > 3\sqrt{3}$　(3) $9^{2-3x} > 27$　(4) $\left(\dfrac{1}{2}\right)^{2x+1} \geqq 64$

[7] $\sqrt{x} + \dfrac{1}{\sqrt{x}} = \sqrt{5}$ のとき，次の式の値を求めよ．

(1) $x + x^{-1}$　(2) $x^{\frac{3}{2}} + x^{-\frac{3}{2}}$

[8] 室温が 20 度に保たれた部屋に，温度が 80 度のコーヒーを放置した．このコーヒーの t 分後の温度 y 度は

$$y = 60 \cdot 2^{-\frac{t}{3}} + 20$$

であることがわかった．次の問いに答えよ．

(1) コーヒーの温度が 35 度になるのは何分後か．

(2) この関数のグラフをかけ．

[9] 🖩 消費者金融の会社 A, B があり，A 社は月利 1.3%，B 社は年利 15% であるという．次の問いに答えよ．ただし，月利は月ごとの複利，年利は年ごとの複利とし，月利 α [%] のときの年利を β [%] とすれば $\left(1+\dfrac{\alpha}{100}\right)^{12} = 1+\dfrac{\beta}{100}$ が成り立つものとする．

(1) A 社の年利，B 社の月利はそれぞれ何 % か．年利は小数第 1 位，月利は小数第 2 位まで求めよ．

(2) いま，10 万円を借り入れて 10 年間放置したとする．A 社，B 社から借りた場合の借り入れ金は，それぞれおよそいくらになっているか．

11 対数関数

11.1 対数

対数　この節を通して，$a > 0,\ a \neq 1$ とする．このとき，任意の正の数 M に対して，$a^x = M$ を満たす実数 x がただ 1 つ定まる．この x を a を**底**とする M の**対数**といい，

$$x = \log_a M \tag{11.1}$$

と表す．M をこの対数の**真数**という．$M \leqq 0$ のとき M の対数 $\log_a M$ は存在しない．$\log_a M$ が存在するための条件 $M > 0$ を**真数条件**という．図のように，$\log_a M$ は，指数関数 $y = a^x$ のグラフと直線 $y = M$ との共有点の x 座標である．

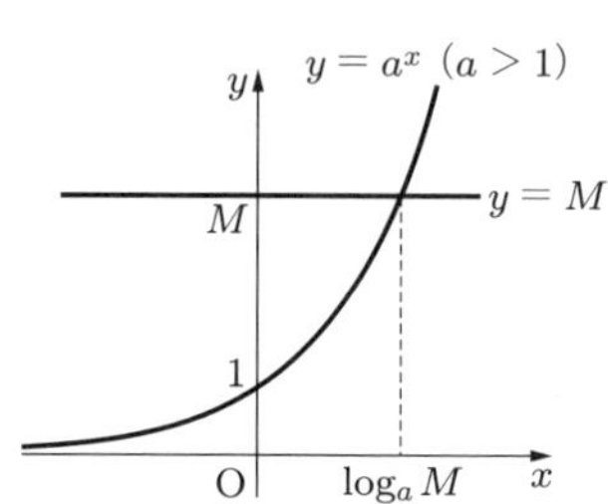

11.1　対数 $\log_a M$

$a > 0,\ a \neq 1$ のとき，$M > 0$ に対して，$a^x = M$ を満たす実数 x を a を底とする M の対数といい，$\log_a M$ で表す．

$$x = \log_a M \iff a^x = M$$

$x = \log_a M,\ a^x = M$ から x や M を消去すれば，次の関係式が得られる．

11.2　対数の基本法則

$$a^{\log_a M} = M, \quad \log_a a^x = x$$

例 11.1　$\log_a 1 = \log_a a^0 = 0, \quad \log_a a = \log_a a^1 = 1$

例 11.2

(1)　$\log_2 8 = \log_2 2^3 = 3$　　(2)　$\log_3 \dfrac{1}{9} = \log_3 3^{-2} = -2$

(3)　$\log_5 5\sqrt{5} = \log_5 5^{\frac{3}{2}} = \dfrac{3}{2}$　　(4)　$\log_7 \dfrac{1}{\sqrt[3]{7}} = \log_7 7^{-\frac{1}{3}} = -\dfrac{1}{3}$

問 11.1　次の値を求めよ．

(1)　$\log_2 16$　　(2)　$\log_2 \dfrac{1}{16}$　　(3)　$\log_3 \dfrac{1}{3}$　　(4)　$\log_3 \sqrt{3}$

(5)　$\log_5 1$　　(6)　$\log_{10} 10$　　(7)　$\log_2 \dfrac{\sqrt{2}}{2}$　　(8)　$\log_3 \dfrac{1}{\sqrt[5]{9}}$

例 11.3　　$\log_{10} M$ は，$y = 10^x$ のグラフと $y = M$ との交点の x 座標である．下図は $M = 1, 2, 3, \ldots, 10$ のときの交点の x 座標を図示したもので，右表にはその具体的な値を示した．日常使う数は 10 進法であるから，対数は底を 10 とするものが便利である．10 を底とする対数を**常用対数**という．

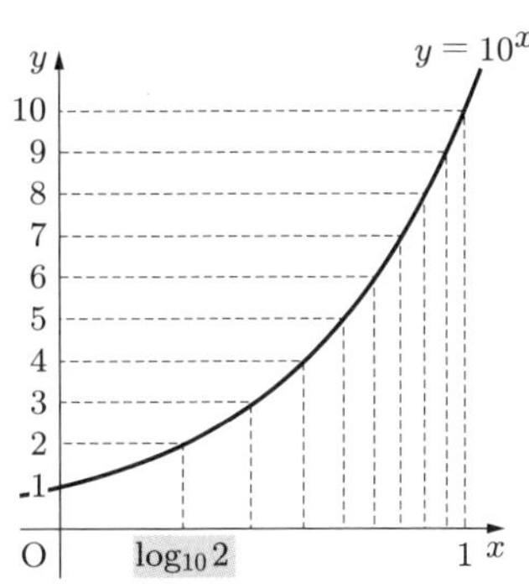

簡易常用対数表

M	$\log_{10} M$
1	0.0000
2	0.3010
3	0.4771
4	0.6021
5	0.6990
6	0.7782
7	0.8451
8	0.9031
9	0.9542
10	1.0000

指数法則［→定理 10.4］を対数を用いて表すと，次の対数の計算法則が得られる．

11.3　対数の計算法則

$a > 0, a \neq 1$ のとき，正の数 M, N と実数 p に対して次の性質が成り立つ．

(1)　$\log_a MN = \log_a M + \log_a N$

(2)　$\log_a \dfrac{M}{N} = \log_a M - \log_a N$

(3)　$\log_a M^p = p \log_a M$

証明　$r = \log_a M,\ s = \log_a N$ とおくと，$M = a^r,\ N = a^s$ である．

(1) 指数法則から $MN = a^r a^s = a^{r+s}$ となるから，性質 $\log_a a^x = x$ を用いて，

$$\log_a MN = \log_a a^{r+s} = r + s = \log_a M + \log_a N$$

となる．　　証明終

問 11.2　対数の計算法則の (2), (3) を証明せよ.

例 11.4　対数の計算法則を用いて対数の値を求める.

(1)　$2\log_3 2 + \log_3 \dfrac{3}{4} = \log_3 \left(2^2 \cdot \dfrac{3}{4}\right) = \log_3 3 = 1$

(2)　$\log_2 48 - \log_2 3 = \log_2 \dfrac{48}{3} = \log_2 16 = \log_2 2^4 = 4$

(3)　$\log_5 \dfrac{1}{\sqrt{5}} = \log_5 5^{-\frac{1}{2}} = -\dfrac{1}{2}$

問 11.3　次の式を計算せよ.

(1)　$\log_2 5 + \log_2 \dfrac{1}{10}$　　(2)　$\log_3 \dfrac{5}{4} - \log_3 \dfrac{5}{12}$

(3)　$2\log_2 6 + \log_2 12 - \log_2 54$　　(4)　$\log_3 \dfrac{1}{12} + \dfrac{1}{2}\log_3 48$

例題 11.1　対数の計算法則

$\log_{10} 2 = s$, $\log_{10} 3 = t$ とするとき, 次の対数を s, t を用いて表せ.

(1)　$\log_{10} 18$　　(2)　$\log_{10} 15$

解　(1)　$\log_{10} 18 = \log_{10} (2 \cdot 3^2)$

$$= \log_{10} 2 + \log_{10} 3^2 = \log_{10} 2 + 2\log_{10} 3 = s + 2t$$

(2)　$\log_{10} 15 = \log_{10}(3 \cdot 5)$

$$= \log_{10} \left(3 \cdot \frac{10}{2}\right) = \log_{10} 3 + \log_{10} 10 - \log_{10} 2 = t + 1 - s$$

note　例 11.3 の簡易常用対数表によれば, $\log_{10} 2 = 0.3010$, $\log_{10} 3 = 0.4771$ であるから, 例題 11.1 (1) の値は次のようになる.

$$\log_{10} 18 = s + 2t = 0.3010 + 2 \cdot 0.4771 = 1.2551$$

問 11.4　$\log_{10} 2 = s$, $\log_{10} 3 = t$ のとき, 次の対数を s, t を用いて表せ.

(1)　$\log_{10} 6$　　(2)　$\log_{10} 12$　　(3)　$\log_{10} \dfrac{20}{3}$

(4)　$\log_{10} \dfrac{6}{5}$　　(5)　$\log_{10} 4\sqrt{3}$　　(6)　$\log_{10} \sqrt{\dfrac{3}{2}}$

底の変換公式　対数 $\log_a M$ は，1 でない任意の正の数 b を底とする対数で表すことができる．次の公式は，底を a から b に変換するものである．

11.4 底の変換公式

$a > 0, a \neq 1, b > 0, b \neq 1, M > 0$ のとき，次の式が成り立つ．

$$\log_a M = \frac{\log_b M}{\log_b a}$$

証明　$x = \log_a M$ とおくと，$M = a^x$ である．したがって，b を底とする対数は

$$\log_b M = \log_b a^x = x \log_b a = \log_a M \cdot \log_b a$$

となるから，$\log_a M = \dfrac{\log_b M}{\log_b a}$ が得られる．　証明終

例 11.5　底の変換公式を用いて，対数の底をそろえる．

(1) $\log_3 8 \cdot \log_2 9 = \dfrac{\log_2 8}{\log_2 3} \cdot \log_2 3^2 = \dfrac{\log_2 2^3}{\log_2 3} \cdot 2\log_2 3 = 3 \cdot 2 = 6$

(2) $\log_4 8 = \dfrac{\log_2 8}{\log_2 4} = \dfrac{\log_2 2^3}{\log_2 2^2} = \dfrac{3}{2}$

問 11.5　次の値を求めよ．

(1) $\log_{16} \dfrac{1}{8}$　(2) $\log_9 \sqrt{27}$　(3) $\log_2 3 \cdot \log_3 2$

(4) $\log_3 5 \cdot \log_5 9$　(5) $\log_2 9 \cdot \log_3 \sqrt{2}$　(6) $\log_2 3 \cdot \log_3 5 \cdot \log_5 8$

11.2 対数関数

対数関数のグラフ　x の関数 $y = \log_a x$ を，a を底とする**対数関数**という．

$y = a^x$ のとき $x = \log_a y$ であり，この式の x と y を交換したものが対数関数 $y = \log_a x$ である．すなわち，$y = \log_a x$ は $y = a^x$ の逆関数であり，$y = \log_a x$ のグラフは，$y = a^x$ のグラフと直線 $y = x$ に関して対称である［→定理 9.6］．

例 11.6 $y=\log_2 x$ と $y=2^x$ のグラフをかくと，次のようになる．

x	$\log_2 x$
$\vdots$	$\vdots$
$\frac{1}{8}$	$\log_2 \frac{1}{8} = -3$
$\frac{1}{4}$	$\log_2 \frac{1}{4} = -2$
$\frac{1}{2}$	$\log_2 \frac{1}{2} = -1$
1	$\log_2 1 = 0$
2	$\log_2 2 = 1$
4	$\log_2 4 = 2$
8	$\log_2 8 = 3$
$\vdots$	$\vdots$

x	2^x
$\vdots$	$\vdots$
-3	$\frac{1}{8}$
-2	$\frac{1}{4}$
-1	$\frac{1}{2}$
0	1
1	2
2	4
3	8
$\vdots$	$\vdots$

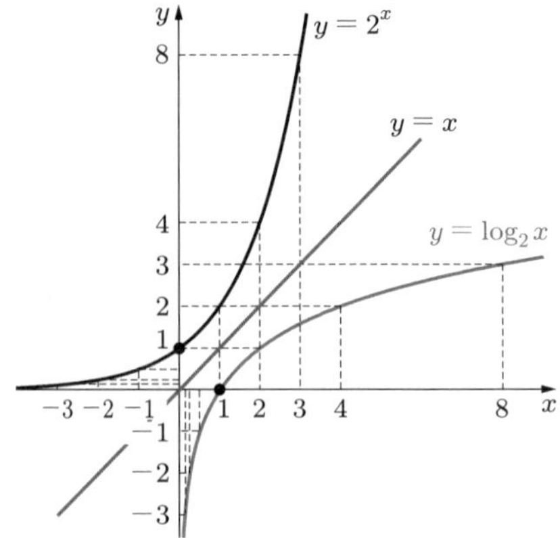

また，底の変換公式と，$\log_2 \frac{1}{2} = \log_2 2^{-1} = -1$ を用いると，

$$\log_{\frac{1}{2}} x = \frac{\log_2 x}{\log_2 \frac{1}{2}} = \frac{\log_2 x}{-1} = -\log_2 x$$

となる．よって，$y=\log_{\frac{1}{2}} x$ のグラフは，$y=\log_2 x$ のグラフと x 軸に関して対称である．

対数関数のグラフ（$a>1$ のとき）

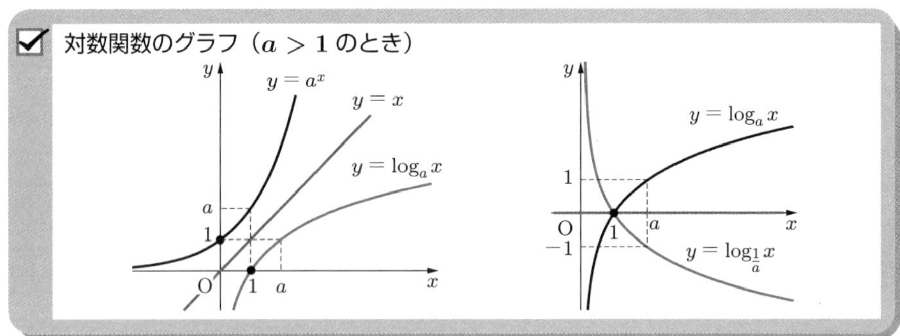

11.5 対数関数 $y=\log_a x$ の性質

対数関数 $y=\log_a x$ について，次のことが成り立つ．

(1) 定義域は $x>0$ で，値域は実数全体である．

(2) グラフは点 $(1,0)$ と点 $(a,1)$ を通る．

(3) グラフは y 軸を漸近線とする．

(4) $a>1$ のとき単調増加，$0<a<1$ のとき単調減少である．

例題 11.2　**対数関数のグラフ**

次の関数のグラフをかけ．また，漸近線の方程式を求めよ．

(1)　$y = \log_3(x-1)$　　(2)　$y = \log_3 \dfrac{x}{3}$

解　(1)　このグラフは $y = \log_3 x$ のグラフを x 軸方向に 1 平行移動したものである（図 1）．漸近線は直線 $x = 1$，x 軸との共有点の座標は $(2, 0)$ である．

(2)　対数の計算法則から

$$\log_3 \frac{x}{3} = \log_3 x - \log_3 3 = \log_3 x - 1$$

である．したがって，$y = \log_3 \dfrac{x}{3}$ のグラフは $y = \log_3 x$ のグラフを y 軸方向に -1 平行移動したものである（図 2）．漸近線は直線 $x = 0$（y 軸）である．$y = 0$ となるのは $\dfrac{x}{3} = 1$ のときであるから，x 軸との共有点の座標は $(3, 0)$ である．

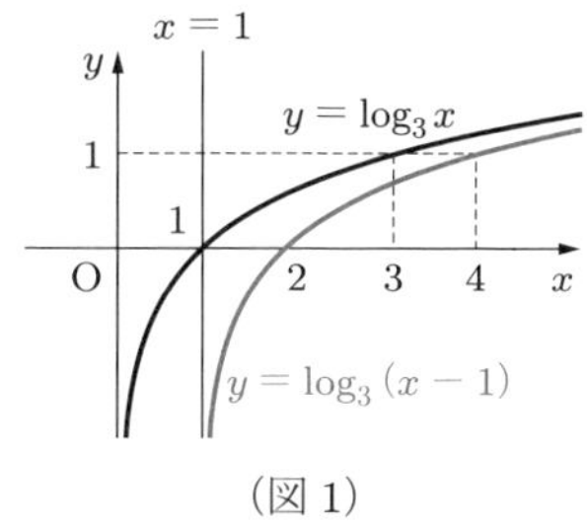

（図 1）

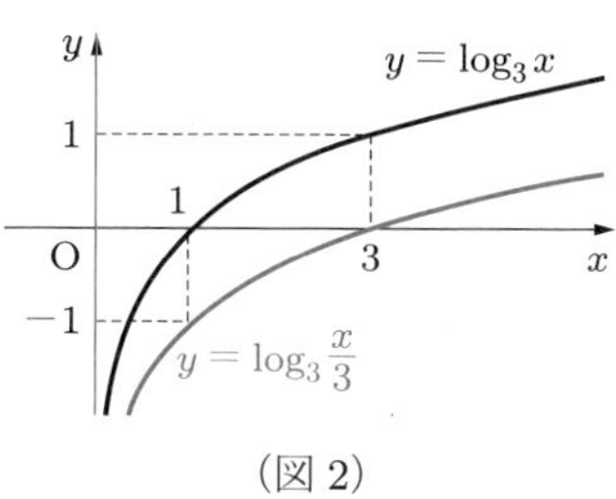

（図 2）

問 11.6　次の対数関数のグラフをかけ．また，漸近線の方程式を求めよ．

(1)　$y = \log_2(x+2)$　　(2)　$y = \log_3(-x)$　　(3)　$y = \log_2 4x$

11.3　対数関数と方程式・不等式

対数関数を含む方程式　対数関数 $y = \log_a x$ は単調であるから

$$\log_a M = \log_a N \iff M = N \tag{11.2}$$

が成り立つ．これを用いて，対数の関係式を真数の関係式に直すことができる．

例題 11.3　**真数の関係式**

$\log_a x + \log_a y = 2$ であるとき，x と y の関係を対数を用いずに表せ．

解　$\log_a x + \log_a y = \log_a xy$, $2 = 2\log_a a = \log_a a^2$ であるから，$\log_a xy = \log_a a^2$ となる．したがって，両辺の真数を比較すると，関係式 $xy = a^2$ が得られる．

問 11.7　次の条件式から，x と y の関係を対数を用いずに表せ.

(1)　$2\log_a x - \log_a y = -1$　　(2)　$\log_a y = x - 3$

$\log_a f(x) = k$ の形の方程式では，真数条件 $f(x) > 0$ に注意する必要がある.

例題 11.4　対数関数を含む方程式

次の方程式を解け.

(1)　$\log_3(2x-3) = 2$　　(2)　$\log_2(x-1) + \log_2(x+3) = 5$

解　(1)　真数条件は $2x-3>0$，すなわち，$x > \dfrac{3}{2}$ である．両辺の底を 3 にそろえると，与えられた方程式は

$$\log_3(2x-3) = \log_3 3^2$$

となる．両辺の真数を比較して

$$2x - 3 = 9 \quad よって \quad x = 6$$

が得られる．これは真数条件を満たすから，$x = 6$ が解である.

(2)　真数条件は $x-1>0$ かつ $x+3>0$，すなわち，$x>1$ である．両辺の底を 2 にそろえると，与えられた方程式は

$$\log_2(x-1)(x+3) = \log_2 2^5$$

となる．両辺の真数を比較して

$$(x-1)(x+3) = 2^5$$

$$x^2 + 2x - 35 = 0$$

$$(x+7)(x-5) = 0$$

となり，$x = -7,\ 5$ が得られる．$x = 5$ は真数条件を満たすが $x = -7$ は満たさないから，求める解は $x = 5$ である.

問 11.8　次の方程式を解け.

(1)　$\log_2(3x+7) = 4$　　(2)　$\log_5(x^2+1) = 1$

(3)　$\log_{10} x + \log_{10}(x-3) = 1$　　(4)　$\log_3(4-x) + \log_3 x = 1$

対数関数を含む不等式 $M, N > 0$ とする．$a > 1$ のとき，関数 $y = \log_a x$ は単調増加であるから，

$$\log_a M < \log_a N \iff M < N \tag{11.3}$$

が成り立つ．また，$0 < a < 1$ のとき，関数 $y = \log_a x$ は単調減少であるから

$$\log_a M < \log_a N \iff M > N \tag{11.4}$$

が成り立つ．これらの性質を用いると，$\log_a f(x) > k$ や $\log_a f(x) < k$ の形の不等式を解くことができる．不等式でも，真数条件 $f(x) > 0$ に注意する．

例題 11.5 対数関数を含む不等式

次の不等式を解け．

(1) $\log_5(2x-1) \leqq 1$　　(2) $\log_{\frac{1}{3}}(x+1) < 2$

解 (1) 真数条件から，$2x-1>0$，すなわち，$x > \dfrac{1}{2}$ である．両辺の底を 5 にそろえると，与えられた不等式は，

$$\log_5(2x-1) \leqq \log_5 5$$

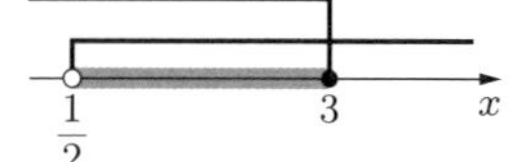

となる．底 5 が 1 より大きいから，両辺の真数を比較して，

$$2x-1 \leqq 5 \quad \text{よって} \quad x \leqq 3$$

が得られる．真数条件から，不等式の解は $\dfrac{1}{2} < x \leqq 3$ である．

(2) 真数条件から，$x+1>0$，すなわち，$x > -1$ である．両辺の底を $\dfrac{1}{3}$ にそろえると，与えられた不等式は

$$\log_{\frac{1}{3}}(x+1) < \log_{\frac{1}{3}}\left(\frac{1}{3}\right)^2$$

となる．底 $\dfrac{1}{3}$ が 1 より小さいから，真数の大小関係が逆転することに注意して両辺の真数を比較すれば

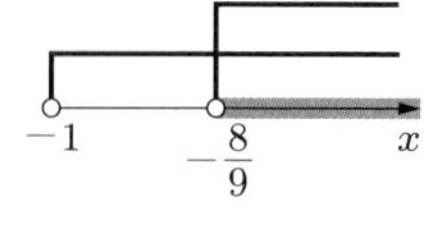

$$x+1 > \frac{1}{9} \quad \text{よって} \quad x > -\frac{8}{9}$$

が得られる．これは真数条件を満たすから，不等式の解は $x > -\dfrac{8}{9}$ である．

問 11.9　次の不等式を解け.

(1)　$\log_3 x < 3$　　(2)　$\log_2(2x+3) > 3$

(3)　$\log_5(1-x) \leqq 2$　　(4)　$\log_{\frac{1}{2}}(x+2) \geqq 1$

11.4 対数の応用

常用対数による計算　工学では非常に大きい数や，逆に非常に小さい数を扱うことが多い．そのような数は，$\alpha \times 10^n$（$1 \leqq \alpha < 10$, n は整数）の形に表すことによって，整数部分の桁数や小数第何位に初めて 0 ではない数が現れるかがわかりやすくなる．このような表し方を**科学的記数法**という．

例 11.7　$3580000 = 3.58 \times 10^6$ は 7 桁の整数であり，$0.000123 = 1.23 \times 10^{-4}$ は小数第 4 位に初めて 0 ではない数が現れる小数である．

一般に，n を自然数，$1 \leqq \alpha < 10$ とするとき，$\alpha \times 10^n$ は整数部分が $n+1$ 桁の数であり，$\alpha \times 10^{-n}$ は小数第 n 位に初めて 0 ではない数が現れる．

例題 11.6　科学的記数法による表現

次の数を科学的記数法で表し，(1) は何桁の数か，(2) は小数第何位に初めて 0 ではない数が現れるかを答えよ．

(1)　3^{33}　　(2)　2^{-55}

解　(1)　$\log_{10} 3^{33} = 33\log_{10} 3 \fallingdotseq 33 \cdot 0.4771 = 15.7443 = 15 + 0.7443$ である．$15 = \log_{10} 10^{15}$ である．また，巻末の常用対数表（または関数電卓）から $0.7443 \fallingdotseq \log_{10} 5.55$ であるから，

$$\log_{10} 3^{33} \fallingdotseq 15 + \log_{10} 5.55 = \log_{10}\left(5.55 \times 10^{15}\right)$$

となり，$3^{33} \fallingdotseq 5.55 \times 10^{15}$ である．したがって，3^{33} は 16 桁の数である．

(2)　$\log_{10} 2^{-55} = -55\log_{10} 2 \fallingdotseq -55 \cdot 0.3010 = -16.555 = -17 + 0.445$ である．常用対数表から $0.445 \fallingdotseq \log_{10} 2.77$ であるから，

$$\log_{10} 2^{-55} \fallingdotseq -17 + \log_{10} 2.77 = \log_{10}\left(2.77 \times 10^{-17}\right)$$

となり，$2^{-55} \fallingdotseq 2.77 \times 10^{-17}$ である．したがって，2^{-55} は小数第 17 位に初めて 0 でない数が現れる．

問 11.10 次の数を科学的記数法で表し，(1) は何桁の数か，(2) は小数第何位に初めて 0 ではない数が現れるかを答えよ．

(1) 2^{44}　　(2) 3^{-22}

対数の意味　1 単位時間ごとに a 倍の量になる物質があるとする．その物質のいまの量が 1 であるとき，t 単位時間後の量は $M = a^t$ である．これを対数を使って表すと $t = \log_a M$ となる．

すなわち，$\log_a M$ は，1 単位時間に a 倍の量になる物質が，いまの量の M 倍になるまでの時間のことである．時間が距離になっても同様である．

例 11.8　(1) 1 分間に 2 倍になる細菌が現在の量の 1000 倍になるまでの時間 t は

$$t = \log_2 1000 = \frac{\log_{10} 1000}{\log_{10} 2} = \frac{3}{0.3010} \fallingdotseq 9.97 \ [分]$$

である．すなわち，およそ 10 分後となる．

また，現在の量の百万分の 1 であったのは

$$t = \log_2 \frac{1}{1000000} = \frac{\log_{10} 10^{-6}}{\log_{10} 2} = \frac{-6}{0.3010} \fallingdotseq -19.9 \ [分]$$

である．すなわち，およそ 20 分前となる．

(2) 深さ 1 m ごとに届く光の強さが 0.7 倍になる水中で，届く光の強さが現在の強さの 5% になるのは，深さが

$$\log_{0.7} 0.05 = \frac{\log_{10} 0.05}{\log_{10} 0.7} \fallingdotseq 8.40 \ \ [\mathrm{m}]$$

のときである．

(3) 生物の年代測定などで使われる炭素 14 の半減期は 5730 年である．生物の化石に含まれる炭素 14 の比率が生存中の生物の比率（地球上の生物でほぼ一定）の 16% であったとき，この生物が死んでからの経過年数は

$$\log_{0.5} 0.16 \fallingdotseq 2.64 \ [単位時間]$$

である．$2.64 \cdot 5730 \fallingdotseq 15127$ であるから，この生物はおよそ 1 万 5 千年前に生存していたことになる．

問 11.11 年利 15% で 1 万円を借りたとき，借金が 10 万円になるまでの期間を求めよ．

練習問題 11

[1] 次の値を求めよ.

(1) $\log_2 32$　(2) $\log_3 \frac{1}{9}$　(3) $\log_5 \sqrt{5}$

(4) $\log_7 \sqrt[3]{7}$　(5) $\log_8 1$　(6) $\log_{10} 1000$

[2] 次の等式を満たす x の値を求めよ.

(1) $\log_2 x = 3$　(2) $\log_3 x = -2$　(3) $\log_4 x = \frac{1}{2}$

(4) $\log_5 x = \frac{1}{3}$　(5) $\log_{16} x = \frac{1}{4}$　(6) $\log_{\frac{1}{2}} x = 4$

[3] 次の値を求めよ.

(1) $\log_2 36 - \log_2 9$　(2) $2\log_3 2 + \log_3 10 - \log_3 360$

(3) $\frac{1}{2}\log_3 15 + \log_3 \sqrt[3]{3} - \log_3 \sqrt{5}$　(4) $\log_2 9 \cdot \log_3 5 \cdot \log_5 8$

[4] $\log_{10} 2 = s, \log_{10} 3 = t$ のとき, 次の値を s, t を用いて表せ.

(1) $\log_{10} 24$　(2) $\log_{10} \frac{9}{4}$　(3) $\log_{10} \frac{1}{5}$

(4) $\log_8 9$　(5) $\log_3 5$　(6) $\log_2 15$

[5] 次の関数のグラフをかけ.

(1) $y = -\log_2 x$　(2) $y = \log_2(1-x)$　(3) $y = \log_2(2x+4)$

[6] 次の方程式を解け.

(1) $2\log_4(x-3) = 1$　(2) $\log_2(x+9) - \log_2 x = 2$

[7] 次の不等式を解け.

(1) $\log_3 3x < \log_3(x+2)$　(2) $2\log_2 x > 3$

(3) $\log_{\frac{1}{5}}(x-2) > -2$　(4) $\log_2(x^2-3x) < 2$

[8] 次の条件式から, x と y の関係を対数を用いずに表せ.

(1) $\log_{10} y = mx + n$　(2) $\log_{10} y = m\log_{10} x + n$

[9] 次の方程式の解を, 底を 10 とする対数を用いて表し, その値を小数第 2 位まで求めよ.

(1) $3^x = 5$　(2) $5^x = \frac{1}{2}$　(3) $3^{-x} = \frac{1}{1000}$　(4) $10^{1-x} = 18$

[10] $1.1^n > 2$ となる最小の整数 n を求めよ.

[11] ある物質の量が 100 年間で半減するとすれば, 現在の量の 3% になるまでには何年かかるか. また, 現在の量の 5 倍だったのはいまから何年前か. 答えは対数を用いて表し, その値を整数で求めよ.

第 4 章の章末問題

1. $x^{\frac{1}{2}}+x^{-\frac{1}{2}}=3$ のとき，次の式の値を求めよ．ただし，$x>0$ とする．
 (1) $x+x^{-1}$　(2) $x^{\frac{3}{2}}+x^{-\frac{3}{2}}$　(3) $x^{\frac{1}{4}}+x^{-\frac{1}{4}}$

2. 次の方程式を解け．
 (1) $2^{2x+1}+3\cdot 2^x-2=0$　(2) $\begin{cases} 2^x+4=2^y \\ 4^x+48=4^y \end{cases}$

3. 次の式を簡単にせよ．ただし，$a>0$ とする．
 (1) $\sqrt[3]{54}+\sqrt[3]{16}-\sqrt[3]{\dfrac{1}{4}}$　(2) $\left(27^{\frac{2}{3}}\times 64^{-\frac{2}{3}}\right)^{\frac{1}{2}}$
 (3) $16^{\frac{1}{3}}\times 36^{\frac{1}{3}}\div 3^{\frac{5}{3}}$　(4) $\sqrt{a^5\sqrt[3]{a^7}}\times\sqrt[3]{a}$

4. 次の数の大小を調べよ．
 (1) $\sqrt[3]{49}$, $3\sqrt[3]{3}$, 4　(2) $\sqrt{2\sqrt{2}}$, $\sqrt[5]{2^3}$, $\sqrt[3]{4}$

5. $a^{2x}=3$ のとき，$\dfrac{a^{3x}+a^{-3x}}{a^x+a^{-x}}$ の値を求めよ．

6. 次の式を簡単にせよ．ただし，$a>0$, $a\neq 1$, $x>0$ とし，n は自然数，p は実数とする．
 (1) $a^{\log_a x}$　(2) $a^{-\log_a x}$　(3) $a^{p\log_a x}$　(4) $a^{\frac{1}{n}\log_a x}$

7. 🖩 $1.26=10^{0.1004}$, $2.31=10^{0.3636}$ である．このとき，次の値を求めよ．
 (1) $\log_{10}\dfrac{2.31}{1.26}$　(2) $\log_{10}\sqrt[3]{2.31}$　(3) $\log_{1.26}2.31$

8. 次の 2 つの数の大小を調べよ．
 (1) $3\log_4 3$, $2\log_2 3$　(2) $\log_4 7$, $\log_8 28$

9. 🖩 100 g の食塩水がある．これから 20 g とって捨て，かわりに水を 20 g 加える．塩の濃度がはじめの濃度の $\dfrac{1}{10}$ 以下になるようにするには，この操作を最低何回繰り返さなければならないか．ただし，$\log_{10}2=0.3010$ とする．

10. 水溶液の水素イオン指数 (pH) は，水素イオン活量 a_{H+} によって

$$\mathrm{pH}=-\log_{10}a_{H+}=\log_{10}\frac{1}{a_{H+}}$$

として定義される値である．このとき，次の問いに答えよ．
 (1) pH $=7$ のとき水溶液は中性である．このような水溶液の水素イオン活量 a_{H+} を求めよ．
 (2) pH <7 のとき水溶液は酸性である．このような水溶液の水素イオン活量 a_{H+} の値の範囲を求めよ．
 (3) 水素イオン活量 a_{H+} の値が 2 倍になると，pH の値はどれだけ変化するか．

Chapter 5

三角関数

12 三角関数

12.1 三角比の基礎

三角比と三角関数　この章で扱うことは，大きく分けて 2 つある．1 つは，三角形の角と辺の関係から三角形の性質を調べる**三角比**という分野である［→第 15 節］．もう 1 つは，円周上の点の回転運動を扱うもので，円周上の点の座標の変化を調べる**三角関数**という分野である．

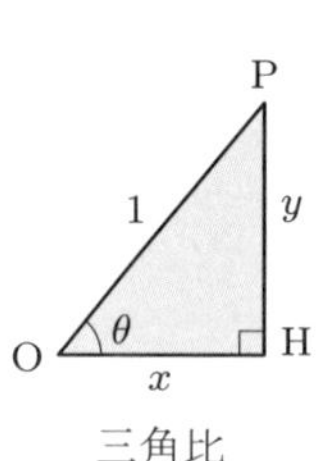

三角比

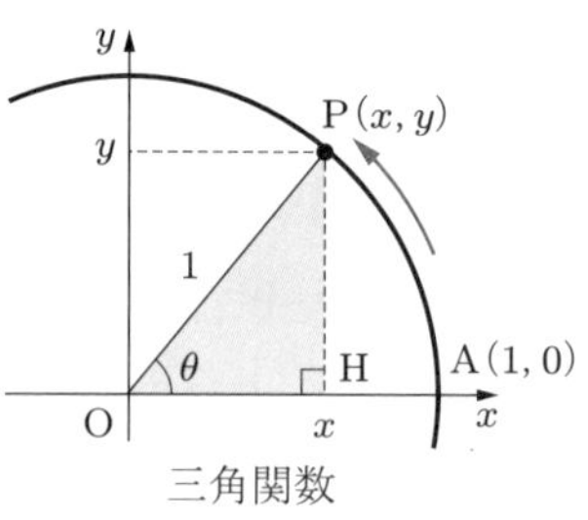

三角関数

上図のように，斜辺の長さが 1 の直角三角形の辺の長さと，半径 1 の円周上の点の座標とは密接な関係があり，それらを表すために同じ記号を使う．本書では，最初に，三角関数の性質とも共通する三角比の基礎について学習する．

直角三角形の辺と角　直角三角形の辺の比について，次のように定める．

12.1　三角比

直角三角形 OHP において，$\angle \mathrm{O} = \theta$ とするとき，3 辺の長さの比を次のように定める．$\sin\theta$ を角 θ の**正弦**（サイン），$\cos\theta$ を**余弦**（コサイン），$\tan\theta$ を**正接**（タンジェント）といい，これらを**三角比**という．

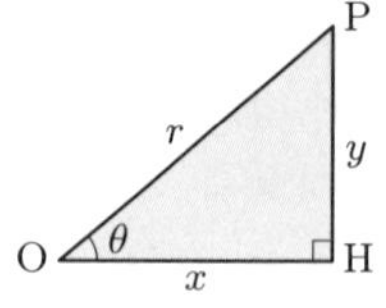

$$\sin\theta = \frac{\mathrm{HP}}{\mathrm{OP}} = \frac{y}{r}, \quad \cos\theta = \frac{\mathrm{OH}}{\mathrm{OP}} = \frac{x}{r}, \quad \tan\theta = \frac{\mathrm{HP}}{\mathrm{OH}} = \frac{y}{x}$$

三角比の値は，$\triangle$OHP の大きさにはよらず，角 θ だけによって定まる．

例 12.1　下図の三角形の角 θ の三角比の値は，次のようになる．

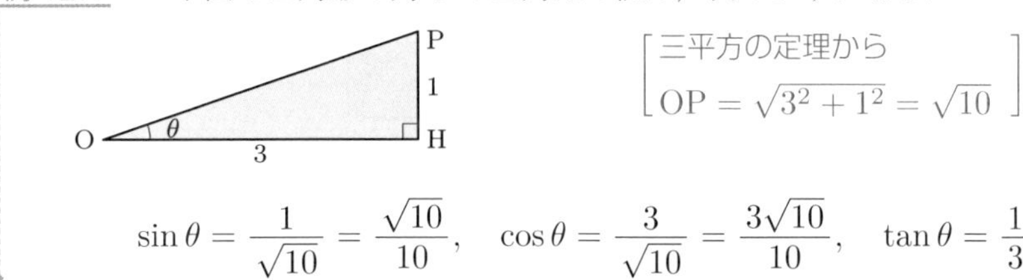

$$\sin\theta = \frac{1}{\sqrt{10}} = \frac{\sqrt{10}}{10},\quad \cos\theta = \frac{3}{\sqrt{10}} = \frac{3\sqrt{10}}{10},\quad \tan\theta = \frac{1}{3}$$

問 12.1　次の直角三角形の残りの辺の長さを求め，$\sin\theta, \cos\theta, \tan\theta$ の値を求めよ．

三角比の値は巻末の三角関数表で調べることができる．またこの章では，▦ マークのついた問題は，三角関数表または関数電卓を用いる．

三角比と辺の長さ　三角比の値と直角三角形の 1 辺の長さがわかれば，他の辺の長さは，次のように表すことができる．

$$\mathrm{OH} = x = r\cos\theta,\quad \mathrm{PH} = y = r\sin\theta,\quad \mathrm{PH} = y = x\tan\theta$$

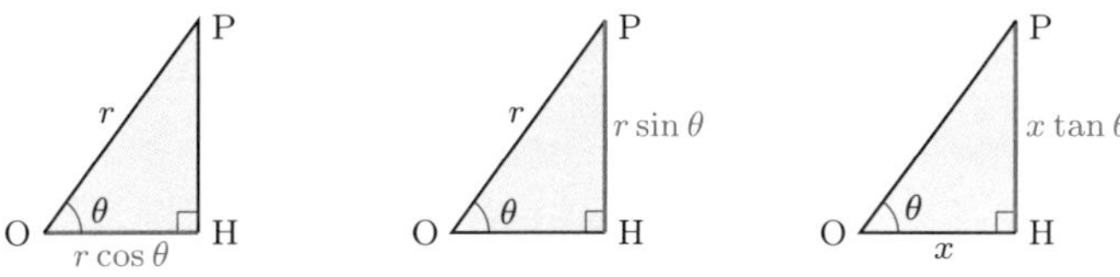

例題 12.1　▦ **三角比を用いた辺の長さの算出**

図のような直角三角形の高さ y，底辺の長さ x を小数第 1 位まで求めよ．

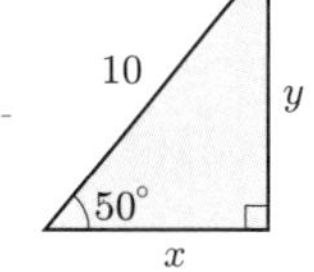

解　三角関数表によれば，$\sin 50^\circ \fallingdotseq 0.7660$, $\cos 50^\circ \fallingdotseq 0.6428$ であるから，x, y の値は次のようになる．

$$\text{高さ}\quad y = 10\sin 50^\circ \fallingdotseq 10\cdot 0.7660 \fallingdotseq 7.7$$

$$\text{底辺}\quad x = 10\cos 50^\circ \fallingdotseq 10\cdot 0.6428 \fallingdotseq 6.4$$

問12.2 次の図に示された直角三角形の辺の長さ x, y を，小数第1位まで求めよ．

(1)

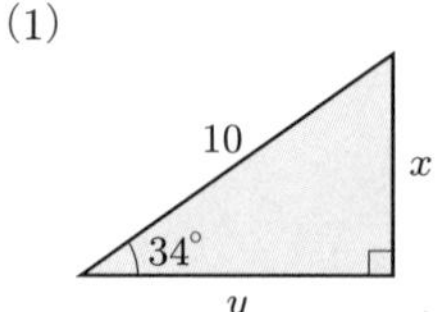

(2)

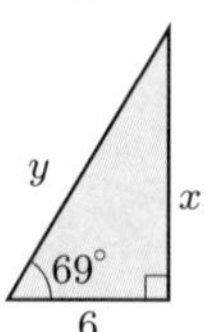

問12.3 水平面と 25° の角をなす登りの坂道を，斜面に沿ってちょうど 1 km だけ歩いた．このとき，水平方向に進んだ距離，および，上がった高さはおよそ何 m か．

問12.4 木の根元から 50 m だけ離れた地点から木の先端を見上げたら，見上げる角度が 18° であった．木の高さはおよそ何 m か．目の高さを 1.5 m とし，答えは小数第1位まで求めよ．

三角比と角

三角関数表を用いると，三角比の値から，角 θ が求められる．

例12.2 図のように，辺の長さが 3, 4, 5 の直角三角形では，$\sin\theta = \dfrac{3}{5} = 0.6$ であるから，三角関数表によって，$\theta \fallingdotseq 37^\circ$ となる．角 θ を求めるには，$\sin\theta$, $\cos\theta$, $\tan\theta$ のうち1つだけがわかればよい．

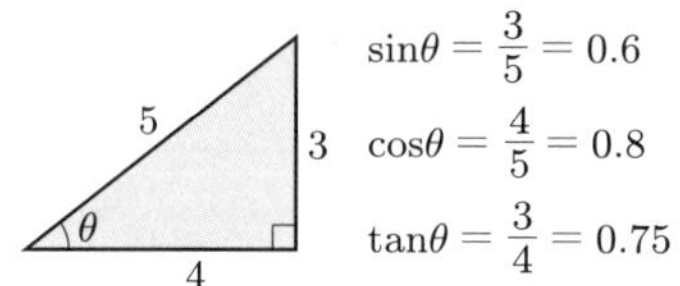

θ	$\sin\theta$	$\cos\theta$	$\tan\theta$
⋮	⋮	⋮	⋮
37°	0.6018	0.7986	0.7536
⋮	⋮	⋮	⋮

問12.5 次の図に示された角 θ はおよそ何度か．

(1)

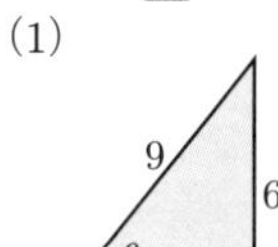

(2)

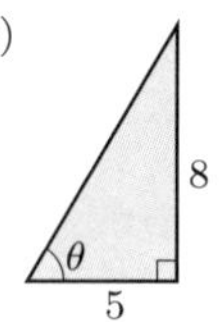

問12.6 ある日の夕方，右図のように 40 cm の棒を地面に垂直に立て，影の長さを測ったら 100 cm であった．このとき，水平線から太陽を見上げる角度はおよそ何度か．

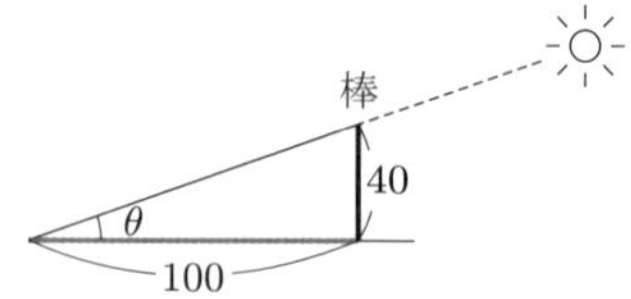

三角定規の内角の三角比　三角定規の内角の三角比は，下の図から求めることができる．

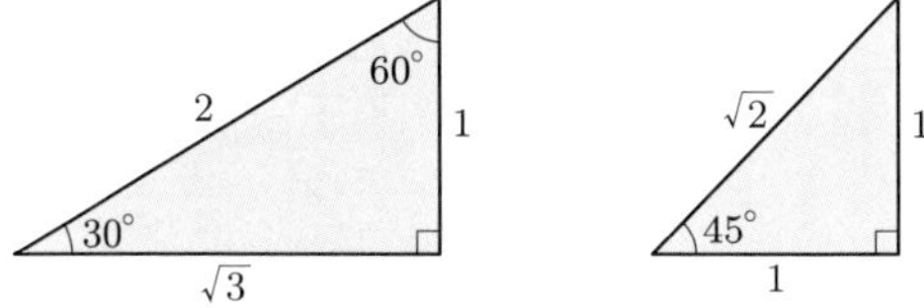

$$\sin 30^\circ = \frac{1}{2}, \quad \cos 30^\circ = \frac{\sqrt{3}}{2}, \quad \tan 30^\circ = \frac{\sqrt{3}}{3} \tag{12.1}$$

$$\sin 45^\circ = \frac{\sqrt{2}}{2}, \quad \cos 45^\circ = \frac{\sqrt{2}}{2}, \quad \tan 45^\circ = 1 \tag{12.2}$$

$$\sin 60^\circ = \frac{\sqrt{3}}{2}, \quad \cos 60^\circ = \frac{1}{2}, \quad \tan 60^\circ = \sqrt{3} \tag{12.3}$$

問 12.7　1 辺の長さが 20 cm の正三角形の，高さと面積を求めよ．

$\angle\mathrm{O} = \theta$，斜辺の長さが 1 の直角三角形では，高さ $\mathrm{PH} = \sin\theta$，底辺 $\mathrm{OH} = \cos\theta$ である（図 1）．$\angle\mathrm{P} = 90^\circ - \theta$ となるから（図 2），次が成り立つ．

$$\sin(90^\circ - \theta) = \cos\theta, \quad \cos(90^\circ - \theta) = \sin\theta$$

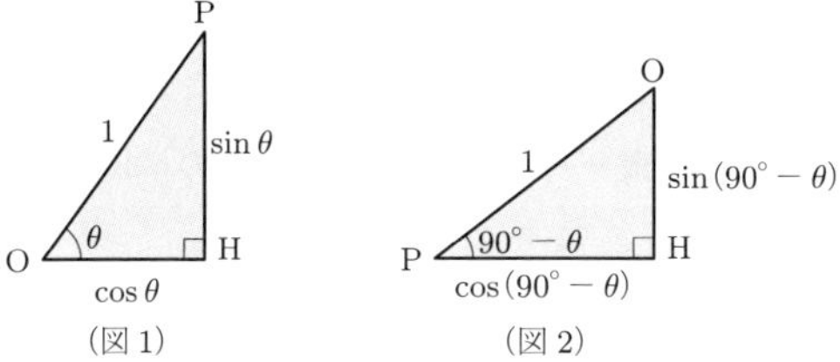

（図 1）　（図 2）

12.2 弧度法

弧度法　角を測る単位として，これまでは度（°）を用いてきた．この測り方を **60 分法**という．ここでは，次のような新しい角の測り方を導入する．

半径が一定の扇形の弧の長さは中心角の大きさに比例するから，弧の長さによって中心角を測ることができる．そこで，半径と弧の長さが等しい扇形の中心角を **1 ラジアン**（rad）と定め（図 1），これを単位として角を測る方法を**弧度法**という．

弧度法では，半径と弧の長さが 1 の扇形の中心角は 1 [rad] である（図 2）．角

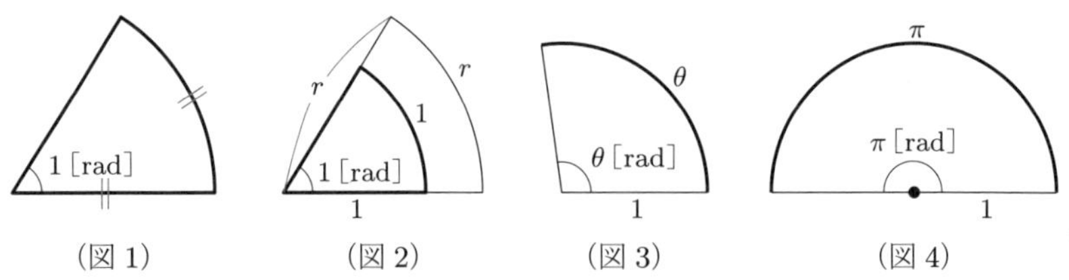

(図 1)　(図 2)　(図 3)　(図 4)

θ [rad] は，半径が 1 で弧の長さが θ の扇形の中心角である（図 3）．半径 1 の半円の弧の長さは π であるから，その中心角は π [rad] であり，これは 60 分法の 180° と等しい（図 4）．

したがって，弧度法と 60 分法に関して，次の換算式が成り立つ．

12.2　弧度法と 60 分法

$$\pi\,[\mathrm{rad}] = 180^\circ$$

この換算式から，次の関係式が得られる．

$$1^\circ = \frac{\pi}{180}\,[\mathrm{rad}] \fallingdotseq 0.0175\,[\mathrm{rad}], \quad 1\,[\mathrm{rad}] = \frac{180^\circ}{\pi} \fallingdotseq 57.3^\circ$$

note　弧度法は，半径 1 の円周上を，速さ 1 で 1 秒間運動したときの中心角を 1 とする単位である．これから学習する微分積分などの数学では，角の単位として標準的に使われる．

今後，断らない限り，角の測り方は弧度法とし，その単位 rad は省略する．一方，60 分法を用いるとき，単位（°）を省略してはいけない．

π $(= 180^\circ)$ は半回転に相当するから，1 回転は 2π $(= 360^\circ)$ である．

例 12.3　$15^\circ = 15 \cdot 1^\circ = 15 \cdot \dfrac{\pi}{180} = \dfrac{\pi}{12}, \quad \dfrac{\pi}{18} = \dfrac{180^\circ}{18} = 10^\circ$

問 12.8　60 分法で表された角 (1)〜(4) を弧度法で，弧度法で表された角 (5)〜(8) を 60 分法で表せ．

(1)　90°　(2)　45°　(3)　120°　(4)　270°

(5)　$\dfrac{\pi}{6}$　(6)　$\dfrac{\pi}{3}$　(7)　$\dfrac{3\pi}{4}$　(8)　$\dfrac{7\pi}{6}$

弧度法と扇形　半径が r, 中心角が θ の扇形の弧の長さを l, 面積を S とする. 弧の長さの比例関係から $l : 2\pi r = \theta : 2\pi$, 面積の比例関係から $S : \pi r^2 = \theta : 2\pi$ であるから, これらは, 弧度法を使うと次のように簡潔に表される.

$$\text{弧の長さ}\quad l = 2\pi r \cdot \frac{\theta}{2\pi} = r\theta \tag{12.4}$$

$$\text{面積}\quad S = \pi r^2 \cdot \frac{\theta}{2\pi} = \frac{1}{2}r^2\theta = \frac{1}{2}rl \tag{12.5}$$

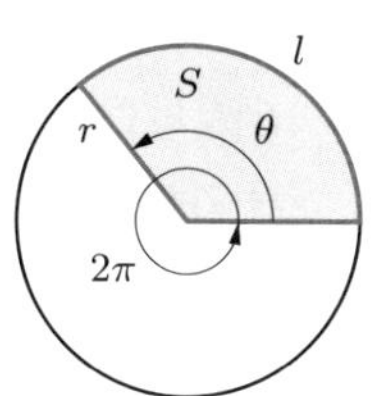

12.3　扇形の弧の長さと面積

半径 r, 中心角 θ の扇形の弧の長さ l と面積 S は次のようになる.

$$l = r\theta, \quad S = \frac{1}{2}r^2\theta = \frac{1}{2}rl$$

例 12.4　半径が 3, 中心角が $\dfrac{3\pi}{4}$ の扇形の弧の長さ l と面積 S を求める.

$$l = 3 \cdot \frac{3\pi}{4} = \frac{9\pi}{4},$$

$$S = \frac{1}{2} \cdot 3^2 \cdot \frac{3\pi}{4} = \frac{27\pi}{8}$$

問 12.9　扇形の半径 r, 中心角 θ が次のように与えられているとき, 扇形の弧の長さ l と面積 S を求めよ.

(1)　$r = 6,\ \theta = \dfrac{\pi}{4}$　　(2)　$r = 5,\ \theta = \dfrac{3\pi}{2}$

問 12.10　扇形の半径を r, 中心角を θ, 弧の長さを l, 面積を S とするとき, 次の問いに答えよ.

(1)　$r = 5, l = 3\pi$ のとき, θ と S を求めよ.

(2)　$l = \pi, S = \dfrac{3\pi}{2}$ のとき, r と θ を求めよ.

12.3 一般角

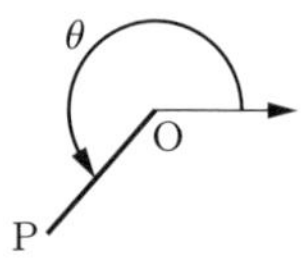

一般角　円運動を取り扱うときには，1回転を超える角や，逆回転に対応する負の角を考える必要がある．10π（$= 1800^\circ$）や $-\pi$（$= -180^\circ$）などのように，0 から 2π の範囲を超えて任意の大きさまで角の範囲を広げたものを**一般角**という．

座標平面上で，原点を中心に回転する半直線 OP を**動径**という．回転の向きは，反時計回り（左回り）を**正の回転**，時計回り（右回り）を**負の回転**とする．

動径 OP が，x 軸の正の部分から θ だけ回転した位置にあるとき，この動径を，**角 $\boldsymbol{\theta}$ に対する動径**という．角 θ に対する動径が第1象限にあるとき，角 θ を第1象限の角という．第2，第3，第4象限についても同様である．

一般角に対する動径を図示するときには，角を表す記号の先端に矢印をつけて，正の回転か負の回転かをわかるようにしておく．

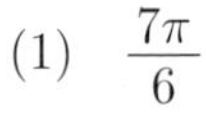
例 12.5　与えられた角に対する動径を図示する．

(1) $\dfrac{7\pi}{6}$　(2) $-\dfrac{4\pi}{3}$　(3) $\dfrac{7\pi}{2}$　(4) $-\dfrac{17\pi}{4}$

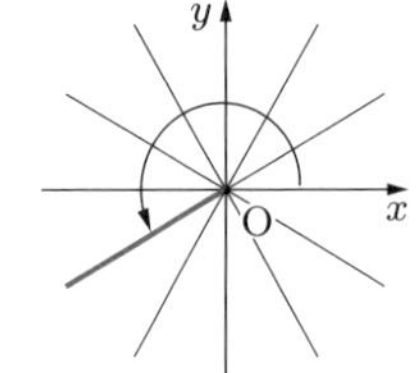

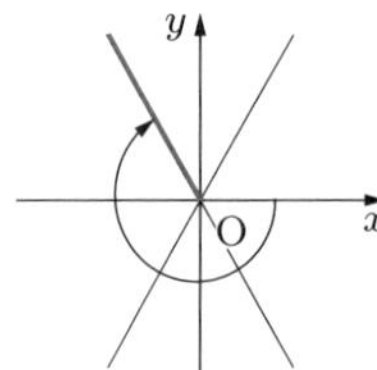

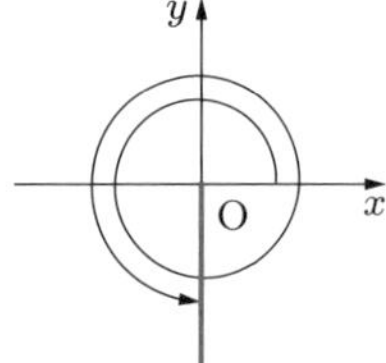

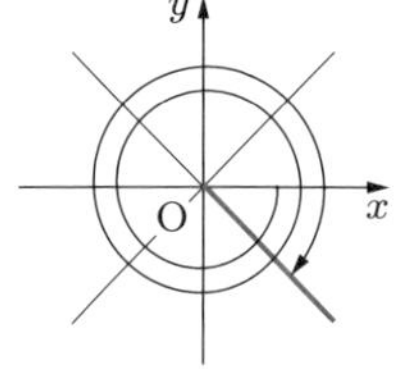

問 12.11　次の角に対する動径を図示せよ．

(1) $\dfrac{11\pi}{3}$　(2) $-\dfrac{19\pi}{6}$　(3) $\dfrac{13\pi}{4}$　(4) -4π

動径の表す角　角 α（$0 \leqq \alpha < 2\pi$）に対する動径を OP とする．2π は1回転だから，角

$$\theta = \alpha + 2n\pi \quad (n \text{ は整数})$$

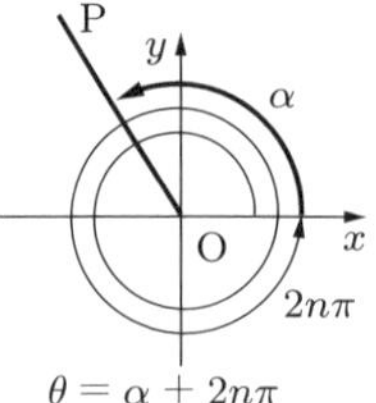

に対する動径はすべて OP と一致する．このとき，角 θ を**動径 OP の表す角**という．n は回転数を表し，$n < 0$ のときは負の回転である．

例 12.6 $\dfrac{7\pi}{4}$ と $\dfrac{15\pi}{4}$, $\dfrac{7\pi}{6}$ と $-\dfrac{29\pi}{6}$ は，それぞれ動径の位置は同じだが，異なる角である.

(1) $\dfrac{15\pi}{4} = \dfrac{7\pi}{4} + 2\pi$　　(2) $-\dfrac{29\pi}{6} = \dfrac{7\pi}{6} - 6\pi$

$\dfrac{7\pi}{4}$　　$\dfrac{15\pi}{4}$　　$\dfrac{7\pi}{6}$　　$-\dfrac{29\pi}{6}$

問 12.12 次の角を $\alpha + 2n\pi$ ($0 \leqq \alpha < 2\pi$, n は整数) の形に表し，動径を図示せよ.

(1) $\dfrac{19\pi}{8}$　　(2) $\dfrac{23\pi}{5}$　　(3) $-\dfrac{7\pi}{2}$　　(4) $-\dfrac{11\pi}{3}$

12.4 三角関数

三角関数　座標平面上の原点 O を中心とする半径 1 の円を**単位円**という. 単位円上を動く点 P と動径 OP の表す角 θ を用いて，**三角関数**を次のように定義する.

12.4 三角関数

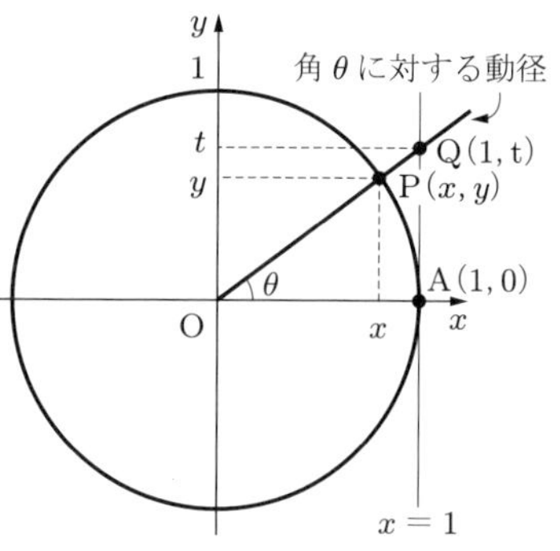

角 θ に対する動径と単位円との交点を $\mathrm{P}(x, y)$，動径 OP を含む直線と直線 $x = 1$ との交点を $\mathrm{Q}(1, t)$ とするとき，x, y, t は θ の関数であるから，これらを，

$$x = \cos\theta, \quad y = \sin\theta, \quad t = \tan\theta$$

と表す. $\cos\theta$ を角 θ の**余弦**（コサイン），$\sin\theta$ を**正弦**（サイン），$\tan\theta$ を**正接**（タンジェント）という. 動径またはそれを含む直線が直線 $x = 1$ と交わらないとき，$\tan\theta$ は定義しない. これらの関数をそれぞれ正弦関数，余弦関数，正接関数といい，3 つの関数を総称して**三角関数**という.

note　三角関数は円上の点によって定められるから，円関数とよばれることがある．

三角比と三角関数の定義によって，$0 < \theta < \dfrac{\pi}{2}$ のときには三角関数の値は三角比の値と一致する．

三角関数の符号　定義 12.4 の図では，第 1 象限の角 θ に対する $x = \cos\theta$, $y = \sin\theta$, $t = \tan\theta$ の位置を示してある．次の図は，動径が属する象限に応じて $\cos\theta$, $\sin\theta$, $\tan\theta$ の位置を示したものである．

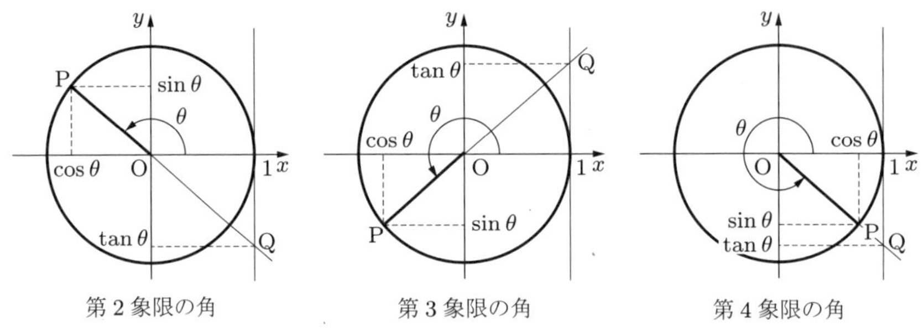

この図から，θ の属する象限と三角関数の符号との関係は次のようになる．

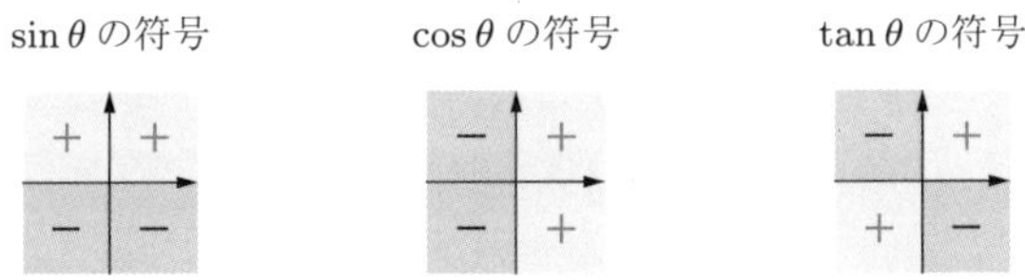

動径と三角関数の値　三角関数の定め方から，いくつかの角に対する三角関数の値を簡単に求めることができる．

例 12.7　0 に対する動径と単位円，直線 $x = 1$ との交点から，

$$\sin 0 = 0, \quad \cos 0 = 1, \quad \tan 0 = 0 \tag{12.6}$$

である．また，$\dfrac{\pi}{2}$ に対する動径と単位円との交点は $(0, 1)$ であり，動径を含む直線と直線 $x = 1$ は交わらないから，次のことがわかる．

$$\sin\frac{\pi}{2} = 1, \quad \cos\frac{\pi}{2} = 0, \quad \tan\frac{\pi}{2} \text{ の値は定義しない} \tag{12.7}$$

問12.13 動径と単位円，動径を含む直線と直線 $x=1$ との交点から，次の値を求めよ．

(1) $\sin\pi,\ \cos\pi,\ \tan\pi$ (2) $\sin\dfrac{3\pi}{2},\ \cos\dfrac{3\pi}{2},\ \tan\dfrac{3\pi}{2}$

(3) $\sin 2\pi,\ \cos 2\pi,\ \tan 2\pi$

$\dfrac{\pi}{6}, \dfrac{\pi}{4}, \dfrac{\pi}{3}$ に対する三角関数の値 これについては，すでに三角定規の内角の項 [→ 12.1 節] で学んだ．ここでは，それらの値を表で示す．

θ	$\sin\theta$	$\cos\theta$	$\tan\theta$
0	0	1	0
$\dfrac{\pi}{6}$	$\dfrac{1}{2}$	$\dfrac{\sqrt{3}}{2}$	$\dfrac{\sqrt{3}}{3}$
$\dfrac{\pi}{4}$	$\dfrac{\sqrt{2}}{2}$	$\dfrac{\sqrt{2}}{2}$	1
$\dfrac{\pi}{3}$	$\dfrac{\sqrt{3}}{2}$	$\dfrac{1}{2}$	$\sqrt{3}$
$\dfrac{\pi}{2}$	1	0	—

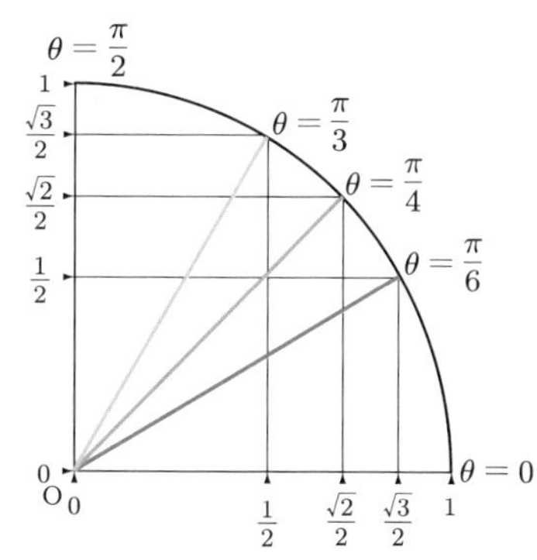

例 12.8 $\dfrac{5\pi}{6}$ に対する動径は，$\dfrac{\pi}{6}$ に対する動径と y 軸に関して対称である．

よって，$\dfrac{\pi}{6}$ と $\dfrac{5\pi}{6}$ の正弦の値は等しく，余弦，正接の値は符号が変わる．したがって，$\dfrac{5\pi}{6}$ に対する三角関数の値は次のようになる．

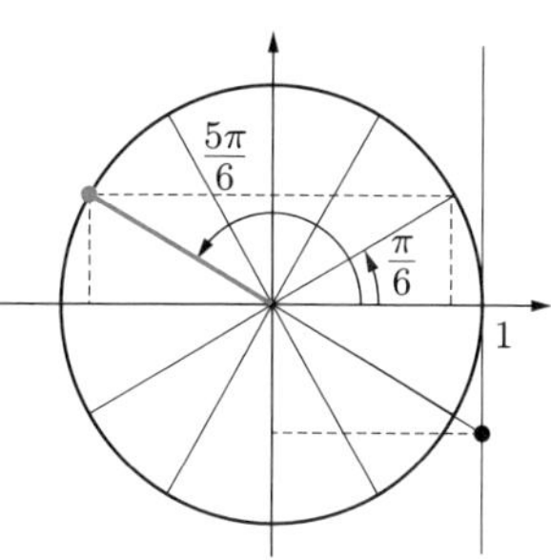

$$\sin\frac{5\pi}{6}=\frac{1}{2} \quad \text{[青丸 ● の } y \text{ 座標]}$$

$$\cos\frac{5\pi}{6}=-\frac{\sqrt{3}}{2} \quad \text{[青丸 ● の } x \text{ 座標]}$$

$$\tan\frac{5\pi}{6}=-\frac{1}{\sqrt{3}} \quad \text{[黒丸 ● の } y \text{ 座標]}$$

問 12.14　次の図は $\dfrac{2\pi}{3}$, $\dfrac{5\pi}{4}$, $\dfrac{11\pi}{6}$ に対する動径を図示したものである．これらの角の正弦，余弦，正接の値を求めよ．

(1) $\dfrac{2\pi}{3}$　　(2) $\dfrac{5\pi}{4}$　　(3) $\dfrac{11\pi}{6}$

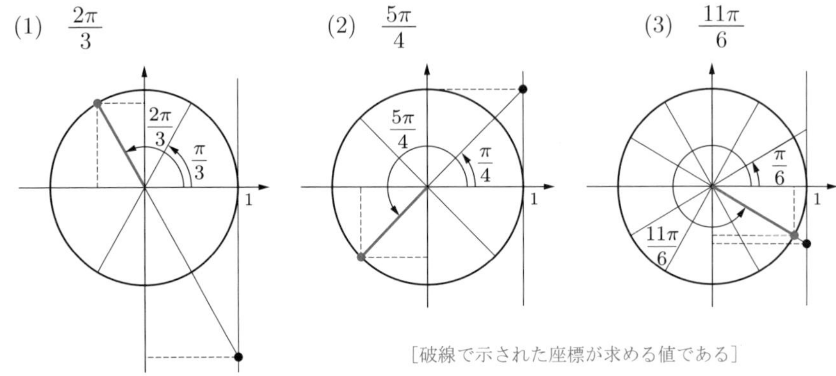

［破線で示された座標が求める値である］

動径の回転と三角関数の値　角 $\theta + 2n\pi$（n は整数）に対する動径は，角 θ に対する動径と一致する．したがって，それらの角の三角関数の値は等しい．さらに，正接の場合には，角 $\theta + n\pi$ と θ の動径を含む直線は一致するから，それらの角の正接の値は等しい．すなわち，$\sin\theta, \cos\theta$ は θ が 2π 変化するごとに同じ値が繰り返され，$\tan\theta$ は θ が π 変化するごとに同じ値が繰り返される．

12.5　動径の回転と三角関数

任意の実数 θ と整数 n に対して，次が成り立つ．

$$\sin(\theta + 2n\pi) = \sin\theta, \quad \cos(\theta + 2n\pi) = \cos\theta, \quad \tan(\theta + n\pi) = \tan\theta$$

例 12.9　(1) $\sin\dfrac{27\pi}{4} = \sin\left(\dfrac{3\pi}{4} + 6\pi\right) = \sin\dfrac{3\pi}{4} = \dfrac{\sqrt{2}}{2}$

(2) $\cos\left(-\dfrac{17\pi}{6}\right) = \cos\left(\dfrac{7\pi}{6} - 4\pi\right) = \cos\dfrac{7\pi}{6} = -\dfrac{\sqrt{3}}{2}$

(3) $\tan\dfrac{11\pi}{3} = \tan\left(\dfrac{2\pi}{3} + 3\pi\right) = \tan\dfrac{2\pi}{3} = -\sqrt{3}$

問 12.15　次の値を求めよ．

(1) $\sin\dfrac{19\pi}{6}$　　(2) $\cos\left(-\dfrac{7\pi}{3}\right)$　　(3) $\tan\dfrac{17\pi}{4}$

(4) $\sin\left(-\dfrac{15\pi}{4}\right)$　　(5) $\cos\dfrac{35\pi}{6}$　　(6) $\tan 7\pi$

三角関数と偶関数・奇関数　角 θ に対する動径と $-\theta$ に対する動径は，x 軸に関して対称である．したがって，$\cos(-\theta)$ と $\cos\theta$ の値は等しく，$\sin(-\theta)$, $\tan(-\theta)$ はそれぞれ，$\sin\theta$, $\tan\theta$ と符号だけが異なる．

これは，$\cos\theta$ は偶関数であり，$\sin\theta$ と $\tan\theta$ は奇関数であることを示している．

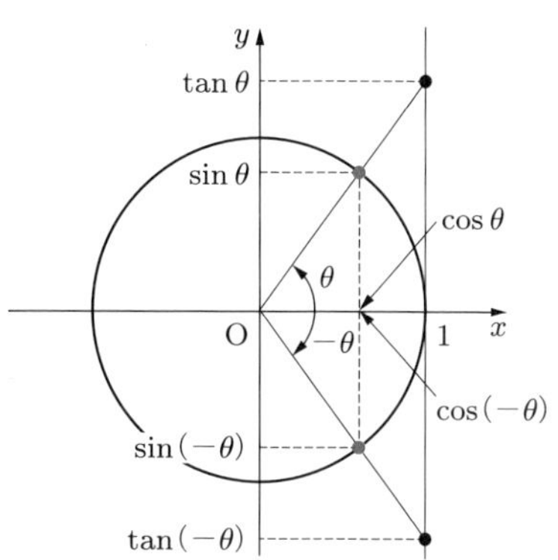

12.6　三角関数と偶関数・奇関数

$$\sin(-\theta) = -\sin\theta, \quad \cos(-\theta) = \cos\theta, \quad \tan(-\theta) = -\tan\theta$$

例 12.10　(1)　$\sin\left(-\dfrac{7\pi}{6}\right) = -\sin\dfrac{7\pi}{6} = \dfrac{1}{2}$

(2)　$\cos\left(-\dfrac{19\pi}{4}\right) = \cos\dfrac{19\pi}{4} = \cos\dfrac{3\pi}{4} = -\dfrac{\sqrt{3}}{2}$　$\left[\dfrac{19\pi}{4} = \dfrac{3\pi}{4} + 4\pi\right]$

(3)　$\tan\left(-\dfrac{4\pi}{3}\right) = -\tan\dfrac{4\pi}{3} = -\tan\dfrac{\pi}{3} = -\sqrt{3}$　$\left[\dfrac{4\pi}{3} = \dfrac{\pi}{3} + \pi\right]$

問 12.16　次の値を求めよ．

(1)　$\sin\left(-\dfrac{8\pi}{3}\right)$　(2)　$\cos\left(-\dfrac{5\pi}{6}\right)$　(3)　$\tan\left(-\dfrac{7\pi}{4}\right)$

正弦と余弦の関係式　右図は，単位円において角 θ に対する動径 OA と，角 $\theta + \dfrac{\pi}{2}$, $\theta + \pi$, $\theta + \dfrac{3\pi}{2}$ に対する動径を示したものである．点 A の座標を (a, b) とすると，点 B の座標は $(-b, a)$ である．$a = \cos\theta$, $b = \sin\theta$ であり，$\sin\left(\theta + \dfrac{\pi}{2}\right) = a$, $\cos\left(\theta + \dfrac{\pi}{2}\right) = -b$ であるから，次のことが成り立つ．

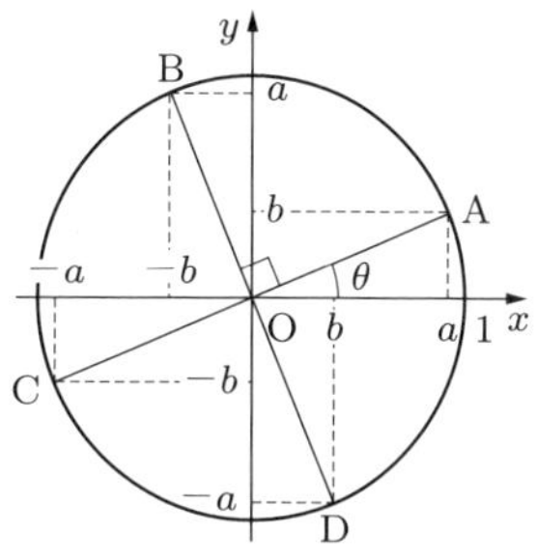

12.7　正弦と余弦の関係式

$$\sin\left(\theta + \frac{\pi}{2}\right) = \cos\theta, \quad \cos\left(\theta + \frac{\pi}{2}\right) = -\sin\theta$$

例 12.11　前述の図を用いて，$\sin(\theta+\pi)$, $\cos\left(\dfrac{3\pi}{2}-\theta\right)$ を $\sin\theta$, $\cos\theta$ のどちらかを用いて表す．

(1)　角 $\theta+\pi$ に対する動径は OC であるから，$\sin(\theta+\pi)$ は点 C の y 座標 $-b$ である．したがって，次の関係式が得られる．

$$\sin(\pi+\theta) = -\sin\theta$$

(2)　定理 **12.6** から，$\cos\left(\dfrac{3\pi}{2}-\theta\right) = \cos\left(\theta-\dfrac{3\pi}{2}\right)$ である．角 $\theta-\dfrac{3\pi}{2}$ に対する動径は，動径 OA を負の方向に $\dfrac{3\pi}{2}$ 回転した動径 OB であるから，$\cos\left(\theta-\dfrac{3\pi}{2}\right)$ は点 B の x 座標 $-b$ である．したがって，次の関係式が得られる．

$$\cos\left(\frac{3}{2}\pi-\theta\right) = -\sin\theta$$

問 12.17　次の式を $\sin\theta$, $\cos\theta$ のどちらかを用いて表せ．

(1)　$\sin\left(\theta-\dfrac{\pi}{2}\right)$　　　　(2)　$\cos(\pi-\theta)$

12.5　三角関数の性質

正接と正弦・余弦の関係式　角 θ が第 1 象限の角のとき（図 1），$\triangle\mathrm{OPH} \backsim \triangle\mathrm{OQE}$ であるから，

$$\tan\theta = \mathrm{QE} = \frac{\mathrm{QE}}{\mathrm{OE}} = \frac{\mathrm{PH}}{\mathrm{OH}} = \frac{\sin\theta}{\cos\theta} \tag{12.8}$$

が成り立つ．符号に注意すれば，角 θ の象限によらず，上の関係式が成り立つことが証明できる（図 2 は θ が第 2 象限の角のときである）．

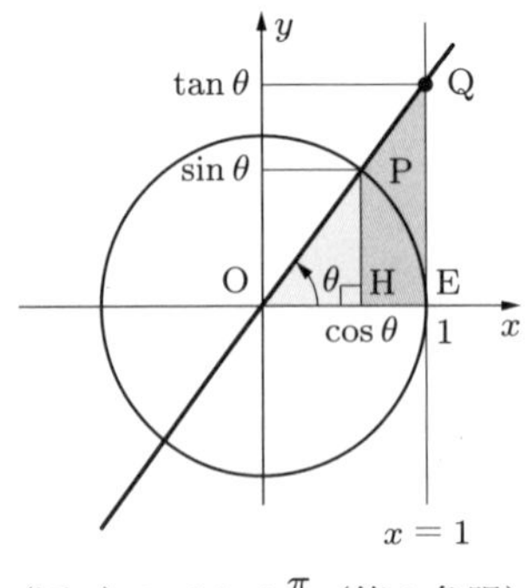

（図 1）$0 < \theta < \dfrac{\pi}{2}$（第 1 象限）

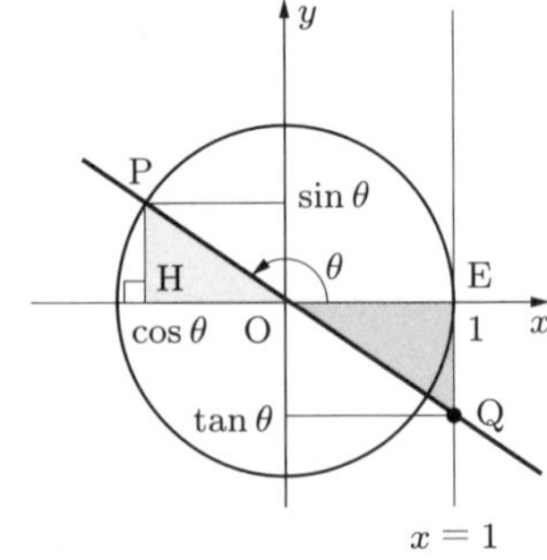

（図 2）$\dfrac{\pi}{2} < \theta < \pi$（第 2 象限）

したがって，次の関係式が得られる．

12.8 正接と正弦，余弦の関係式

$$\tan\theta = \frac{\sin\theta}{\cos\theta}$$

図からわかるように，$\tan\theta$ は原点を通る直線 OP の傾きである．

問 12.18 上の関係式を使って，$\tan\left(\theta + \frac{\pi}{2}\right) = -\frac{1}{\tan\theta}$ であることを証明せよ．

三角関数の基本公式 任意の角 θ に対して，図の直角三角形 OPQ に三平方の定理を適用すると，$\mathrm{PQ}^2 + \mathrm{OQ}^2 = 1$ となるから，

$$(\sin\theta)^2 + (\cos\theta)^2 = 1 \tag{12.9}$$

が成り立つ．

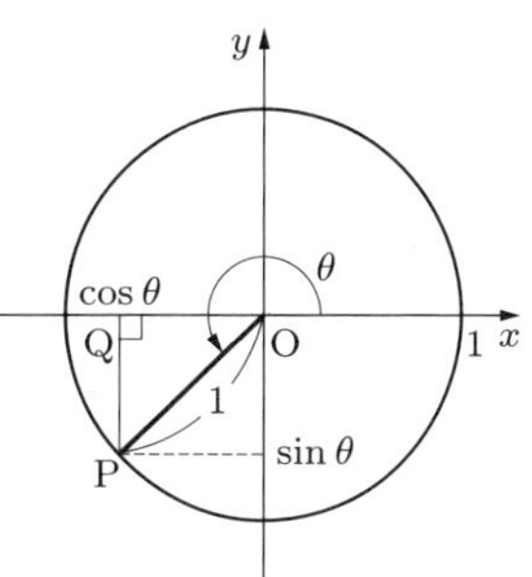

n が自然数のときだけ，$(\sin\theta)^n$, $(\cos\theta)^n$, $(\tan\theta)^n$ を，それぞれ $\sin^n\theta$, $\cos^n\theta$, $\tan^n\theta$ と表す．この記法を用いると，式 (12.9) は $\sin^2\theta + \cos^2\theta = 1$ と表すことができる．$\cos\theta \neq 0$ のとき，この式の両辺を $\cos^2\theta$ で割ると

$$\frac{\sin^2\theta}{\cos^2\theta} + \frac{\cos^2\theta}{\cos^2\theta} = \frac{1}{\cos^2\theta}$$

となる．$\frac{\sin^2\theta}{\cos^2\theta} = \left(\frac{\sin\theta}{\cos\theta}\right)^2 = \tan^2\theta$ であるから，次の公式が得られる．

12.9 三角関数の基本公式

$$\sin^2\theta + \cos^2\theta = 1, \quad \tan^2\theta + 1 = \frac{1}{\cos^2\theta}$$

基本公式の応用 三角関数の基本公式を用いると，$\sin\theta$, $\cos\theta$, $\tan\theta$ のうちのどれか 1 つの値がわかれば，他の 2 つの値を求めることができる．

例題 12.2　三角関数の値

三角関数の値と，角 θ の条件が次のように与えられるとき，他の 2 つの三角関数の値を求めよ．

(1)　$\sin\theta = \dfrac{1}{4}$，$\theta$ は第 2 象限の角　　　(2)　$\tan\theta = -\dfrac{2}{3}$，$\theta$ は第 4 象限の角

解　(1)　θ は第 2 象限の角であるから，$\cos\theta < 0, \tan\theta < 0$ である．$\sin^2\theta + \cos^2\theta = 1$ であるから

$$\cos^2\theta = 1 - \sin^2\theta = 1 - \frac{1}{16} = \frac{15}{16}$$

よって　$\cos\theta = \pm\dfrac{\sqrt{15}}{4}$

となる．$\cos\theta < 0$ であるから

$$\cos\theta = -\frac{\sqrt{15}}{4}$$

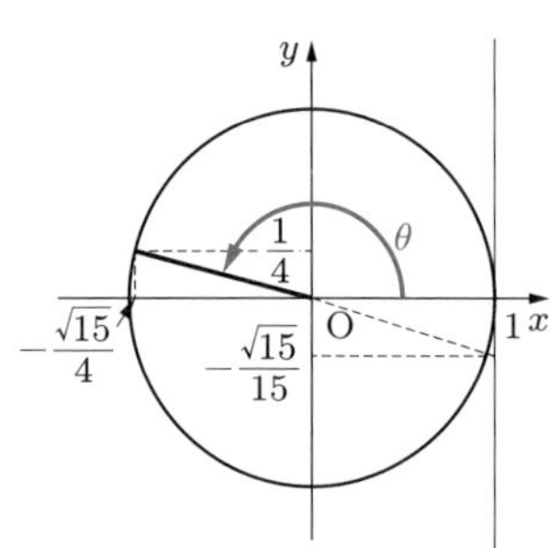

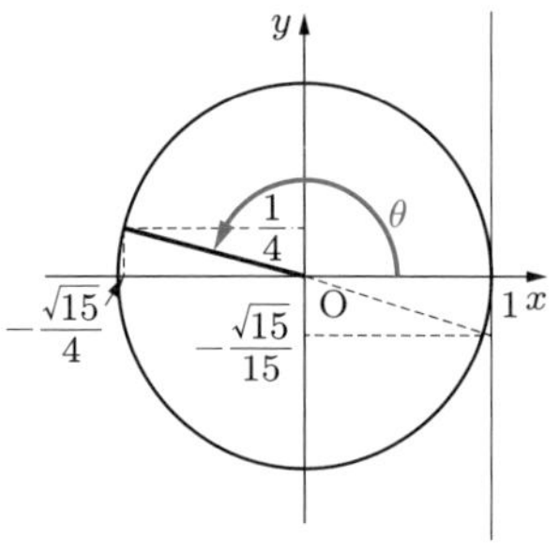

である．また，$\tan\theta = \dfrac{\sin\theta}{\cos\theta}$ を用いれば，

$$\tan\theta = \frac{\sin\theta}{\cos\theta} = \frac{\dfrac{1}{4}}{-\dfrac{\sqrt{15}}{4}} = -\frac{\sqrt{15}}{15}$$

となる．

(2)　θ は第 4 象限の角であるから，$\cos\theta > 0, \sin\theta < 0$ である．$1 + \tan^2\theta = \dfrac{1}{\cos^2\theta}$ であるから

$$\cos^2\theta = \frac{1}{1+\tan^2\theta} = \frac{1}{1+\left(-\dfrac{2}{3}\right)^2} = \frac{9}{13}$$

よって　$\cos\theta = \pm\dfrac{3\sqrt{13}}{13}$

である．$\cos\theta > 0$ であるから

$$\cos\theta = \frac{3\sqrt{13}}{13}$$

である．また，$\tan\theta = \dfrac{\sin\theta}{\cos\theta}$ から，$\sin\theta$ の値は次のようになる．

$$\sin\theta = \tan\theta\cdot\cos\theta = -\frac{2}{3}\cdot\frac{3\sqrt{13}}{13} = -\frac{2\sqrt{13}}{13}$$

問 12.19 三角関数の値と，角 θ の条件が次のように与えられるとき，他の 2 つの三角関数の値を求めよ．

(1) $\cos\theta = \dfrac{2}{3}$，$\theta$ は第 4 象限の角　　(2) $\tan\theta = 2$，θ は第 3 象限の角

等式の証明

三角関数の基本公式を用いて，等式を証明する．

例題 12.3 等式の証明

次の等式が成り立つことを証明せよ．

$$\frac{\sin\theta}{1+\cos\theta} = \frac{1-\cos\theta}{\sin\theta}$$

証明　左辺 − 右辺を計算して 0 になることを示す．

$$\begin{aligned}
\text{左辺} - \text{右辺} &= \frac{\sin\theta}{1+\cos\theta} - \frac{1-\cos\theta}{\sin\theta} \\
&= \frac{\sin\theta\cdot\sin\theta}{(1+\cos\theta)\sin\theta} - \frac{(1-\cos\theta)(1+\cos\theta)}{\sin\theta(1+\cos\theta)} \\
&= \frac{\sin^2\theta - (1-\cos^2\theta)}{(1+\cos\theta)\sin\theta} \\
&= \frac{(\sin^2\theta + \cos^2\theta) - 1}{(1+\cos\theta)\sin\theta} = 0
\end{aligned}$$

したがって，与えられた等式が成り立つ．　証明終

問 12.20 次の等式が成り立つことを証明せよ．

(1) $\dfrac{1}{1+\sin\theta} + \dfrac{1}{1-\sin\theta} = \dfrac{2}{\cos^2\theta}$　　(2) $\tan^2\theta - \sin^2\theta = \tan^2\theta\sin^2\theta$

練習問題 12

[1] 右図の $\triangle$ABC において，AC $\perp$ BC, AB $\perp$ CH である．AC $= a$, $\angle$ACH $= \theta$ とするとき，次の辺の長さを a, θ を用いた式で表せ．

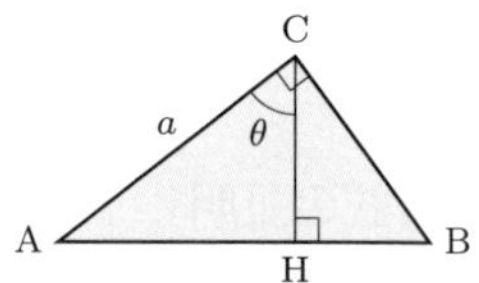

(1)　CH　　(2)　AB　　(3)　BC

[2] ケーブルカーについて，次の問いに答えよ．

(1)　全長が a [m] で，傾斜角が θ のケーブルカーの，出発地から終点までの高低差と水平距離を求めよ．

(2)　傾斜角が θ で，高低差が b [m] のケーブルカーの，出発地から終点までの全長と水平距離を求めよ．

[3] 次の時刻において，時計の長針と短針のなす角を弧度法で答えよ．ただし，角は 0 から π までの範囲とする．

(1)　1 時　　(2)　2 時 30 分　　(3)　3 時 15 分　　(4)　4 時 45 分

[4] 次の角 θ に対して，$\sin\theta$, $\cos\theta$ の値を求めよ．

(1)　$\dfrac{5\pi}{6}$　　(2)　$\dfrac{3\pi}{2}$　　(3)　$\dfrac{5\pi}{4}$　　(4)　$\dfrac{5\pi}{3}$

(5)　11π　　(6)　$\dfrac{27\pi}{4}$　　(7)　$-\dfrac{11\pi}{3}$　　(8)　$-\dfrac{49\pi}{6}$

[5] θ が第 4 象限の角で，次の条件を満たすとき，残りの 2 つの三角関数の値を求めよ．

(1)　$\sin\theta = -\dfrac{12}{13}$　　(2)　$\tan\theta = -3$

[6] θ が第 3 象限の角で，$t = \tan\theta$ とするとき，次の値を t を用いて表せ．

(1)　$\cos\theta$　　(2)　$\sin\theta$

[7] $\sin\theta + \cos\theta = \dfrac{1}{2}$ のとき，次の値を求めよ．

(1)　$\sin\theta\cos\theta$　　(2)　$\sin^3\theta + \cos^3\theta$

[8] 次の等式が成り立つことを証明せよ．

(1)　$\dfrac{1-(\sin\theta+\cos\theta)^2}{\sin\theta\cos\theta} = -2$　　(2)　$\cos\theta\tan\theta - \sin\theta\cos^2\theta = \sin^3\theta$

13　三角関数のグラフと方程式・不等式

13.1　正弦・余弦関数のグラフ

$y = \sin\theta$, $y = \cos\theta$ のグラフ　角 θ に対する動径と単位円との共有点の座標は $(\cos\theta, \sin\theta)$ となる．座標平面の横軸を X 軸，縦軸を Y 軸とすると，このことを利用して，$Y = \sin\theta$, $X = \cos\theta$ のグラフをかくことができる．

単位円上の点 $\mathrm{P}(\cos\theta, \sin\theta)$ が回転するとき，下図の右側のように θ 軸をとり，点 P の Y 座標の変化を表したものが $Y = \sin\theta$ のグラフである．$X = \cos\theta$ のグラフは，下図の左側のように θ 軸をとり，点 P の X 座標の変化を表したものである．

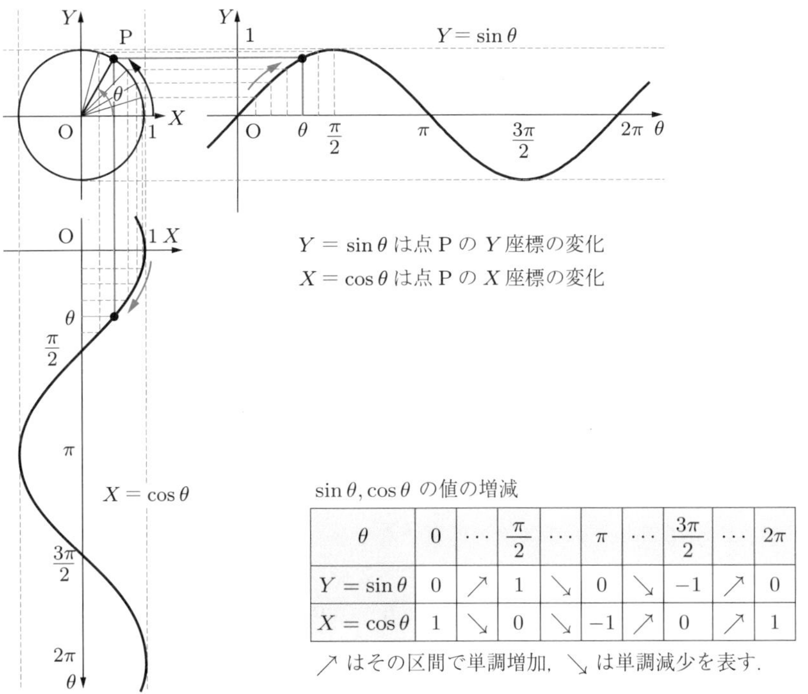

$\sin\theta, \cos\theta$ の値の増減

θ	0	$\cdots$	$\frac{\pi}{2}$	$\cdots$	π	$\cdots$	$\frac{3\pi}{2}$	$\cdots$	2π
$Y = \sin\theta$	0	↗	1	↘	0	↘	-1	↗	0
$X = \cos\theta$	1	↘	0	↘	-1	↗	0	↗	1

↗ はその区間で単調増加，↘ は単調減少を表す．

ここで，従属変数を y で表すと，関数 $y = \sin\theta$, $y = \cos\theta$ のグラフは次の図のようになる．この形の曲線を **サインカーブ** という．

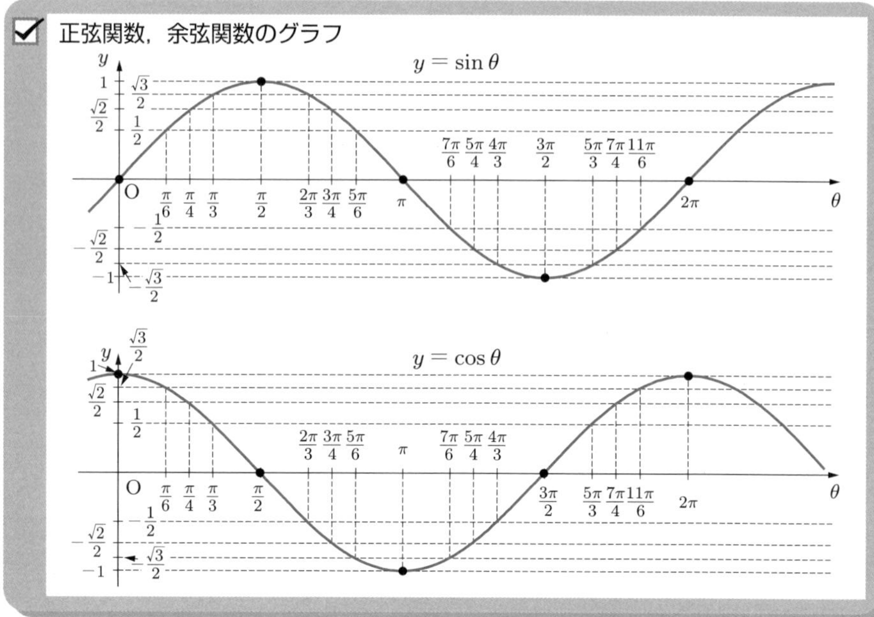

正弦・余弦関数の周期　$y = \sin\theta$, $y = \cos\theta$ のグラフは，2π ごとに同じ形が繰り返されている．これは

$$\sin(\theta + 2\pi) = \sin\theta, \quad \cos(\theta + 2\pi) = \cos\theta \tag{13.1}$$

であることを意味する．一般に，関数 $y = f(x)$ について，任意の実数 x に対して

$$f(x + T) = f(x) \quad \text{[x が T 変化するごとに同じ値が繰り返される]}$$

が成り立つような定数 T が存在するとき，$y = f(x)$ を**周期関数**といい，この式が成り立つ T のうち最小の正の値を $f(x)$ の**周期**という．$y = \sin\theta$, $y = \cos\theta$ は，いずれも周期 2π の周期関数である．

関数 $y = \sin\theta$, $y = \cos\theta$ は次の性質をもつ．

13.1　$y = \sin\theta$, $y = \cos\theta$ の性質

(1)　定義域は実数全体，値域は $-1 \leqq y \leqq 1$ である．

(2)　周期 2π の周期関数である．

$$\sin(\theta + 2\pi) = \sin\theta, \quad \cos(\theta + 2\pi) = \cos\theta$$

(3)　$y = \sin\theta$ は奇関数であるから，そのグラフは原点に関して対称である．
$y = \cos\theta$ は偶関数であるから，そのグラフは y 軸に関して対称である．

$y=\sin\theta$ のグラフを θ 軸方向に $-\dfrac{\pi}{2}$ 平行移動すれば $y=\cos\theta$ のグラフになる．グラフの平行移動を考えると，定理 12.7 も含めて次の関係式が成り立つ．

13.2 正弦・余弦の相互関係

(1) $\sin\left(\theta+\dfrac{\pi}{2}\right)=\cos\theta,\qquad \sin\left(\theta-\dfrac{\pi}{2}\right)=-\cos\theta$

(2) $\cos\left(\theta+\dfrac{\pi}{2}\right)=-\sin\theta,\qquad \cos\left(\theta-\dfrac{\pi}{2}\right)=\sin\theta$

例 13.1 $y=\sin\theta$ のグラフから，$y=\sin\theta$ が最大値 $y=1$ をとるのは $\theta=\dfrac{\pi}{2}+2n\pi$（$n$ は整数）のとき，最小値 $y=-1$ をとるのは $\theta=\dfrac{3\pi}{2}+2n\pi$（$n$ は整数）のときである．また，$\sin\theta=0$ となるのは $\theta=n\pi$（n は整数）のときである．

問 13.1 次の条件を満たす θ を求めよ．

(1) $\cos\theta=1$ (2) $\cos\theta=-1$ (3) $\cos\theta=0$

振幅 $r>0$ を定数とする．角 θ に対する動径と，原点を中心とした半径 r の円との交点の座標は $(r\cos\theta, r\sin\theta)$ である．したがって，$y=r\sin\theta$ のグラフは右図のようになる．

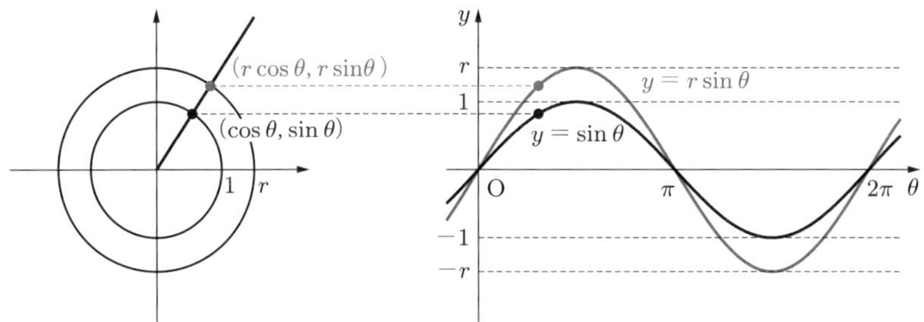

このグラフは，$y=\sin\theta$ のグラフの y 座標を r 倍したものであり，$y=r\sin\theta$ の値域は $-r\leqq y\leqq r$ となる．$y=r\cos\theta$ についても同様である．r を，これらの関数の**振幅**という．

周期 単位円上に 2 つの点 $\mathrm{P}(\cos\theta, \sin\theta)$, $\mathrm{Q}(\cos\omega\theta, \sin\omega\theta)$ をとる（ω は正の定数）．θ が 0 から 2π まで変化すると，点 P は単位円上を 1 周する．一方，θ が 0 から $\dfrac{2\pi}{\omega}$ まで変化すると，$\omega\theta$ は 0 から 2π まで変化し，点 Q は単位円上

を１周する．これは点 Q が点 P の ω 倍の速さで単位円上を回転することを意味する．よって，$y = \sin\omega\theta$, $y = \cos\omega\theta$ の周期を T とすれば，

$$T = \frac{2\pi}{\omega} \tag{13.2}$$

が成り立つ．

例 13.2　$y = \sin 3\theta$ の周期は $\dfrac{2\pi}{3}$ であり，そのグラフは，$y = \sin\theta$ のグラフを，θ 軸方向に $\dfrac{1}{3}$ 倍したものになる．

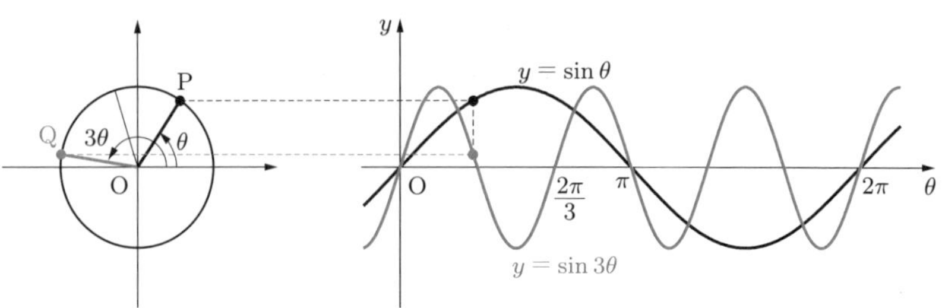

例 13.3　いくつかのグラフを示す．

(1)　$y = \sin\theta$ と $y = 2\sin\theta$

$y = 2\sin\theta$ の振幅は 2，周期は 2π

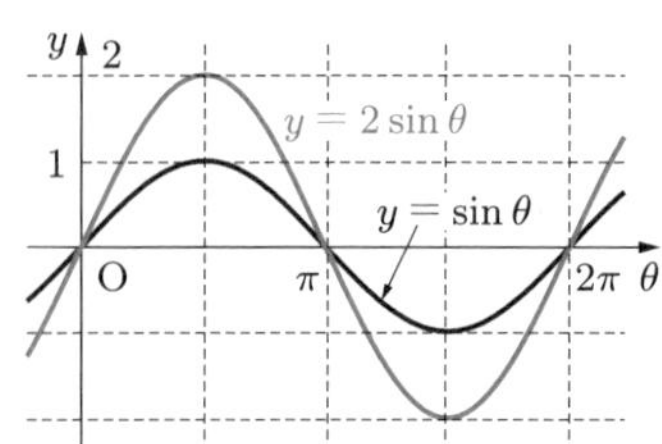

(2)　$y = \cos\theta$ と $y = \cos 3\theta$

$y = \cos 3\theta$ の振幅は 1，周期は $\dfrac{2\pi}{3}$

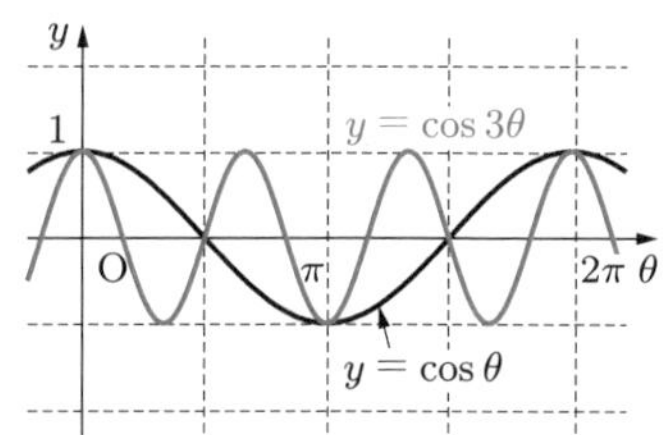

(3)　$y = \sin\theta$ と $y = \sin\left(\theta - \dfrac{\pi}{4}\right)$

ともに振幅は 1，周期は 2π

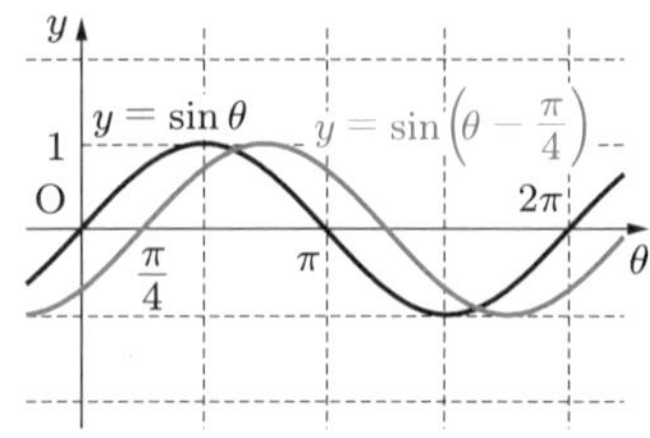

(4)　$y = \cos\theta$ と $y = \cos\theta + 1$

ともに振幅は 1，周期は 2π

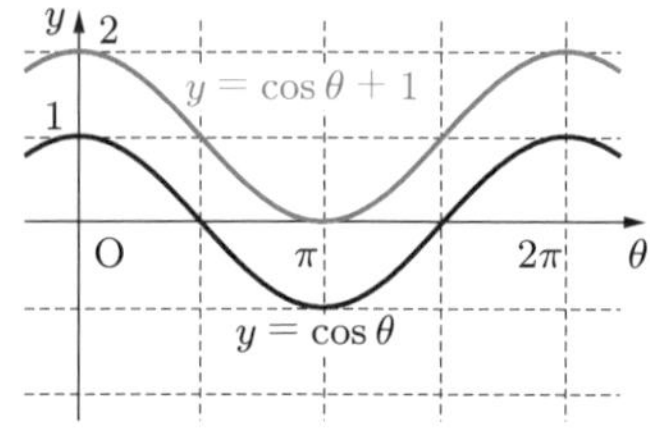

問 13.2 次の関数のグラフをかけ．また，振幅と周期を答えよ．

(1) $y = 3\sin\theta$ (2) $y = \cos 2\theta$

(3) $y = \sin\left(\theta - \dfrac{\pi}{6}\right)$ (4) $y = \dfrac{1}{2}\cos\theta + \dfrac{1}{2}$

13.2 正接関数のグラフ

$y = \tan\theta$ のグラフ $\tan\theta$ の値は角 θ に対する動径と直線 $x = 1$ との交点の y 座標であるから，$y = \tan\theta$ のグラフは次のようになる．

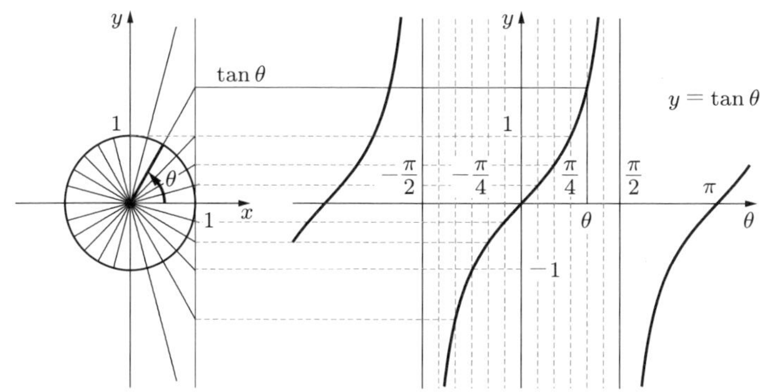

任意の整数 n に対して，

$$\tan(\theta + n\pi) = \tan\theta \tag{13.3}$$

であることはすでに学んだ［→定理 12.5］．したがって，$y = \tan\theta$ は周期 π の周期関数である．また，$\tan\theta$ は奇関数であるので［→定理 12.6］，関数 $y = \tan\theta$ について，次のことが成り立つ．

13.3 $y = \tan\theta$ の性質

(1) 定義域は $\theta \neq \dfrac{\pi}{2} + n\pi$（$n$ は整数），値域は実数全体である．
直線 $\theta = \dfrac{\pi}{2} + n\pi$ がグラフの漸近線である．

(2) 周期 π の周期関数である．

$$\tan(\theta + \pi) = \tan\theta$$

(3) $y = \tan\theta$ は奇関数であり，そのグラフは原点に関して対称である．

正接関数 $y = \tan\theta$ のグラフ

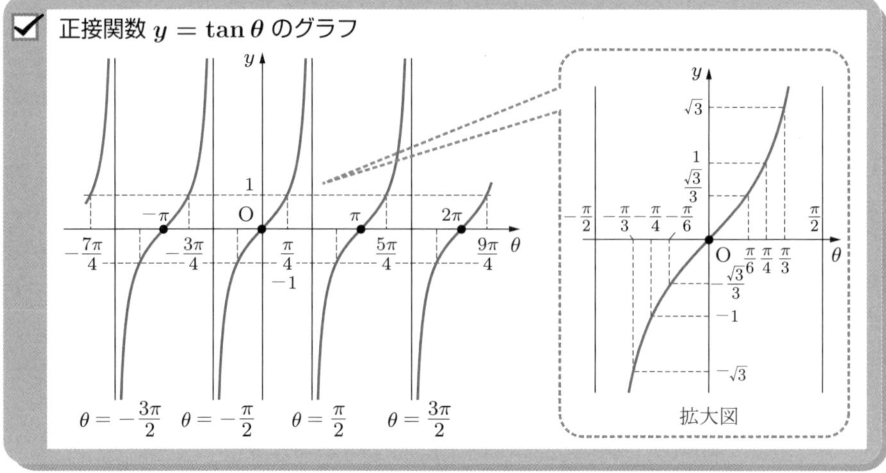

問 13.3　関数 $y = \tan\theta$ のグラフと次の直線との交点の θ 座標を求めよ．

(1)　$y = 1$　　(2)　$y = \dfrac{1}{\sqrt{3}}$　　(3)　$y = 0$　　(4)　$y = -\sqrt{3}$

13.3　三角関数と方程式・不等式

三角関数と方程式　三角関数の値から角の大きさを求める問題は，単位円やグラフを利用して解くことができる．ここでは，単位円を用いて解く方法を述べる．なお，単位円は，横軸を X 軸，縦軸を Y 軸とする座標平面にかき，未知数を x とする．

例題 13.1　三角関数を含む方程式

$0 \leqq x < 2\pi$ の範囲で次の方程式を解け．

(1)　$\sin x = \dfrac{\sqrt{2}}{2}$　　(2)　$\cos\left(x - \dfrac{\pi}{3}\right) = -\dfrac{1}{2}$　　(3)　$\tan x = -\dfrac{\sqrt{3}}{3}$

解　(1)　直線 $Y = \dfrac{\sqrt{2}}{2}$ と単位円の共有点を P, Q とすれば，この方程式の解 x は動径 OP, OQ の表す角である．$0 \leqq x < 2\pi$ の範囲では，動径 OP を表す角は $\dfrac{\pi}{4}$，動径 OQ を表す角は $\dfrac{3\pi}{4}$ である．したがって，与えられた方程式の解は次のようになる．

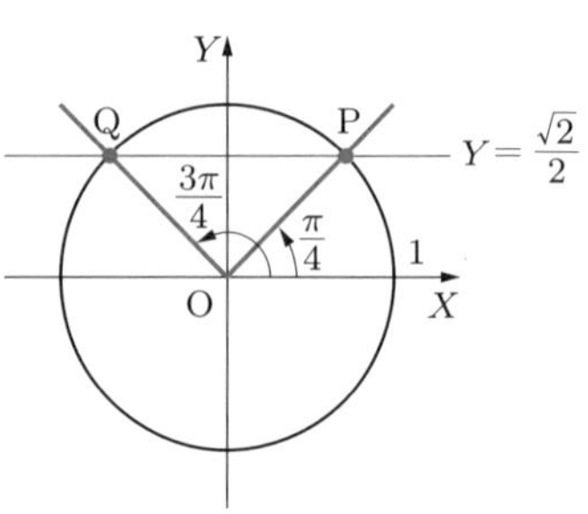

$$x = \frac{\pi}{4},\ \frac{3\pi}{4}$$

(2)　$\theta = x - \dfrac{\pi}{3}$ とおく．$0 \leqq x < 2\pi$ であるから，$-\dfrac{\pi}{3} \leqq \theta < \dfrac{5\pi}{3}$ である．この範囲で方程式

$$\cos\theta = -\frac{1}{2}$$

を解く．$X = -\dfrac{1}{2}$ と単位円との交点を P, Q とすれば，この範囲で動径 OP の表す角は $\theta = \dfrac{2\pi}{3}$，動径 OQ の表す角は $\theta = \dfrac{4\pi}{3}$ である．$x = \theta + \dfrac{\pi}{3}$ であるから，求める解は，次のようになる．

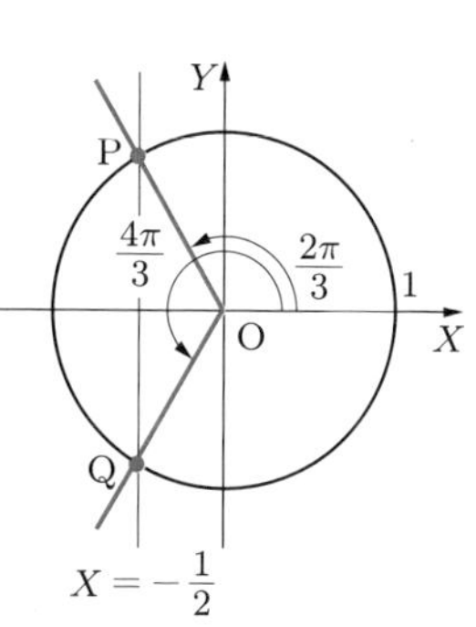

$$x = \frac{2\pi}{3} + \frac{\pi}{3} = \pi$$

$$x = \frac{4\pi}{3} + \frac{\pi}{3} = \frac{5\pi}{3}$$

(3)　点 P を $\mathrm{P}\left(1, -\dfrac{\sqrt{3}}{3}\right)$ とすれば，この方程式の解は，動径 OP と，OP と原点に関して対称な動径 OQ の表す角である．$0 \leqq x < 2\pi$ の範囲では，動径 OP の表す角は $\dfrac{11\pi}{6}$，動径 OQ の表す角は $\dfrac{5\pi}{6}$ であるから，与えられた方程式の解は，次のようになる．

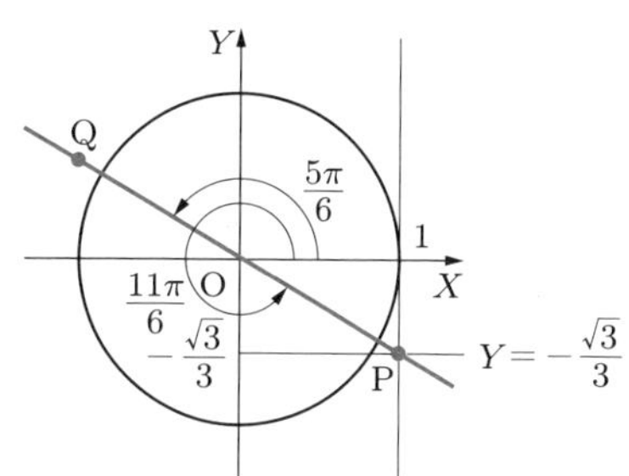

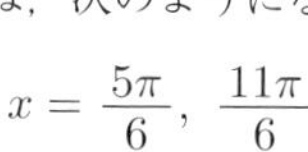

$$x = \frac{5\pi}{6},\ \frac{11\pi}{6}$$

問 13.4　$0 \leqq x < 2\pi$ の範囲で次の方程式を解け．

(1)　$\sin\left(x + \dfrac{\pi}{6}\right) = -\dfrac{\sqrt{3}}{2}$　　(2)　$\cos x = \dfrac{\sqrt{2}}{2}$　　(3)　$\tan x = -\sqrt{3}$

三角関数と不等式

ここでは，三角関数を含む不等式の解法を述べる．

例題 13.2　三角関数を含む不等式

$0 \leqq x < 2\pi$ の範囲で次の不等式を解け．

(1)　$\sin x > \dfrac{\sqrt{2}}{2}$　　(2)　$\cos x > -\dfrac{1}{2}$　　(3)　$\tan x \leqq \dfrac{\sqrt{3}}{3}$

解 各図の左側の単位円には，不等号を等号におきかえた方程式の解 α，β と，そのときの動径を示している．点 $\mathrm{A}(1,0)$ の位置 $(x=0)$ から出発した点が，反時計回りに 1 周するとき $(0 \leqq x < 2\pi)$，与えられた不等式の解に相当する部分を青の弧で示した．右側のグラフは，その弧に対応した角を x 軸上に示したもので，これが不等式の解である．

(1) 円上の点の Y 座標が $\dfrac{\sqrt{2}}{2}$ より大きい部分がこの不等式の解であり，図より $\dfrac{\pi}{4} < x < \dfrac{3\pi}{4}$ である．

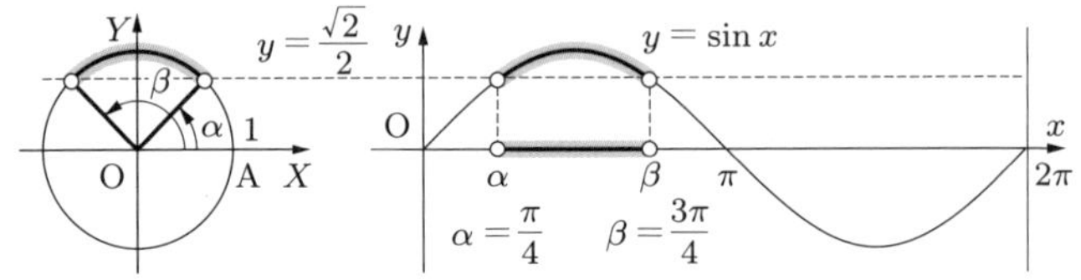

(2) 円上の点の X 座標が $-\dfrac{1}{2}$ より大きい部分がこの不等式の解であり，図より $0 \leqq x < \dfrac{2\pi}{3}$ と $\dfrac{4\pi}{3} < x < 2\pi$ である．［点 A から出発するから，不等式の解が 2 か所ある．与えられた x の範囲 $0 \leqq x < 2\pi$ から，等号が入るかどうかに注意］

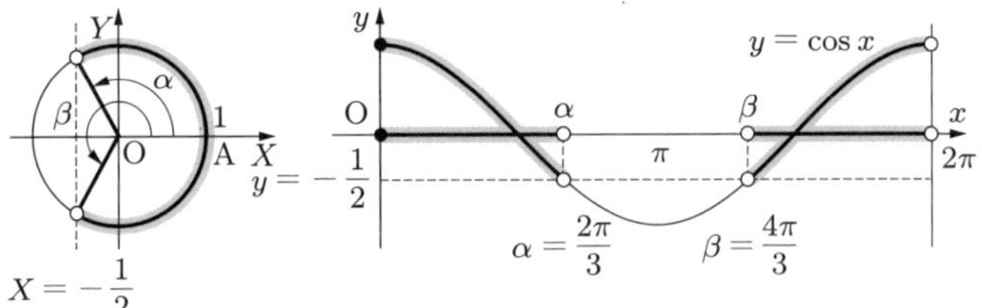

(3) 動径を含む直線と直線 $X=1$ との交点の Y 座標が $\dfrac{\sqrt{3}}{3}$ 以下になる範囲がこの不等式の解であり，図より $0 \leqq x \leqq \dfrac{\pi}{6}$, $\dfrac{\pi}{2} < x \leqq \dfrac{7\pi}{6}$, $\dfrac{3\pi}{2} < x < 2\pi$ である．

$\left[x = \dfrac{\pi}{2},\ x = \dfrac{3\pi}{2}\right.$ でグラフが途切れているため，解が 3 か所になることに注意$\left.\right]$

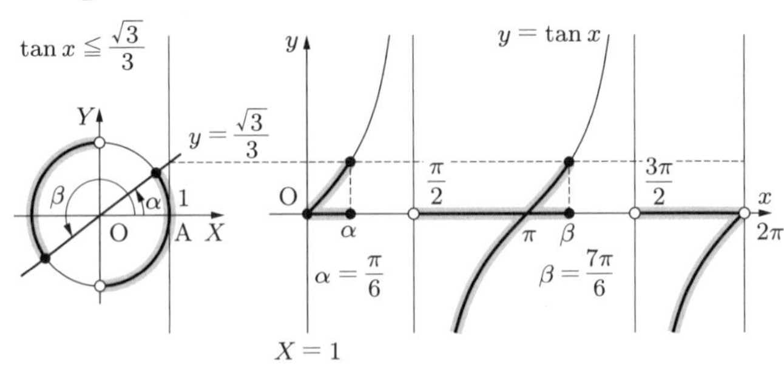

問 13.5 $0 \leqq x < 2\pi$ の範囲で次の不等式を解け．

(1) $\sin x < \dfrac{1}{2}$ (2) $\cos x \leqq -\dfrac{\sqrt{2}}{2}$ (3) $\tan x > -1$

13.4 逆三角関数

逆三角関数　三角関数の逆関数を次のように定める．

(1)　正弦関数 $y = \sin x$ は，次の図のように $-\dfrac{\pi}{2} \leqq x \leqq \dfrac{\pi}{2}$ の範囲で単調増加であり，その値域は $-1 \leqq y \leqq 1$ である．したがって，$-1 \leqq y \leqq 1$ となる任意の値 y に対して，$y = \sin x$, $-\dfrac{\pi}{2} \leqq x \leqq \dfrac{\pi}{2}$ を満たす値 x がただ1つ存在する．その x を $x = \sin^{-1} y$ とかき，x と y を交換した関数 $y = \sin^{-1} x$ を**逆正弦関数**（**アークサイン**）という．

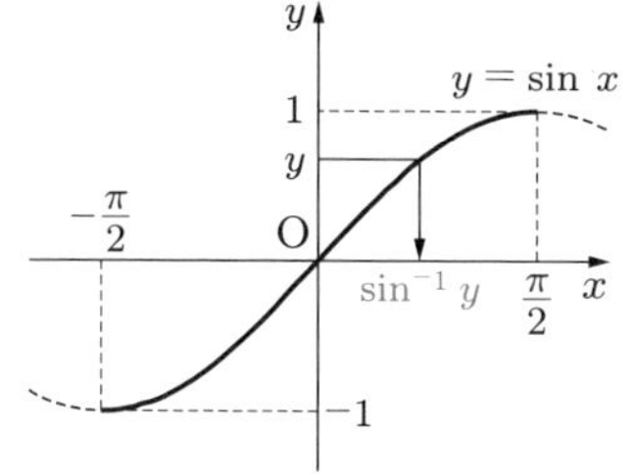

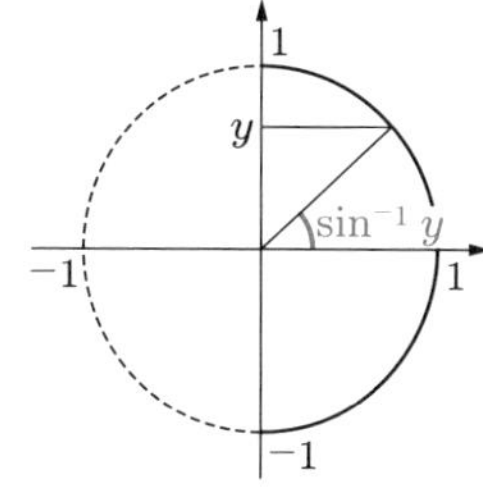

(2)　余弦関数 $y = \cos x$ は $0 \leqq x \leqq \pi$ の範囲で単調減少であるから，逆関数 $y = \cos^{-1} x$ が定義できる．これを**逆余弦関数**（**アークコサイン**）という．

(3)　正接関数 $y = \tan x$ は $-\dfrac{\pi}{2} < x < \dfrac{\pi}{2}$ の範囲で単調増加であるから，逆関数 $y = \tan^{-1} x$ が定義できる．これを**逆正接関数**（**アークタンジェント**）という．

(1)〜(3) の関数を**逆三角関数**といい，これらをまとめると，次の表のようになる．

定義	定義域	値域
$y = \sin^{-1} x \iff x = \sin y$	$-1 \leqq x \leqq 1$	$-\dfrac{\pi}{2} \leqq y \leqq \dfrac{\pi}{2}$
$y = \cos^{-1} x \iff x = \cos y$	$-1 \leqq x \leqq 1$	$0 \leqq y \leqq \pi$
$y = \tan^{-1} x \iff x = \tan y$	すべての実数	$-\dfrac{\pi}{2} < y < \dfrac{\pi}{2}$

関数 $y = f(x)$ のグラフとその逆関数 $y = f^{-1}(x)$ のグラフは，直線 $y = x$ に関して対称である．逆正弦関数 $y = \sin^{-1} x$ のグラフは $y = \sin x$ のグラフと $y = x$ に関して対称であり，そのグラフは次の図1のようになる．逆正接関数

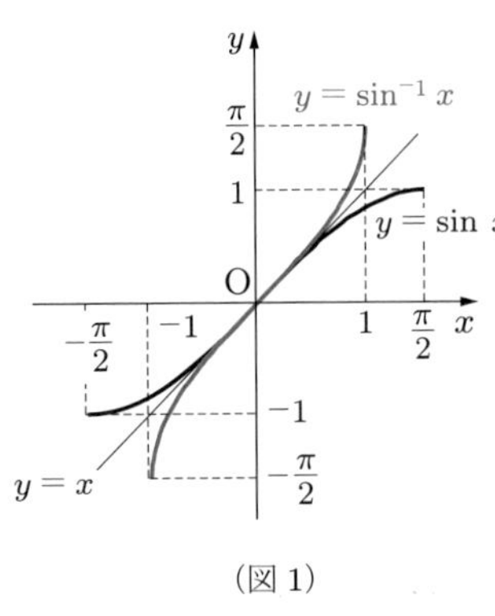

（図 1）

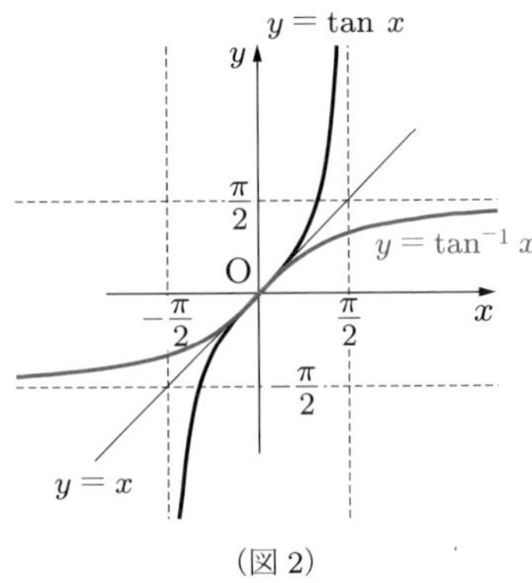

（図 2）

$y = \tan^{-1} x$ も同様であり，グラフは図 2 のようになる．とくに，直線 $x = \pm\dfrac{\pi}{2}$ は $y = \tan x$ の漸近線であるから，直線 $y = \pm\dfrac{\pi}{2}$ は $y = \tan^{-1} x$ の漸近線である．

> **note**　$\sin^{-1} x$ は $(\sin x)^{-1}$ のことではない．$(\sin x)^n = \sin^n x$ とかくのは n が自然数のときだけである．また，$\sin^{-1} x$ を $\mathrm{Sin}^{-1} x$，$\arcsin x$ と表す場合もある．$\cos^{-1} x$, $\tan^{-1} x$ についても同様である．

例題 13.3　**逆三角関数の値**

次の値を求めよ．

(1)　$\sin^{-1} \dfrac{\sqrt{2}}{2}$　　(2)　$\cos^{-1}\left(-\dfrac{1}{2}\right)$　　(3)　$\tan^{-1}\left(-\sqrt{3}\right)$

解　(1) $\sin^{-1} \dfrac{\sqrt{2}}{2} = x$ とおくと，$\sin x = \dfrac{\sqrt{2}}{2}$ が成り立つ．$-\dfrac{\pi}{2} \leqq x \leqq \dfrac{\pi}{2}$ であるから，$x = \dfrac{\pi}{4}$ となる．したがって，$\sin^{-1} \dfrac{\sqrt{2}}{2} = \dfrac{\pi}{4}$ である．

(2) $\cos^{-1}\left(-\dfrac{1}{2}\right) = x$ とおくと，$\cos x = -\dfrac{1}{2}$ が成り立つ．$0 \leqq x \leqq \pi$ であるから，$x = \dfrac{2\pi}{3}$ となる．したがって，$\cos^{-1}\left(-\dfrac{1}{2}\right) = \dfrac{2\pi}{3}$ である．

(3) $\tan^{-1}\left(-\sqrt{3}\right) = x$ とおくと，$\tan x = -\sqrt{3}$ が成り立つ．$-\dfrac{\pi}{2} < x < \dfrac{\pi}{2}$ であるから，$x = -\dfrac{\pi}{3}$ となる．したがって，$\tan^{-1}\left(-\sqrt{3}\right) = -\dfrac{\pi}{3}$ である．

問 13.6　次の値を求めよ．

(1)　$\sin^{-1} \dfrac{1}{2}$　　(2)　$\sin^{-1}(-1)$　　(3)　$\cos^{-1}\left(-\dfrac{1}{\sqrt{2}}\right)$

(4)　$\cos^{-1} 0$　　(5)　$\tan^{-1} \dfrac{1}{\sqrt{3}}$　　(6)　$\tan^{-1}(-1)$

練習問題 13

[1] 次の関数の振幅と周期を求めて，グラフをかけ．

(1) $y = 3\sin\dfrac{\theta}{3}$　　(2) $y = \dfrac{1}{2}\cos 3\theta$

(3) $y = -2\sin\theta$　　(4) $y = \sqrt{2}\cos\left(\theta - \dfrac{\pi}{4}\right)$

[2] 次の関数のグラフをかき，$y = \sin\theta$ のグラフをどのように変形したものか説明せよ．

(1) $y = \sin 2\theta + 2$　　(2) $y = 2\sin\theta + 2$

(3) $y = 3\sin\left(\theta - \dfrac{\pi}{6}\right)$　　(4) $y = \sin 3\left(\theta - \dfrac{\pi}{6}\right)$

[3] 直径 100 m で，最高部では地上から 110 m の高さになる観覧車がある．これは一周するのに 15 分かかる．一番低い地点でゴンドラに乗ったとき，5 分後のゴンドラの地上からの高さは何 m になるかを求めよ．また，t 分後（$0 \leqq t \leqq 15$）のゴンドラの地上からの高さ h を，t を使った式で表せ．ただし，ゴンドラ本体の大きさは考慮しないこととする．

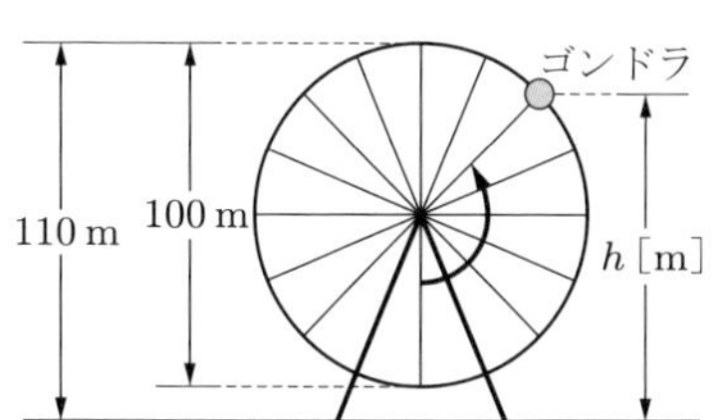

[4] $0 \leqq x < 2\pi$ の範囲で次の方程式を解け．

(1) $(2\cos x + 1)\sin x = 0$　　(2) $2\cos^2 x - 1 = 0$

(3) $2\cos\left(x + \dfrac{\pi}{4}\right) = \sqrt{3}$　　(4) $\tan 2x = 1$

[5] $0 \leqq x < 2\pi$ の範囲で次の方程式を解け．

(1) $\sin 2x = \dfrac{\sqrt{3}}{2}$　　(2) $2\cos^2 x + \cos x - 1 = 0$

[6] $0 \leqq x < 2\pi$ の範囲で次の不等式を解け．

(1) $\sin x < -\dfrac{\sqrt{3}}{2}$　　(2) $2\cos x + \sqrt{3} > 0$

(3) $2\sin\left(x - \dfrac{\pi}{6}\right) \leqq \sqrt{2}$　　(4) $\tan x < 1$

[7] 次の逆三角関数の値を求めよ．

(1) $\sin^{-1}\dfrac{\sqrt{3}}{2}$　　(2) $\cos^{-1}\dfrac{1}{2}$　　(3) $\tan^{-1}\sqrt{3}$

(4) $\sin^{-1}\left(-\dfrac{\sqrt{3}}{2}\right)$　　(5) $\cos^{-1}(-1)$　　(6) $\tan^{-1}\left(-\dfrac{1}{\sqrt{3}}\right)$

14 三角関数の加法定理

14.1 三角関数の加法定理

加法定理　この節では，次の加法定理とその応用について学ぶ．

14.1　正弦・余弦に関する加法定理

任意の実数 α, β について，次が成り立つ．

(1)　$\sin(\alpha+\beta) = \sin\alpha\cos\beta + \cos\alpha\sin\beta$

(2)　$\sin(\alpha-\beta) = \sin\alpha\cos\beta - \cos\alpha\sin\beta$

(3)　$\cos(\alpha+\beta) = \cos\alpha\cos\beta - \sin\alpha\sin\beta$

(4)　$\cos(\alpha-\beta) = \cos\alpha\cos\beta + \sin\alpha\sin\beta$

証明　(1) と (3) を示す．図 1 のように点 A, B をとる．図 2 は，それらを $-\alpha$ だけ回転して，A, B に対応する点を C, D で表したものである．

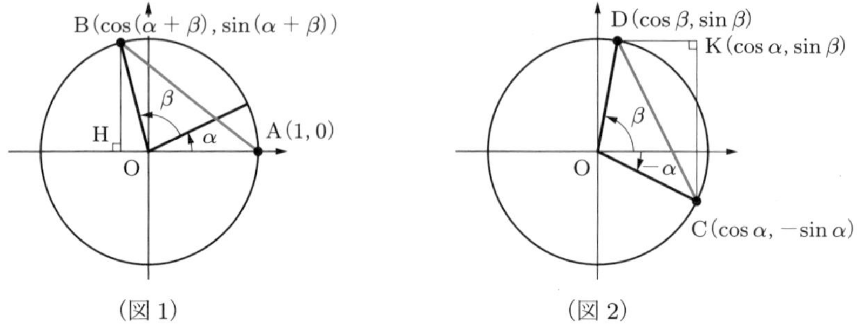

(図 1)　　(図 2)

これらの図で，線分 AB と CD の長さは等しい．△ABH, △CDK に三平方の定理を適用して，AB^2 と CD^2 を計算すると，

$$
\begin{aligned}
\mathrm{AB}^2 &= \mathrm{HA}^2 + \mathrm{HB}^2 \\
&= \{1-\cos(\alpha+\beta)\}^2 + \sin^2(\alpha+\beta) \\
&= 1 - 2\cos(\alpha+\beta) + \cos^2(\alpha+\beta) + \sin^2(\alpha+\beta) \\
&= 2 - 2\cos(\alpha+\beta)
\end{aligned}
$$

$$
\begin{aligned}
\mathrm{CD}^2 &= \mathrm{DK}^2 + \mathrm{CK}^2 \\
&= (\cos\alpha - \cos\beta)^2 + \{\sin\beta - (-\sin\alpha)\}^2 \\
&= \cos^2\alpha - 2\cos\alpha\cos\beta + \cos^2\beta + \sin^2\beta + 2\sin\beta\sin\alpha + \sin^2\alpha
\end{aligned}
$$

$$= 2 - 2(\cos\alpha\cos\beta - \sin\alpha\sin\beta)$$

となる．$\mathrm{AB}^2 = \mathrm{CD}^2$ であるから，(3) の式が次のように得られる．

$$\cos(\alpha+\beta) = \cos\alpha\cos\beta - \sin\alpha\sin\beta$$

さらに，$\cos\left(\theta + \dfrac{\pi}{2}\right) = -\sin\theta,\ \sin\left(\theta + \dfrac{\pi}{2}\right) = \cos\theta$ を用いると，

$$\begin{aligned}
\sin(\alpha+\beta) &= -\cos\left\{(\alpha+\beta) + \frac{\pi}{2}\right\} \\
&= -\cos\left\{\left(\alpha + \frac{\pi}{2}\right) + \beta\right\} \\
&= -\left\{\cos\left(\alpha + \frac{\pi}{2}\right)\cos\beta - \sin\left(\alpha + \frac{\pi}{2}\right)\sin\beta\right\} \\
&= \sin\alpha\cos\beta + \cos\alpha\sin\beta
\end{aligned}$$

となる．したがって，(1) の式が次のように得られる．

$$\sin(\alpha+\beta) = \sin\alpha\cos\beta + \cos\alpha\sin\beta$$

証明終

問 14.1　$\sin(-\beta) = -\sin\beta,\ \cos(-\beta) = \cos\beta$ を用いて，定理 **14.1**(2), (4) を証明せよ．

正接について，次の加法定理が成り立つ．

14.2　正接に関する加法定理

$$\tan(\alpha \pm \beta) = \frac{\tan\alpha \pm \tan\beta}{1 \mp \tan\alpha\tan\beta} \quad （複号同順）$$

問 14.2　正弦・余弦に関する加法定理を用いて，正接に関する加法定理を証明せよ．

例 14.1　加法定理を用いて $\sin\dfrac{7\pi}{12}$ の値を求める．

$$\begin{aligned}
\sin\frac{7\pi}{12} &= \sin\left(\frac{\pi}{3} + \frac{\pi}{4}\right) \\
&= \sin\frac{\pi}{3}\cos\frac{\pi}{4} + \cos\frac{\pi}{3}\sin\frac{\pi}{4} \\
&= \frac{\sqrt{3}}{2}\cdot\frac{\sqrt{2}}{2} + \frac{1}{2}\cdot\frac{\sqrt{2}}{2} = \frac{\sqrt{6}+\sqrt{2}}{4}
\end{aligned}$$

問14.3　$\frac{5\pi}{12}=\frac{\pi}{4}+\frac{\pi}{6}$, $\frac{\pi}{12}=\frac{\pi}{4}-\frac{\pi}{6}$ であることを用いて，次の値を求めよ．

(1) $\sin\frac{5\pi}{12}$　(2) $\cos\frac{5\pi}{12}$　(3) $\tan\frac{5\pi}{12}$

(4) $\sin\frac{\pi}{12}$　(5) $\cos\frac{\pi}{12}$　(6) $\tan\frac{\pi}{12}$

例題 14.1　加法定理の応用

α は第1象限の角，β は第3象限の角で，$\sin\alpha=\frac{3}{5}$, $\cos\beta=-\frac{1}{3}$ であるとき，$\cos(\alpha-\beta)$ の値を求めよ．

解　$\cos(\alpha-\beta)=\cos\alpha\cos\beta+\sin\alpha\sin\beta$ であるから，$\cos\alpha$ と $\sin\beta$ の値がわかれば $\cos(\alpha-\beta)$ の値を求めることができる．α は第1象限の角であるから $\cos\alpha>0$，β は第3象限の角であるから $\sin\beta<0$ である．$\sin^2\theta+\cos^2\theta=1$ であることから，

$$\cos^2\alpha=1-\sin^2\alpha=1-\left(\frac{3}{5}\right)^2=\frac{16}{25}\quad\text{よって}\quad\cos\alpha=\frac{4}{5}$$

$$\sin^2\beta=1-\cos^2\beta=1-\left(-\frac{1}{3}\right)^2=\frac{8}{9}\quad\text{よって}\quad\sin\beta=-\frac{2\sqrt{2}}{3}$$

である．以上により，求める値は次のようになる．

$$\begin{aligned}\cos(\alpha-\beta)&=\cos\alpha\cos\beta+\sin\alpha\sin\beta\\&=\frac{4}{5}\cdot\left(-\frac{1}{3}\right)+\frac{3}{5}\cdot\left(-\frac{2\sqrt{2}}{3}\right)\\&=-\frac{4+6\sqrt{2}}{15}\end{aligned}$$

問14.4　α は第2象限の角，β は第3象限の角で，$\sin\alpha=\frac{2}{3}$, $\sin\beta=-\frac{3}{5}$ のとき，$\sin(\alpha+\beta)$, $\cos(\alpha+\beta)$ の値を求めよ．

14.2 加法定理から導かれる公式

2倍角の公式　$\sin(\alpha+\beta)$ と $\cos(\alpha+\beta)$ の加法定理で，$\alpha=\beta$ とすれば，

$$\sin 2\alpha=\sin(\alpha+\alpha)=\sin\alpha\cos\alpha+\cos\alpha\sin\alpha=2\sin\alpha\cos\alpha$$

$$\cos 2\alpha=\cos(\alpha+\alpha)=\cos\alpha\cos\alpha-\sin\alpha\sin\alpha=\cos^2\alpha-\sin^2\alpha$$

となる．さらに，$\sin^2\alpha+\cos^2\alpha=1$ を用いると，

$$\cos 2\alpha = \cos^2\alpha - \sin^2\alpha = (1-\sin^2\alpha) - \sin^2\alpha = 1 - 2\sin^2\alpha$$

$$\cos 2\alpha = \cos^2\alpha - \sin^2\alpha = \cos^2\alpha - (1-\cos^2\alpha) = 2\cos^2\alpha - 1$$

となり，角 α の正弦・余弦から角 2α の正弦・余弦が求められる．これらを**2倍角の公式**という．

14.3 2倍角の公式

(1) $\sin 2\alpha = 2\sin\alpha\cos\alpha$

(2) $\cos 2\alpha = \cos^2\alpha - \sin^2\alpha = 1 - 2\sin^2\alpha = 2\cos^2\alpha - 1$

$\cos 2\alpha = 1 - 2\sin^2\alpha$, $\cos 2\alpha = 2\cos^2\alpha - 1$ をそれぞれ $\sin^2\alpha$, $\cos^2\alpha$ について解くことによって，$\sin^2\alpha$, $\cos^2\alpha$ を $\cos 2\alpha$ で表す公式が得られる．これらを**半角の公式**という．

14.4 半角の公式

$$\sin^2\alpha = \frac{1-\cos 2\alpha}{2}, \quad \cos^2\alpha = \frac{1+\cos 2\alpha}{2}$$

note　半角の公式は，α を $\dfrac{\alpha}{2}$ にかえて

$$\sin^2\frac{\alpha}{2} = \frac{1-\cos\alpha}{2}, \quad \cos^2\frac{\alpha}{2} = \frac{1+\cos\alpha}{2}$$

とかくこともある．

例題 14.2　2倍角の公式と半角の公式

$\pi < \alpha < \dfrac{3\pi}{2}$, $\sin\alpha = -\dfrac{3}{5}$, $\cos\alpha = -\dfrac{4}{5}$ のとき，$\sin 2\alpha$, $\cos 2\alpha$, $\sin\dfrac{\alpha}{2}$, $\cos\dfrac{\alpha}{2}$ の値を求めよ．

解　2倍角の公式によって

$$\sin 2\alpha = 2\sin\alpha\cos\alpha = 2\cdot\left(-\frac{3}{5}\right)\cdot\left(-\frac{4}{5}\right) = \frac{24}{25}$$

$$\cos 2\alpha = 2\cos^2\alpha - 1 = 2\cdot\left(-\frac{4}{5}\right)^2 - 1 = \frac{7}{25}$$

が得られる．また，条件 $\pi < \alpha < \dfrac{3\pi}{2}$ から $\dfrac{\pi}{2} < \dfrac{\alpha}{2} < \dfrac{3\pi}{4}$ となる．したがって，$\dfrac{\alpha}{2}$ は

第 2 象限の角であるから，$\sin\dfrac{\alpha}{2} > 0$, $\cos\dfrac{\alpha}{2} < 0$ となる．よって，半角の公式から次が得られる．

$$\sin\frac{\alpha}{2} = \sqrt{\frac{1-\cos\alpha}{2}} = \sqrt{\frac{1}{2}\left\{1-\left(-\frac{4}{5}\right)\right\}} = \frac{3\sqrt{10}}{10}$$

$$\cos\frac{\alpha}{2} = -\sqrt{\frac{1+\cos\alpha}{2}} = -\sqrt{\frac{1}{2}\left\{1+\left(-\frac{4}{5}\right)\right\}} = -\frac{\sqrt{10}}{10}$$

問 14.5　$\dfrac{3\pi}{2} < \alpha < 2\pi$, $\sin\alpha = -\dfrac{\sqrt{15}}{4}$, $\cos\alpha = \dfrac{1}{4}$ のとき，$\sin 2\alpha$, $\cos 2\alpha$, $\sin\dfrac{\alpha}{2}$, $\cos\dfrac{\alpha}{2}$ の値を求めよ．

積を和・差に，和・差を積に直す公式　ここでは次の公式を証明する．

14.5　積を和・差に直す公式

(1)　$\sin\alpha\cos\beta = \dfrac{1}{2}\{\sin(\alpha+\beta)+\sin(\alpha-\beta)\}$

(2)　$\cos\alpha\sin\beta = \dfrac{1}{2}\{\sin(\alpha+\beta)-\sin(\alpha-\beta)\}$

(3)　$\cos\alpha\cos\beta = \dfrac{1}{2}\{\cos(\alpha+\beta)+\cos(\alpha-\beta)\}$

(4)　$\sin\alpha\sin\beta = -\dfrac{1}{2}\{\cos(\alpha+\beta)-\cos(\alpha-\beta)\}$

14.6　和・差を積に直す公式

(5)　$\sin A + \sin B = 2\sin\dfrac{A+B}{2}\cos\dfrac{A-B}{2}$

(6)　$\sin A - \sin B = 2\cos\dfrac{A+B}{2}\sin\dfrac{A-B}{2}$

(7)　$\cos A + \cos B = 2\cos\dfrac{A+B}{2}\cos\dfrac{A-B}{2}$

(8)　$\cos A - \cos B = -2\sin\dfrac{A+B}{2}\sin\dfrac{A-B}{2}$

証明　(1) と (5) を示す．加法定理から $\sin(\alpha+\beta)+\sin(\alpha-\beta)$ は

$$\begin{array}{lrcl}
 & \sin(\alpha+\beta) & = & \sin\alpha\cos\beta+\cos\alpha\sin\beta \\
+) & \sin(\alpha-\beta) & = & \sin\alpha\cos\beta-\cos\alpha\sin\beta \\
\hline
 & \sin(\alpha+\beta)+\sin(\alpha-\beta) & = & 2\sin\alpha\cos\beta \qquad \cdots\cdots①
\end{array}$$

となる．①から，両辺を入れかえて 2 で割れば，(1) の式が次のように得られる．

$$\sin\alpha\cos\beta = \frac{1}{2}\{\sin(\alpha+\beta)+\sin(\alpha-\beta)\}$$

同じく，① で $A=\alpha+\beta,\ B=\alpha-\beta$ とおくと $\alpha=\dfrac{A+B}{2},\ \beta=\dfrac{A-B}{2}$ となるから，これを①に代入すれば，(5) の式が次のように得られる．

$$\sin A+\sin B = 2\sin\frac{A+B}{2}\cos\frac{A-B}{2}$$

証明終

問 14.6　定理 14.5(2)〜(4)，定理 14.6(6)〜(8) を示せ．

例 14.2　(1)

$$\begin{aligned}\sin x\,\cos 2x &= \frac{1}{2}\{\sin(x+2x)+\sin(x-2x)\}\\ &= \frac{1}{2}\{\sin 3x+\sin(-x)\}\\ &= \frac{1}{2}(\sin 3x-\sin x)\end{aligned}$$

(2)

$$\sin 5x+\sin x = 2\sin\frac{5x+x}{2}\cos\frac{5x-x}{2} = 2\sin 3x\,\cos 2x$$

問 14.7　次の積を和･差に直せ．

(1)　$\cos 3x\,\sin x$　　(2)　$\cos 4x\,\cos 3x$　　(3)　$\sin 2x\,\sin 3x$

問 14.8　次の和･差を積に直せ．

(1)　$\sin 7x-\sin x$　　(2)　$\cos 4x+\cos 3x$　　(3)　$\cos 6x-\cos 2x$

14.3　三角関数の合成

三角関数の合成　加法定理を利用すると，周期が同じ 2 つの三角関数の和 $a\sin x+b\cos x$ を $r\sin(x+\alpha)$ の形に変形することができる．

次の図のように，座標平面上に点 $\mathrm{A}(a,b)$ をとり，動径 OA の表す角の 1 つを α とする．三平方の定理によって $\mathrm{OA}=\sqrt{a^2+b^2}$ となるから，

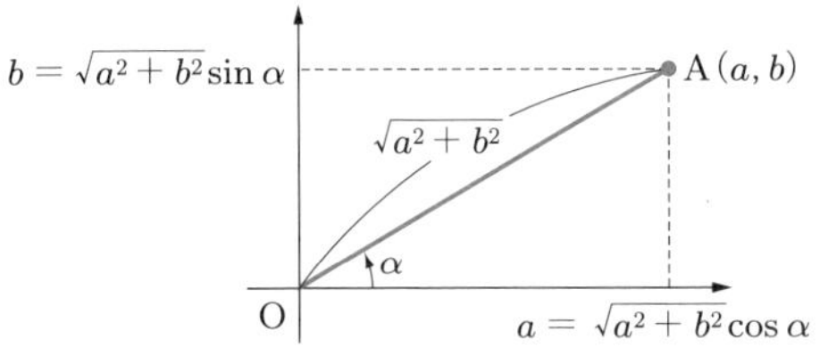

$b=\sqrt{a^2+b^2}\sin\alpha$　$\mathrm{A}(a,b)$　$\sqrt{a^2+b^2}$　α　O　$a=\sqrt{a^2+b^2}\cos\alpha$

$$\sin\alpha = \frac{b}{\sqrt{a^2+b^2}}$$

$$\cos\alpha = \frac{a}{\sqrt{a^2+b^2}}$$

$$a = \sqrt{a^2 + b^2}\cos\alpha, \quad b = \sqrt{a^2 + b^2}\sin\alpha$$

が成り立つ．したがって，加法定理により次の式が得られる．

$$\begin{aligned} a\sin x + b\cos x &= \sqrt{a^2 + b^2}\cos\alpha \cdot \sin x + \sqrt{a^2 + b^2}\sin\alpha \cdot \cos x \\ &= \sqrt{a^2 + b^2}(\sin x \cos\alpha + \cos x \sin\alpha) \\ &= \sqrt{a^2 + b^2}\sin(x + \alpha) \end{aligned}$$

この変形を**三角関数の合成**という．

14.7　三角関数の合成

点 $\mathrm{A}(a, b)$ に対して，動径 OA の表す角を α とすれば，次の式が成り立つ．

$$a\sin x + b\cos x = \sqrt{a^2 + b^2}\,\sin(x + \alpha)$$

例題 14.3　三角関数の合成

$\sin x - \cos x$ を合成せよ．

解　座標平面上に点 $\mathrm{A}(1, -1)$ をとると，$\mathrm{OA} = \sqrt{1^2 + (-1)^2} = \sqrt{2}$ であるから，$\alpha = -\dfrac{\pi}{4}$ となる．したがって，次の式が得られる．

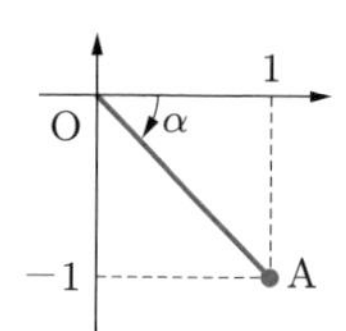

$$\sin x - \cos x = \sqrt{2}\,\sin\left(x - \frac{\pi}{4}\right)$$

note　動径 OA の表す角は 1 つには定まらない．例題 14.3 では，たとえば，

$$\sin x - \cos x = \sqrt{2}\sin\left(x + \frac{7\pi}{4}\right)$$

と表すこともできる．

三角関数の合成は，周期が同じ 2 つの波が重なると，どのような波になるかを表したものである．次の図の青い細線は $y = \sin x$ と $y = -\cos x$ のグラフで，黒い太線はそれらを重ねた $y = \sin x - \cos x$ のグラフである．合成された波の振幅は $\sqrt{2}$ である．

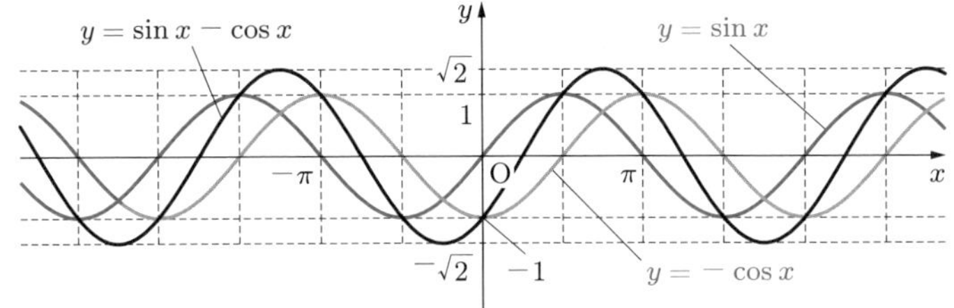

問14.9　次の三角関数を合成し，その振幅を求めよ．

(1)　$y = \sqrt{3}\sin x + \cos x$　　　(2)　$y = -\sin x + \cos x$

例題 14.4　三角関数の最大値・最小値

$0 \leqq x < 2\pi$ の範囲で関数 $y = \sin x - \cos x$ の最大値と最小値を求めよ．

解　三角関数の合成を行えば

$$y = \sin x - \cos x = \sqrt{2}\sin\left(x - \frac{\pi}{4}\right) \quad \left[-\frac{\pi}{4} \leqq x - \frac{\pi}{4} < \frac{7\pi}{4}\right]$$

となる．$-1 \leqq \sin\left(x - \dfrac{\pi}{4}\right) \leqq 1$ であるから，$-\sqrt{2} \leqq \sqrt{2}\sin\left(x - \dfrac{\pi}{4}\right) \leqq \sqrt{2}$ である．よって，最大値は $y = \sqrt{2}$，最小値は $y = -\sqrt{2}$ である．

最大値をとるのは，$\sin\left(x - \dfrac{\pi}{4}\right) = 1$ のとき，すなわち

$$x - \frac{\pi}{4} = \frac{\pi}{2} \quad よって \quad x = \frac{3\pi}{4}$$

のときである．また，最小値をとるのは，$\sin\left(x - \dfrac{\pi}{4}\right) = -1$ のとき，すなわち

$$x - \frac{\pi}{4} = \frac{3\pi}{2} \quad よって \quad x = \frac{7\pi}{4}$$

のときである．

問14.10　$0 \leqq x < 2\pi$ の範囲で次の関数の最大値と最小値を求めよ．

(1)　$y = \sin x - \sqrt{3}\cos x$　　　(2)　$y = 2\sin x + 2\cos x$

練習問題 14

[1] $0<\alpha<\dfrac{\pi}{2},\ 0<\beta<\dfrac{\pi}{2}$ で，$\sin\alpha=\dfrac{3}{4},\ \cos\beta=\dfrac{1}{3}$ のとき，次の値を求めよ．

(1) $\sin(\alpha+\beta)$　(2) $\cos(\alpha-\beta)$　(3) $\sin 2\alpha$

(4) $\cos 2\alpha$　(5) $\tan 2\alpha$　(6) $\cos\dfrac{\beta}{2}$

[2] 加法定理を用いて，任意の実数 θ に対して，次の等式が成り立つことを証明せよ．

(1) $\sin(\pi-\theta)=\sin\theta$　(2) $\cos\left(\dfrac{3\pi}{2}+\theta\right)=\sin\theta$

(3) $\sin\left(\theta-\dfrac{5\pi}{2}\right)=-\cos\theta$　(4) $\cos\left(\dfrac{\pi}{2}-\theta\right)=\sin\theta$

[3] $3\theta=2\theta+\theta$ と考え，加法定理と2倍角の公式を用いて，次の**3倍角の公式**を証明せよ．

(1) $\sin 3\theta=3\sin\theta-4\sin^3\theta$　(2) $\cos 3\theta=4\cos^3\theta-3\cos\theta$

[4] 半角の公式を用いて，次の値を求めよ．

(1) $\sin\dfrac{\pi}{8}$　(2) $\cos\dfrac{\pi}{8}$　(3) $\sin\dfrac{\pi}{12}$　(4) $\cos\dfrac{\pi}{12}$

[5] 次の，正接に関する2倍角の公式，半角の公式が成り立つことを証明せよ．

(1) $\tan 2\alpha=\dfrac{2\tan\alpha}{1-\tan^2\alpha}$　(2) $\tan^2\alpha=\dfrac{1-\cos 2\alpha}{1+\cos 2\alpha}$

[6] 任意の実数 θ について，次の等式が成り立つことを証明せよ．

(1) $(\cos\theta+\sin\theta)^2=1+\sin 2\theta$　(2) $\sin^4\dfrac{\theta}{2}+\cos^4\dfrac{\theta}{2}=\dfrac{1+\cos^2\theta}{2}$

[7] 次の値を求めよ．

(1) $\sin\dfrac{\pi}{4}\cos\dfrac{\pi}{12}$　(2) $\cos\dfrac{5\pi}{12}\cos\dfrac{\pi}{4}$

(3) $\sin\dfrac{\pi}{12}-\sin\dfrac{7\pi}{12}$　(4) $\cos\dfrac{\pi}{12}-\cos\dfrac{5\pi}{12}$

[8] $0\leqq x<2\pi$ の範囲で次の方程式を解け．

(1) $\sin 2x-\sin x=0$　(2) $\sin x+\sqrt{3}\cos x=1$

[9] $0\leqq x<2\pi$ の範囲で関数 $y=-\sqrt{3}\sin x-\cos x$ の最大値と最小値を求めよ．

15 三角比と三角形への応用

15.1 三角形と鈍角の三角比

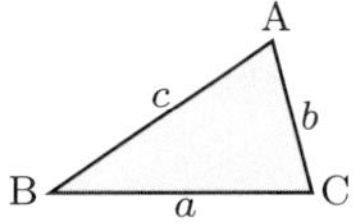

三角形に関する記号　第 15 節では，三角関数の三角形への応用について学ぶ．角の測り方は 60 分法を用い，扱う角の範囲は三角形の内角の大きさである $0°$ から $180°$ までとする．また，$\triangle$ABC に対して，内角 $\angle$A, $\angle$B, $\angle$C の大きさをそれぞれ A, B, C で表し，頂点 A, B, C の対辺の長さをそれぞれ a, b, c で表す．

鈍角の三角比　三角形の内角は鋭角，直角，そして鈍角の場合がある．θ が鋭角のときは，図 1 の直角三角形 $\triangle$OAB に対して

$$\sin\theta = \frac{\mathrm{AB}}{\mathrm{OB}} = \frac{y}{r}, \quad \cos\theta = \frac{\mathrm{OA}}{\mathrm{OB}} = \frac{x}{r}, \quad \tan\theta = \frac{\mathrm{AB}}{\mathrm{OA}} = \frac{y}{x}$$

と定めた．ここで，底辺 OA を点 O を原点として x 軸の正の部分と重ねると，図 2 のように r は点 B の原点からの距離，x, y は点 B の座標である．

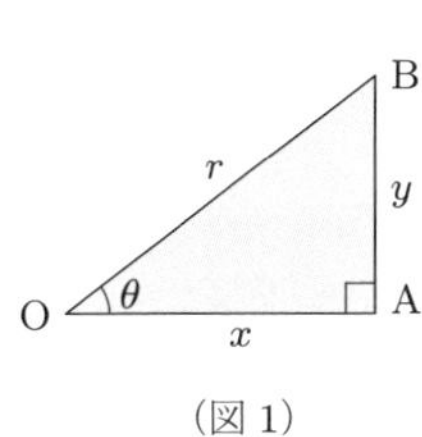

（図 1）

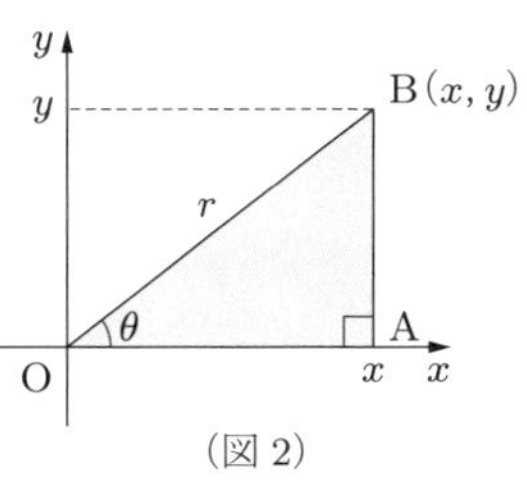

（図 2）

そこで，θ が $90° \leqq \theta < 180°$ のときも同様に定める．つまり，底辺 OA を点 O を原点として x 軸の正の部分に置いた $\triangle$OAB において（図 3），頂点 B の原点からの距離 r と点 B の座標 (x, y) を用いて，三角比を次のように定める．

$$\sin\theta = \frac{y}{r}, \quad \cos\theta = \frac{x}{r}, \quad \tan\theta = \frac{y}{x} \tag{15.1}$$

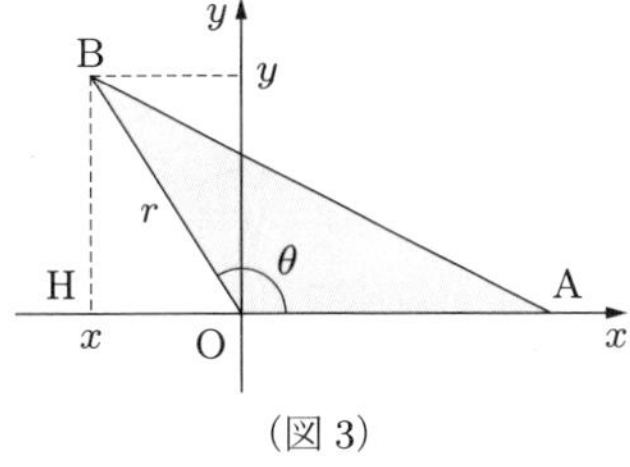

（図 3）

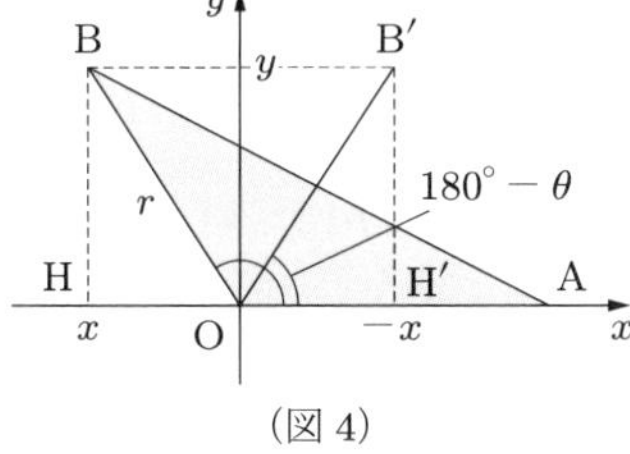

（図 4）

この定義により，$\theta = 90^\circ$ のときは $x = 0$, $y = r$ であるから，

$$\sin 90^\circ = \frac{r}{r} = 1, \quad \cos 90^\circ = \frac{0}{r} = 0 \tag{15.2}$$

であり，$90^\circ < \theta < 180^\circ$ のときは $\cos\theta < 0$ であることに注意する．$\theta = 90^\circ$ のとき，$\tan\theta$ の値は定義しない．

図3において，頂点Bから x 軸に下ろした垂線をBHとする．$\angle\mathrm{BOH} = 180^\circ - \theta$ は鋭角であり，$\triangle\mathrm{OBH}$ を y 軸に関して対称移動した三角形を $\triangle\mathrm{OB'H'}$ とすると（図4），点 $\mathrm{B'}$ の座標は $(-x, y)$ である．また，θ が鋭角のときは $180^\circ - \theta$ が鈍角なので，$180^\circ - \theta$ の三角比について次のことが成り立つ．

15.1　$0^\circ < \theta < 180^\circ$ に対する三角比の性質

$$\sin(180^\circ - \theta) = \sin\theta, \quad \cos(180^\circ - \theta) = -\cos\theta, \quad \tan(180^\circ - \theta) = -\tan\theta$$

例 15.1　$\sin 135^\circ = \sin 45^\circ = \dfrac{\sqrt{2}}{2}$,　$\cos 120^\circ = -\cos 60^\circ = -\dfrac{1}{2}$,

$\tan 150^\circ = -\tan 30^\circ = -\dfrac{\sqrt{3}}{3}$

問 15.1　次の値を求めよ．

(1)　$\sin 150^\circ$　　(2)　$\cos 135^\circ$　　(3)　$\tan 120^\circ$

15.2 正弦定理

正弦定理　$\triangle\mathrm{ABC}$ の3つの頂点を通る円はただ1つ定まり，それを $\triangle\mathrm{ABC}$ の**外接円**という．$0^\circ < A < 90^\circ$, $A = 90^\circ$, $90^\circ < A < 180^\circ$ の場合に応じて，点 $\mathrm{A'}$ を $\mathrm{A'B}$ が直径となるようにとると，三角形と外接円の関係は次の図のようになる．

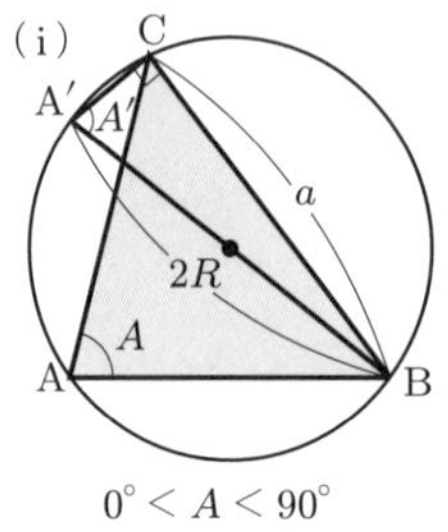

$0^\circ < A < 90^\circ$

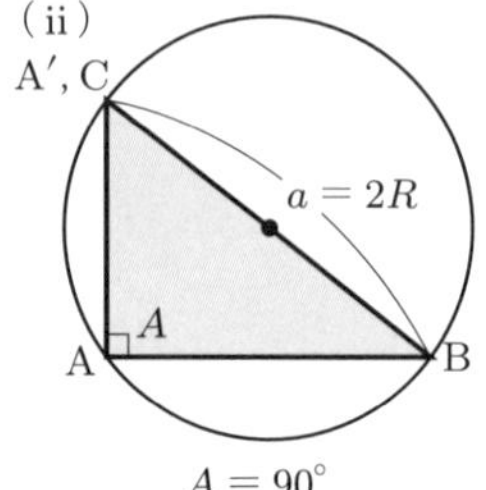

$A = 90^\circ$

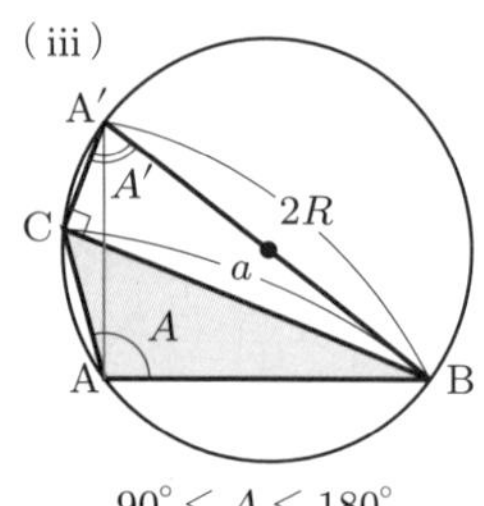

$90^\circ < A < 180^\circ$

(i)　$0 < A < 90^\circ$ のとき，A, A' は同じ弧に対する円周角であるから
$\sin A = \sin A' = \dfrac{a}{2R}$

(ii)　$A = 90^\circ$ のとき，$\sin A = 1$, $a = 2R$ であるから，$\sin A = \dfrac{a}{2R}$

(iii)　$90^\circ < A < 180^\circ$ のとき，$\sin A = \sin(180^\circ - A') = \sin A' = \dfrac{a}{2R}$

が成り立つ．したがって，いずれの場合でも

$$\sin A = \frac{a}{2R} \quad \text{よって} \quad \frac{a}{\sin A} = 2R$$

が成り立つ．同様にして $\dfrac{b}{\sin B} = 2R$, $\dfrac{c}{\sin C} = 2R$ が得られる．以上より，次の**正弦定理**が成り立つ．

15.2　正弦定理

△ABC の外接円の半径を R とすると，次が成り立つ．

$$\frac{a}{\sin A} = \frac{b}{\sin B} = \frac{c}{\sin C} = 2R$$

note　三角形の 1 辺の長さとその両端の角の大きさがわかれば，正弦定理によって他の 2 辺の長さを求めることができる．

例題 15.1　正弦定理の応用

△ABC において，$a = 4$, $B = 60^\circ$, $C = 75^\circ$ のとき，b と外接円の半径 R を求めよ．

　$A = 180^\circ - (B + C) = 45^\circ$ であるから，正弦定理によって，

$$\frac{4}{\sin 45^\circ} = \frac{b}{\sin 60^\circ} = 2R$$

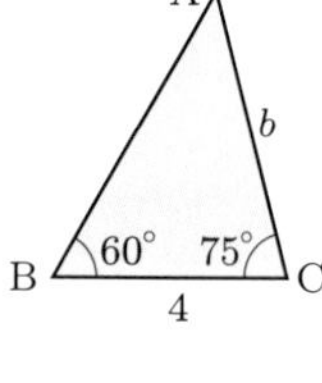

が成り立つ．したがって，

$$b = \sin 60^\circ \cdot \frac{4}{\sin 45^\circ} = \frac{\sqrt{3}}{2} \cdot \frac{4}{\frac{\sqrt{2}}{2}} = 2\sqrt{6}$$

が得られる．また，外接円の半径 R は次のようになる．

$$R = \frac{1}{2} \cdot \frac{4}{\sin 45^\circ} = \frac{4}{\sqrt{2}} = 2\sqrt{2}$$

問15.2　$\triangle$ABC において，次の問いに答えよ．

(1)　$a = 10$, $B = 75°$, $C = 45°$ のとき，c と外接円の半径 R を求めよ．

(2)　$a = 2\sqrt{3}$, 外接円の半径 $R = 2$ のとき，A を求めよ．

(3)　$a = 5$, $A = 60°$, $B = 45°$ のとき，b を求めよ．

(4)　$b = 15$, $c = 5\sqrt{3}$, $B = 120°$ のとき，C を求めよ．

15.3 余弦定理

余弦定理　$\triangle$ABC において，B または C の少なくとも 1 つは鋭角である．いま，B が鋭角であるとし，頂点 C から直線 AB に下ろした垂線を CH とする．$0° < A < 90°$, $A = 90°$, $90° < A < 180°$ の場合に応じて，三角形の形は次の図のようになる．

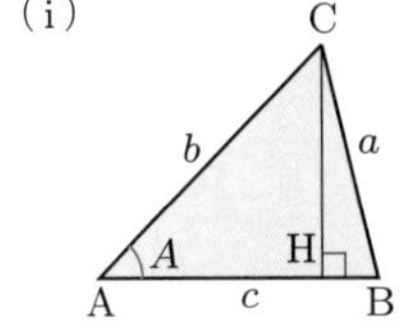

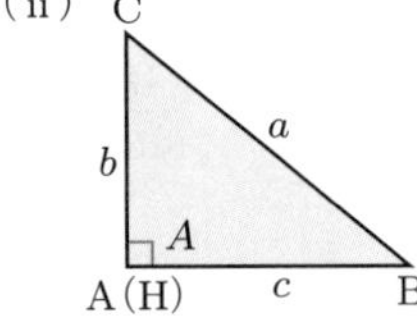

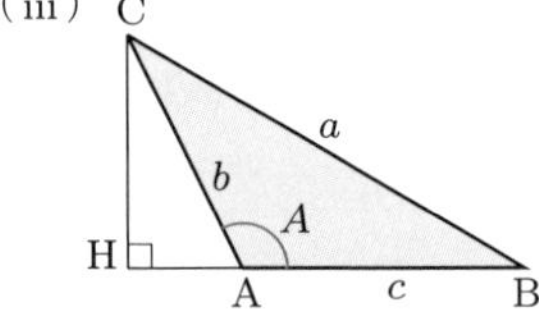

(i)　$0° < A < 90°$ のとき，$\mathrm{AH} = b\cos A$ だから

$$\mathrm{BH} = \mathrm{BA} - \mathrm{AH} = c - b\cos A$$

(ii)　$A = 90°$ のとき，A と H は一致し，$\cos A = 0$ だから

$$\mathrm{BH} = \mathrm{BA} = c - b\cos A$$

(iii)　$90° < A < 180°$ のとき，$\mathrm{AH} = b\cos(180° - A) = -b\cos A$ だから

$$\mathrm{BH} = \mathrm{BA} + \mathrm{AH} = c + (-b\cos A)$$

したがって，いずれの場合も $\mathrm{BH} = c - b\cos A$ が成り立つ．$\mathrm{CH} = b\sin A$ であるから，$\triangle$BCH に三平方の定理を適用することによって，

$$\begin{aligned} a^2 &= \mathrm{CH}^2 + \mathrm{BH}^2 \\ &= (b\sin A)^2 + (c - b\cos A)^2 \\ &= b^2\sin^2 A + c^2 - 2bc\cos A + b^2\cos^2 A \\ &= b^2 + c^2 - 2bc\cos A \end{aligned}$$

が得られる．この式を $\cos A$ について解けば

$$\cos A = \frac{b^2 + c^2 - a^2}{2bc} \tag{15.3}$$

が成り立つ．B, C についても同じようにして，次の**余弦定理**が得られる．

15.3　余弦定理

△ABC において

$$a^2 = b^2 + c^2 - 2bc\cos A, \quad \cos A = \frac{b^2 + c^2 - a^2}{2bc}$$

$$b^2 = c^2 + a^2 - 2ca\cos B, \quad \cos B = \frac{c^2 + a^2 - b^2}{2ca}$$

$$c^2 = a^2 + b^2 - 2ab\cos C, \quad \cos C = \frac{a^2 + b^2 - c^2}{2ab}$$

note　余弦定理によって，三角形の 2 辺の長さとその間の角の大きさから残りの辺の長さを，3 辺の長さから内角の大きさを求めることができる．

例題 15.2　余弦定理によって辺の長さを求める

△ABC において，$b = 3,\ c = 2,\ A = 60^\circ$ のとき a を求めよ．

解　余弦定理によって

$$a^2 = b^2 + c^2 - 2bc\cos A = 9 + 4 - 2\cdot 3\cdot 2\cdot\cos 60^\circ = 7$$

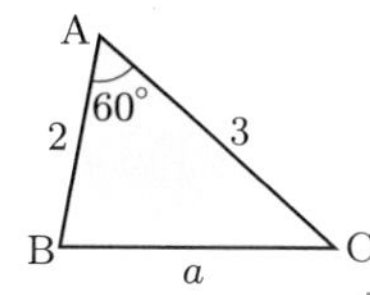

となる．$a > 0$ だから，$a = \sqrt{7}$ が得られる．

例題 15.3　余弦定理によって角の大きさを求める

$a = 2,\ b = \sqrt{2},\ c = \sqrt{3} + 1$ のとき，A を求めよ．

解　余弦定理によって

$$\cos A = \frac{b^2 + c^2 - a^2}{2bc}$$

$$= \frac{2 + (\sqrt{3}+1)^2 - 4}{2\sqrt{2}(\sqrt{3}+1)} = \frac{2(\sqrt{3}+1)}{2\sqrt{2}(\sqrt{3}+1)} = \frac{\sqrt{2}}{2}$$

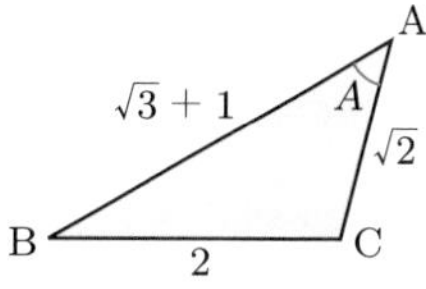

となる．したがって，$A = 45^\circ$ が得られる．

問 15.3　$\triangle$ABC において，次の問いに答えよ．

(1)　$a = 3, b = 3\sqrt{2}, C = 135^\circ$ のとき，c を求めよ．

(2)　$a = \sqrt{7}, b = 1, c = 2$ のとき，A を求めよ．

15.4 三角形の面積

三角形の面積　三角形の面積は，底辺の長さと高さから求めることができる．ここでは，辺の長さや内角の大きさを用いて，三角形の面積を求める方法を学ぶ．図の三角形について，頂点 C から直線 AB に下ろした垂線を CH とする．

CH $= b\sin A$ であるから，$\triangle$ABC の面積 S は

$$S = \frac{1}{2}\text{AB}\cdot\text{CH} = \frac{1}{2}bc\sin A \tag{15.4}$$

となる．他の角も同様であるから，次の公式が得られる．

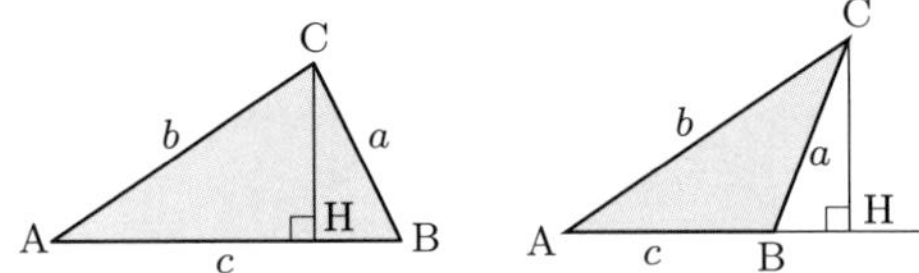

15.4　三角形の面積

$\triangle$ABC の面積を S とおくと

$$S = \frac{1}{2}bc\sin A = \frac{1}{2}ca\sin B = \frac{1}{2}ab\sin C$$

例 15.2　$a = 8,\ c = 2\sqrt{2},\ B = 135^\circ$ である $\triangle$ABC の面積 S は，次のようになる．

$$S = \frac{1}{2}\cdot 8\cdot 2\sqrt{2}\cdot\sin 135^\circ = 8\sqrt{2}\cdot\frac{\sqrt{2}}{2} = 8$$

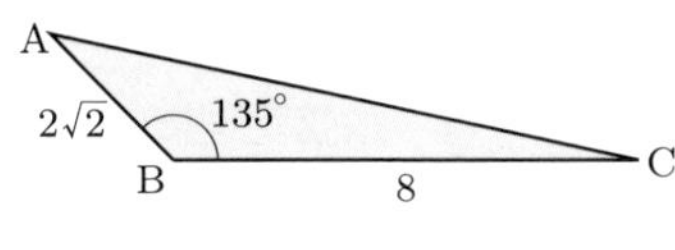

問 15.4　次の $\triangle$ABC の面積を求めよ．

(1)　$a = \sqrt{5}, b = 8, C = 120^\circ$　　(2)　$b = 11, c = 6, A = 45^\circ$

例題 15.4　辺の長さと三角形の面積

$\triangle$ABC において，$a = 3, b = 5, c = 6$ のとき，次の問いに答えよ．

(1)　$\cos A$ の値を求めよ．　　(2)　$\sin A$ の値を求めよ．

(3)　$\triangle$ABC の面積 S を求めよ．

解 (1)　余弦定理より，$\cos A = \dfrac{b^2+c^2-a^2}{2bc} = \dfrac{25+36-9}{2\cdot 5\cdot 6} = \dfrac{13}{15}$ となる．

(2)　三角関数の基本公式によって，

$$\sin^2 A = 1-\cos^2 A = 1-\left(\frac{13}{15}\right)^2 = \frac{56}{225}$$

が得られる．$\sin A > 0$ であるから，$\sin A = \dfrac{2\sqrt{14}}{15}$ となる．

(3)　$S = \dfrac{1}{2}bc\sin A = \dfrac{1}{2}\cdot 5\cdot 6\cdot \dfrac{2\sqrt{14}}{15} = 2\sqrt{14}$

問 15.5　△ABC において，$a = 2\sqrt{3}$, $b = 4$, $c = 6$ のとき，$\sin A$ の値を求めよ．また，△ABC の面積 S を求めよ．

ヘロンの公式　例題 15.4 からわかるように，三角形の 3 辺の長さ a, b, c から，面積 S を求めることができる．これを示したものが，次の**ヘロンの公式**である．

15.5　ヘロンの公式

$s = \dfrac{a+b+c}{2}$ とするとき，△ABC の面積 S は

$$S = \sqrt{s(s-a)(s-b)(s-c)}$$

である．

証明　三角形の面積を S とすると，$S = \dfrac{1}{2}bc\sin A$ である．したがって，

$$\begin{aligned}
S &= \frac{1}{2}bc\sin A \\
&= \frac{1}{2}bc\sqrt{1-\cos^2 A} && [\sin^2 A + \cos^2 A = 1] \\
&= \frac{1}{2}bc\sqrt{1-\left(\frac{b^2+c^2-a^2}{2bc}\right)^2} && \left[\cos A = \frac{b^2+c^2-a^2}{2bc}\right] \\
&= \frac{1}{2}bc\sqrt{\frac{(2bc)^2-(b^2+c^2-a^2)^2}{(2bc)^2}} \\
&= \frac{1}{4}\sqrt{(2bc+b^2+c^2-a^2)(2bc-b^2-c^2+a^2)} \\
&= \frac{1}{4}\sqrt{\{(b+c)^2-a^2\}\{a^2-(b-c)^2\}} \\
&= \frac{1}{4}\sqrt{(b+c+a)(b+c-a)(a+b-c)(a-b+c)}
\end{aligned}$$

ここで，$a+b+c=2s$ であるから

$$b+c-a=2s-2a, \quad a+b-c=2s-2c, \quad a-b+c=2s-2b$$

となり，面積 S は辺 a, b, c を用いて次のように表すことができる．

$$S = \frac{1}{4}\sqrt{2s\cdot 2(s-a)\cdot 2(s-c)\cdot 2(s-b)}$$
$$= \sqrt{s(s-a)(s-b)(s-c)}$$

証明終

note　ヘロンは紀元前 2 世紀後半から紀元前 1 世紀ごろのギリシャ人数学者．この公式は 3 辺の長さから面積を求めることができ，古代から土地の測量などに利用されている．

例 15.3　△ABC において，$a=3, b=5, c=6$ のとき，$s=\dfrac{3+5+6}{2}=7$ であるから，△ABC の面積 S は，ヘロンの公式によって次のようにして求めることができる．

$$S=\sqrt{7(7-3)(7-5)(7-6)}=\sqrt{7\cdot 4\cdot 2\cdot 1}=2\sqrt{14}$$

問 15.6　次の △ABC の面積を求めよ．

(1)　$a=7, b=4, c=5$　　(2)　$a=7, b=8, c=9$

note　**三角関数の逆数**

単位円上の点を $\mathrm{P}(x,y)$，OP を含む動径と x 軸とのなす角を θ とすると，

$$\sin\theta = y, \quad \cos\theta = x, \quad \tan\theta = \frac{y}{x} = \frac{\sin\theta}{\cos\theta}$$

である（下図）．このとき，これらの逆数で定義される関数を

$$\mathrm{cosec}\,\theta = \frac{1}{\sin\theta} = \frac{1}{y}, \quad \sec\theta = \frac{1}{\cos\theta} = \frac{1}{x}, \quad \cot\theta = \frac{1}{\tan\theta} = \frac{x}{y}$$

と表し，それぞれ角 θ の**余割**（コセカント），**正割**（セカント），**余接**（コタンジェント）という．図でいうと，

$$\mathrm{cosec}\,\theta = \mathrm{OB}, \quad \sec\theta = \mathrm{OA}, \quad \cot\theta = \mathrm{PB}$$

が成り立つ．△POH と他の三角形との相似関係をもとに考えてみるとよい．

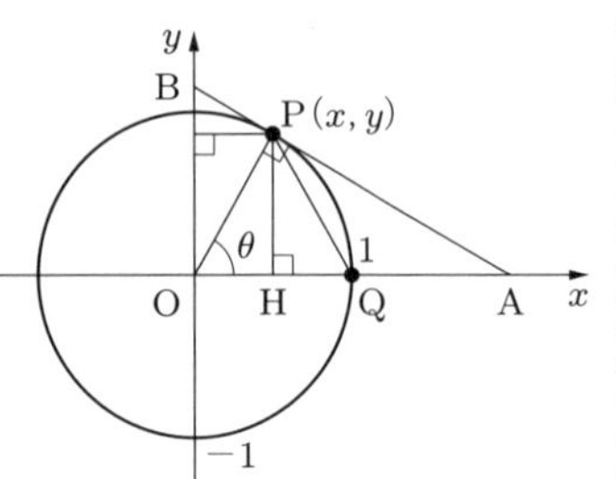

練習問題 15

[1]　下図のように，BC $= a$, $\angle$A $= \alpha$, $\angle$ABC $= \beta$ とするとき，次の辺の長さを a, α, β を用いた式で表せ．

(1)　BD　　(2)　CD　　(3)　AC

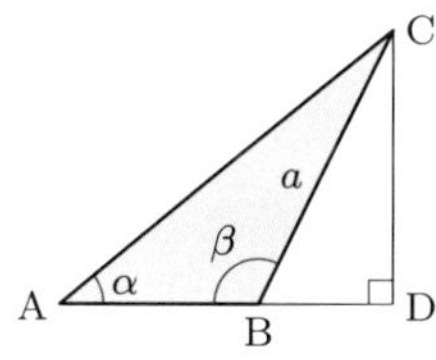

[2]　△ABC において，次を求めよ．

(1)　$A = 45^\circ$, $B = 60^\circ$, $a = 3$ のとき，b

(2)　$a = 8$, $b = 4\sqrt{6}$, $A = 45^\circ$ のとき，B

(3)　$b = 5$, $c = 9$, $A = 60^\circ$ のとき，a

(4)　$a = 8$, $b = 5$, $c = 7$ のとき，C

(5)　$a = 6$, $b = 8$, $C = 60^\circ$ のとき，三角形の面積 S

(6)　$a = 8$, $b = 12$, $c = 18$ のとき，三角形の面積 S

[3]　△ABC について，角の大きさ A, B, C と辺の長さ c がわかったとき，面積 S は $S = \dfrac{c^2 \sin A \sin B}{2 \sin C}$ と表されることを証明せよ．

[4]　△ABC について，等式 $c(a\cos B - b\cos A) = a^2 - b^2$ が成り立つことを証明せよ．

[5]　図のような，AD // BC である台形の土地の面積を求めよ．長さの単位は m である．

(1)

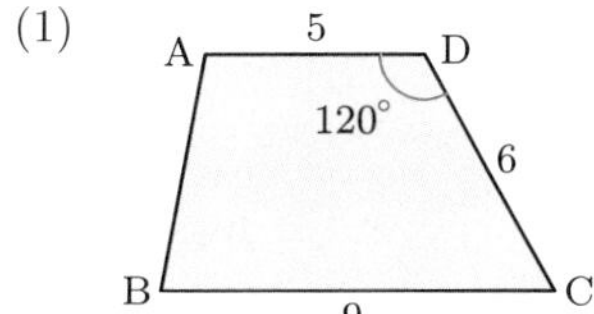

(2)

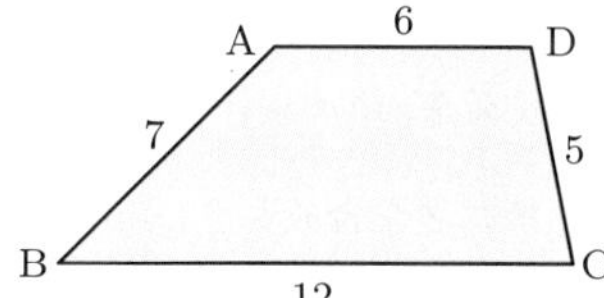

第 5 章の章末問題

1. $\sin\theta+\cos\theta=\dfrac{6}{5}$ であるとき，次の値を求めよ．

(1) $\sin\theta\cos\theta$　(2) $\sin^3\theta+\cos^3\theta$　(3) $\sin^4\theta+\cos^4\theta$

2. $0\leqq x<2\pi$ の範囲で次の方程式を解け．

(1) $\sin 2x=\dfrac{1}{\sqrt{2}}$　(2) $\cos^2 x=3\sin^2 x$

(3) $2\cos^2 x+\cos x-1=0$

3. $0\leqq x<2\pi$ の範囲で次の不等式を解け．

(1) $2\cos\left(x+\dfrac{\pi}{3}\right)\geqq 1$　(2) $4\sin^2 x<1$

4. 次の問いに答えよ．

(1) $\sin\theta=\dfrac{2}{5}$ のとき，$\cos\theta$, $\tan\theta$ の値を求めよ．

(2) $\tan\theta=-\dfrac{1}{2}$ のとき，$\sin\theta$, $\cos\theta$ の値を求めよ．

5. 次の等式が成り立つことを証明せよ．

(1) $\dfrac{1+\sin\theta}{\cos\theta}=\dfrac{\cos\theta}{1-\sin\theta}$　(2) $\dfrac{1}{\sin\theta}-\sin\theta=\dfrac{\cos\theta}{\tan\theta}$

6. θ が第 1 象限の角で，$\cos\theta=a$ とするとき，次の値を a を用いて表せ．

(1) $\cos 2\theta$　(2) $\sin 2\theta$　(3) $\tan 2\theta$

7. 半角の公式を用いて，次の値を求めよ．

(1) $\cos\dfrac{\pi}{8}$　(2) $\cos\dfrac{\pi}{16}$　(3) $\cos\dfrac{\pi}{32}$

8. 次の方程式を解け．

(1) $\sin 2\theta+\sin\theta=0$　(2) $\cos 2\theta+\cos\theta=0$　(3) $\sqrt{3}\sin\theta+\cos\theta=1$

9. 次の三角関数を合成し，$r\sin(\theta+\alpha)$ の形に表せ．なお，このときの α を図示せよ．また，$f(\theta)$ の最大値と最小値を求めよ．ただし，$r>0$, $0\leqq\alpha<2\pi$ とする．

(1) $f(\theta)=\sin\theta+2\cos\theta$　(2) $f(\theta)=\sin\theta-5\cos\theta$

10. 四角形 ABCD の 2 つの対角線の長さを l, m とし，それらが作る角を θ $\left(0<\theta\leqq\dfrac{\pi}{2}\right)$ とするとき，四角形 ABCD の面積 S を l, m, θ を用いて表せ．

11. 🖩 道に立って塔の先端を見上げたときの仰角は 23° であった．そこから塔に向かって 100 m だけ歩き，再び塔の先端を見上げたら，その仰角は 47° になった．塔の高さはどれだけか．目の高さを 1.6 m として，小数第 1 位まで求めよ．

Chapter

6 平面図形

16 点と直線

16.1 直線上の点の座標

内分点の座標　数直線上の点 P が，実数 x に対応する点であることを P(x) と表し，x を点 P の座標という．数直線上の 2 点 A(a), B(b) 間の距離 AB は，

$$\mathrm{AB} = |b-a| = \begin{cases} b-a & (a \leqq b \text{ のとき}) \\ a-b & (a > b \text{ のとき}) \end{cases}$$

と表すことができる．

問 16.1　次の数直線上の 2 点 A, B 間の距離を求めよ．

(1)　A(a), B($a+1$)　　(2)　A($x+a$), B($x-a$)

$m>0, n>0$ のとき，2 点 A(x_1), B(x_2) に対して，線分 AB 上の点 P(x) が

$$\mathrm{AP} : \mathrm{PB} = m : n$$

を満たすとき，点 P は線分 AB を $m:n$ に**内分**するといい，点 P を**内分点**という．とくに，AP : PB = 1 : 1 となる点 P を AB の**中点**という．

A　P　B
m　n
x_1　x　x_2　x

$x_1 < x_2$ のとき，$x_1 < x < x_2$ であるから，条件式 AP : PB $= m : n$ は

$$(x - x_1) : (x_2 - x) = m : n \quad \text{すなわち} \quad n(x - x_1) = m(x_2 - x)$$

と表すことができる．この式を x について解くと

$$x = \frac{nx_1 + mx_2}{m+n} \tag{16.1}$$

が得られる．

$x_1 > x_2$ のときも同様にして，同じ式が得られる（下図）.

$$\begin{array}{ccccc} \mathrm{B} & \overset{n}{\frown} & \mathrm{P} & \overset{m}{\frown} & \mathrm{A} \\ x_2 & & x & & x_1 \end{array}$$

16.1　数直線上の内分点の座標

$m > 0, n > 0$ とするとき，数直線上の 2 点 $\mathrm{A}(x_1)$, $\mathrm{B}(x_2)$ に対して，線分 AB を $m:n$ に内分する点 P の座標 x は

$$x = \frac{nx_1 + mx_2}{m+n}$$

と表される．とくに，線分 AB の中点の座標 x は，次のようになる．

$$x = \frac{x_1 + x_2}{2}$$

問 16.2　$x_1 > x_2$ のときも，定理 **16.1** の内分点の公式が成り立つことを示せ．

例 16.1　2 点を $\mathrm{A}(-4)$, $\mathrm{B}(16)$ とする．

(1)　線分 AB を $3:2$ に内分する点の座標 x は，次のようになる．

$$x = \frac{2\cdot(-4) + 3\cdot 16}{3+2} = 8$$

(2)　線分 AB の中点の座標 x は，次のようになる．

$$x = \frac{-4+16}{2} = 6$$

問 16.3　2 点 $\mathrm{A}(-2)$, $\mathrm{B}(4)$ に対して，次の点の座標 x を求めよ．

(1)　線分 AB を $2:1$ に内分する点　　(2)　線分 AB の中点

16.2　平面上の点の座標

内分点の座標　座標平面上の 2 点 $\mathrm{A}(x_1, y_1)$, $\mathrm{B}(x_2, y_2)$ に対して，線分 AB を $m:n$ に内分する点 P の座標 (x, y) は次のようにして求めることができる．

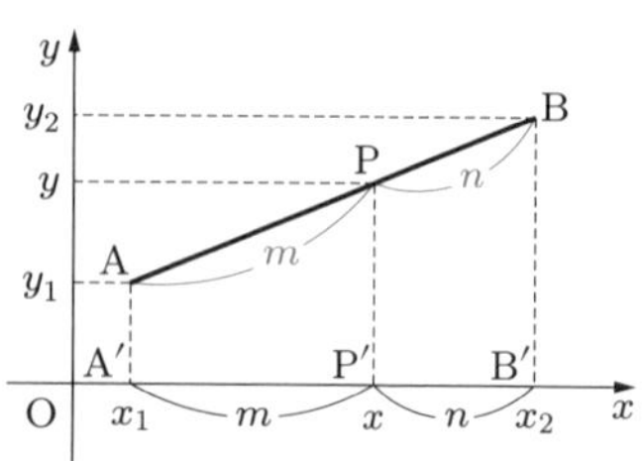

図のように，点 A, B, P から x 軸へ下ろした垂線と x 軸との交点は，それぞれ $\mathrm{A}'(x_1, 0)$,

$B'(x_2, 0)$, $P'(x, 0)$ であり，点 P′ は線分 A′B′ を $m:n$ に内分する点である．数直線上の内分点の公式［→定理 16.1］を用いて，

$$x = \frac{nx_1 + mx_2}{m+n}$$

が得られる．点 P の y 座標についても同様であるから，次のことが成り立つ．

16.2 座標平面上の内分点の座標

座標平面上の 2 点 $A(x_1, y_1)$, $B(x_2, y_2)$ に対して，線分 AB を $m:n$ に内分する点 P の座標は

$$\left(\frac{nx_1 + mx_2}{m+n},\ \frac{ny_1 + my_2}{m+n}\right)$$

である．とくに，線分 AB の中点の座標は次のようになる．

$$\left(\frac{x_1 + x_2}{2},\ \frac{y_1 + y_2}{2}\right)$$

例 16.2　点 $A(2, 3)$, $B(10, -1)$ に対して，線分 AB を $1:3$ に内分する点 P の座標を (x, y) とすれば，

$$x = \frac{3 \cdot 2 + 1 \cdot 10}{1+3} = 4, \quad y = \frac{3 \cdot 3 + 1 \cdot (-1)}{1+3} = 2$$

となる．したがって，点 P の座標は $(4, 2)$ である．

問 16.4　2 点 $A(-2, 3)$, $B(3, 5)$ に対して，次の点の座標を求めよ．
(1)　線分 AB を $1:2$ に内分する点　　(2)　線分 AB の中点

三角形の重心　三角形において，頂点とその対辺の中点を結ぶ線分を**中線**という．三角形の 3 本の中線は 1 点 G で交わり，点 G は各中線を $2:1$ に内分することが知られている．点 G を三角形の**重心**という．

例題 16.1　重心の座標

3 点 $A(x_1, y_1)$, $B(x_2, y_2)$, $C(x_3, y_3)$ を頂点とする三角形 ABC の重心 G の座標は

$$\left(\frac{x_1 + x_2 + x_3}{3},\ \frac{y_1 + y_2 + y_3}{3}\right)$$

であることを証明せよ．

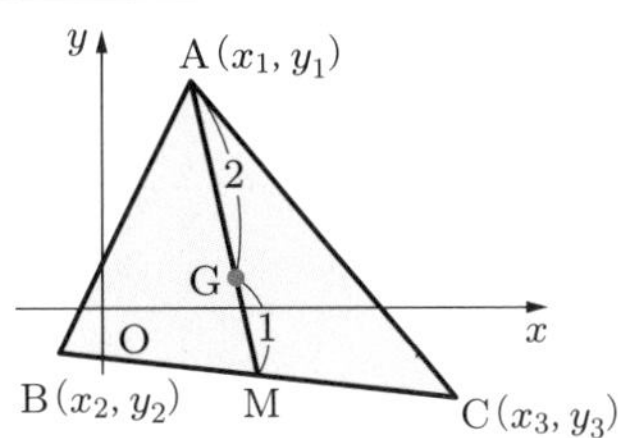

証明　線分 BC の中点を M とすると，中点 M の座標は

$$\left(\frac{x_2+x_3}{2}, \frac{y_2+y_3}{2}\right)$$

である．点 G の座標を (x, y) とすれば，$\mathrm{AG}:\mathrm{GM} = 2:1$ であるから

$$x = \frac{1\cdot x_1 + 2\cdot\dfrac{x_2+x_3}{2}}{2+1} = \frac{x_1+x_2+x_3}{3}$$

$$y = \frac{1\cdot y_1 + 2\cdot\dfrac{y_2+y_3}{2}}{2+1} = \frac{y_1+y_2+y_3}{3}$$

となる．　**証明終**

---

note　例題 16.1 の図において，線分 AB の中点を N とし線分 CN を 2 : 1 に内分する点を G′，線分 AC の中点を L とし線分 BL を 2 : 1 に内分する点を G″ とすると，点 G′, G″ の座標は点 G の座標と一致する．このことから，3 本の中線は 1 点で交わることがわかる．

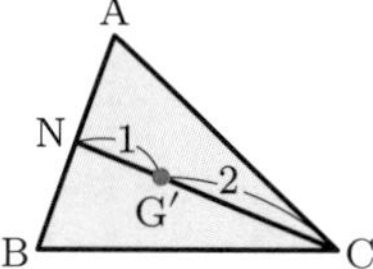

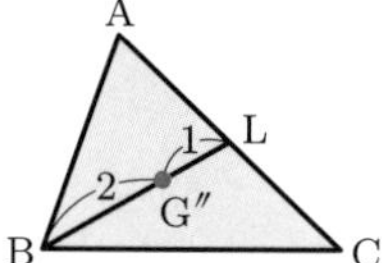

問 16.5　3 点 $\mathrm{A}(-2, 1)$, $\mathrm{B}(3, 5)$, $\mathrm{C}(5, 3)$ を頂点とする △ABC の重心 G の座標を求めよ．

問 16.6　$\mathrm{A}(-2, 3)$, $\mathrm{B}(3, 5)$ とする．△ABC の重心 G の座標が $(1, 2)$ であるとき，頂点 C の座標を求めよ．

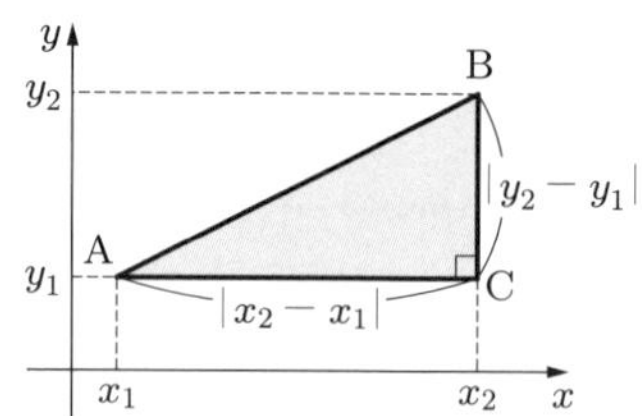

2 点間の距離　座標平面上の 2 点 $\mathrm{A}(x_1, y_1)$, $\mathrm{B}(x_2, y_2)$ 間の距離 AB を，次のように求める．

右図において，△ABC は直角三角形であるから，三平方の定理によって，

$$\mathrm{AB}^2 = \mathrm{AC}^2 + \mathrm{BC}^2 = (x_2 - x_1)^2 + (y_2 - y_1)^2 \tag{16.2}$$

が成り立つ．したがって，次の公式が得られる．

16.3 座標平面上の 2 点間の距離

座標平面上の 2 点 $\mathrm{A}(x_1, y_1)$, $\mathrm{B}(x_2, y_2)$ 間の距離は

$$\mathrm{AB} = \sqrt{(x_2 - x_1)^2 + (y_2 - y_1)^2}$$

である．とくに，原点 $\mathrm{O}(0, 0)$ と点 $\mathrm{P}(x, y)$ との距離は，次の式で表される．

$$\mathrm{OP} = \sqrt{x^2 + y^2}$$

例 16.3　2 点 $\mathrm{A}(2, 1)$, $\mathrm{B}(-3, 4)$ 間の距離 AB は

$$\mathrm{AB} = \sqrt{\{(-3) - 2\}^2 + (4 - 1)^2} = \sqrt{34}$$

である．また，原点 O と点 $\mathrm{P}(-2, 3)$ との距離 OP は，次のようになる．

$$\mathrm{OP} = \sqrt{(-2)^2 + 3^2} = \sqrt{13}$$

問 16.7　次の 2 点間の距離を求めよ．

(1)　$\mathrm{O}(0, 0)$, $\mathrm{A}(3, -4)$　(2)　$\mathrm{A}(-1, 6)$, $\mathrm{B}(5, 2)$　(3)　$\mathrm{A}(\sqrt{2}, -1)$, $\mathrm{B}(1, \sqrt{2})$

例題 16.2　等距離にある点

2 点 $\mathrm{A}(-4, 2)$, $\mathrm{B}(1, 5)$ から等距離にある y 軸上の点 P の座標を求めよ．

解　点 P の座標を $(0, y)$ とする．$\mathrm{AP}^2 = \mathrm{BP}^2$ であるから，

$$\{0 - (-4)\}^2 + (y - 2)^2 = (0 - 1)^2 + (y - 5)^2$$

が成り立つ．これを整理すると $y = 1$ が得られる．したがって，求める座標は $(0, 1)$ である．

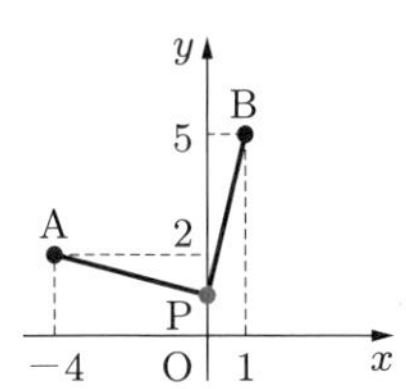

問 16.8　2 点 $\mathrm{A}(3, 4)$, $\mathrm{B}(1, 2)$ から等距離にある x 軸上の点 P の座標を求めよ．

16.3 直線の方程式

図形の方程式　x, y についての方程式 $f(x,y)=0$ が与えられたとき，この関係式を満たす座標平面の点 (x,y) の集まりを**方程式 $\boldsymbol{f(x,y)=0}$ の表す図形**といい，$f(x,y)=0$ をその**図形の方程式**という．たとえば，$x-y+1=0$ は直線の方程式であり，$x^2-y=0$ は放物線の方程式である．

1点と傾きが与えられた直線の方程式

直線 ℓ と y 軸との交点の y 座標を **$\boldsymbol{y}$ 切片**という．x の値が1だけ増加したときの y の値の変化量を，直線 ℓ の**傾き**という．直線 ℓ が y 軸と平行であるとき，ℓ の傾きは定めない．

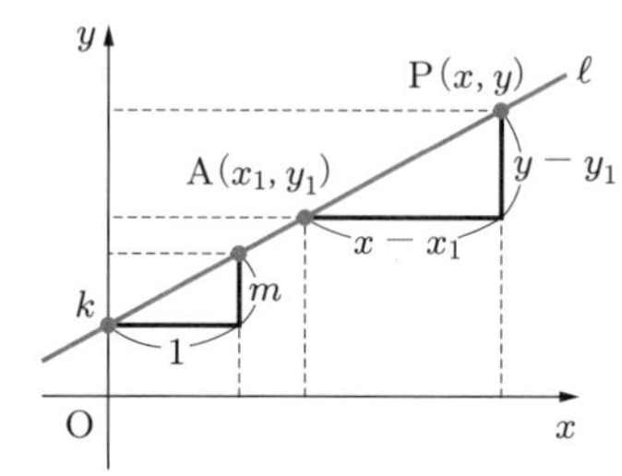

傾きが m で，点 A (x_1,y_1) を通る直線 ℓ の方程式を求めよう．点 $\mathrm{P}(x,y)$ が直線 ℓ 上にあるための必要十分条件は，

$$(x-x_1):(y-y_1)=1:m \quad よって \quad y-y_1=m(x-x_1) \tag{16.3}$$

である．したがって，次の公式が得られる．

16.4　直線の方程式

点 $\mathrm{A}(x_1,y_1)$ を通り，傾きが m の直線の方程式は，次の式のようになる．

$$y-y_1=m(x-x_1)$$

例 16.4　点 $(-2,3)$ を通り，傾きが5の直線の方程式は次の式で表される．

$$y-3=5\{x-(-2)\} \quad よって \quad 5x-y+13=0$$

note　本章では，原則として直線の方程式を $ax+by+c=0$ の形で表すが，$b \fallingdotseq 0$ のときには $y=mx+k$ の形で表してもかまわない．

問 16.9　次の条件を満たす直線の方程式を求めよ．

(1)　点 $(2,1)$ を通り，傾き3　　(2)　点 $(-2,3)$ を通り，傾き -2

2 点を通る直線の方程式　2 点 $A(x_1, y_1)$, $B(x_2, y_2)$ が与えられているとき，点 A, B を通る直線の方程式を求める．

$x_1 \neq x_2$ であるとき，直線 AB の傾き m は

$$m = \frac{y_2 - y_1}{x_2 - x_1}$$

となる．直線 AB は点 (x_1, y_1) を通るから，その方程式は

$$y - y_1 = \frac{y_2 - y_1}{x_2 - x_1}(x - x_1) \tag{16.4}$$

である（図 1）．また，$x_1 = x_2$ であるときには，$x = x_1$ である（図 2）．

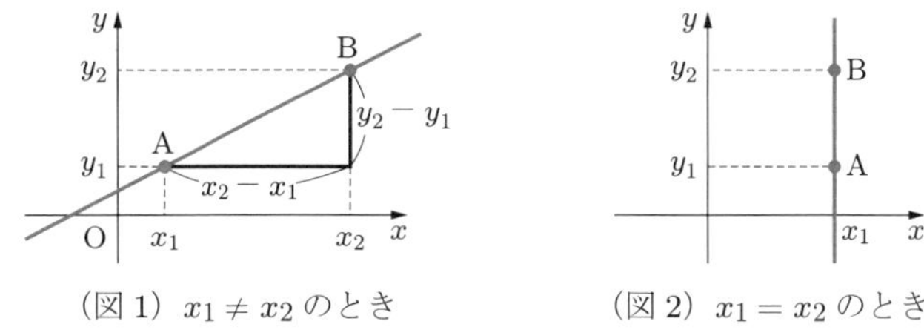

（図 1）$x_1 \neq x_2$ のとき　　（図 2）$x_1 = x_2$ のとき

例 16.5　2 点 $(3, 5)$, $(-6, -1)$ を通る直線の傾き m は，

$$m = \frac{-1 - 5}{-6 - 3} = \frac{2}{3}$$

であり，点 $(3, 5)$ を通るから，その方程式は

$$y - 5 = \frac{2}{3}(x - 3) \quad \text{よって} \quad 2x - 3y + 9 = 0$$

である．

問 16.10　次の 2 点を通る直線の方程式を求めよ．

(1)　$(1, 2)$, $(5, 3)$　　(2)　$(-1, 5)$, $(6, 2)$

(3)　$(3, -4)$, $(3, 5)$　　(4)　$(3, 0)$, $(0, 4)$

直線の方程式の一般形　$y = mx + k$ も $x = p$ も直線を表すから，直線の方程式は，両者をまとめて

$$ax + by + c = 0 \quad (a,\ b \text{ のどちらかは } 0 \text{ でない})$$

という形に表すことができる．これを，**直線の方程式の一般形**という．

問16.11　次の方程式が表す図形を座標平面上にかけ.

(1)　$2x+3y+6=0$　　(2)　$2x+5=0$　　(3)　$3y-4=0$

16.4　2 直線の関係

2 直線の平行条件

2 つの直線 ℓ_1, ℓ_2 を

$$\ell_1 : y = m_1x + k_1, \quad \ell_2 : y = m_2x + k_2$$

とする．$m_1 = m_2$ のとき，ℓ_1, ℓ_2 は平行である．ここでは，2 つの直線が一致するときも平行であるといい，この場合も含めて $\ell_1 \mathbin{/\!/} \ell_2$ と表す．

16.5　2 直線の平行条件

$\ell_1 : y = m_1x + k_1$，　$\ell_2 : y = m_2x + k_2$ とするとき，次のことが成り立つ．

$$\ell_1 \mathbin{/\!/} \ell_2 \iff m_1 = m_2$$

例題 16.3　平行な直線

直線 $\ell : 3x + 2y - 5 = 0$ に平行で，点 $(6, 5)$ を通る直線の方程式を求めよ．

解　与えられた方程式を変形すると

$$y = -\frac{3}{2}x + \frac{5}{2}$$

となる．よって，求める直線は，傾きが $-\dfrac{3}{2}$ で，点 $(6, 5)$ を通る．したがって，その方程式は次の式のようになる．

$$y - 5 = -\frac{3}{2}(x - 6) \quad \text{よって} \quad 3x + 2y - 28 = 0$$

問16.12　点 $(2, -3)$ を通り，次の直線に平行な直線の方程式を求めよ．

(1)　$y = 3x - 5$　　(2)　$2x + 3y - 4 = 0$

2直線の垂直条件 $m_1 \neq 0,\ m_2 \neq 0$ のとき，2つの直線 $\ell_1 : y = m_1x + k_1,\ \ell_2 : y = m_2x + k_2$ を，それぞれが原点を通るように平行移動した直線は

$$\ell_1{}' : y = m_1x, \quad \ell_2{}' : y = m_2x$$

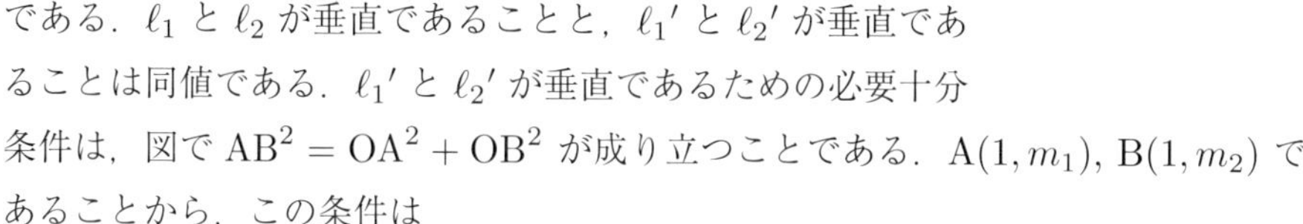

である．ℓ_1 と ℓ_2 が垂直であることと，$\ell_1{}'$ と $\ell_2{}'$ が垂直であることは同値である．$\ell_1{}'$ と $\ell_2{}'$ が垂直であるための必要十分条件は，図で $\mathrm{AB}^2 = \mathrm{OA}^2 + \mathrm{OB}^2$ が成り立つことである．$\mathrm{A}(1, m_1),\ \mathrm{B}(1, m_2)$ であることから，この条件は

$$(m_2 - m_1)^2 = 1 + m_1^2 + 1 + m_2^2 \quad \text{よって} \quad m_1m_2 = -1 \tag{16.5}$$

となる．直線 ℓ_1, ℓ_2 が垂直であることを，$\ell_1 \perp \ell_2$ と表す．

16.6 2直線の垂直条件

$\ell_1 : y = m_1x + k_1,\quad \ell_2 : y = m_2x + k_2$ とするとき，次のことが成り立つ．

$$\ell_1 \perp \ell_2 \iff m_1m_2 = -1$$

例題 16.4 垂直な直線

点 $(-5, 3)$ を通り，直線 $2x + 5y - 1 = 0$ に垂直な直線の方程式を求めよ．

解 $2x + 5y - 1 = 0$ を変形すると

$$y = -\frac{2}{5}x + \frac{1}{5}$$

となるから，与えられた直線の傾きは $-\dfrac{2}{5}$ である．これに垂直な直線の傾きは $m = \dfrac{5}{2}$ であり，求める直線は点 $(-5, 3)$ を通るから，その方程式は次のようになる．

$$y - 3 = \frac{5}{2}(x + 5) \quad \text{すなわち} \quad 5x - 2y + 31 = 0$$

問16.13 点 $(3, -1)$ を通り，次の直線に垂直な直線の方程式を求めよ．

(1) $y = -\dfrac{5}{3}x - 1$　　(2) $3x - 2y + 1 = 0$

垂直条件の応用　直線の垂直条件を用いると，直線に関して対称な点の座標を求めることができる．

例題 16.5　直線に関して対称な点

直線 $\ell : x + 2y - 6 = 0$ に関して，点 A$(6, 5)$ と対称な点 B の座標を求めよ．

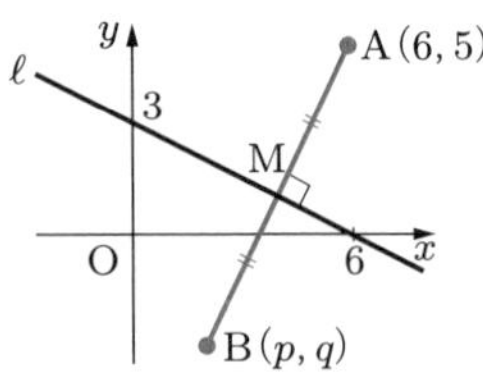

解　点 B の座標を (p, q) とする．直線 ℓ の傾きを m_1，直線 AB の傾きを m_2 とすれば，$m_1 = -\dfrac{1}{2}$ であるから $m_2 = 2$ である．直線 AB は点 A$(6, 5)$ を通るから，その方程式は $y = 2(x - 6) + 5$ となる．点 B は直線 AB 上にあるから，

$$q = 2(p - 6) + 5 \quad \text{よって} \quad -2p + q + 7 = 0 \qquad \cdots\cdots ①$$

が成り立つ．また，線分 AB の中点 $\left(\dfrac{p+6}{2}, \dfrac{q+5}{2}\right)$ は直線 ℓ： $x + 2y - 6 = 0$ 上の点であるから，

$$\frac{p+6}{2} + 2 \cdot \frac{q+5}{2} - 6 = 0 \quad \text{よって} \quad p + 2q + 4 = 0 \qquad \cdots\cdots ②$$

を満たす．①, ② を p, q の連立方程式として解けば，$p = 2$, $q = -3$ となる．したがって，求める点 B の座標は $(2, -3)$ である．

問16.14　直線 $x + y - 2 = 0$ に関して，点 A$(-3, -1)$ と対称な点の座標を求めよ．

練習問題 16

[1] 数直線上の 2 点 A(−1), B(5) に対して，線分 AB の外側にあって AP : PB = 3 : 2 を満たす点 P の座標 x を求めよ（この点 P を，線分 AB を 3 : 2 に**外分する**点という）．

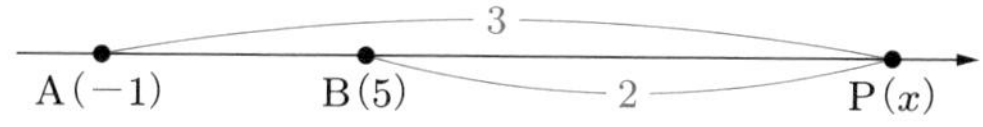

[2] 次の条件を満たす点 P の座標を求めよ．

(1) A(−1, 4), B(0, −5) とするとき，x 軸上にあって，AP = BP を満たす点

(2) A(3, −4), B(2, 1) とするとき，y 軸上にあって，AP = BP を満たす点

(3) A(−1, 1), B(3, 5) とするとき，直線 $y = x$ 上にあって，AP = BP を満たす点

[3] 3 点 A(0, 0), B(6, 0), C(4, 4) を頂点とする △ABC について，3 頂点 A, B, C から等距離にある点 O の座標を求めよ（点 O は △ABC の外接円の中心で，△ABC の**外心**という）．

[4] 2 点 A(−1, 4), B(7, 0) を結ぶ線分 AB の垂直 2 等分線の方程式を求めよ．

[5] 次の公式が成り立つことを証明せよ．

(1) 点 (x_1, y_1) を通り，直線 $\ell : ax + by + c = 0$ に平行な直線の方程式は

$$a(x - x_1) + b(y - y_1) = 0$$

(2) 点 (x_1, y_1) を通り，直線 $\ell : ax + by + c = 0$ に垂直な直線の方程式は

$$b(x - x_1) - a(y - y_1) = 0$$

[6] 次の条件を満たす直線の方程式を求めよ．

(1) 点 (−2, −3) を通り，傾きが −3 の直線

(2) 2 点 (1, 1), (−3, −5) を通る直線

(3) 点 (3, −1) を通り，直線 $x - 2y + 5 = 0$ に平行な直線

(4) 点 (2, 5) を通り，直線 $3x + 2y - 3 = 0$ に垂直な直線

[7] 3 点 A(0, a), B(b, 0), C(c, 0) を頂点とする △ABC の 3 頂点からそれぞれの対辺を含む直線に下ろした垂線は，1 点 H で交わることを証明せよ（この点 H を △ABC の**垂心**という）．ただし，a, b, c はいずれも 0 ではなく，$b \neq c$ であるとする．

[8] a を定数とするとき，直線 $(3 + a)x + 6y + 2(a - 3) = 0$ は a の値に関わらず定点を通る．この定点の座標を求めよ．

17 平面上の曲線

17.1 円

点の軌跡　ある条件を満たす点全体が描く図形を，その条件を満たす点の**軌跡**という．この節では，次の 4 つの図形について学ぶ．

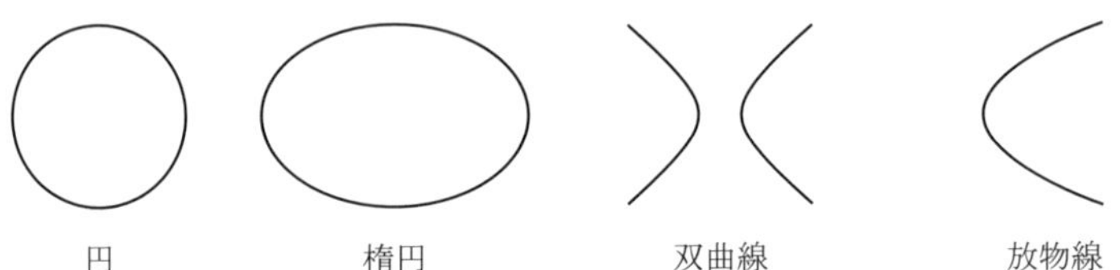

円の方程式　定点 C からの距離が一定である点の軌跡を**円**という．定点 C を円の**中心**，一定の距離を円の**半径**という．点 $\mathrm{P}(x, y)$ が，点 $\mathrm{C}(a, b)$ を中心とし半径 r の円上にあるための必要十分条件は $\mathrm{CP} = r$ であるから，$\sqrt{(x-a)^2 + (y-b)^2} = r$ が成り立つ．この両辺を 2 乗すれば

$$(x-a)^2 + (y-b)^2 = r^2 \tag{17.1}$$

が得られる．これが**円の方程式**である．

17.1　円の方程式

点 (a, b) を中心とし，半径が r の円の方程式は

$$(x-a)^2 + (y-b)^2 = r^2$$

である．とくに，原点を中心とし，半径が r の円の方程式は次の式で表される．

$$x^2 + y^2 = r^2$$

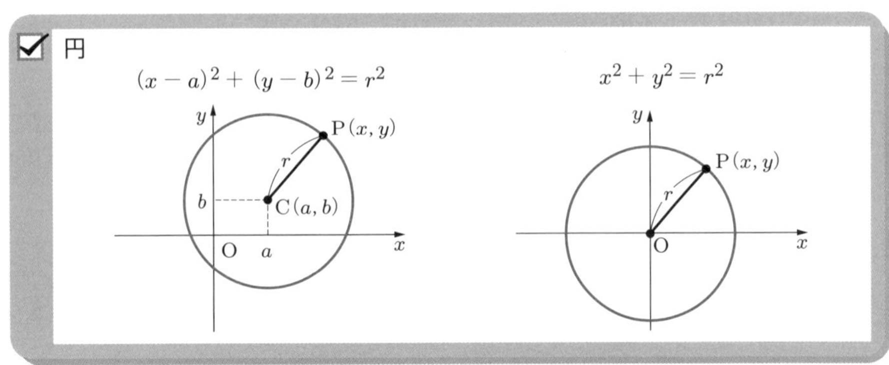

例 17.1 (1) 原点を中心とし，半径が 3 の円の方程式は，次のようになる．

$$x^2 + y^2 = 9$$

(2) 点 C(3, −2) を中心とし，半径が 5 の円の方程式は，次のようになる．

$$(x-3)^2 + (y+2)^2 = 25$$

例題 17.1 直径の両端が与えられたときの円の方程式

2 点 A(−4, 1), B(2, 7) を直径の両端とする円の方程式を求めよ．

解 円の中心を $\mathrm{C}(a, b)$ とすると，点 C は線分 AB の中点であるから

$$a = \frac{-4+2}{2} = -1, \quad b = \frac{1+7}{2} = 4$$

である．よって，円の中心は点 (−1, 4) である．また，半径を r とすれば，r は

$$r = \mathrm{AC} = \sqrt{\{-1-(-4)\}^2 + (4-1)^2} = 3\sqrt{2}$$

として求めることができる．したがって，求める円の方程式は

$$(x+1)^2 + (y-4)^2 = 18$$

となる．

問 17.1 次の条件を満たす円の方程式を求め，これを図示せよ．

(1) 原点 (0, 0) を中心とし，半径 4 の円

(2) 点 (−2, 3) を中心とし，半径 2 の円

(3) 点 (1, −3) を中心とし，原点を通る円

(4) 2 点 (1, 2), (5, 4) を直径の両端とする円

円の中心と半径 円の方程式 $(x-a)^2 + (y-b)^2 = r^2$ を展開して整理すると

$$x^2 + y^2 - 2ax - 2by + a^2 + b^2 - r^2 = 0$$

となる．ここで，$k = -2a,\ l = -2b,\ m = a^2 + b^2 - r^2$ とおくと，円の方程式は

$$x^2 + y^2 + kx + ly + m = 0$$

とも表される．この計算の逆を行えば，円の中心と半径を求めることができる．

例題 17.2　円の中心と半径

方程式 $x^2 + y^2 - 4x + 10y - 7 = 0$ が表すのはどのような図形か.

解　与えられた方程式を変形すると,

$$(x-2)^2 - 2^2 + (y+5)^2 - 5^2 - 7 = 0$$
$$(x-2)^2 + (y+5)^2 = 36$$

となる. したがって, 点 $(2, -5)$ を中心とする半径 6 の円を表す.

問 17.2　次の方程式はどのような図形を表すか.

(1)　$x^2 + y^2 - 4y = 0$　　(2)　$x^2 + y^2 + 6x - 4y + 12 = 0$

> **note**　方程式 $x^2 + y^2 + kx + ly + m = 0$ の表す図形は必ずしも円になるとは限らない. たとえば, $x^2 + y^2 = 0$ を満たす点は $(0, 0)$ だけである. また, $x^2 + y^2 + 1 = 0$ を満たす点は存在しない.

例題 17.3　3 点を通る円

3 点 $\mathrm{A}(-2, -2)$, $\mathrm{B}(-1, 5)$, $\mathrm{C}(6, 4)$ を通る円の方程式を求めよ. また, その円の中心と半径を求めよ.

解　求める円の方程式を $x^2 + y^2 + kx + ly + m = 0$ とおく. 通る点の座標をそれぞれ x, y に代入して整理すると, 次の連立方程式が得られる.

$$\begin{cases} -2k - 2l + m = -8 & \cdots\cdots ① \\ -k + 5l + m = -26 & \cdots\cdots ② \\ 6k + 4l + m = -52 & \cdots\cdots ③ \end{cases}$$

② − ① から $k + 7l = -18$, ③ − ① から $8k + 6l = -44$ となるから,

$$k = -4, \quad l = -2, \quad m = -20$$

が得られる. したがって, 求める円の方程式は

$$x^2 + y^2 - 4x - 2y - 20 = 0$$

である. この式は $(x-2)^2 + (y-1)^2 = 25$ と変形できるから, この円の中心は $(2, 1)$, 半径は 5 である.

note　例題 17.3 で求めた円は $\triangle ABC$ の外接円であり，その中心 $(2, 1)$ は $\triangle ABC$ の外心である（練習問題 16[3] 参照のこと）．

問 17.3　3 点 $O(0, 0)$, $A(1, 3)$, $B(4, 2)$ を通る円の方程式を求めよ．また，その円の中心と半径を求めよ．

例題 17.4 アポロニウスの円

2 点 $A(-2, 0)$, $B(3, 0)$ に対して $AP : BP = 3 : 2$ を満たす点 P の軌跡を求めよ．

解　点 P の座標を (x, y) とする．$AP : BP = 3 : 2$ から $2AP = 3BP$ となるから，

$$2\sqrt{(x+2)^2 + y^2} = 3\sqrt{(x-3)^2 + y^2}$$

が成り立つ．この両辺を 2 乗すると，

$$4\{(x+2)^2 + y^2\} = 9\{(x-3)^2 + y^2\}$$

$$\text{よって}\quad x^2 + y^2 - 14x + 13 = 0$$

となる．これは $(x-7)^2 + y^2 = 36$ と変形できるから，求める軌跡は，中心が $(7, 0)$ で半径が 6 の円である．

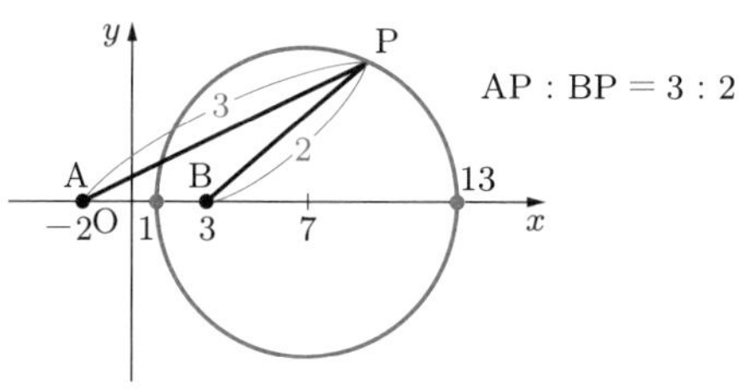

note　一般に，2 定点からの距離の比が $m : n$ $(m \neq n)$ であるような点の軌跡は円になる．この円を**アポロニウスの円**という．

問 17.4　2 点 $A(-4, 0)$, $B(2, 0)$ に対して $AP : BP = 1 : 2$ を満たす点 P の軌跡を求めよ．

17.2 2次曲線

楕円　2つの定点 F, F′ からの距離の和が一定である点の軌跡を**楕円**(だえん)といい，定点 F, F′ を楕円の**焦点**という．

a, c は $0 < c < a$ を満たす定数とする．2定点 $\mathrm{F}(c, 0)$, $\mathrm{F}'(-c, 0)$ を焦点とし，焦点からの距離の和が $2a$ である楕円の方程式を求める．この楕円上に点 $\mathrm{P}(x, y)$ をとると，$\mathrm{PF} + \mathrm{PF}' = 2a$ であるから，

$$\sqrt{(x-c)^2+y^2} + \sqrt{(x+c)^2+y^2} = 2a$$

が成り立つ．$\sqrt{(x-c)^2+y^2}$ を右辺に移項して両辺を2乗すると，

P (x, y)
F′ $(-c, 0)$　F $(c, 0)$　x
PF = $\sqrt{(x-c)^2+y^2}$
PF′ = $\sqrt{(x+c)^2+y^2}$

$$(x+c)^2 + y^2 = 4a^2 - 4a\sqrt{(x-c)^2+y^2} + (x-c)^2 + y^2$$

が得られる．これを展開して整理すると，

$$cx - a^2 = -a\sqrt{(x-c)^2+y^2}$$

となる．さらに，両辺を2乗して整理すると，

$$(a^2-c^2)x^2 + a^2y^2 = a^2(a^2-c^2)$$

となる．ここで，$a > c$ であるから $a^2 - c^2 = b^2$ $(b > 0)$ とおき，両辺を a^2b^2 で割ると，

$$\frac{x^2}{a^2} + \frac{y^2}{b^2} = 1 \quad (0 < b < a) \tag{17.2}$$

が得られる．これを**楕円の標準形**という．

4点 $\mathrm{A}(a, 0)$, $\mathrm{A}'(-a, 0)$, $\mathrm{B}(0, b)$, $\mathrm{B}'(0, -b)$ を楕円の**頂点**という．線分 AA′ を楕円の**長軸**，BB′ を**短軸**といい，原点 O を楕円の**中心**という．楕円上の点 P の，焦点からの距離の和 $\mathrm{PF} + \mathrm{PF}'$ は，長軸の長さに等しい．

また，焦点が y 軸上の2点 $\mathrm{F}(0, c)$, $\mathrm{F}'(0, -c)$ であり，F, F′ からの距離の和が $2b$（ただし，$0 < c < b$）である楕円の場合，同様の変形を行って $b^2 - c^2 = a^2$ $(a > 0)$ とおくことにより，その方程式は，次のようになる．

$$\frac{x^2}{a^2} + \frac{y^2}{b^2} = 1 \quad (0 < a < b) \tag{17.3}$$

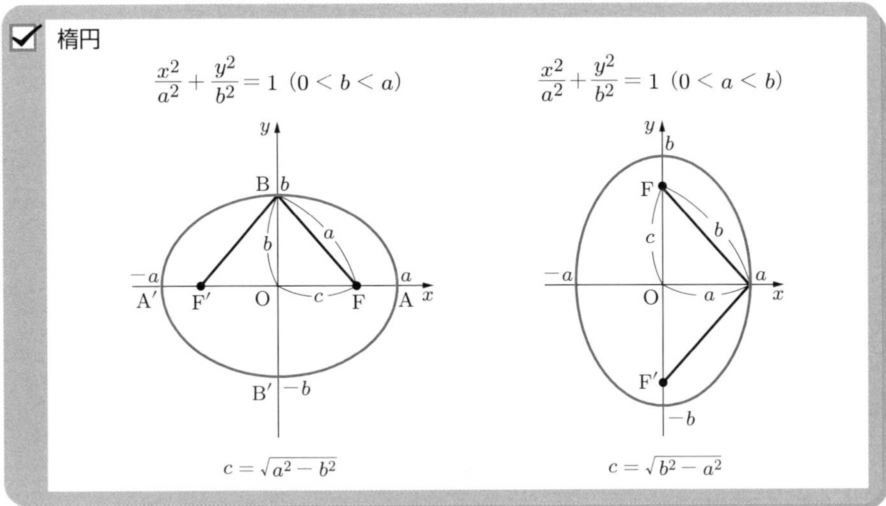

例 17.2 (1) $\dfrac{x^2}{16}+\dfrac{y^2}{4}=1\ (a=4,\ b=2)$ は，4 点 $(\pm 4, 0)$, $(0, \pm 2)$ を頂点とする楕円である．$a>b$ であるから，

$$c=\sqrt{a^2-b^2}=\sqrt{16-4}=2\sqrt{3}$$

であり，焦点は $(\pm 2\sqrt{3}, 0)$，焦点からの距離の和は $2a=8$ である（図 1）．

(2) $\dfrac{x^2}{2}+\dfrac{y^2}{9}=1\ (a=\sqrt{2},\ b=3)$ は，4 点 $(\pm\sqrt{2}, 0)$, $(0, \pm 3)$ を頂点とする楕円である．$a<b$ であるから，

$$c=\sqrt{b^2-a^2}=\sqrt{9-2}=\sqrt{7}$$

であり，焦点は $\left(0, \pm\sqrt{7}\right)$，焦点からの距離の和は $2b=6$ である（図 2）．

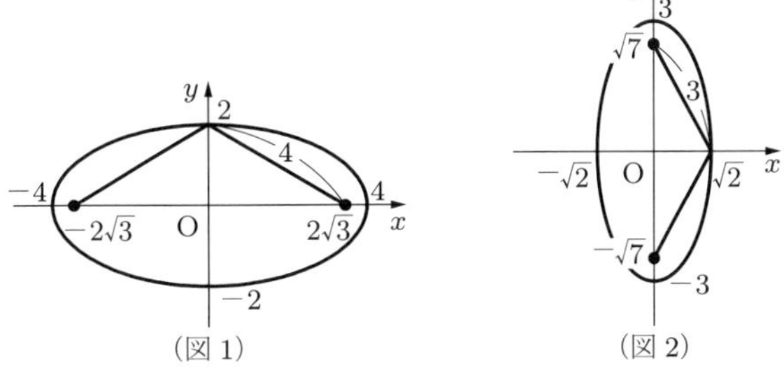

（図 1）　（図 2）

問 17.5　次の楕円を図示せよ．また頂点，焦点の座標を求め，焦点から楕円上の点までの距離の和を求めよ．

(1)　$\dfrac{x^2}{25}+\dfrac{y^2}{9}=1$　　　　(2)　$\dfrac{x^2}{9}+\dfrac{y^2}{16}=1$

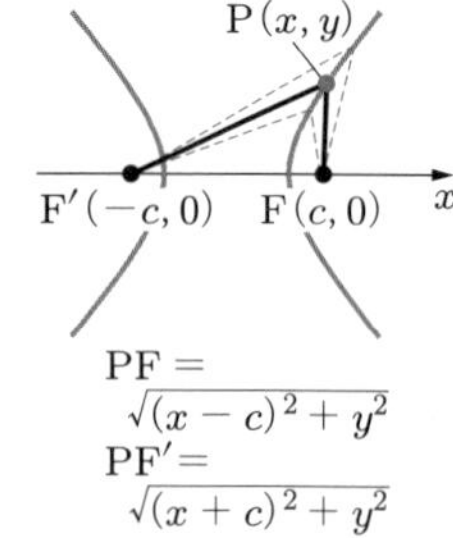

双曲線　2 つの定点 F, F′ からの距離の差が一定である点の軌跡を**双曲線**といい，定点 F, F′ を双曲線の**焦点**という．

a, c を $0<a<c$ を満たす定数とする．2 点 F$(c,0)$, F′$(-c,0)$ を焦点とし，焦点からの距離の差の絶対値が $2a$ である双曲線の方程式を求める．この双曲線上に点 P(x,y) をとると，$|\mathrm{PF}-\mathrm{PF}'|=2a$，すなわち $\mathrm{PF}-\mathrm{PF}'=\pm 2a$ であるから，

$$\sqrt{(x-c)^2+y^2}-\sqrt{(x+c)^2+y^2}=\pm 2a$$

が成り立つ．$\sqrt{(x+c)^2+y^2}$ を右辺に移項して両辺を 2 乗すると

$$(x-c)^2+y^2=(x+c)^2+y^2\pm 4a\sqrt{(x+c)^2+y^2}+4a^2$$

が得られる．これを展開して整理すると

$$\pm a\sqrt{(x+c)^2+y^2}=a^2+cx$$

となる．さらに両辺を 2 乗して整理すると

$$(c^2-a^2)x^2-a^2y^2=a^2(c^2-a^2)$$

が得られる．ここで，$0<a<c$ だから $c^2-a^2=b^2$ $(b>0)$ とおき，両辺を a^2b^2 で割ると，

$$\frac{x^2}{a^2}-\frac{y^2}{b^2}=1 \qquad (17.4)$$

が得られる．これを**双曲線の標準形**という．

A$(a,0)$, A′$(-a,0)$ を双曲線の**頂点**という．原点 O を双曲線の**中心**という．双曲線上の点 P の焦点からの距離の差の絶対値 $|\mathrm{PF}'-\mathrm{PF}|$ は線分 AA′ の長さに等しい．双曲線は，直線 $y=\pm\dfrac{b}{a}x$ を漸近線にもつ．

また，焦点が y 軸上の 2 点 F$(0,c)$, F′$(0,-c)$ であり，F, F′ からの距離の差が

$2b$（ただし，$0 < b < c$）である双曲線の場合，同様の変形を行って $c^2 - b^2 = a^2$ $(a > 0)$ とおくことにより，その方程式は，

$$\frac{x^2}{a^2} - \frac{y^2}{b^2} = -1 \tag{17.5}$$

となる．頂点は $(0, b)$, $(0, -b)$ である．この双曲線の漸近線も $y = \pm\dfrac{b}{a}x$ となる．

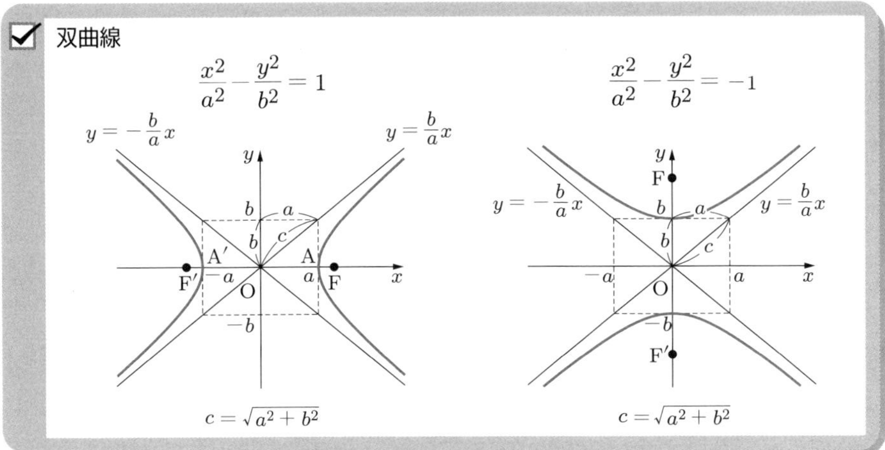

note　$\dfrac{x^2}{a^2} - \dfrac{y^2}{b^2} = 1$ を変形すると $y = \pm\dfrac{b}{a}x\sqrt{1 - \dfrac{a^2}{x^2}}$ となる．右辺は，x の絶対値が大きいと $\dfrac{a^2}{x^2}$ の値が 0 に近づくため，$y = \pm\dfrac{b}{a}x$ と近い値になる．これが $y = \pm\dfrac{b}{a}x$ が漸近線となる理由である．

例 17.3　(1)　$\dfrac{x^2}{25} - \dfrac{y^2}{16} = 1$ $(a = 5,\ b = 4)$ は，焦点が x 軸上にあり，点 $(\pm 5, 0)$ を頂点，直線

$$y = \pm\frac{4}{5}x$$

を漸近線とする双曲線である．

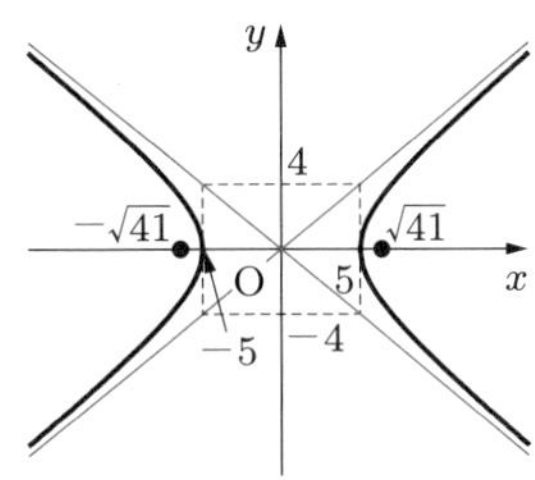

$$c = \sqrt{a^2 + b^2} = \sqrt{25 + 16} = \sqrt{41}$$

であるから，焦点は $\left(\pm\sqrt{41}, 0\right)$，焦点からの距離の差は $2a = 10$ である．

(2) $\dfrac{x^2}{9} - \dfrac{y^2}{16} = -1$ $(a = 3,\ b = 4)$ は，焦点が y 軸上にあり，点 $(0, \pm 4)$ を頂点，直線

$$y = \pm\frac{4}{3}x$$

を漸近線とする双曲線である．

$$c = \sqrt{a^2 + b^2} = \sqrt{9 + 16} = 5$$

であるから，焦点は $(0, \pm 5)$，焦点からの距離の差は $2b = 8$ である．

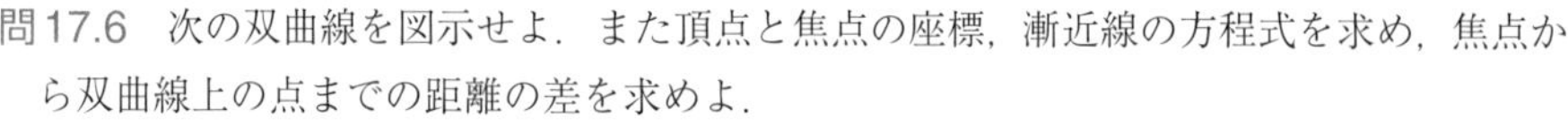

問 17.6　次の双曲線を図示せよ．また頂点と焦点の座標，漸近線の方程式を求め，焦点から双曲線上の点までの距離の差を求めよ．

(1) $\dfrac{x^2}{4} - \dfrac{y^2}{6} = 1$　　　(2) $\dfrac{x^2}{9} - \dfrac{y^2}{4} = -1$

放物線

定点 F と，F を通らない定直線 ℓ から等距離にある点の軌跡を**放物線**といい，定点 F を放物線の**焦点**，定直線 ℓ を**準線**という．

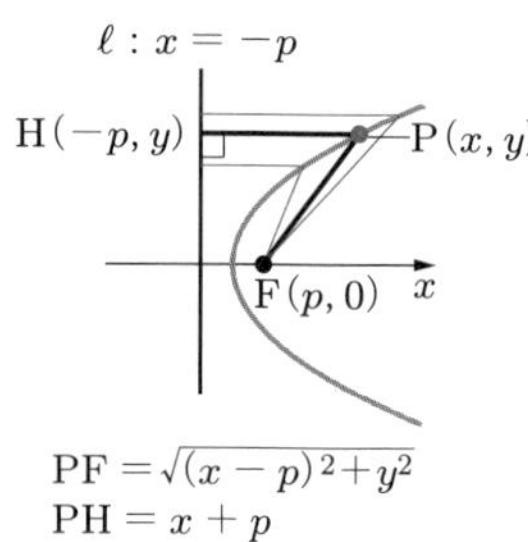

$p \neq 0$ を定数とする．点 $\mathrm{F}(p, 0)$ を焦点とし，直線 $\ell : x = -p$ を準線とする放物線の方程式を求める．この放物線上に点 $\mathrm{P}(x, y)$ をとり，点 P から ℓ に下ろした垂線を PH とすると，$\mathrm{H}(-p, y)$ で，$\mathrm{PH} = \mathrm{PF}$ となることから，

$$|x + p| = \sqrt{(x - p)^2 + y^2}$$

が成り立つ．両辺を 2 乗して整理すると，

$$y^2 = 4px \tag{17.6}$$

が得られる．これを**放物線の標準形**という．

原点 O を放物線の**頂点**，x 軸を放物線の**軸**という．また，焦点が y 軸上の点 $\mathrm{F}(0, p)$ で，準線が $\ell : y = -p$ である放物線の場合，その方程式は，同様の計算によって次のようになる．

$$x^2 = 4py \tag{17.7}$$

放物線

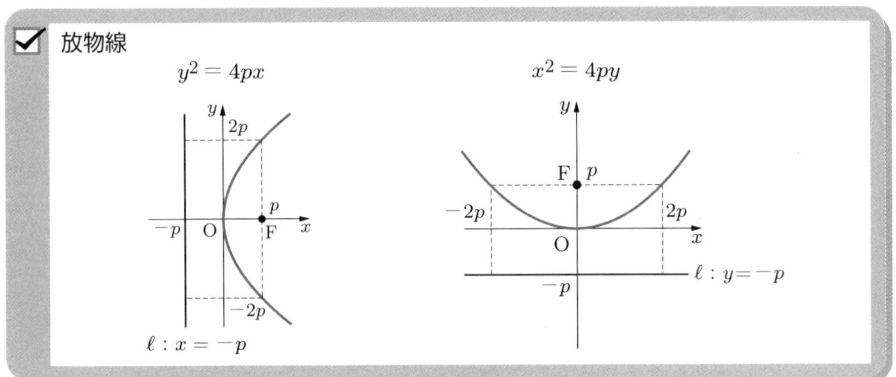

例 17.4 (1) 焦点が $(2,0)$，準線の方程式が $x=-2$ である放物線の方程式は，$y^2=4\cdot 2\cdot x$，すなわち，$y^2=8x$ である（図 1）．

(2) 放物線 $x^2=-12y$ は，$x^2=4\cdot(-3)\cdot y$ となるから，焦点は $(0,-3)$，準線は $y=3$ である（図 2）．

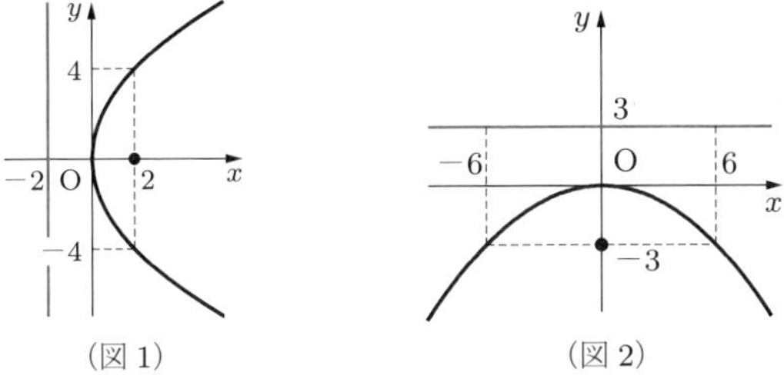

（図 1） （図 2）

問 17.7 次の放物線を図示せよ．また，焦点の座標，準線の方程式を求めよ．

(1) $y^2=x$ (2) $x^2=12y$

note 楕円，双曲線，放物線はすべて，x, y の 2 次の方程式で表すことができる．これらの曲線を総称して **2 次曲線**という．円は楕円に含まれる．

17.3 2 次曲線と直線

2 次曲線と直線との共有点 2 次曲線と直線の共有点は，2 次曲線と直線の方程式を同時に満たす点である．したがって，共有点の座標を (x,y) とすると，x, y は 2 次曲線の方程式と直線の方程式との連立方程式の実数解として求めることができる．

例題 17.5　円と直線の共有点

円 $x^2+y^2=5$ と，直線 $x-y+1=0$ の共有点の座標を求めよ．

解　共有点の座標を (x,y) とすると，x, y は連立方程式

$$\begin{cases} x^2+y^2=5 & \cdots\cdots ① \\ x-y+1=0 & \cdots\cdots ② \end{cases}$$

の実数解である．② を y について解くと，

$$y=x+1 \qquad \cdots\cdots ③$$

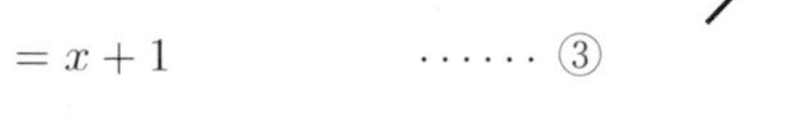

となるから，これを ① に代入して整理すると

$$x^2+x-2=0 \quad よって \quad x=1,\ -2$$

が得られる．これを ③ に代入すれば，共有点の座標は $(1,2)$, $(-2,-1)$ となる．

問 17.8　次の 2 次曲線と直線の共有点の座標を求めよ．

(1)　楕円 $x^2+3y^2=12$ と直線 $x+y-2=0$

(2)　双曲線 $2x^2-y^2=2$ と直線 $x-y+1=0$

円の接線　円と直線 ℓ との共有点が 1 点だけのとき，円と直線は**接する**といい，このときの共有点を**接点**という．また，直線 ℓ をその円の**接線**という．

例題 17.6　円と直線が接するための条件

円 $x^2+y^2=5$ と直線 $2x-y+k=0$ が接するように定数 k の値を定め，そのときの接点の座標を求めよ．

解　円と直線の接点の座標を (x,y) とすると，x, y は，連立方程式

$$\begin{cases} x^2+y^2=5 & \cdots\cdots ① \\ 2x-y+k=0 & \cdots\cdots ② \end{cases}$$

の実数解である．② を $y=2x+k$ と変形して，① に代入して整理すると，

$$5x^2+4kx+k^2-5=0 \qquad \cdots\cdots ③$$

となる．円と直線が接するのは，共有点が 1 点だけのときであるから，③は 2 重解をもつ．したがって，③の判別式を D とすれば，

$$D=(4k)^2-4\cdot5(k^2-5)=0$$

となればよい．これを解けば，接するための条件 $k = \pm 5$ が得られる．

$k = 5$ のとき，③ は $5x^2 + 20x + 20 = 0$ となるから，これを解いて $x = -2$（2 重解）となる．$k = 5$ と $x = -2$ を ② に代入すれば，$y = 1$ となるから，接点の座標は $(-2, 1)$ となる．同様にして，$k = -5$ のときの接点の座標は $(2, -1)$ となる．

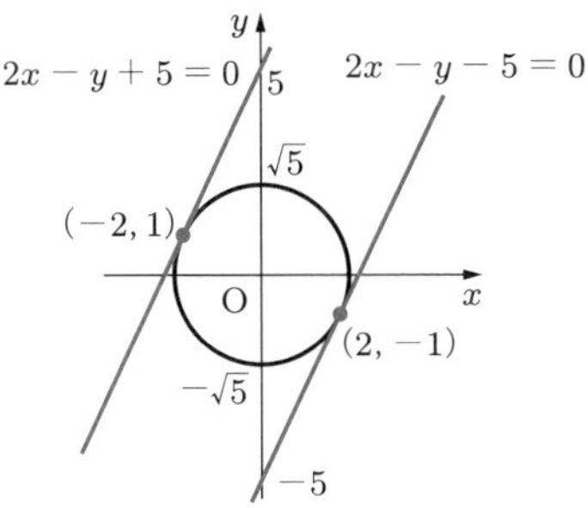

問 17.9　円 $x^2 + y^2 = 10$ と次の直線が接するように定数 k の値を定め，そのときの接点の座標を求めよ．

(1)　$y = -3x + k$　　　　(2)　$y = kx + 2\sqrt{5}$

17.4 曲線の媒介変数表示

曲線の媒介変数表示　点 $\mathrm{P}(x, y)$ が座標平面上を運動しているとき，点 P の座標 x, y は，それぞれ時刻 t の変化に伴って変化していく．したがって，x, y は時刻 t の関数である．

例 17.5　座標 x, y が $x = 2t,\ y = t + 1$ で表される点 P を考える．点 P の座標は $t = 0$ のとき $(0, 1)$, $t = 1$ のとき $(2, 2)$, ... のように変化していく．さらに，このことを表にして調べると，次のようになる．図の矢印は，$t = 0$ から t が増加したときに点 P が動く方向を示す．

t	x	y	座標 (x, y)
-2	-4	-1	$(-4, -1)$
-1	-2	0	$(-2, 0)$
0	0	1	$(0, 1)$
1	2	2	$(2, 2)$
2	4	3	$(4, 3)$

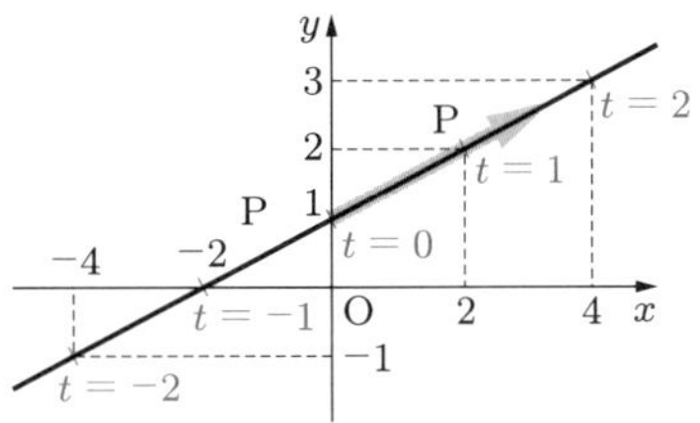

与えられた 2 つの式 $x=2t,\ y=t+1$ から t を消去すれば，直線の方程式

$$\frac{x}{2}=\frac{y-1}{1}\quad \text{または}\quad y=\frac{1}{2}x+1$$

が得られる．

座標平面において，点 $\mathrm{P}(x,y)$ の x 座標，y 座標がそれぞれ t を変数とする連続関数によって $x=f(t),\ y=g(t)$ で表されているとする．一般に，t の値が変化すると点 $\mathrm{P}(f(t),g(t))$ の位置が変化し，点 P はある曲線 C を描く．このとき，曲線 C を

$$\begin{cases} x=f(t) \\ y=g(t) \end{cases}$$

と表す．これを曲線 C の**媒介変数表示**といい，t を**媒介変数**または**パラメータ**という．曲線 C 上の点 $\mathrm{P}(f(t),g(t))$ を，単に $\mathrm{P}(t)$ と表すこともある．

t にいくつかの値を代入して点 $\mathrm{P}(t)$ の座標を計算することによって，t の変化に伴って点 $\mathrm{P}(t)$ が平面上をどのように動くかを調べることができる．また，与えられた媒介変数表示から媒介変数 t を消去することによって，曲線の方程式を求めることができる場合もある．

例 17.6　(1)　媒介変数表示 $\begin{cases} x=2-2t \\ y=2-t \end{cases}$ から媒介変数 t を消去すれば，

$$\frac{x-2}{-2}=\frac{y-2}{-1}\quad \text{または}\quad y=\frac{1}{2}x+1$$

となり，例 17.5 の直線と同じ直線である．t に値を代入して次の表を作ることによってわかるように，点 $\mathrm{P}(0)$ の座標は $(2,2)$ であり，t の値が増加するにつれて，この直線上を左下方向に動いていく．

t	x	y	座標 (x,y)
-1	4	3	$(\ 4,\ \ 3)$
0	2	2	$(\ 2,\ \ 2)$
1	0	1	$(\ 0,\ \ 1)$
2	-2	0	$(-2,\ \ 0)$
3	-4	-1	$(-4,\ -1)$

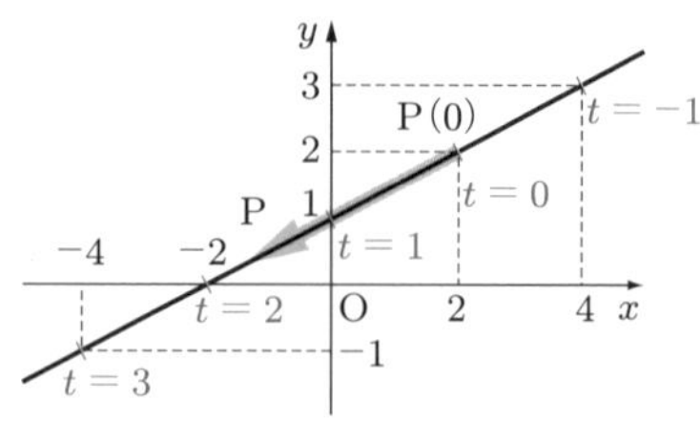

(2) $(\cos t, \sin t)$ は，角 t に対する動径と単位円（原点を中心とした半径 1 の円）との交点の座標である．t の値が 0 から 2π まで変化するとき，点 $\mathrm{P}(\cos t, \sin t)$ は点 $(1,0)$ を出発して単位円上を正の方向に 1 周して点 $(1,0)$ に戻る．したがって，媒介変数表示

$$\begin{cases} x = \cos t \\ y = \sin t \end{cases}$$

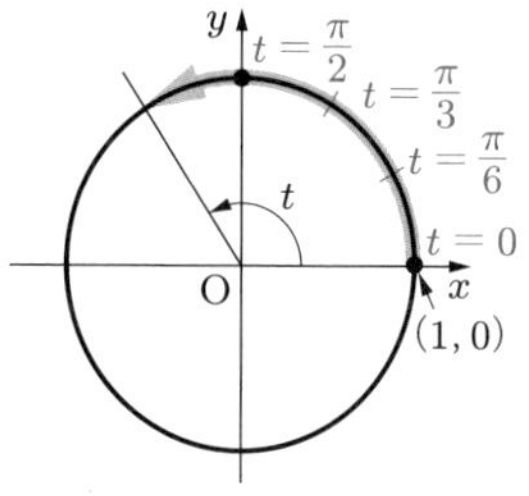

で表される曲線は単位円である．また，方程式から t を消去すれば，単位円の方程式 $x^2+y^2=1$ が得られる．

これらの例からもわかるように，曲線の媒介変数表示は，曲線の形だけでなく，t の増減による曲線上の点の動き方も表している．

例 17.7 媒介変数表示 $\begin{cases} x = \dfrac{2^t+2^{-t}}{2} \\ y = \dfrac{2^t-2^{-t}}{2} \end{cases}$ から媒介変数 t を消去する．

与えられた式をそれぞれ 2 乗すれば，

$$x^2 = \frac{2^{2t}+2+2^{-2t}}{4}, \quad y^2 = \frac{2^{2t}-2+2^{-2t}}{4}$$

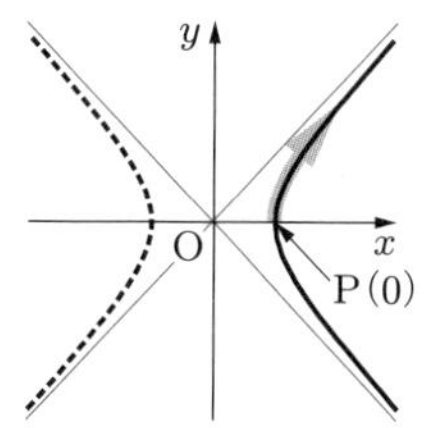

となる．したがって，

$$x^2 - y^2 = 1$$

となる．また，$2^t > 0, 2^{-t} > 0$ であるから，$x > 0$ である．したがって，この曲線は，$y = \pm x$ を漸近線とする双曲線 $x^2 - y^2 = 1$ の $x > 0$ の部分である．点 $\mathrm{P}(0)$ の座標は $(1,0)$ であり，t の値が増加すると，点 $\mathrm{P}(t)$ は図の矢印の方向に動いていく．

問 17.10 次の媒介変数表示から t を消去した方程式を求め，どのような曲線であるかを述べよ．また，点 $\mathrm{P}(0)$ を曲線上に記入し，t の値が増加するときの点 $\mathrm{P}(t)$ の動く方向を，曲線上に矢印で示せ．

(1) $\begin{cases} x = 1+2t \\ y = 2-3t \end{cases}$ (2) $\begin{cases} x = 3+2\cos t \\ y = 1+2\sin t \end{cases}$ (3) $\begin{cases} x = 3\cos t \\ y = 2\sin t \end{cases}$ (4) $\begin{cases} x = t^2 \\ y = 2t \end{cases}$

媒介変数表示された曲線　次に，媒介変数表示によって表される代表的な曲線の例を示す．

例 17.8　円がある直線上を滑らずに回転するとき，円周上の 1 点が描く図形を**サイクロイド**という．a を正の定数とし，点 $(0, a)$ を中心とする半径 a の円が x 軸上を滑らずに回転するものとする（図 1）．円周上の点 $\mathrm{P}(0)$ が原点のとき，円が角 t だけ回転したときの点 $\mathrm{P}(t)$ の座標を (x, y) とすると，図 2 から，x, y は次の式で表される．これがサイクロイドの媒介変数表示である．

$$\begin{cases} x = a(t - \sin t) \\ y = a(1 - \cos t) \end{cases}$$

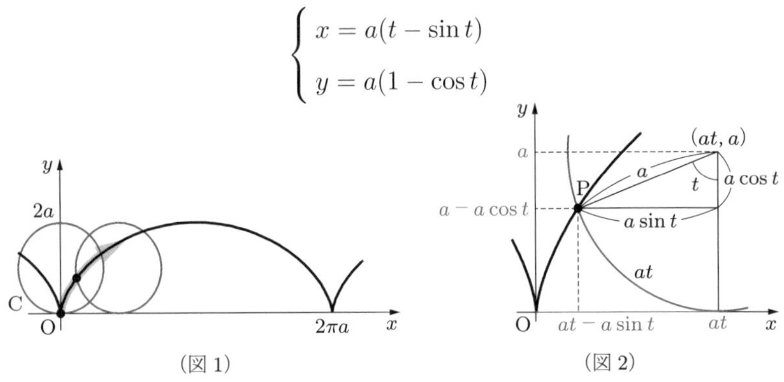

（図 1）　（図 2）

例 17.9　a を正の定数とする．半径 a の円 C_0 の内側に接している半径 $\dfrac{a}{4}$ の円 C が，円 C_0 に接したまま滑らずに C_0 の内側を 1 周するとき，円 C 上の点 P が描く曲線を**アステロイド（星芒形）**という．円 C_0 の中心が原点で，$\mathrm{P}(0)$ が点 $(a, 0)$ のとき，このアステロイドの媒介変数表示は次のようになる．

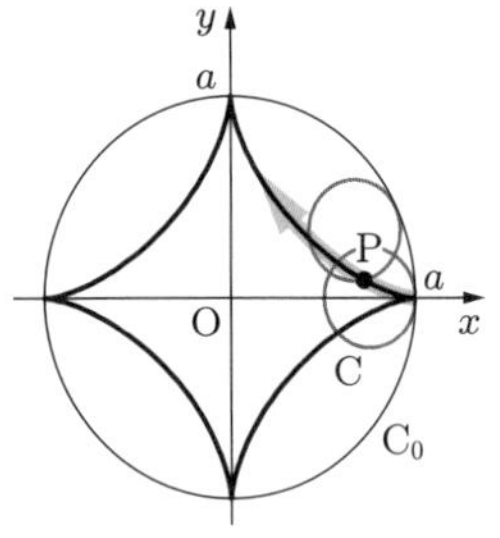

$$\begin{cases} x = a\cos^3 t \\ y = a\sin^3 t \end{cases}$$

17.5 極座標と極方程式

極座標　これまでは右図のように，平面上に互いに直交する 2 つの座標軸を定め，これを用いて平面上の点の位置を表してきた．これを**直交座標**という．ここでは新たな点の位置の表し方を学ぶ．

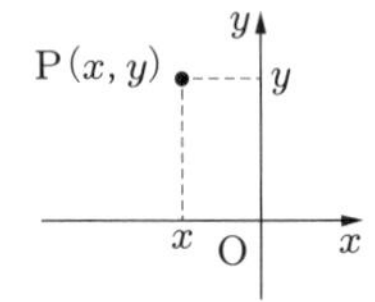

平面上に点 O と，O を端点とする半直線 OX を定める．点 O 以外の点 P に対して，O から P までの距離を r，2 直線 OX, OP のなす角を θ とするとき，r と θ の組 (r, θ) を点 P の**極座標**という（図 1）．O を**原点**または**極**といい，半直線 OX を**始線**という．原点 O は $r = 0$ であるが，角 θ が決まらないため θ は任意として $(0, \theta)$ と表す．極座標が定められた平面を**極座標平面**という．図 2 は，極座標で表される点 A 〜 E を図示したものである．

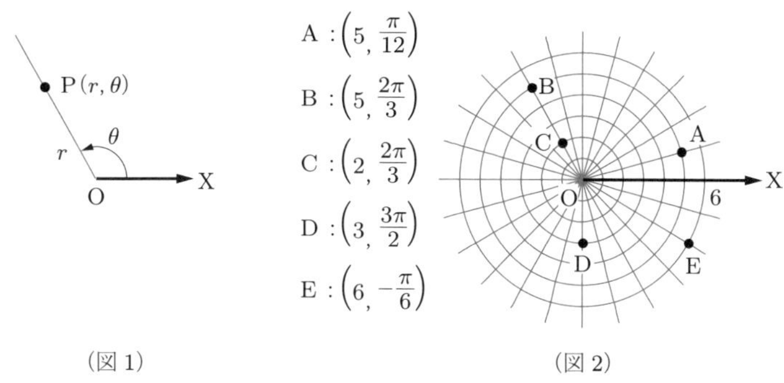

（図 1）　（図 2）

> note　角 θ の範囲を定めない限り，極座標は一意的には定まらない．たとえば，極座標で $\left(6, \dfrac{11\pi}{6}\right)$, $\left(6, \dfrac{23\pi}{6}\right)$, ... などと表される点は，すべて点 E$\left(6, -\dfrac{\pi}{6}\right)$ と同じ点である．

直交座標と極座標　平面上に直交座標と極座標を同時に定めるときには，図のように両者の原点を重ね，始線は x 軸の正の部分にとる．

そのとき，直交座標と極座標の間には次の関係が成り立つ．

P(r, θ)
$y = r\sin\theta$
r　θ　O　X
$x = r\cos\theta$　x　y
$r = \sqrt{x^2 + y^2}$

17.2 直交座標と極座標の関係

平面上の点 P の直交座標 (x, y)，極座標 (r, θ) の間には次の関係が成り立つ．

$$\begin{cases} x = r\cos\theta \\ y = r\sin\theta \end{cases} \qquad \begin{cases} r = \sqrt{x^2 + y^2} \\ \tan\theta = \dfrac{y}{x} \quad (\text{ただし } x \neq 0) \end{cases}$$

θ は点 (x, y) が属する象限の角を選ぶ．

例 17.10　(1)　極座標が $\left(\sqrt{2}, \dfrac{3\pi}{4}\right)$ である点の直交座標 (x, y) を求める．

$$x = \sqrt{2}\cos\frac{3\pi}{4} = -1, \quad y = \sqrt{2}\sin\frac{3\pi}{4} = 1$$

であるから，この点の直交座標は $(-1, 1)$ となる．

(2)　直交座標が $\left(-1, -\sqrt{3}\right)$ である点の極座標 (r, θ) を求める．

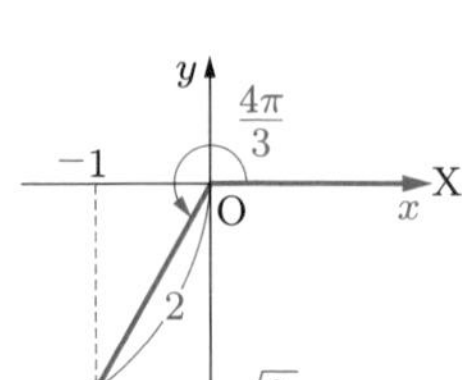

$$r = \sqrt{(-1)^2 + \left(-\sqrt{3}\right)^2} = 2, \ \tan\theta = \frac{-\sqrt{3}}{-1} = \sqrt{3}$$

である．点 $\left(-1, -\sqrt{3}\right)$ は第3象限に属するから，$0 \leqq \theta < 2\pi$ の範囲で第3象限の角 θ を選べば $\theta = \dfrac{4\pi}{3}$ となる．よって，この点の極座標は $\left(2, \dfrac{4\pi}{3}\right)$ である．

問 17.11　次の極座標をもつ点の直交座標 (x, y) を求めよ．

(1)　$\left(1, \dfrac{\pi}{3}\right)$　　(2)　$(3, \pi)$　　(3)　$\left(2, \dfrac{7\pi}{4}\right)$

問 17.12　次の直交座標をもつ点の極座標 (r, θ) を求めよ．ただし，$0 \leqq \theta < 2\pi$ とする．

(1)　$(-2, -2)$　　(2)　$(0, -1)$　　(3)　$\left(-3, \sqrt{3}\right)$

極方程式

ここでは，曲線上の点の極座標を (r, θ) とするとき，r と θ が満たす関係式によって，曲線を表すことを考える．

例 17.11　(1)　$r = 2$ を満たす平面上の点Pの全体は，$\mathrm{OP} = 2$ を満たすすべての点であるから，原点を中心とする半径2の円である（図1）．

(2)　$\theta = \dfrac{\pi}{3}$ を満たす点Pの全体は，原点Oを端点とし，始線OXとのなす角が $\dfrac{\pi}{3}$ である半直線，すなわち，角 $\dfrac{\pi}{3}$ に対する動径である（図2）．

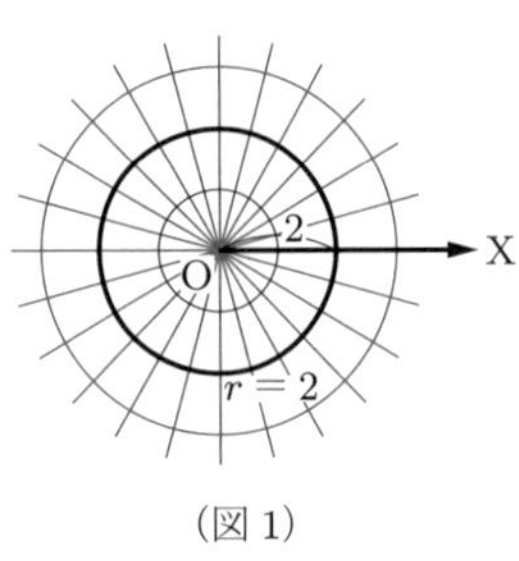

（図1）

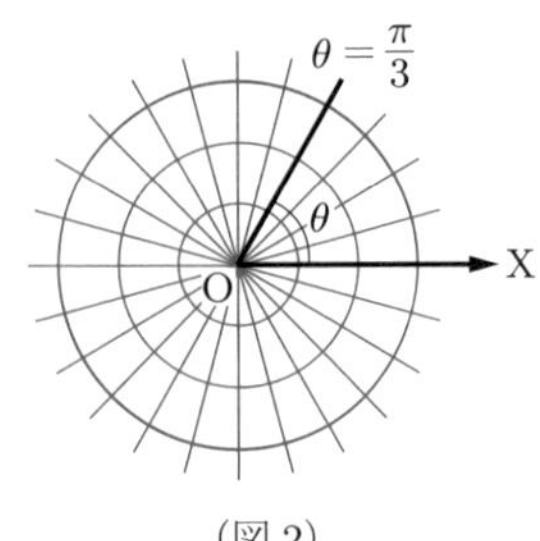

（図2）

一般に，$a > 0$，α を定数とするとき，方程式 $r = a$ は原点を中心とする半径 a の円，方程式 $\theta = \alpha$ は原点 O を端点とし始線 OX となす角が α の半直線を表す．

極座標 (r, θ) において，r が θ の関数として $r = f(\theta)$ と表されているとする．このとき，θ の値が変化すると，点 $\mathrm{P}(r, \theta)$ の原点からの距離 $\mathrm{OP} = r$ が変化し，点 P は曲線を描く．$r = f(\theta)$ をこの曲線の**極方程式**という．

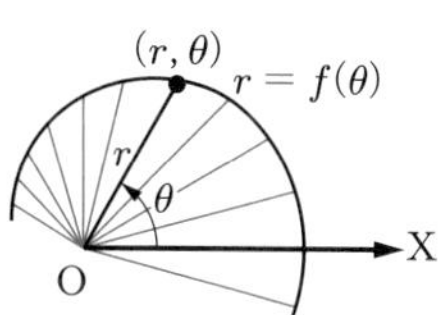

直交座標で表されている曲線は，極方程式で表すことができる場合がある．

例 17.12

(1)　x 軸に垂直な直線 $x = 3$ の極方程式は，$x = r\cos\theta$ $\left(-\dfrac{\pi}{2} < \theta < \dfrac{\pi}{2}\right)$ であるから，

$$r\cos\theta = 3 \quad \text{すなわち} \quad r = \frac{3}{\cos\theta}$$

となる．

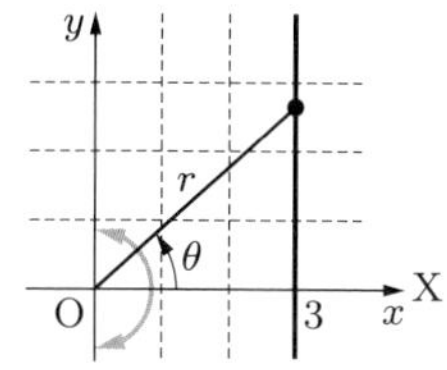

(2)　y 軸に垂直な直線 $y = 2$ の極方程式は，$y = r\sin\theta$ $(0 < \theta < \pi)$ であるから，

$$r\sin\theta = 2 \quad \text{すなわち} \quad r = \frac{2}{\sin\theta}$$

となる．

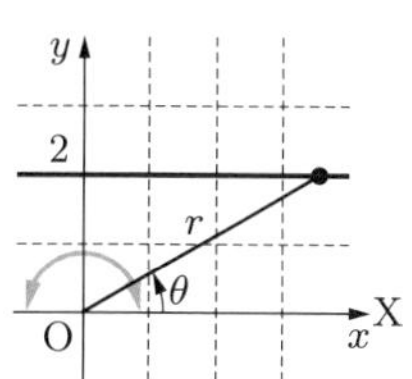

例題 17.7　極方程式

直交座標で $x^2 + (y-3)^2 = 9$ と表される円の極方程式および θ の範囲を求めよ．

解　与えられた方程式を展開して整理すると，

$$x^2 + y^2 - 6y = 0$$

となる．これに $x = r\cos\theta,\ y = r\sin\theta$ を代入すれば，

$$r^2 - 6r\sin\theta = 0$$

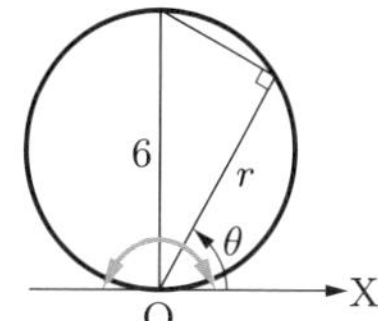

が成り立つ．したがって，$r = 0$ または $r = 6\sin\theta$ となる．
図から $0 \leqq \theta \leqq \pi$ であり，求める極方程式は，

$$r = 6\sin\theta \quad (0 \leqq \theta \leqq \pi)$$

となる．$r = 0$ は原点であり，この方程式を満たす点に含まれている（$\theta = 0, \pi$ のとき）．

問 17.13　次の直交座標で表された図形の極方程式および θ の範囲を求めよ．

(1)　直線 $x + y = 6$　　　　(2)　円 $x^2 + y^2 + 10x = 0$

極方程式で表された曲線の描画　極方程式 $r = f(\theta)$ で表された曲線は，r と θ を直交座標として考えたグラフをかいて，そのグラフを極座標の関係に読み替えて考えることができる．

図 1 は，直交座標に $r = 6\sin\theta$ $(0 \leqq \theta \leqq \pi)$ をかいたものであり，θ の値が 0 から π まで増加すると，r は 0 から 6 まで増加したのちに再び 0 まで減少する．図 2 は，極座標平面に $r = 6\sin\theta$ $(0 \leqq \theta \leqq \pi)$ で表された曲線をかいたものである．動径が 0 から π まで回転するとき，原点からの距離 OP が 0 から 6 まで増加したのちに再び 0 まで減少することを示している．図 1, 2 の青の線分は 1 対 1 に対応していて，対応する線分の長さは等しくなっている．

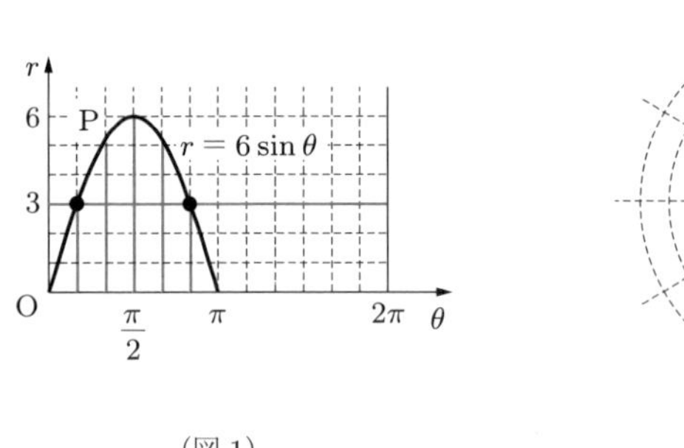

（図 1）

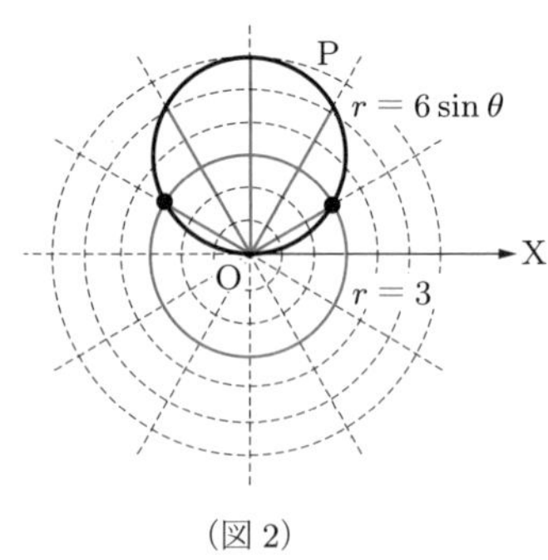

（図 2）

例 17.13　a, b を正の定数とするとき，極方程式 $r = a + b\theta$ $(\theta \geqq 0)$ で表される曲線を考える．始線とのなす角 θ が増加すると動径が回転し，回転とともに原点からの距離 r が大きくなっていく．したがって，$r = a + b\theta$ が表す曲線は螺旋（らせん）となる．これを**アルキメデスの螺旋**という．図は $a = 2$, $b = \dfrac{1}{2}$ の場合である．

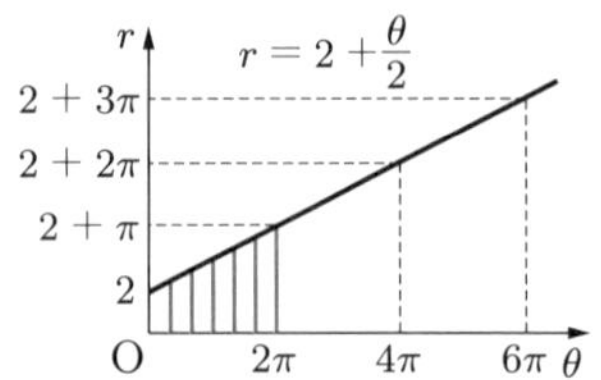

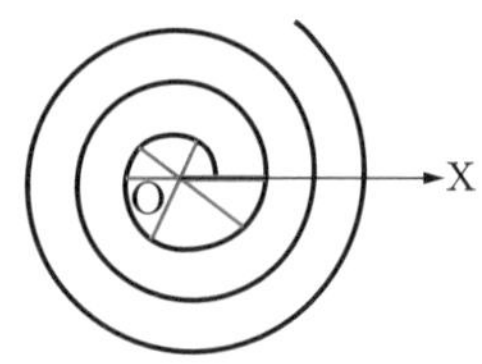

例 17.14 a を正の定数とする．半径が a である円 C_0 のまわりを，同じ大きさの円 C が滑らずに 1 周するとき，円 C 上の点 P が描く曲線を**カージオイド**（**心臓形**）という．C_0 の中心が $(a,0)$ で，$\theta = 0$ のときの点 P の座標が $(2a,0)$ のとき，カージオイドは極方程式 $r = 2a(1+\cos\theta)$ で表される．$a = 1$ のとき，θ と r の対応表と図形は次のようになる．

θ	0	$\frac{\pi}{6}$	$\frac{2\pi}{6}$	$\frac{3\pi}{6}$	$\frac{4\pi}{6}$	$\frac{5\pi}{6}$	π
r	4.000	3.732	3.000	2.000	1.000	0.268	0.000

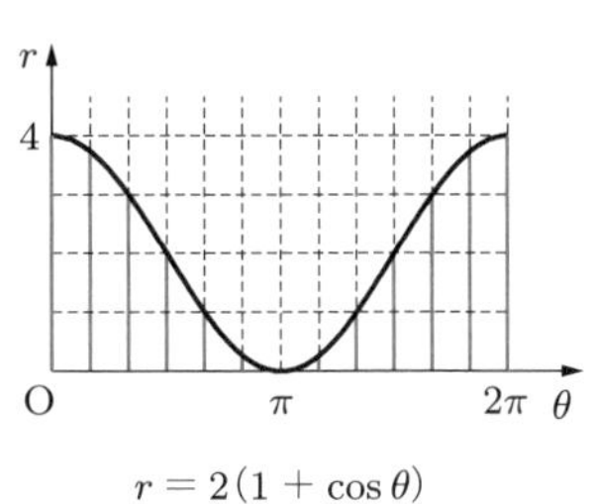

$r = 2(1+\cos\theta)$

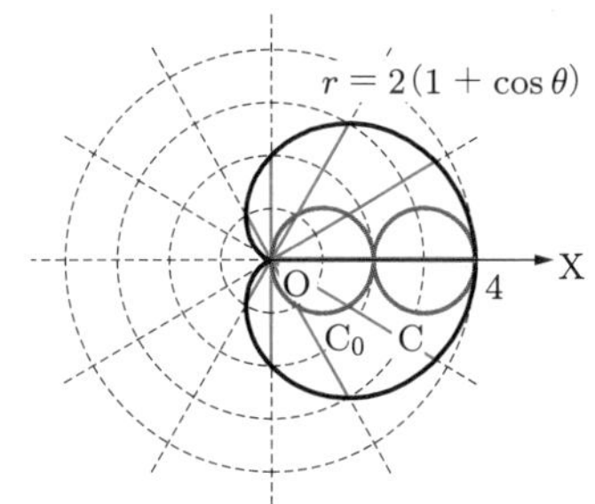

問 17.14 （ ）内に示された範囲で，次の極方程式で表された曲線を図示せよ．

(1) $r = \dfrac{\theta}{\pi}$ $\quad (0 \leqq \theta \leqq 2\pi)$

(2) $r = 2\cos\theta$ $\quad \left(-\dfrac{\pi}{2} \leqq \theta \leqq \dfrac{\pi}{2}\right)$

練習問題 17

[1] 次の円の方程式を求めよ．

(1) 2 点 $(5, 8)$, $(-3, 2)$ を直径の両端とする円

(2) 点 $(3, -4)$ を中心とし，x 軸に接する円

(3) 3 点 $\mathrm{A}(-1, 3)$, $\mathrm{B}(0, 0)$, $\mathrm{C}(2, 4)$ を通る円

[2] 次の図形の方程式を求めよ．

(1) 焦点の座標が $(3, 0)$, $(-3, 0)$ で，短軸の長さが 8 である楕円

(2) 焦点の座標が $(2, 0)$, $(-2, 0)$ で，2 つの焦点からの距離の差が 2 である双曲線

(3) 焦点の座標が $(3, 0)$ で，準線の方程式が $x = -3$ である放物線

[3] 次の図形の方程式を求めよ．ただし，目盛りの単位は 1 とする．

(1) 楕円

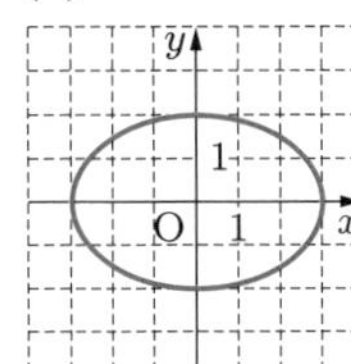

(2) 双曲線

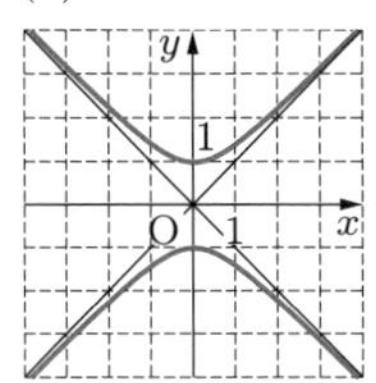

(3) 放物線

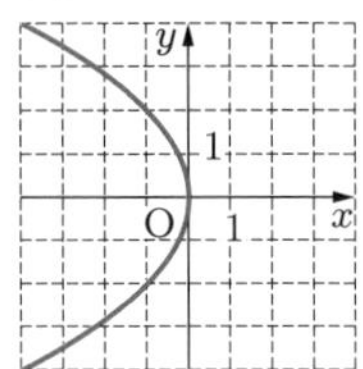

[4] 次の方程式で表される図形を図示せよ．

(1) $x^2 + 9y^2 = 9$　　(2) $x^2 - 4y^2 = -4$　　(3) $2x + y^2 = 0$

[5] 3 点 $\mathrm{A}(-1, 0)$, $\mathrm{B}(-1, -2)$, $\mathrm{C}(1, 2)$ を通る円の方程式を求めよ．

[6] 次の円と直線の共有点の座標を求めよ．

(1) 円 $x^2+y^2 = 13$ と直線 $x-y-1 = 0$　(2) 円 $x^2+y^2 = 2$ と直線 $x+y-2 = 0$

[7] 円 $x^2 + (y-5)^2 = 5$ と直線 $y = kx$ について，次の問いに答えよ．

(1) 円と直線が接するように定数 k の値を定め，そのときの接点の座標を求めよ．

(2) 円と直線が共有点をもたないような定数 k の値の範囲を求めよ．

[8] 原点 $(0, 0)$ から円 $(x-2)^2 + (y-4)^2 = 10$ に引いた接線の方程式を求めよ．

[9] 次の媒介変数表示から t を消去した方程式を求め，どのような曲線であるかを述べよ．また，t の変化に応じて，曲線上の点 $\mathrm{P}(t)$ がどのように曲線上を移動しているかを調べ，図示せよ．

(1) $\begin{cases} x = \sqrt{t+1} \\ y = \dfrac{t}{2} + 1 \end{cases}$　　(2) $\begin{cases} x = \cos t + \sin t \\ y = \cos t - \sin t \end{cases}$

[10] (　) 内に示された範囲で，次の極方程式で表された曲線を図示せよ．

(1) $r = \dfrac{\theta}{2}$　$(0 \leqq \theta \leqq 2\pi)$　　(2) $r = 4\sin\theta$　$(0 \leqq \theta \leqq \pi)$

18 平面上の領域

18.1 不等式の表す領域

不等式の表す領域　座標平面において，x, y についての不等式を満たす点 (x, y) の集合を**不等式の表す領域**といい，その領域とそれ以外の部分を分ける直線や曲線をその領域の**境界**という．

曲線 $y = f(x)$ を境界とする領域　図のように，曲線 $y = f(x)$ 上の点を $\mathrm{P}(x, f(x))$ とする．点 P と同じ x 座標をもつ点 $\mathrm{Q}(x, y)$ を，$y = f(x)$ より上側にとると，点 Q のとり方から $y > f(x)$ が成り立つ．

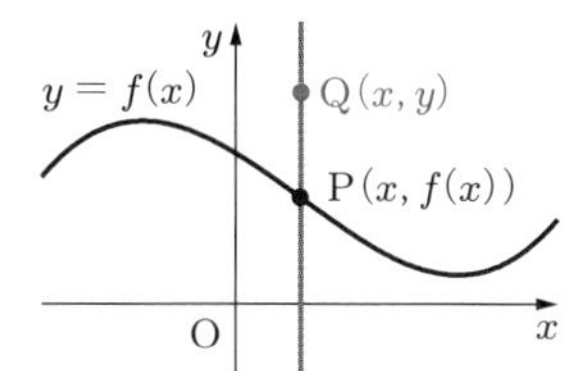

同じようにして，点 (x, y) が曲線 $y = f(x)$ より下側にあるとき，不等式 $y < f(x)$ が成り立つ．したがって，一般に次のことが成り立つ．

18.1　不等式と領域 I

(1)　不等式 $y > f(x)$ の表す領域は，曲線 $y = f(x)$ より上側の領域である．

(2)　不等式 $y < f(x)$ の表す領域は，曲線 $y = f(x)$ より下側の領域である．

不等式 $y > f(x)$ の表す領域は，集合 $\{(x, y) \mid y > f(x)\}$ のことである．

$y \geqq f(x)$ は，曲線 $y = f(x)$ 上の点と，$y = f(x)$ の上側を合わせた領域である．このとき，この領域は境界を含むという．$y \leqq f(x)$ も同様である．

例題 18.1　不等式と領域 I

次の不等式の表す領域を図示せよ．

(1)　$y \geqq x - 1$　　　　(2)　$x^2 + y - 1 < 0$

解　(1)　$y \geqq x - 1$ は，直線 $y = x - 1$ より上側の境界を含む領域である．

(2)　与えられた不等式は $y < -x^2 + 1$ と書きかえられるから，放物線 $y = -x^2 + 1$ より下側の領域である．境界は含まない．

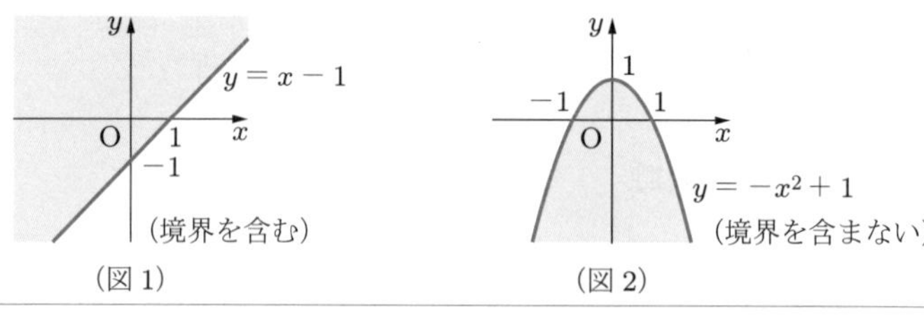

(図1)　(図2)

問 18.1　次の不等式の表す領域を図示せよ．

(1)　$y \leqq 2x - 1$　　(2)　$y > x^2 - 1$　　(3)　$y \geqq 2^x$

曲線 $x = f(y)$ を境界とする領域　図のように，曲線 $x = f(y)$ 上の点を $\mathrm{P}(f(y), y)$ とする．点 P と同じ y 座標をもつ点 $\mathrm{Q}(x, y)$ を，$x = f(y)$ より右側にとると，点 Q のとり方から $x > f(y)$ が成り立つ．

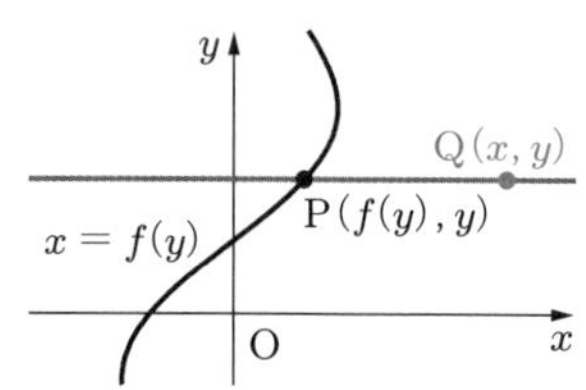

同じようにして，点 (x, y) が曲線 $x = f(y)$ の左側にあるとき，不等式 $x < f(y)$ が成り立つ．したがって，一般に次のことが成り立つ．

18.2　不等式と領域 II

(1)　不等式 $x > f(y)$ の表す領域は，曲線 $x = f(y)$ より右側の領域である．

(2)　不等式 $x < f(y)$ の表す領域は，曲線 $x = f(y)$ より左側の領域である．

例 18.1　(1)　不等式 $x + y \leqq 1$ の表す領域は，直線 $x + y = 1$ より左側の境界を含む領域である（図1）．

(2)　不等式 $y^2 < 4x$ の表す領域は，曲線 $y^2 = 4x$ の右側の領域である（図2）．

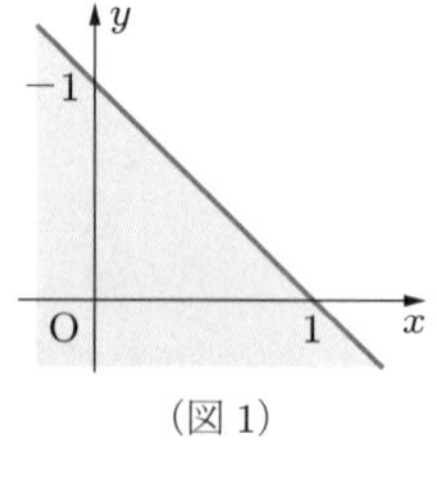

(図1)

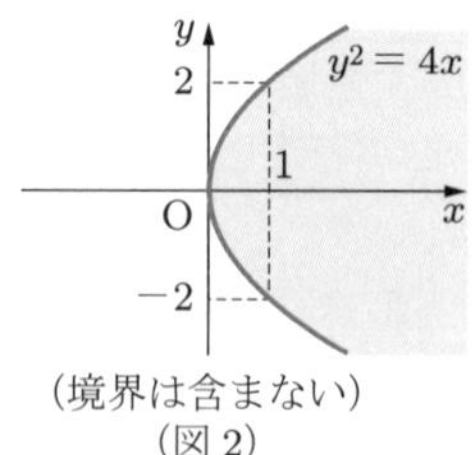

(図2)

問 18.2　次の不等式の表す領域を図示せよ．

(1)　$2x + 3 > 0$　　(2)　$x \leqq -y^2$

円を境界とする領域 原点 O を中心とし，半径 r の円 $x^2+y^2=r^2$ を境界とする領域を調べる．

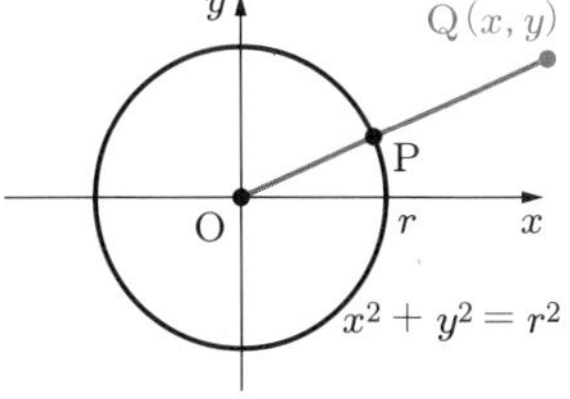

右図のように，円 $x^2+y^2=r^2$ の外部に点 $\mathrm{Q}(x,y)$ をとり，OQ と円の交点を P とすると，

$$\mathrm{OQ}^2=x^2+y^2,\quad \mathrm{OP}^2=r^2$$

が成り立つ．点のとり方から，$\mathrm{OQ}>\mathrm{OP}$ であるから，点 (x,y) が円の外部にあるとき，$x^2+y^2>r^2$ が成り立つ．同じようにして，(x,y) が円の内部にあるとき，不等式 $x^2+y^2<r^2$ が成り立つ．したがって，次のことが成り立つ．

18.3 不等式と領域 III

(1) 不等式 $x^2+y^2<r^2$ の表す領域は，円 $x^2+y^2=r^2$ の内部である．
(2) 不等式 $x^2+y^2>r^2$ の表す領域は，円 $x^2+y^2=r^2$ の外部である．

中心が原点でない円や楕円についても，同様のことが成り立つ．

例 18.2 不等式 $(x-2)^2+(y-1)^2\geqq 9$ の表す領域は，円 $(x-2)^2+(y-1)^2=9$ 上の点およびその外部である．

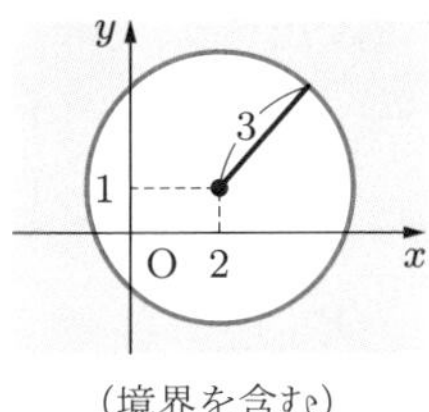

(境界を含む)

問 18.3 次の不等式の表す領域を図示せよ．

(1) $x^2+y^2\geqq 5$ (2) $x^2+y^2-2y<0$

(3) $x^2+y^2\leqq 6x-8y$ (4) $\dfrac{x^2}{4}+y^2>1$

18.2 領域における最大値・最小値

連立不等式の表す領域

例題 18.2　連立不等式の表す領域

連立不等式 $\begin{cases} 2x - y + 3 > 0 & \cdots\cdots① \\ x^2 + y^2 - 9 < 0 & \cdots\cdots② \end{cases}$ の表す領域を図示せよ.

解　連立不等式の表す領域は，それぞれの不等式の表す領域の共通部分となる．① は $y < 2x + 3$ と変形できるから，直線 $y = 2x + 3$ の下側の領域である．また，② は $x^2 + y^2 < 9$ と変形できるから，円 $x^2 + y^2 = 9$ の内部である．これらの共通部分は図の青色の部分となる．

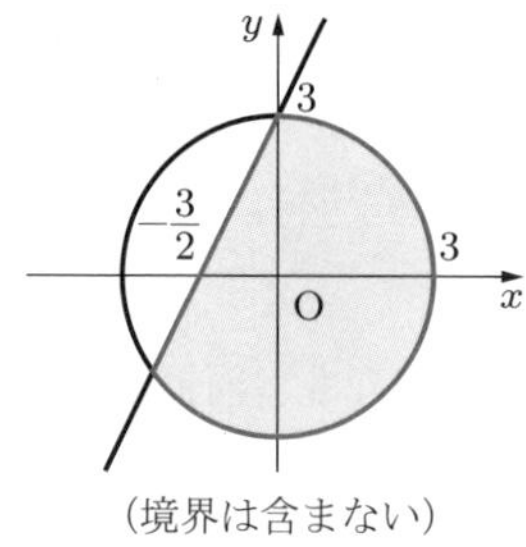

（境界は含まない）

問 18.4　次の連立不等式の表す領域を図示せよ.

(1) $\begin{cases} x - y + 1 \geqq 0 \\ 2x + y - 1 \geqq 0 \end{cases}$　　(2) $\begin{cases} x^2 + y^2 < 9 \\ x + 2y + 2 > 0 \end{cases}$

領域における最大値・最小値　連立 1 次不等式の表す領域における 1 次式の値の最大値，最小値に関する問題は，**線形計画法**とよばれている.

例題 18.3　線形計画法

点 (x, y) が，連立不等式

$$x \geqq 0, \quad y \geqq 0, \quad x + 2y - 10 \leqq 0, \quad 3x + y - 15 \leqq 0$$

の表す領域の点であるとき，$2x + y$ の最大値と最小値を求めよ.

解　連立不等式が表す領域は，次の図の青色の部分である．$2x+y=k$ とおくと，領域の点で $2x+y=k$ を満たす点は，図 1 の線分 PQ 上の点（青線の部分）である．したがって，直線 $y=-2x+k$ がこの領域と共通部分をもつときの，k の値の最大値と最小値を求めればよい．

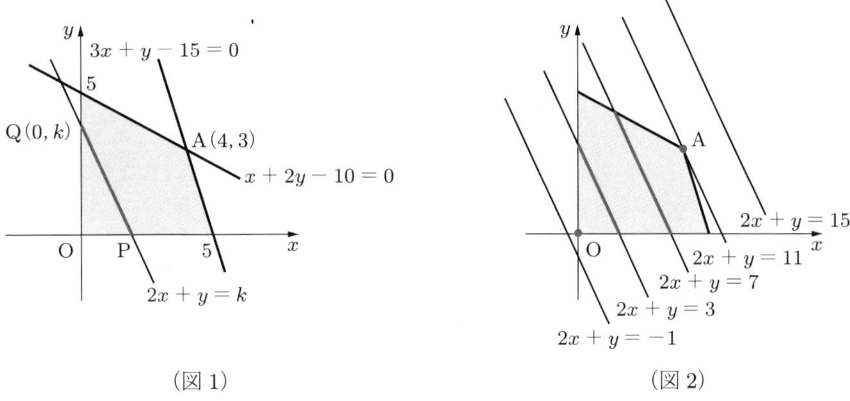

（図 1）　　（図 2）

図 2 から，直線が点 A(4, 3) を通るときに k の値は最大値をとり，直線が点 O(0, 0) を通るときに k の値は最小値をとる．したがって，最大値は $k=2\cdot 4+3=11$，最小値は $k=2\cdot 0+0=0$ である．

問 18.5　点 (x, y) が，連立不等式

$$x \geqq 0, \quad y \geqq 0, \quad x+3y-9 \leqq 0, \quad 2x+y-8 \leqq 0$$

の表す領域の点であるとき，$x+y$ の最大値と最小値を求めよ．

練習問題 18

[1]　次の不等式の表す領域を図示せよ.

(1)　$\begin{cases} x^2 + y^2 - 1 \leqq 0 \\ (x-1)^2 + y^2 - 1 \leqq 0 \end{cases}$　　(2)　$\begin{cases} y^2 > 4x \\ x^2 + y^2 < 4 \end{cases}$

(3)　$\begin{cases} -2 \leqq x \leqq 2 \\ x - 2 \leqq y \leqq x + 2 \end{cases}$　　(4)　$(x-1)y < 0$

[2]　次の図の青色の部分の領域を不等式を用いて表せ. ただし, 境界は含むものとする.

(1)
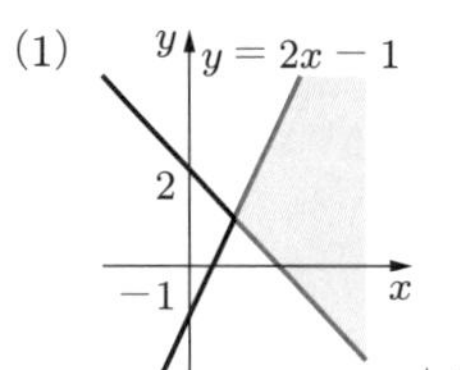

(2)
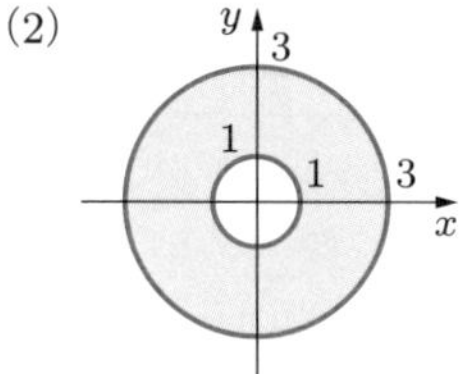

(3)
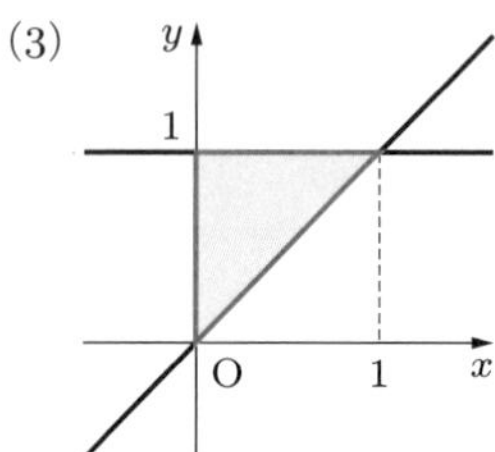

(4)
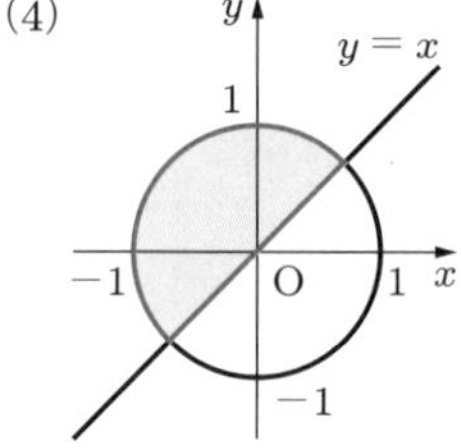

[3]　点 (x, y) が, 連立不等式

$$x \geqq 0, \quad y \geqq 0, \quad x + 2y - 7 \leqq 0, \quad 3x + y - 6 \leqq 0$$

の表す領域の点であるとき, $x + y$ の最大値と最小値を求めよ.

[4]　点 (x, y) が, 不等式 $x^2 + y^2 \leqq 4$ の表す領域の点であるとき, $y - x$ の最大値と最小値を求めよ.

第 6 章の章末問題

1. 4 つの点 $\mathrm{A}(-2,3)$, $\mathrm{B}(0,9)$, $\mathrm{C}(2,2)$, D が平行四辺形 ABCD を作っている．対角線 AC, BD の交点を E とするとき，次の問いに答えよ．

(1) 点 E の座標を求めよ．　　(2) 点 D の座標を求めよ．

2. 3 点 $\mathrm{A}(5,0)$, $\mathrm{B}(-2,1)$, $\mathrm{C}(4,1)$ から等距離にある点の座標を求めよ．

3. 点 $\mathrm{A}(5,-1)$ から直線 $\ell : 4x-3y+2=0$ に垂線を引き，この垂線と直線 ℓ との交点を H とするとき，次の問いに答えよ．

(1) 点 H の座標を求めよ．　　(2) 点 A と直線 ℓ との距離を求めよ．

4. 中心が直線 $y=x$ 上にあり，原点と点 $(2,4)$ を通る円の方程式を求めよ．

5. 円 $(x+3)^2+(y-2)^2=4$ と直線 $x+y-1=0$ の交点を結ぶ線分を直径の両端とする円の方程式を求めよ．

6. 点 P が円 $x^2+y^2=4$ 上を動くとき，点 P と点 $\mathrm{A}(6,0)$ を結ぶ線分の中点 M の軌跡を求めよ．

7. 楕円 $\dfrac{x^2}{4}+y^2=1$ と直線 $y=x+k$ が接するとき，定数 k の値を求めよ．また，そのときの接点の座標も求めよ．

8. 次の媒介変数表示から t を消去した方程式を求め，どのような曲線であるかを述べよ．また，点 $\mathrm{P}(0)$ の座標を求め，t の値が増加するときの点 $\mathrm{P}(t)$ の動く方向を，曲線上に矢印で示せ．

(1) $\begin{cases} x=2-t \\ y=2t^2+1 \end{cases}$　　(2) $\begin{cases} x=\cos t \\ y=2\sin t \end{cases}$

9. 次の直交座標で表された図形の極方程式および θ の範囲を求めよ．

(1) 直線 $x-y=1$　　(2) 円 $x^2+(y-3)^2=9$

10. 次の不等式の表す領域を図示せよ．

(1) $(x-y)(x^2+y^2-4)>0$　　(2) $2x^2+xy-y^2-5x+y+2<0$

11. $a>0$, $\mathrm{O}(0,0)$, $\mathrm{A}(a,0)$ のとき，不等式 $\mathrm{OP}<\dfrac{1}{2}\mathrm{AP}$ を満たす点 P が存在する領域を求めよ．

12. 点 (x,y) が連立不等式 $x \geqq 0$, $y \geqq 0$, $5x+2y \leqq 10$, $3x+4y \leqq 12$ の表す領域の点であるとき，次の式の最大値を求めよ．

(1) $4x+3y$　　(2) $5x+y$　　(3) $2x+3y$

Chapter

7 個数の処理

19 場合の数

19.1 場合の数

樹形図　あることがらが起こりうる場合が何通りあるかということを，**場合の数**という．場合の数が小さいときには，**樹形図**（起こる場合を枝のように表した図）を用いることによって，もれなく，しかも重複なく数え上げることができる．

例 19.1　赤いカード 3 枚と白いカード 2 枚を 1 列に並べるとき，その並べ方が何通りあるかを調べる．次のような樹形図を作って数え上げることにより，求める場合の数は 10 通りであることがわかる．

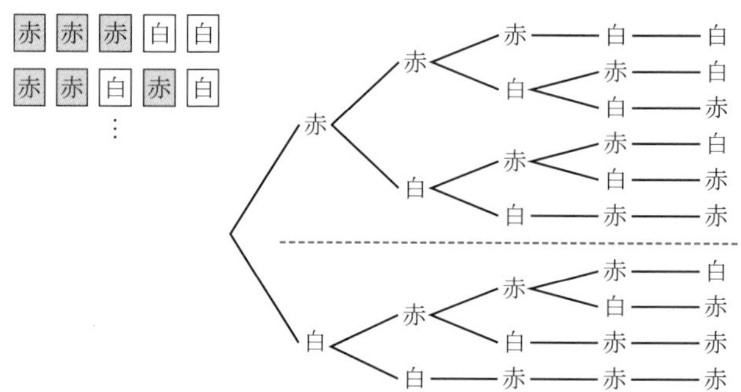

問 19.1　赤いカード 2 枚と白いカード 1 枚，青いカード 1 枚の計 4 枚を 1 列に並べるとき，その並べ方は何通りあるか．

和の法則，積の法則　例 19.1 の樹形図では，カードの並べ方のうち，最初の 1 枚が赤か白かによって 2 つの場合に分け（樹形図の中に青い破線で示した），それぞれの場合の数を求めてそれらを加えれば，すべての場合の数を求めることができる．この考え方を一般化したものが，次の**和の法則**である．

19.1 和の法則

2つのことがら A, B が同時に起こることはなく，A の場合の数が m 通り，B の場合の数が n 通りであるとき，A または B が起こる場合の数は $m+n$ 通りである．

問 19.2 1個のさいころを2回投げるとき，目の和が5の倍数になる場合の数を求めよ．

例 19.2 500 の約数がいくつあるかを調べる．$500 = 2^2 \cdot 5^3$ だから，その約数は

$$2^p 5^q, \quad 0 \leqq p \leqq 2, \quad 0 \leqq q \leqq 3 \quad (p, q \text{ は整数})$$

の形をした整数である．これらを表にすると次のようになる．

	$q=0$	$q=1$	$q=2$	$q=3$
$p=0$	$2^0 \cdot 5^0 = 1$	$2^0 \cdot 5^1 = 5$	$2^0 \cdot 5^2 = 25$	$2^0 \cdot 5^3 = 125$
$p=1$	$2^1 \cdot 5^0 = 2$	$2^1 \cdot 5^1 = 10$	$2^1 \cdot 5^2 = 50$	$2^1 \cdot 5^3 = 250$
$p=2$	$2^2 \cdot 5^0 = 4$	$2^2 \cdot 5^1 = 20$	$2^2 \cdot 5^2 = 100$	$2^2 \cdot 5^3 = 500$

したがって，求める約数の個数は $3 \cdot 4 = 12$ 個である．

このように，すべての場合を長方形の表にすることができれば，縦横の欄の数をかけ合わせることによって場合の数を求めることができる．この考え方を一般化したものが，次の**積の法則**である．

19.2 積の法則

2つのことがら A, B があって，A の場合の数が m 通りであり，そのおのおのの場合について，B の場合の数が n 通りずつあるとき，A と B がともに起こる場合の数は mn 通りである．

問 19.3 108 の約数はいくつあるか．

問 19.4 3桁の自然数のうち百の位が偶数，十の位が3の倍数，一の位が奇数であるものは全部でいくつあるか．

問 19.5　あるホテルの朝食では，洋食と和食が選べるようになっており，洋食の場合には副菜 3 種類と飲み物 4 種類からそれぞれ 1 品ずつ選び，和食の場合には副菜 2 種類と飲み物 2 種類のうちからそれぞれ 1 品ずつ選ぶ．食事の選び方は全部で何通りあるか．

19.2 順列

順列　1, 2, 3, 4, 5 の 5 個の数字の中から，3 つの数字を選んで 3 桁の数字を作るとき，何通りの数ができるかを調べる．

百の位の数を選ぶ方法は 5 通りあり，そのおのおのの場合について，十の位の数を選ぶ方法は 4 通りずつあり，さらに，一の位の数を選ぶ方法は 3 通りずつある．したがって，積の法則によって，3 桁の数を作る方法は

$$5 \cdot 4 \cdot 3 = 60 \text{ 通り}$$

である．

一般に，n 個の異なるものの中から r 個を選んで 1 列に並べたものを**順列**といい，その総数を ${}_n\mathrm{P}_r$ で表す．上の例では，5 つの異なる数字から 3 個を選んで並べてできる数字 123, 124, ... が順列であり，その総数は

$${}_5\mathrm{P}_3 = 5 \cdot 4 \cdot 3 = 60$$

である．樹形図の考え方を用いれば，順列の総数 ${}_n\mathrm{P}_r$ は，n から始めて $n-1$, $n-2, \ldots, n-(r-1)$ と，r 個の自然数をかけ合わせたものであることがわかる．したがって，次のことが成り立つ．

19.3　順列の総数

n 個の異なるものの中から r 個選んで 1 列に並べる順列の総数は，次のようになる．

$${}_n\mathrm{P}_r = \overbrace{n(n-1)(n-2)\cdots(n-r+1)}^{r\text{ 個}}$$

note　P は permutation（並べ替えの意味）の頭文字である．

例 19.3 $\quad {}_7\mathrm{P}_5 = 7 \cdot 6 \cdot 5 \cdot 4 \cdot 3 = 2520, \quad {}_8\mathrm{P}_3 = 8 \cdot 7 \cdot 6 = 336$

問 19.6 次の順列の総数を求めよ．

(1) ${}_7\mathrm{P}_2$ (2) ${}_6\mathrm{P}_4$ (3) ${}_5\mathrm{P}_5$

例 19.4 6 人が組になって 50 m 競走をする．1, 2, 3 着の決まり方の総数は

$${}_6\mathrm{P}_3 = 6 \cdot 5 \cdot 4 = 120 \text{ 通り}$$

である．

問 19.7 10 人のグループでキャンプをするとき，会計，料理，清掃の責任者を 1 人ずつ決める．その選び方は何通りあるか．

階乗 n 個の異なるものすべてを 1 列に並べる順列の総数は

$${}_n\mathrm{P}_n = n(n-1)(n-2)\cdots 3 \cdot 2 \cdot 1 \tag{19.1}$$

であり，これは 1 から n までのすべての自然数の積になる．これを n の**階乗**といい，記号 $n!$ で表す．階乗の記号を用いると，順列の総数 ${}_n\mathrm{P}_r$ は

$$\begin{aligned}
{}_n\mathrm{P}_r &= n(n-1)(n-2)\cdots(n-r+1) \\
&= \frac{n(n-1)(n-2)\cdots(n-r+1)\cdot(n-r)(n-r-1)\cdots 2\cdot 1}{(n-r)(n-r-1)\cdots 2 \cdot 1} \\
&= \frac{n!}{(n-r)!}
\end{aligned}$$

と表すことができる．この式が $r = n$，$r = 0$ であっても成り立つように，

$$0! = 1, \quad {}_n\mathrm{P}_0 = 1 \tag{19.2}$$

と定める．

19.4 順列と階乗

$${}_n\mathrm{P}_r = \frac{n!}{(n-r)!}, \quad {}_n\mathrm{P}_n = n!$$

問19.8　次の数を求めよ.

(1)　$3!$　　(2)　$4!$　　(3)　$6 \cdot 5!$　　(4)　$\dfrac{8!}{5!}$

> **note**　n が少し大きくなると $n!$ は非常に大きい数になる. ビッグバンは 140 億年前に起きたとされ, この年数を秒で表すとかなり大きな数になるが, $20!$ 秒はそれよりも大きな数である. ちなみに, $20!$ は 19 桁の数である.

例題 19.1　数の作り方

0, 1, 2, 3, 4 の 5 個の数字を 1 度だけ使って 3 桁の数を作る.

(1)　全部でいくつできるか.

(2)　偶数はいくつできるか.

解　(1)　百の位には 1, 2, 3, 4 のうちどれかの数が入り, そのおのおのの場合について, 残りの 4 つの数の中から 2 つ選んで並べる場合の数は ${}_4\mathrm{P}_2$ 通りずつあるから,

$$4 \cdot {}_4\mathrm{P}_2 = 4 \cdot 4 \cdot 3 = 48 \text{ 個}$$

となる.

(2)　一の位が 0 のものは ${}_4\mathrm{P}_2 = 4 \cdot 3 = 12$ 個, 一の位が 2 のもの, 4 のものは, それぞれ $3 \cdot 3 = 9$ 個である. よって, $12 + 2 \cdot 9 = 30$ 個である.

問19.9　0, 1, 2, 3, 4, 5 の 6 個の数字を用いて 4 桁の数を作る.

(1)　全部でいくつの数ができるか.

(2)　5 の倍数はいくつできるか.

いろいろな順列　いろいろな並べ方について, その場合の数を考える.

例題 19.2　円順列

A, B, C, D の 4 人が手をつないで丸い輪を作るとき, 何通りの方法があるか.

解　A, B, C, D の作る順列を考える. いま, (A, B, C, D) は, 左回りに A-B-C-D の順に手をつないで作った輪を表すことにする. このとき, (A, B, C, D), (D, A, B, C), (C, D, A, B), (B, C, D, A) は同じ輪である. このように, 順列の中には輪にすると同じになるものが 4 つずつ含まれている. 順列の総数は $4!$ であるから, 輪の種類は

$$\frac{4!}{4} = 3! = 6 \text{ 通り}$$

である.

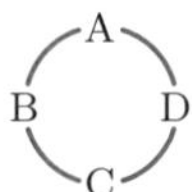

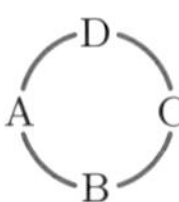

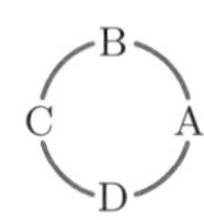

このように，n 個の異なるものを円形に配列したものを**円順列**という．

19.5 円順列の総数

n 個の異なるものを円形に並べる円順列の総数は，次のようになる．

$$\frac{n!}{n} = (n-1)!$$

問 19.10 5 つの異なった色のガラス玉をつないで首飾りを作る方法は何通りあるか．ただし，裏返して同じ並びになるものは同じものとする．

例題 19.3 重複順列

A, B, C, D の 4 つの文字から 3 個を選んで 1 列に並べる方法は何通りあるか．ただし，同じ文字を何回使ってもよいこととする．

解 同じ文字を何回使ってもよいから，1 番目の文字を選ぶ方法は 4 通りあり，2 番目，3 番目もそれぞれ 4 通りずつあるから，積の法則により，求める場合の数は，次のようになる．

$$4^3 = 64 \text{ 通り}$$

同じものを何回も使ってよい，ということを，重複を許すという．n 個の異なるものから重複を許して作る順列を**重複順列**という．

19.6 重複順列の総数

n 個の異なるものから，重複を許して r 個を選んで 1 列に並べる重複順列の総数は，次のようになる．

$$n^r$$

問 19.11 2 進法は数字の 0 と 1 を 1 列に並べて数を作る．0 と 1 を 8 個並べて作ることができる数の種類はどれだけあるか．

19.3 組合せ

組合せ 1, 2, 3, 4, 5 の 5 つの数字の中から，3 つの数字を選んで組を作る場合の数を考える．

5 つの数字を使って 3 桁の数を作る順列の数は ${}_5\mathrm{P}_3$ である．この 3 桁の数の中には，数字の組としては同じものが 3! 個ずつ含まれている．たとえば，3! 個の数 123, 231, 312, 132, 213, 321 はすべて，組 $\{1,2,3\}$ と同じである．したがって，求める組の数は

$$\frac{{}_5\mathrm{P}_3}{3!} = \frac{5\cdot4\cdot3}{3\cdot2\cdot1} = 10$$

である．

一般に，n 個の異なるものから r 個を選んで作った組を**組合せ**といい，組合せの総数を ${}_n\mathrm{C}_r$ と表す．上の例は，5 個の異なるものから 3 個を選ぶ組合せの総数 ${}_5\mathrm{C}_3$ を求める問題であり，

$${}_5\mathrm{C}_3 = \frac{{}_5\mathrm{P}_3}{3!} = 10$$

であることを示す．

n 個の異なるものから r 個選んで並べた ${}_n\mathrm{P}_r$ 個の順列の中には，組合せとしては同じものが $r!$ 個ずつ含まれるから，組合せの総数について次のことが成り立つ．

19.7　組合せの総数

n 個の異なるものから r 個を選ぶ組合せの総数は，次のようになる．

$${}_n\mathrm{C}_r = \frac{{}_n\mathrm{P}_r}{r!} = \frac{n(n-1)\cdots(n-r+1)}{r(r-1)\cdots1}$$

${}_n\mathrm{P}_0 = 1,\ 0! = 1$ であるから，この式が $r=0$ のときにも成り立つように

$${}_n\mathrm{C}_0 = 1 \tag{19.3}$$

と定める．${}_n\mathrm{P}_r = \dfrac{n!}{(n-r)!}$ であるから，次の公式が成り立つ．

19.8　組合せと階乗

$${}_n\mathrm{C}_r = \frac{n!}{r!(n-r)!}, \quad {}_n\mathrm{C}_n = 1$$

note　C は combination（結合，連合などの意味）の頭文字である．

例 19.5　$_{10}C_2 = \dfrac{10 \cdot 9}{2 \cdot 1} = 45, \quad {}_8C_5 = \dfrac{8 \cdot 7 \cdot 6 \cdot 5 \cdot 4}{5 \cdot 4 \cdot 3 \cdot 2 \cdot 1} = 56$

問 19.12　次の組合せの総数を求めよ.

(1)　$_4C_2$　　(2)　$_8C_4$　　(3)　$_9C_6$

問 19.13　10 人のグループでキャンプをするとき，調理係 3 人を選ぶ方法は何通りあるか.

同じ種類のものを含む場合の並べ方　同じ種類のものが含まれる場合の並べ方の総数を考える.

例題 19.4　2 種類のものを並べる場合の数

黒い碁石が 2 個，白い碁石が 5 個の合計 7 個の碁石を 1 列に並べる場合の数を求めよ.

解　7 個の碁石の並べ方を決めることは，7 つの位置の中から黒い碁石をおく 2 つの位置を決めることであり，これは，1 から 7 までの数の中から 2 つを選ぶことと同じである．したがって，求める場合の数は次のようになる.

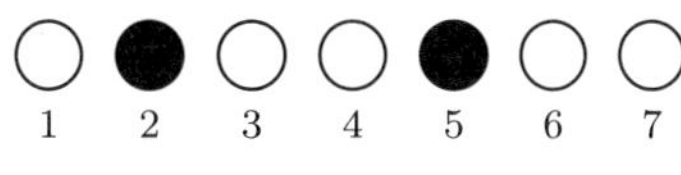

$$_7C_2 = \frac{7 \cdot 6}{2 \cdot 1} = 21$$

問 19.14　0, 0, 0, 0, 1, 1, 1 の 7 個の数字を 1 列に並べてできる数字の列は全部でいくつあるか.

例題 19.5　3 種類のものを並べる場合の数

5 枚の赤いカード，2 枚の白いカード，2 枚の黒いカードの合計 9 枚のカードを 1 列に並べる場合の数を求めよ.

解　これらのカードを 1 列に並べるには，まず，カードをおく 9 つの位置のうちから赤いカードをおく 5 つの位置を選び，さらに，残りの 4 つの位置から白いカードをおく 2 つの位置を選べばよい．9 つの位置から赤いカードの位置を選ぶ方法は $_9C_5$ 通りあり，そのおのおのの場合について，残りの 4 つの位置から白いカードをおく 2 つの場所を選ぶ方法は $_4C_2$ 通りずつあるから，積の法則によって，求める場合の数は

$$_9C_5 \cdot {}_4C_2 = \frac{9 \cdot 8 \cdot 7 \cdot 6 \cdot 5}{5 \cdot 4 \cdot 3 \cdot 2 \cdot 1} \cdot \frac{4 \cdot 3}{2 \cdot 1} = 756$$

となる.

例題 19.5 に示した計算は，黒いカードのことまで考えて，

$$ {}_9\mathrm{C}_5 \cdot {}_4\mathrm{C}_2 \cdot {}_2\mathrm{C}_2 = \frac{9 \cdot 8 \cdot 7 \cdot 6 \cdot 5}{5 \cdot 4 \cdot 3 \cdot 2 \cdot 1} \cdot \frac{4 \cdot 3}{2 \cdot 1} \cdot \frac{2 \cdot 1}{2 \cdot 1} = \frac{9!}{5! \cdot 2! \cdot 2!} $$

と書くこともできる．この考え方を一般化すると，次のようになる．

19.9　同じ種類のものを含む場合の並べ方の総数

n 個のものの中に，同じものが p 個，q 個，…，r 個ずつあるとき，これらを 1 列に並べる場合の数は，次のようになる．

$$ \frac{n!}{p! \cdot q! \cdot \cdots \cdot r!} \quad (\text{ただし，} p + q + \cdots + r = n) $$

問 19.15　次の場合の数を求めよ．

(1)　2 個のみかんと 3 個のりんごと 4 個のなしを 1 列に並べる．

(2)　1, 1, 2, 2, 2, 3, 3, 4 の 8 つの数字を 1 列に並べる．

組合せの性質　　n 人の中から r 人の選手を選ぶ方法を，次のように考える．

(i) r 人の選手を選ぶことは，選手にならない $n-r$ 人を選ぶことと同じであるから，それらの場合の数は一致する．したがって，次の式が成り立つ．

$$ {}_n\mathrm{C}_{n-r} = {}_n\mathrm{C}_r \tag{19.4} $$

(ii) r 人の選手を選ぶ方法は，特定の者（これを A としよう）を含む場合と含まない場合とに分けることができる．A を含む場合には，残りの $n-1$ 人の中から $r-1$ 人の選手を選べばよいから，その場合の数は ${}_{n-1}\mathrm{C}_{r-1}$ である．A を含まない場合には，残りの $n-1$ 人の中から r 人の選手を選べばよいから，その場合の数は ${}_{n-1}\mathrm{C}_r$ である．したがって，和の法則によって次の式が成り立つ．

$$ {}_{n-1}\mathrm{C}_{r-1} + {}_{n-1}\mathrm{C}_r = {}_n\mathrm{C}_r \tag{19.5} $$

19.10　組合せの性質

任意の自然数 n について，次の式が成り立つ．

(1)　${}_n\mathrm{C}_{n-r} = {}_n\mathrm{C}_r \quad (0 \leqq r \leqq n)$

(2)　${}_{n-1}\mathrm{C}_{r-1} + {}_{n-1}\mathrm{C}_r = {}_n\mathrm{C}_r \quad (1 \leqq r \leqq n-1)$

問19.16　白を含む，互いに色の異なる色えんぴつが 12 本ある．

(1)　8 色のえんぴつを選ぶ方法は何通りあるか．

(2)　8 色のえんぴつを選ぶとき，白を含む場合と白を含まない場合のそれぞれについて，選ぶ方法は何通りあるか．

19.4 二項定理

二項定理　$(a+b)^3$ を，かけ合わされた文字の順序を交換しないで展開すると，

$$
\begin{aligned}
(a+b)^3 &= (a+b)\cdot(a+b)\cdot(a+b)\\
&= aaa+baa+aba+bba+aab+bab+abb+bbb
\end{aligned}
$$

となる．この展開式の項には，a または b を 3 個並べたものがすべて現れる．この中で，たとえば a^2b となる項は，aab, aba, baa の 3 個である．この個数は 2 つの a と 1 つの b を並べた場合の数 ${}_3\mathrm{C}_1$ と一致するから，展開式の a^2b の項の係数は ${}_3\mathrm{C}_1=3$ である．

この考え方を $(a+b)^n$（n は自然数）の場合に適用することによって，次の**二項定理**が成り立つ．

19.11　二項定理

自然数 n に対して，$(a+b)^n$ を展開したときの $a^{n-r}b^r$ の係数は ${}_n\mathrm{C}_r$ に等しい．すなわち，次の展開式が成り立つ．

$$
(a+b)^n = {}_n\mathrm{C}_0\,a^n + {}_n\mathrm{C}_1\,a^{n-1}b + \cdots + {}_n\mathrm{C}_r\,a^{n-r}b^r + \cdots + {}_n\mathrm{C}_n\,b^n
$$

例 19.6　二項定理を用いて $(a+b)^4$ を展開する．

$$
\begin{aligned}
(a+b)^4 &= {}_4\mathrm{C}_0\,a^4 + {}_4\mathrm{C}_1\,a^3b + {}_4\mathrm{C}_2\,a^2b^2 + {}_4\mathrm{C}_3\,ab^3 + {}_4\mathrm{C}_4\,b^4\\
&= a^4+4a^3b+6a^2b^2+4ab^3+b^4
\end{aligned}
$$

$(a+b)^n$ を展開したとき，${}_n\mathrm{C}_r\,a^{n-r}b^r$　$(0 \leqq r \leqq n)$ を**一般項**という．

例題 19.6　展開式の項の係数

$\left(2x-\dfrac{1}{x^2}\right)^9$ を展開したときの定数項を求めよ．

解　展開して整理したときの一般項は

$$ {}_9\mathrm{C}_r\cdot(2x)^{9-r}\cdot\left(-\frac{1}{x^2}\right)^r=(-1)^r\cdot 2^{9-r}\cdot{}_9\mathrm{C}_r\cdot x^{9-3r}\quad(r=0,1,2,\ldots,9)$$

である．このうちの定数項となるのは $9-3r=0$ となるとき，すなわち，$r=3$ のときである．よって，定数項は次のようになる．

$$(-1)^3\cdot 2^6\cdot{}_9\mathrm{C}_3=-64\cdot\frac{9\cdot 8\cdot 7}{3\cdot 2\cdot 1}=-5376$$

問 19.17　次の問いに答えよ．

(1)　$(2x-3)^4$ の展開式における x^3 の係数を求めよ．

(2)　$\left(x^2-\dfrac{2}{x}\right)^7$ の展開式における x^5 の係数を求めよ．

パスカルの三角形　$(a+b)^n$ の展開式に現れる係数を下図のような三角形状に並べたものを，**パスカルの三角形**という．

$(a+b)^0=1$ $\cdots$ 1

$(a+b)^1=a+b$ $\cdots$ 1　1

$(a+b)^2=a^2+2ab+b$ $\cdots$ 1　2　1

$(a+b)^3=a^3+3a^2b+3ab^2+b^3$ $\cdots$ 1　3　3　1

$(a+b)^4=a^4+4a^3b+6a^2b^2+4ab^3+b^4$ $\cdots$ 1　4　6　4　1

$\vdots$

二項定理から，パスカルの三角形は組合せの総数 ${}_n\mathrm{C}_r$ を並べたものであることがわかる．

組合せの性質 ${}_{n-1}\mathrm{C}_{r-1}+{}_{n-1}\mathrm{C}_r={}_n\mathrm{C}_r$ から，パスカルの三角形の隣り合った2数の合計は，その下にある数と等しい．この規則にしたがって，パスカルの三角形を1段ずつ書いていくことにより，$(a+b)^n$ の展開式を求めることができる．

問 19.18　パスカルの三角形を利用して $(a+b)^6$ の展開式を書け．

練習問題 19

[1] 男性 6 人と女性 3 人のあわせて 9 人の中から 4 人を選ぶとき，その選び方について次の問いに答えよ．

(1) 全部で何通りあるか．　(2) 4 人がすべて男性であるのは何通りあるか．

(3) 4 人の中に少なくとも 1 人の女性が含まれるのは何通りあるか．

(4) 男性と女性が 2 人ずつ選ばれるのは何通りあるか．

[2] $(x+y+z)^{10}$ を展開したときの $x^5y^3z^2$ の係数を求めよ．

[3] 立方体の各面に 6 種類の色を塗るとき，何通りの塗り方があるか．

[4] 右図のような道路網がある．次の道順にしたがって最短距離で進む方法は，それぞれ何通りあるか．

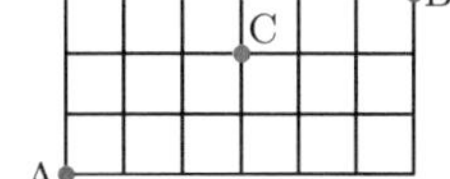

(1) 点 A から点 B まで進む．

(2) 点 A から，点 C を通って点 B まで進む．

[5] 下図のような図形の中に，長方形はいくつあるか．

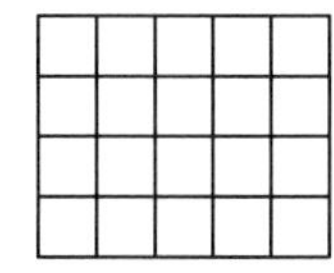

[6] n を 0 以上の整数とするとき，二項定理を用いて次の式の値を求めよ．

(1) ${}_n\mathrm{C}_0 + {}_n\mathrm{C}_1 + {}_n\mathrm{C}_2 + \cdots + {}_n\mathrm{C}_{n-1} + {}_n\mathrm{C}_n$

(2) ${}_n\mathrm{C}_0 - {}_n\mathrm{C}_1 + {}_n\mathrm{C}_2 - \cdots + (-1)^n {}_n\mathrm{C}_n$

[7] a, a, a, b, b, c, d の 7 個の文字を並べて文字列を作る．

(1) 全部でいくつできるか．　(2) b で始まるものはいくつできるか．

(3) 両端が a のものはいくつできるか．

(4) 少なくとも一方の端が子音のものはいくつできるか．

[8] $\left(x - \dfrac{2}{x^2}\right)^6$ を展開するとき，次の問いに答えよ．

(1) 定数項を求めよ．　(2) x^3 の係数を求めよ．

[9] 5 段の階段を上がるのに，1 度に 1 段上がるのと，2 段上がるのとを組み合わせて上がる方法は何通りあるか．1 段ずつだけで上がるのもよいものとする．

[10] りんご, みかん, なしを合わせて 8 個買うとき，次の買い方はそれぞれ何通りあるか．

(1) 買わない果物があってもよい場合．

(2) どの果物も必ず 1 個以上買う場合．

問・練習問題の解答

問題によっては，ヒントを青字で示してある．

第1章

第1節の問

1.1 (1) x についての方程式
(2) x についての恒等式
(3) a についての恒等式
(4) t についての方程式

1.2 (1) $x = \dfrac{y+3}{2}$ (2) $y = a(x+1)$
(3) $R = \dfrac{1}{30}(E - 30r)$
(4) $x = -\dfrac{1}{y-1}$

1.3 (1) $x > -\dfrac{9}{2}$ (2) $x \leqq 5$ 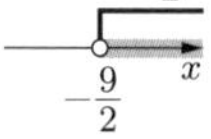 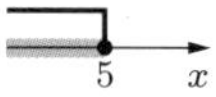
(3) $x < -4$ (4) $x \geqq 1$

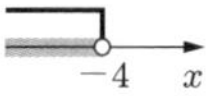

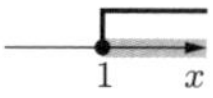

1.4 (1) $-2 \leqq x < 3$ (2) $x > 2$

1.5 (1) 0.12 (2) $0.\dot{3}\dot{6}$
(3) $0.\dot{4}2857\dot{1}$ (4) $0.1\dot{3}$

1.6 (1) $\dfrac{1}{8}$ (2) $\dfrac{1}{3}$ (3) $\dfrac{512}{999}$

1.7 (1) $\sqrt{2}$ (2) 4 (3) $4 - \pi$

1.8 (1) 3 (2) 5 (3) $\sqrt{2}+1$
(4) $3 - \sqrt{5}$

1.9 (1) ± 4 (2) 4 (3) 2 (4) -5

1.10 (1) $3\sqrt{6}$ (2) 12 (3) $\dfrac{3}{2}$
(4) $4\sqrt{3}$ (5) -1 (6) $4+2\sqrt{3}$

1.11 (1) $\dfrac{2\sqrt{3}}{3}$ (2) $\dfrac{\sqrt{6}}{6}$
(3) $\dfrac{\sqrt{7}-\sqrt{3}}{2}$ (4) $\dfrac{3\sqrt{2}+4}{2}$

1.12 (1) 実部は $\sqrt{2}$，虚部は 3
(2) 実部は 0，虚部は 3（純虚数）
(3) 実部は 3，虚部は -1
(4) 実部は -5，虚部は 0（実数）

1.13 (1) $9 - i$ (2) $1 + 5i$
(3) $26 - 7i$ (4) $28 - 4i$

1.14 $x = 1,\ y = 2$

1.15 (1) $-1-2i$ (2) $\dfrac{7}{13} + \dfrac{22}{13}i$
(3) $\dfrac{2}{5} - \dfrac{1}{5}i$

1.16 (1) $-4\sqrt{6}$ (2) $-\dfrac{\sqrt{6}}{3}i$ (3) $\dfrac{3}{2}$

練習問題1

[1] (1) $a = \dfrac{2S - bh}{h}$
(2) $r = \dfrac{a(z-1)}{z}$ (3) $y = \dfrac{x}{x-1}$
(4) $x = -\dfrac{3y+1}{2y-1}$

[2] (1) $\dfrac{3}{2} < x \leqq 2$ (2) $x \geqq 3$

[3] $a > 0$ のとき $x > -\dfrac{b}{a}$，
$a < 0$ のとき $x < -\dfrac{b}{a}$

[4] (1) $\dfrac{29}{40}$ (2) $\dfrac{101}{333}$ (3) $\dfrac{1223}{990}$

[5] (1) $a = -2$ など，$a < 0$ であるもの
(2) $a = 1,\ b = -2$ など，$ab < 0$ であるもの

[6] (1) $5 - 2\sqrt{5}$ $[3 - \sqrt{5} > 0,\ 2 - \sqrt{5} < 0]$
(2) 2 $[\sqrt{2}+2 > 0,\ \sqrt{2} - 2 < 0]$

[7] (1) 7 (2) $12 - 7\sqrt{3}$ (3) $\sqrt{3}$
(4) $2a + 1 - 2\sqrt{a(a+1)}$
$\left[与式 = \dfrac{(\sqrt{a+1}-\sqrt{a})^2}{(\sqrt{a+1}+\sqrt{a})(\sqrt{a+1}-\sqrt{a})}\right]$

[8] (1) $1 + 3i$ (2) $17 + 17i$
(3) $\dfrac{12}{13} - \dfrac{5}{13}i$ (4) $2 + 2i$
(5) $3 - 4i$ (6) $\dfrac{1}{2} + \dfrac{1}{2}i$

[9] (1) $\alpha - \overline{\alpha} = 2bi,\ b \neq 0$ だから純虚数
(2) $\alpha^2 + \overline{\alpha}^2 = 2(a^2 - b^2)$ だから実数

第 2 節の問

2.1 係数は 6，次数は 5．x に着目すると，係数は $6ab^2$，次数は 2

2.2 $8x^2-(2y-1)x+(8y-3)$

2.3 (1) $-5x^2+(-a+1)x+(a-4)$，x の係数は $-a+1$，定数項は $a-4$
(2) $13x^2+(4a-3)x+(-2a+11)$，x の係数は $4a-3$，定数項は $-2a+11$

2.4 (1) $10a^3x^4$ (2) $72x^7y^8$

2.5 (1) $2ax^3+2a(3a+1)x$
(2) $x^2-(y+1)x-(6y^2+7y+2)$

2.6 (1) $4x^2+20x+25$
(2) $9a^2-12ab+4b^2$ (3) x^2-49
(4) $x^2-2x-15$ (5) $12a^2-11a+2$
(6) $6x^2-bx-12b^2$

2.7 (1) $27x^3+27x^2y+9xy^2+y^3$
(2) $a^3-a^2+\dfrac{a}{3}-\dfrac{1}{27}$ (3) $8t^3-27$
(4) $p^3+\dfrac{1}{8}$

2.8 (1) $x^2-6xy+9y^2+3x-9y-10$
(2) $a^2-b^2-2bc-c^2$
(3) $x^2+y^2+z^2-2xy-2yz+2zx$
(4) $4a^2-3b^2+c^2+4ab-2bc-4ac$

2.9 (1) $x^2(x+3)$ (2) $-2ab^2(2a^2-3b)$
(3) $(x+y)(3x+4y)$ (4) $x(x-1)(x+1)$

2.10 (1) $(2x-3)(2x+3)$ (2) $(x-3)^2$
(3) $(x-2)(x-3)$ (4) $(3p+q)(p-3q)$
(5) $3(ab-1)^2$ (6) $(x-2y)(x+6y)$

2.11 (1) $(2x+1)(x-2)$
(2) $(5x-2y)(x+3y)$
(3) $(4x-3)(3x-1)$
(4) $(2x-3y)(3x+2y)$

2.12 (1) $(x-1)(x^2+x+1)$
(2) $(2x+3y)(4x^2-6xy+9y^2)$
(3) $2(a-2b)(a^2+2ab+4b^2)$
(4) $\dfrac{1}{4}(2x-a)(4x^2+2ax+a^2)$

2.13 (1) $(x-1)(x+5)$
(2) $(x-3)(x+3)(x-2)(x+2)$
(3) $(x-3)(2x+3a)$

練習問題 2

[1] (1) $5x^2-11x-3$ (2) $x-2$

[2] (1) $2a$ (2) $-2x-5$

[3] (1) $x^3+(a-3)x^2-(2a-b-3)x+(a-b-1)$
(2) $a^3-2(b^2+2)a-b(b^2+4)$

[4] (1) $9x^2-24xy+16y^2$
(2) $a^2+b^2+c^2+2ab-2bc-2ca$
(3) $x^2+4xy+4y^2-8x-16y+15$
(4) $a^2-b^2-c^2+2bc$
［与式 $=\{a-(b-c)\}\{a+(b-c)\}$］
(5) $8x^3-36x^2y+54xy^2-27y^3$
(6) x^4-1 ［$(x-1)(x+1)=x^2-1$］

[5] (1) $2y(ax+2b)(ax-2b)$
(2) $(a-b)(x+y)$ (3) $(2x+3y)^2$
(4) $(p+2)(p-7)$ (5) $(t-4)(2t+1)$
(6) $(3x-2)(4x+1)$

[6] (1) $(x+2)(x+3)$
(2) $4(a-4)(a-1)$
(3) $(x^2+1)(x-2)(x+2)$
(4) $(x-3)(x+y+5)$ ［y について整理］
(5) $(a-b)(a+c)$ ［b または c について整理］
(6) $(a+b-c)(a+b+c)$

[7] (1) $8\sqrt{5}-16$
(2) $6+2\sqrt{2}+2\sqrt{3}+2\sqrt{6}$
(3) $x+\dfrac{1}{x}+2$ (4) $2a+2b$
(5) $x^3-3x+\dfrac{3}{x}-\dfrac{1}{x^3}$
(6) $27x^6+18x^3+4+\dfrac{8}{27x^3}$

第 3 節の問

3.1 (1) $2x^3+2x^2-x+5$
$=(x-2)(2x^2+6x+11)+27$
(2) x^4-6x^2-1
$=(x^2+x-3)(x^2-x-2)-x-7$
(3) $\dfrac{1}{2}t^3+2t^2+1=(t^2+1)\left(\dfrac{1}{2}t+2\right)-\dfrac{1}{2}t-1$

3.2 (1) 商 $2x^2+6x+11$，余り 27

2	2	−1	5	2
	4	12	22	
2	6	11	27	

(2) 商 a^2-5，余り 0

1	2	−5	−10	−2
	−2	0	10	
1	0	−5	0	

3.3 $P(1) = -4,\ P(-2) = -7$

3.4 (1) $P(2) = 4$ (2) $P(-1) = 3$

3.5 (1) $(x-1)(x-2)(x+2)$

(2) $(x+1)(x+2)(x-3)$

(3) $(x-3)(x+2)^2$

(4) $(x-2)(2x^2-x+3)$

3.6 (1) $\dfrac{2y^2}{3x^3}$ (2) x^2-x+1 (3) $\dfrac{x-4}{x+3}$

3.7 (1) $\dfrac{2b^2c}{a^4}$ (2) $\dfrac{3y(x+1)}{2x}$

3.8 (1) $\dfrac{4x+y}{2x^2y^2}$ (2) $\dfrac{3x+4}{(x-2)(x+3)}$

(3) $\dfrac{x+8}{(x+1)(x+2)(x-4)}$

(4) $-\dfrac{2x}{(x-1)(x+1)}$

3.9 (1) $\dfrac{a+1}{a-1}$ (2) $-\dfrac{1}{x(x+h)}$

(3) $\dfrac{a+1}{2a+1}$

3.10 (1) $x^2-x+1-\dfrac{2}{x+1}$

(2) $3x+2-\dfrac{2x+3}{x^2+1}$

練習問題 3

[1] (1) $-2x^2+11x-11$

$=(x-3)(-2x+5)+4$

(2) $x^3-6x+1=(x+2)(x^2-2x-2)+5$

(3) x^4-3x^2-8

$=(x^2+x+2)(x^2-x-4)+6x$

(4) $3x^3-5x+2$

$=(2x+3)\left(\dfrac{3}{2}x^2-\dfrac{9}{4}x+\dfrac{7}{8}\right)-\dfrac{5}{8}$

[2] (1) $P(1)=4$ (2) $P(-2)=-6$

[3] $a=-13$

[4] (1) $(x-1)(x+1)(x+4)$

(2) $(x-2)(x+3)(2x+1)$

[5] (1) $\dfrac{a+7b}{a+b}$ (2) $\dfrac{p^2}{p+2}$

(3) $\dfrac{3}{x(x+2)}$ (4) $\dfrac{a+b}{ab}$

(5) $\dfrac{2x-1}{2x+1}$ (6) $-\dfrac{3}{x(x-3)}$

[6] (1) $\dfrac{x+3}{x+2}$ (2) $-\dfrac{2}{a-b}$

[7] (1) $x-\dfrac{x+1}{x^2+1}$

(2) $3x^2-3x+2+\dfrac{x-3}{x^2+x+1}$

[8] $4x-5$ ［2 次式で割ったときの余りは 1 次式または定数であるから，$P(x)=(x-2)(x+1)Q(x)+ax+b$ とおくことができる．］

第 4 節の問

4.1 (1) $x=\dfrac{-3\pm\sqrt{5}}{2}$

(2) $x=\dfrac{1\pm\sqrt{3}}{2}$ (3) $x=\dfrac{2}{3},\ -\dfrac{3}{2}$

(4) $x=2$ （2 重解） (5) $x=\dfrac{2\pm\sqrt{2}\,i}{2}$

(6) $x=\pm\dfrac{\sqrt{14}}{2}i$

4.2 (1) 異なる 2 つの実数解

(2) 2 重解

(3) 異なる 2 つの虚数解

(4) 異なる 2 つの実数解

4.3 (1) $k=4$ のとき $x=-1$，$k=12$ のとき $x=-3$

(2) $k=-1$ のとき $x=1$，$k=-4$ のとき $x=-\dfrac{1}{2}$

4.4 (1) $\alpha+\beta=4,\ \alpha\beta=-5$

(2) $\alpha+\beta=\dfrac{4}{3},\ \alpha\beta=\dfrac{2}{3}$

4.5 (1) $(x-1-\sqrt{2}\,i)(x-1+\sqrt{2}\,i)$

(2) $3\left(x-\dfrac{2+\sqrt{10}}{3}\right)\left(x-\dfrac{2-\sqrt{10}}{3}\right)$

4.6 (1) 2 (2 重解)，-3 (2) $-1,\ 1\pm\sqrt{3}$

(3) $\pm1,\ -1\pm2i$ (4) -1 (3 重解)，3

4.7 (1) $x=8,\ y=4,\ z=-3$

(2) $x=2,\ y=1,\ z=-1$

(3) $x=3,\ y=1$ または $x=5,\ y=3$

(4) $x=1,\ y=0$ または

$x=-\dfrac{1}{3},\ y=-\dfrac{4}{3}$

4.8 (1) $x=2,-3$ (2) $x=5$

4.9 (1) $x=-1$ (2) $x=\pm1$

練習問題 4

[1] (1) $x=4,\ -5$

(2) $x=-\dfrac{3}{2}$ （2 重解）

(3) $x=\dfrac{1\pm\sqrt{3}\,i}{2}$ (4) $x=-2\pm i$

(5) $x=\dfrac{3}{2},\ -4$ (6) $x=\sqrt{3}\pm\sqrt{2}$

[2]　$m=0,\ 4$ のとき 2 重解（$m=0$ のとき $x=0$, $m=4$ のとき $x=-2$）

[3]　(1) $\dfrac{3}{2}$　(2) -2　(3) $\dfrac{25}{4}$　(4) $-\dfrac{3}{4}$

[4]　(1) $3(x-2-\sqrt{5})(x-2+\sqrt{5})$

(2) $2\left(x+\dfrac{5-\sqrt{7}\,i}{4}\right)\left(x+\dfrac{5+\sqrt{7}\,i}{4}\right)$

(3) $(x+2)(x-1-\sqrt{3}\,i)(x-1+\sqrt{3}\,i)$

[5]　(1) $-3,\ -1,\ 2$　(2) $2,\ \dfrac{1\pm\sqrt{13}}{2}$

(3) $3,\ \pm i$

(4) -1（2 重解）, 2（2 重解）

(5) $-1,\ 2,\ \pm\sqrt{3}$　(6) $3,\ -2,\ 1\pm\sqrt{3}\,i$

[6]　(1) $x=2,\ y=-2,\ z=1$

(2) $x=8,\ y=-1,\ z=1$

(3) $x=1,\ y=-1$ または

$x=-\dfrac{1}{5},\ y=\dfrac{7}{5}$

(4) $x=1,\ y=1$ または

$x=-3,\ y=-7$

[7]　(1) $x=-1,\ 6$　(2) $x=-\dfrac{1}{3}$

(3) $x=1,\ 4$　(4) $x=-3$

[8]　$a=-2,\ b=2$, もう 1 つの解は $x=1-i$

［$(1+i)^2+a(1+i)+b=0$ から $(a+b)+(a+2)i=0$］

第 1 章の章末問題

1.　(1) a を移項して，両辺を 2 乗すると，$(c-a)^2=a^2+b$. 展開して b について解けば，$b=c^2-2ac$

(2) 右辺を通分して，両辺の逆数をとれば，$z=\dfrac{xy}{x+y}$

2.　(1) $\dfrac{\sqrt{7}+\sqrt{3}}{\sqrt{7}-\sqrt{3}}+\dfrac{\sqrt{7}-\sqrt{3}}{\sqrt{7}+\sqrt{3}}$

$$=\frac{\left(\sqrt{7}+\sqrt{3}\right)^2}{7-3}+\frac{\left(\sqrt{7}-\sqrt{3}\right)^2}{7-3}$$

$=5$

(2) $\dfrac{1}{1+\sqrt{5}+\sqrt{6}}$

$$=\frac{1+\sqrt{5}-\sqrt{6}}{\left\{\left(1+\sqrt{5}\right)+\sqrt{6}\right\}\left\{\left(1+\sqrt{5}\right)-\sqrt{6}\right\}}$$

$$=\frac{1+\sqrt{5}-\sqrt{6}}{\left(1+\sqrt{5}\right)^2-6}=\frac{1+\sqrt{5}-\sqrt{6}}{2\sqrt{5}}$$

$$=\frac{5+\sqrt{5}-\sqrt{30}}{10}$$

3.　(1) $(1+i)(1-i)(2+i)(2-i)$

$=(1-i^2)(4-i^2)=2\cdot 5=10$

(2) $(1+2i)(2+3i)(3+i)$

$=(-4+7i)(3+i)=-19+17i$

(3) $\dfrac{3+i}{2-i}+\dfrac{2-3i}{3+i}$

$=\dfrac{5+5i}{5}+\dfrac{3-11i}{10}=\dfrac{13}{10}-\dfrac{1}{10}i$

(4) $\dfrac{3-4i}{3+4i}+\dfrac{3+4i}{3-4i}$

$=\dfrac{-7-24i}{25}+\dfrac{-7+24i}{25}=-\dfrac{14}{25}$

4.　(1) $x^2+3xy+2y^2+4x+7y+3$

$=x^2+(3y+4)x+(2y^2+7y+3)$

$=x^2+(3y+4)x+(2y+1)(y+3)$

$=(x+2y+1)(x+y+3)$

(2) $2x^2-xy-y^2-4x-5y-6$

$=2x^2-(y+4)x-(y^2+5y+6)$

$=2x^2-(y+4)x-(y+2)(y+3)$

$=(2x+y+2)(x-y-3)$

(3) $x^2+x=t$ とおくと，

$(x^2+x)^2-18(x^2+x)+72$

$=t^2-18t+72=(t-12)(t-6)$

$=(x^2+x-12)(x^2+x-6)$

$=(x+4)(x-3)(x+3)(x-2)$

(4) $x^4+3x^2+4=(x^4+4x^2+4)-x^2$

$=(x^2+2)^2-x^2$

$=(x^2+2+x)(x^2+2-x)$

$=(x^2+x+2)(x^2-x+2)$

5.　(1) 与式 $=(x^2-1)(x^2+1)(x^4+1)$

$=(x^4-1)(x^4+1)=x^8-1$

(2) 与式 $=\{(x+y)(x-y)\}^2=(x^2-y^2)^2$

$=x^4-2x^2y^2+y^4$

(3) 与式

$=\{(x+y)^2-z^2\}\{(x-y)^2-z^2\}$

$=\{x^2+2xy+y^2-z^2\}$

$\cdot\{x^2-2xy+y^2-z^2\}$

$=\{(x^2+y^2-z^2)+2xy\}$

$\cdot\{(x^2+y^2-z^2)-2xy\}$

$= (x^2+y^2-z^2)^2 - 4x^2y^2$
$= x^4+y^4+z^4-2x^2y^2-2y^2z^2-2z^2x^2$

(4) 与式 $= \{(x+1)^2-1\}^2 = (x^2+2x)^2$
$= x^4+4x^3+4x^2$

6. (1) $\dfrac{1}{(x+1)(x+2)} + \dfrac{1}{(x+2)(x+3)} - \dfrac{1}{(x+3)(x+1)}$

$= \dfrac{(x+3)+(x+1)-(x+2)}{(x+1)(x+2)(x+3)}$

$= \dfrac{x+2}{(x+1)(x+2)(x+3)}$

$= \dfrac{1}{(x+1)(x+3)}$

(2) $\dfrac{1}{(x-y)(x-z)} + \dfrac{1}{(y-x)(y-z)} + \dfrac{1}{(z-x)(z-y)}$

$= -\dfrac{1}{(x-y)(z-x)} - \dfrac{1}{(x-y)(y-z)} - \dfrac{1}{(z-x)(y-z)}$

$= \dfrac{-(y-z)-(z-x)-(x-y)}{(x-y)(y-z)(z-x)} = 0$

7. (1) 与式 $= \dfrac{1}{1-\dfrac{1\cdot(1-x)}{\left(1-\dfrac{1}{1-x}\right)\cdot(1-x)}}$

$= \dfrac{1}{1+\dfrac{1-x}{x}} = \dfrac{x}{x+1-x} = x$

(2) 与式 $= 1-\dfrac{x}{x+\dfrac{1\cdot x}{\left(x-\dfrac{1}{x}\right)\cdot x}}$

$= 1-\dfrac{x}{x+\dfrac{x}{x^2-1}}$

$= 1-\dfrac{x\cdot(x^2-1)}{\left(x+\dfrac{x}{x^2-1}\right)\cdot(x^2-1)}$

$= 1-\dfrac{x(x^2-1)}{x(x^2-1)+x}$

$= 1-\dfrac{x^2-1}{x^2} = \dfrac{1}{x^2}$

8. (1) $P(x) = x^3-7x+6$ とすると，$P(1)=0$ より，$P(x)$ は $x-1$ で割り切れる．
割り算を行うと商は x^2+x-6 であるから，$P(x) = (x-1)(x^2+x-6) = (x-1)(x-2)(x+3)$

$$\left[\begin{array}{rrrr|r} 1 & 0 & -7 & 6 & 1 \\ & 1 & 1 & -6 & \\ \hline 1 & 1 & -6 & 0 & 2 \\ & 2 & 6 & & \\ \hline 1 & 3 & 0 & & \end{array}\right]$$

(2) $P(x) = x^3-3x^2-14x+12$ とすると，$P(-3)=0$ より，$P(x)$ は $x+3$ で割り切れる．割り算を行うと商は x^2-6x+4 であるから，$P(x) = (x+3)(x^2-6x+4)$

$$\left[\begin{array}{rrrr|r} 1 & -3 & -14 & 12 & -3 \\ & -3 & 18 & -12 & \\ \hline 1 & -6 & 4 & 0 & \end{array}\right]$$

9. (1) 与えられた式を順に①, ②, ③ とする．②－① より $3x+5y=-1$，①×2＋③ より $-x+7y=9$ が得られる．これを解いて $x=-2,\ y=1,\ z=3$.

(2) $2x+y=3$ より $y=3-2x$ である．第 1 式に代入して整理すると $x(x-2)=0$ となるので，$x=0,\ y=3$ または $x=2,\ y=-1$.

(3) 両辺に $(x-1)(x+3)$ をかけて分母を払うと $2x+5-4(x-1)=(x-1)(x+3)$ となる．整理すると $(x-2)(x+6)=0$ となるから，$x=-6, 2$. いずれも 分母 $\neq 0$ を満たすので解である．

(4) 両辺を 2 乗すると $(2x+1)^2 = 4-7x$ である．整理すると $(4x-1)(x+3)=0$ となるから，$x=-3, \dfrac{1}{4}$. 与えられた方程式を $x=\dfrac{1}{4}$ は満たすが，$x=-3$ は満たさない．よって，求める解は $x=\dfrac{1}{4}$.

第 2 章

第 5 節の問

5.1　$1 \in A,\ 2 \in A,\ 3 \notin A,\ 4 \in A,\ 5 \in A$

5.2　(1) $\{1, 2, 4, 5, 10, 20\}$
(2) $\{3, 6, 9, \ldots, 99\}$ または
$\{3n \mid n$ は 1 以上 33 以下の自然数$\}$
(3) $\{x \in \mathbb{R} \mid -1 \leqq x \leqq 1\}$

5.3　(1) $A=B$　(2) $A \subset B$
(3) $B \subset A$

5.4 (1) $A \cap B = \{1, 5\}$,
$A \cup B = \{1, 2, 3, 5, 7, 9, 10\}$
(2) $A \cap B = \{x \in \mathbb{R} \,|\, 0 < x \leqq 4\}$,
$A \cup B = \{x \in \mathbb{R} \,|\, x < 10\}$

5.5 (1) $\overline{A} = \{1, 2, 4, 5, 7, 8\}$
(2) $\overline{A} = \{x \in \mathbb{R} \,|\, 3 < x < 10\}$

5.6 (1) $\overline{A \cap B} = \{1, 3, 5, 7, 8, 9, 10, 11\}$
(2) $\overline{A \cup B} = \{5, 7, 9, 11\}$
(3) $\overline{A} \cap \overline{B} = \{5, 7, 9, 11\}$
(4) $\overline{A} \cup \overline{B} = \{1, 3, 5, 7, 8, 9, 10, 11\}$

5.7 (1) $1 < a$ または $a < -1$
(2) $a = 1$ または $a = -1$
(3) m は奇数かつ n は奇数

5.8 (1) 直角二等辺三角形など，正三角形でない二等辺三角形
(2) $m = 3, n = 5$ など，m, n がいずれも奇数であるもの

5.9 (1) 十分条件 (2) 必要十分条件
(3) 必要条件
(4) 必要条件でも十分条件でもない

5.10 対偶は「$x \neq 3$ ならば $x^2 \neq 9$」であり，与えられた命題は偽（反例は $x = -3$）である．

5.11 n が 3 の倍数でなければ，$n = 3m + k$（$m \geqq 0$ は整数，k は 1 または 2）である．この両辺を 2 乗して整理すると，$n^2 = 3(3m^2 + 2mk) + k^2$ となる．k^2 は 1 または 4 であるから，n^2 は 3 の倍数ではない．したがって，対偶は真であるから，与えられた命題も真である．

5.12 $\sqrt{3}$ が有理数であると仮定すると，$\sqrt{3} = \dfrac{m}{n}$（m, n は最大公約数が 1 である自然数）と表すことができる．$\sqrt{3}n = m$ の両辺を 2 乗すると，$3n^2 = m^2 \cdots$① となるから，問 5.11 によって m は 3 の倍数である．そこで，$m = 3k$（k は自然数）とおいて ① に代入すると $3n^2 = 9k^2$ となるから，再び問 5.11 によって n は 3 の倍数である．よって，m と n はどちらも 3 の倍数であるから，最大公約数が 1 であることに矛盾する．したがって，$\sqrt{3}$ は無理数である．

練習問題 5

[1] $\varnothing, \{1\}, \{2\}, \{3\}, \{1, 2\}, \{1, 3\}, \{2, 3\}, \{1, 2, 3\}$

[2] (1) $\{x \,|\, 1 \leqq x < 3\}$
(2) $\{x \,|\, -2 < x \leqq 4\}$
(3) $\{x \,|\, x < 1$ または $4 < x\}$
(4) $\{x \,|\, 3 \leqq x \leqq 4\}$
(5) $\{x \,|\, x \leqq -2$ または $4 < x\}$
(6) $\{x \,|\, x < 1$ または $3 \leqq x\}$

[3] 集合 A, B, C の位置は問題と同じとする．

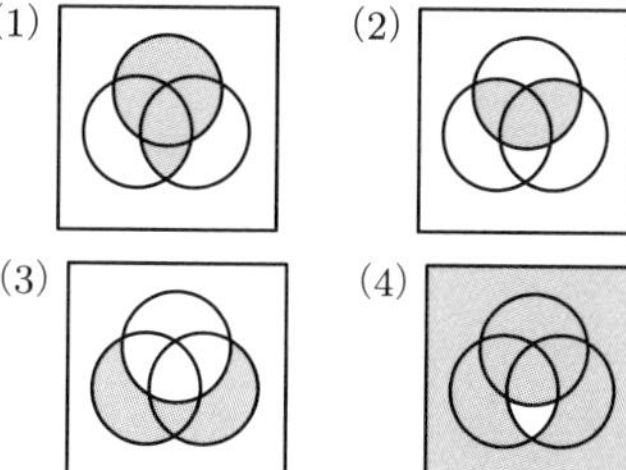

[4] (1) 必要条件である
(2) 必要条件でも十分条件でもない
(3) 必要十分条件である
(4) 十分条件である

[5] (1) 対偶は「x, y が実数のとき，$x \geqq 0$ かつ $y \geqq 0$ であれば $x + y \geqq 0$」である．この命題は真であるから，与えられた命題も真である．
(2) 対偶は「x, y が複素数のとき，$x \neq 0$ または $y \neq 0$ であれば，$x^2 + y^2 \neq 0$」である．この命題は偽である．反例は，$x = 1$, $y = i$.

[6] $c = \sqrt{2}a + b$ が無理数でないと仮定する．a，b，c は有理数であるから，$\sqrt{2} = \dfrac{c - b}{a}$ の右辺も有理数となり，$\sqrt{2}$ が無理数であることに矛盾する．したがって，$\sqrt{2}a + b$ は無理数である．

第 6 節の問

6.1 (1) $a = -1, b = 3$
(2) $a = 2, b = -1, c = -11$
(3) $a = 2, b = 1, c = -4$

6.2 (1) $a = \dfrac{1}{3}, b = -\dfrac{1}{3}$;

$$\frac{1}{(x-1)(x+2)} = \frac{1}{3(x-1)} - \frac{1}{3(x+2)}$$

(2) $a=-2,\ b=2,\ c=3;$

$$\frac{3x-4}{x(x^2+2)} = -\frac{2}{x} + \frac{2x+3}{x^2+2}$$

6.3 $\dfrac{2x-11}{(x-3)(x+2)} = \dfrac{3}{x+2} - \dfrac{1}{x-3}$

6.4 (1) $左辺 = a^2 + 2a\cdot\dfrac{1}{a} + \dfrac{1}{a^2} - 4$

$$= a^2 - 2 + \frac{1}{a^2} = \left(a - \frac{1}{a}\right)^2$$

$= 右辺$

(2) $左辺 - 右辺 = x^2 - x - y^2 + y$

$= x^2 - y^2 - x + y$

$= (x+y)(x-y) - (x-y)$

$= 0$　[$x = 1-y$ を代入してもよい]

6.5 (1) $左辺 - 右辺 = x^2 + y^2 - 2y + 1$

$= x^2 + (y-1)^2 \geqq 0$

等号は $x=0,\ y=1$ のときだけ成り立つ．

(2) 左辺 − 右辺

$= a^3 - b^3 = (a-b)(a^2+ab+b^2)$

$$= (a-b)\left\{\left(a+\frac{b}{2}\right)^2 + \frac{3b^2}{4}\right\}$$

$\geqq 0$

等号は $a=b$ のときだけ成り立つ．

6.6 (1) $a^2>0,\ b^2>0$ だから，相加平均と相乗平均の関係によって，

$a^2 + b^2 \geqq 2\sqrt{a^2b^2} = 2ab$

等号は $a=b$ のときだけ成り立つ．

(2) $a>0,\ \dfrac{1}{a}>0$ だから，相加平均と相乗平均の関係によって，

$$a + \frac{1}{a} \geqq 2\sqrt{a\cdot\frac{1}{a}} = 2$$

等号は $a=1$ のときだけ成り立つ．

練習問題 6

[1] (1) $a=-1,\ b=2,\ c=-1$

(2) $a=2,\ b=1,\ c=4$

(3) $a=\dfrac{1}{3},\ b=-\dfrac{1}{3},\ c=-\dfrac{2}{3}$　[分母を払う]

(4) $a=2,\ b=-2,\ c=1$　[分母を払う]

[2] (1) $左辺 = (b-c)a^2 - (b^2-c^2)a$

$+ bc(b-c)$

$= (b-c)\{a^2 - (b+c)a + bc\}$

$= (b-c)(a-b)(a-c)$

$= -(a-b)(b-c)(c-a)$

$= 右辺$

(2) $c = -a-b$ として各辺を $a,\ b$ だけで表すと，いずれも同じ式になる．

$$\begin{aligned} a^2 - bc &= a^2 - b(-a-b) \\ &= a^2 + ab + b^2 \\ b^2 - ca &= b^2 - (-a-b)a \\ &= a^2 + ab + b^2 \\ c^2 - ab &= (-a-b)^2 - ab \\ &= a^2 + 2ab + b^2 - ab \\ &= a^2 + ab + b^2 \end{aligned}$$

(3) $\dfrac{a}{x} = \dfrac{b}{y} = \dfrac{c}{z} = k$ とすると，$a = kx$, $b = ky,\ c = kz$ だから

$$左辺 = \frac{(kx+ky+kz)^2}{(x+y+z)^2} = \frac{k^2(x+y+z)^2}{(x+y+z)^2} = k^2$$

$$右辺 = \frac{kx\cdot ky + ky\cdot kz + kz\cdot kx}{xy+yz+zx} = \frac{k^2(xy+yz+zx)}{xy+yz+zx} = k^2$$

[3] 左辺 − 右辺

$= (a^2+b^2)(c^2+d^2) - (ac+bd)^2$

$= a^2c^2 + a^2d^2 + b^2c^2 + b^2d^2 - a^2c^2$

$- 2abcd - b^2d^2$

$= (ad-bc)^2 \geqq 0$

等号は $ad = bc$ のときだけ成り立つ．

[4] 左辺 − 右辺

$$= \frac{1}{1+x} - (1-x)$$

$$= \frac{1-(1+x)(1-x)}{1+x} = \frac{x^2}{1+x} > 0$$

[5] (1) $左辺 = (a+b)\left(\dfrac{1}{a} + \dfrac{1}{b}\right)$

$$\geqq 2\sqrt{ab}\cdot 2\sqrt{\frac{1}{ab}}$$

$= 4 = 右辺$

等号は $a=b$ のときだけ成り立つ．

(2) $左辺 - 右辺 = ab + 1 - a - b$

$= (a-1)(b-1)$

$\geqq 0$

等号は $a = 1$ または $b = 1$ のときだけ成り立つ.

(3) 左辺 − 右辺

$= a^2 + b^2 + c^2 - (ab + bc + ca)$

$= \frac{1}{2}\left(a^2 - 2ab + b^2 + b^2 - 2bc + c^2 + c^2 - 2ca + a^2\right)$

$= \frac{1}{2}\left\{(a-b)^2 + (b-c)^2 + (c-a)^2\right\}$

$\geqq 0$

等号は $a = b = c$ のときだけ成り立つ.

第2章の章末問題

1. (1) 偽　反例：$m = 6$ など
(2) 偽　反例：$x = 1$ など　(3) 真

2. (1) 十分条件　(2) 必要十分条件
(3) 十分条件　(4) 必要条件

3. (1) 逆：$a=0$ かつ $b=0$ ならば $a^2+b^2=0$ …真
裏：$a^2 + b^2 \neq 0$ ならば $a \neq 0$ または $b \neq 0$ …真
対偶：$a \neq 0$ または $b \neq 0$ ならば $a^2+b^2 \neq 0$ …真
(2) 逆：四角形において，対角線が互いに長さを二等分するならば正方形である．…偽
反例は，正方形でない長方形，など.
裏：四角形において，正方形でないならば対角線の長さを互いに二等分しない．…偽
反例は，正方形でない長方形，など.
対偶：四角形において，対角線が互いに長さを二等分しないならば正方形でない．…真

4. 対偶である「n が 3 の倍数でないならば，n^2 は 3 の倍数でない」を証明する.
n が 3 の倍数でないとすれば，$n = 3m+1$ または $n = 3m+2$ (m は自然数) と表せる.
$n = 3m + 1$ のとき，

$$n^2 = (3m+1)^2 = 9m^2 + 6m + 1 = 3(3m^2 + 2m) + 1$$

$n = 3m + 2$ のとき，

$$n^2 = (3m+2)^2 = 9m^2 + 12m + 4 = 3(3m^2 + 4m + 1) + 1$$

となるので，いずれの場合も n^2 は 3 の倍数ではない．よって，対偶が真であることが示されたので，元の命題も真である.

5. (1) $\dfrac{2}{x-3} - \dfrac{1}{x+3} + \dfrac{3}{(x+3)^2}$

$\left[\dfrac{x^2 + 15x + 18}{(x-3)(x+3)^2} = \dfrac{a}{x-3} + \dfrac{b}{x+3} + \dfrac{c}{(x+3)^2}\right]$

(2) $\dfrac{3}{x+2} + \dfrac{8x-13}{x^2+7}$

$\left[\dfrac{11x^2 + 3x - 5}{(x+2)(x^2+7)} = \dfrac{a}{x+2} + \dfrac{bx+c}{x^2+7}\right]$

6. (1) 左辺 $= (x^2 + y^2)^2 - (\sqrt{2}xy)^2$
$= x^4 + 2x^2y^2 + y^4 - 2x^2y^2$
$= x^4 + y^4 =$ 右辺

(2) 右辺 − 左辺

$= 2a^2 + 2b^2 + 2ab - (a^2 + b^2 + 1)$

$= a^2 + b^2 + 2ab - 1$

$= (a+b)^2 - 1 = 1 - 1 = 0$

(3) 左辺

$= (a^3 - 3a^2b + 3ab^2 - b^3) + (b^3 - 3b^2c + 3bc^2 - c^3) + (c^3 - 3c^2a + 3ca^2 - a^3)$

$= -3a^2b + 3ab^2 - 3b^2c + 3bc^2 - 3c^2a + 3ca^2$

$= 3\{(c-b)a^2 - (c^2 - b^2)a - b^2c + bc^2\}$

$= 3\{(c-b)a^2 - (c+b)(c-b)a + bc(c-b)\}$

$= 3(c-b)\{a^2 - (b+c)a + bc\}$

$= 3(c-b)(a-b)(a-c)$

$= 3(a-b)(b-c)(c-a) =$ 右辺

(4) $a + b + c = 0$ より，$c = -(a+b)$ を代入して式を変形する.
左辺 $= 2a^2 - b(a+b) = 2a^2 - ab - b^2 = (a-b)(2a+b) = (a-b)(a-c) =$ 右辺

(5) $\dfrac{a}{b} = \dfrac{c}{d} = k$ とおくと $a = bk$, $c = dk$ となるから，

左辺 $= \dfrac{b^2}{(bk)^2 + b^2} = \dfrac{b^2}{b^2(k^2+1)} = \dfrac{1}{k^2+1}$

$$右辺 = \frac{bd}{(bk)(dk)+bd} = \frac{bd}{bd(k^2+1)} = \frac{1}{k^2+1}$$

よって，左辺 = 右辺

7. (1) 左辺 − 右辺 $= (x-y)^2+1>0$

(2) 左辺 $= \left(a+\dfrac{1}{2}b\right)^2 + \dfrac{3}{4}b^2 \geqq 0$

等号は $a=b=0$ のときだけ成り立つ．

(3) 右辺 − 左辺

$$= (a^2x^2-2axby+b^2y^2) - (a^2x^2-a^2y^2-b^2x^2+b^2y^2) = a^2y^2-2aybx+b^2x^2 = (ay-bx)^2 \geqq 0$$

等号は $ay=bx$ のときだけ成り立つ．

(4) 両辺とも正であるとき，(左辺)$^2 \leqq$ (右辺)^2 が成り立てば左辺 $\leqq$ 右辺も成り立つ．そこで，左辺，右辺をそれぞれ 2 乗して，$|a+b|^2 \leqq (|a|+|b|)^2$ を証明する．$(|a|+|b|)^2-|a+b|^2 = a^2+2|ab|+b^2-(a^2+2ab+b^2) = 2(|ab|-ab) \geqq 0$．等号は，$|ab|=ab$ より，$ab \geqq 0$ のときだけ成り立つ．なお，絶対値との大小比較では $|a| \geqq a$ を用いた．

(5) 相加・相乗平均の不等式を使う．

左辺 $\geqq 2\sqrt{ab}\cdot 2\sqrt{bc}\cdot 2\sqrt{ca} =$ 右辺．等号は $a=b=c$ のときだけ成り立つ．

第3章

第7節の問

7.1

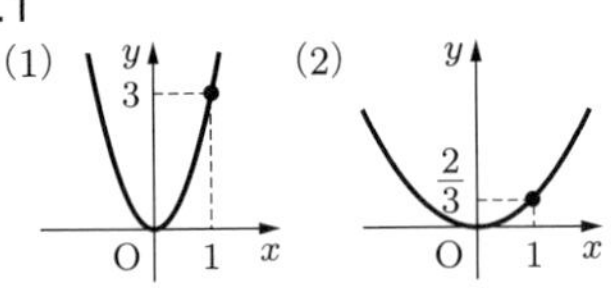

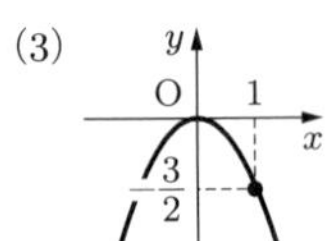

7.2

(1) x 軸方向に 1，y 軸方向に 2

(2) x 軸方向に 3，y 軸方向に −3

(3) y 軸方向に 4　　(4) x 軸方向に −4

7.3

凸の上下，放物線の頂点の座標，軸の方程式，y 軸との共有点の座標の順に示す．

(1) 下に凸，$(2,1)$，$x=2$, $(0,3)$　　(2) 上に凸，$(-2,5)$，$x=-2$, $(0,1)$

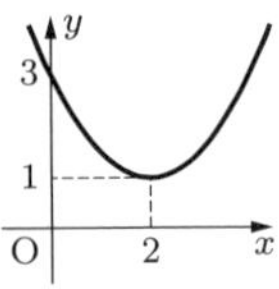

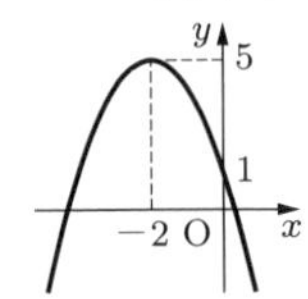

(3) 上に凸，$(0,-2)$，$x=0$, $(0,-2)$　　(4) 下に凸，$(-1,0)$，$x=-1$, $(0,3)$

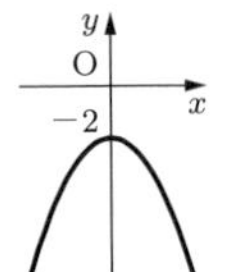

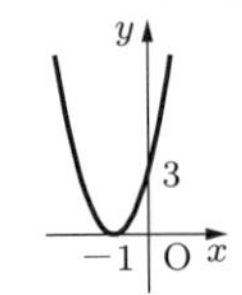

7.4

標準形，頂点の座標，軸の方程式，y 軸との共有点の座標の順に示す．

(1) $y=(x-2)^2-3$, $(2,-3)$, $x=2$, $(0,1)$

(2) $y=-(x+1)^2+1$, $(-1,1)$, $x=-1$, $(0,0)$

(3) $y=\dfrac{1}{2}(x-2)^2+1$, $(2,1)$, $x=2$, $(0,3)$

(4) $y=2\left(x-\dfrac{1}{2}\right)^2-\dfrac{7}{2}$, $\left(\dfrac{1}{2},-\dfrac{7}{2}\right)$, $x=\dfrac{1}{2}$, $(0,-3)$

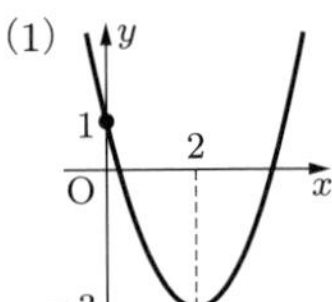

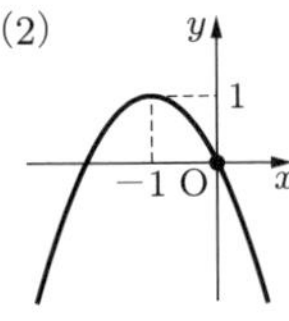

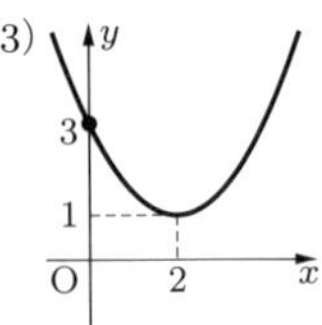

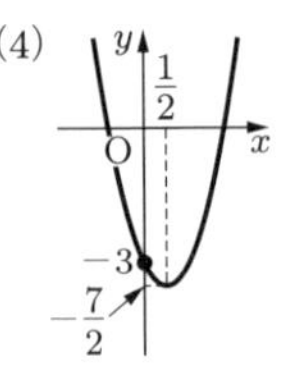

7.5

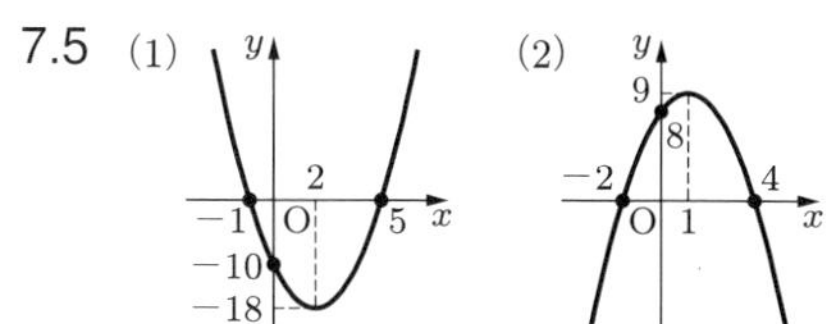

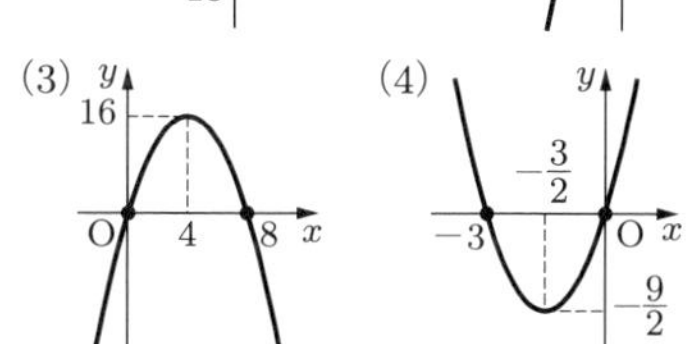

7.6　(1) $y = (x-3)^2 - 1$

(2) $y = -2(x-1)(x-5)$

(3) $y = -x^2 + 3x - 1$

7.7　(1) $x = 1$ のとき最小値 $y = 3$ をとる．最大値はない．

(2) $x = 2$ のとき最大値 $y = 4$ をとる．最小値はない．

(3) $x = -2$ のとき最大値 $y = 5$ をとる．最小値はない．

(4) $x = 3$ のとき最小値 $y = -5$ をとる．最大値はない．

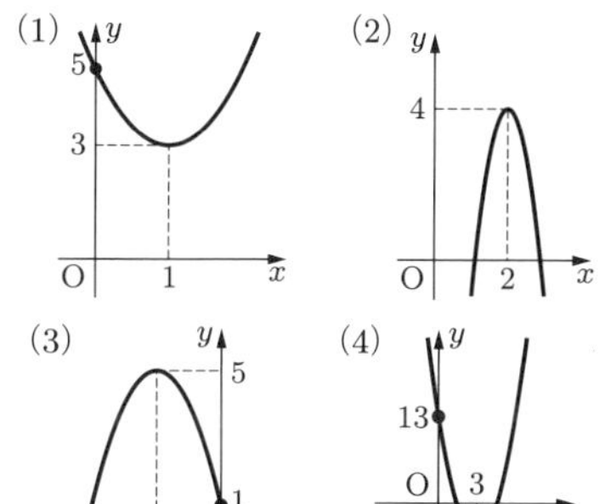

7.8　(1) $1 \leqq y \leqq 19$，$x = 0$ のとき最大値 $y = 19$，$x = 3$ のとき最小値 $y = 1$ をとる．

(2) $-14 < y \leqq 2$，$x = 2$ のとき最大値 $y = 2$，最小値はない．

7.9　両端から 5 cm ずつ折り曲げて水路を作ればよい．

練習問題 7

[1]　(1) と (2)，(3) と (4)，(5) と (6)，(7) と (8) を，いずれも同時に示す．

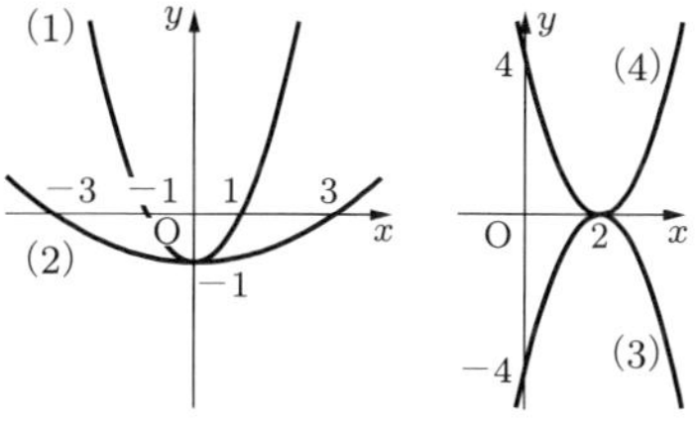

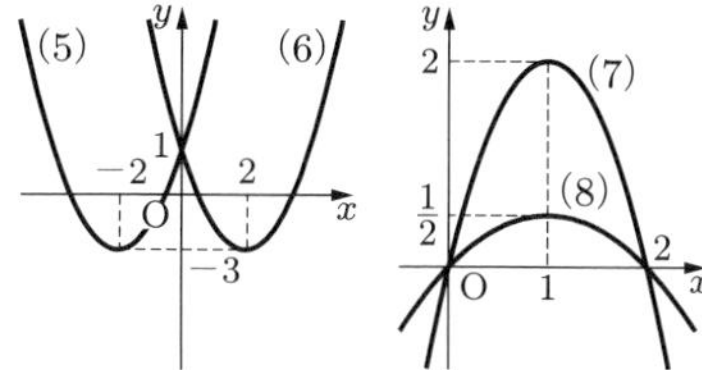

[2]

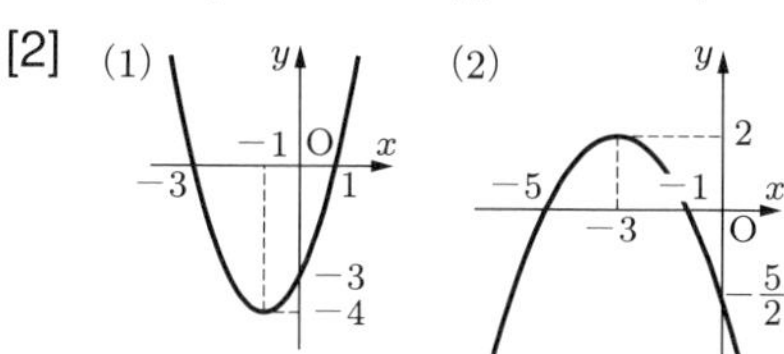

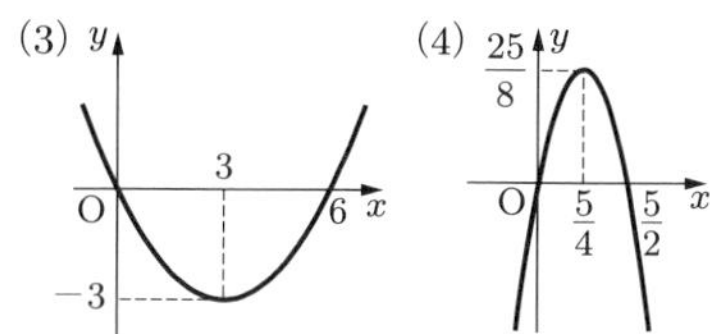

[3]　(1) $y = -x^2 + 2$　[$y = ax^2 + c$ とおく]

(2) $y = \dfrac{1}{4}(x+3)(x-5)$

[$y = a(x+3)(x-5)$ とおく]

(3) $y = 2x^2 - 3x - 5$

[$y = ax^2 + bx + c$ とおく]

[4]　(1) $x = 0, 4$ のとき最大値 $y = 5$，$x = 2$ のとき最小値 $y = 1$ をとる．

(2) $x = 0$ のとき最大値 $y = 0$，$x = -2$ のとき最小値 $y = -8$ をとる．

(3) $x = 2$ のとき最大値 $y = 5$，$x = -\dfrac{1}{2}$ のとき最小値 $y = -\dfrac{5}{4}$ をとる．

(4) $x = \dfrac{3}{4}$ のとき最大値 $y = \dfrac{25}{8}$，$x = -1$ のとき最小値 $y = -3$ をとる．

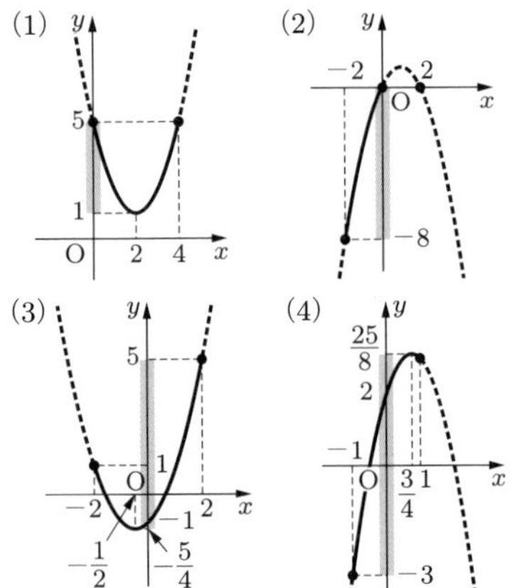

[5]　(1) $y=2(x+2)^2+1$

［求める関数は $y=2x^2$ を x 軸方向に -2，y 軸方向に 1 平行移動したもの］

(2) x 軸方向に 3，y 軸方向に -8

［それぞれを標準形に直す］

[6]　投げてから 2 秒後に最高の高さ 21.4 m に達する．　［$h=-4.9(t-2)^2+21.4$］

第 8 節の問

8.1　(1) $(1,0)$, $\left(-\dfrac{3}{2},0\right)$ で x 軸と交わる．

(2) $(0,0)$, $(3,0)$ で x 軸と交わる．

(3) $(-3,0)$ で x 軸と接する．

(4) x 軸との共有点はない．

8.2　(1) $(-1,-1)$, $(3,7)$

(2) $(1,1)$, $(5,-11)$

8.3　$k=-2$ のとき $(-2,3)$，$k=6$ のとき $(2,11)$

8.4　(1) $-2<x<4$　　(2) $x \leqq -4,\ -1 \leqq x$

(3) $-2 \leqq x \leqq 2$　　(4) $x<0,\ 1<x$

8.5　(1) すべての実数　　(2) 解なし

(3) $x \neq 2$　　(4) $x=\dfrac{1}{3}$

練習問題 8

[1]　(1) 2 個　　(2) 1 個

(3) 0 個　　(4) 2 個

[2]　(1) $k=1$ のとき $(1,0)$

(2) $k=\sqrt{6}$ のとき $(-\sqrt{6},0)$，

$k=-\sqrt{6}$ のとき $(\sqrt{6},0)$

［判別式 $D=0$ となる k の値］

[3]　$k<\dfrac{2}{3}$　［判別式 $D>0$ となる k の範囲］

[4]　(1) $x \leqq -2,\ 5 \leqq x$　　(2) $x \neq -3$

(3) $0<x<5$　　(4) すべての実数

(5) 解なし　　(6) $x=-1$

(7) $x<\dfrac{-3-\sqrt{5}}{2},\ \dfrac{-3+\sqrt{5}}{2}<x$

(8) $1-\sqrt{3} \leqq x \leqq 1+\sqrt{3}$

[5]　(1) $-3<x<\dfrac{3}{2}$　　(2) $-1 \leqq x \leqq 0$

［それぞれの不等式の解の共通部分］

[6]　$-4<k<4$

［すべての実数について $x^2+kx+4>0$ $\iff D<0$］

[7]　$\left(\dfrac{1}{2},\dfrac{1}{4}\right)$, $(-2,-6)$

[8]　$k=1$ のとき接点 $(1,2)$，$k=-7$ のとき接点 $(-3,-10)$

［$x^2-kx+2=x+k$ が 2 重解をもつような k を求める．］

第 9 節の問

9.1　(1) 0　　(2) $\dfrac{9}{4}$

(3) $(a+1)^2+\dfrac{1}{a+1}$　　(4) $x^2-\dfrac{1}{x}$

(5) $(x-2)^2+\dfrac{1}{x-2}$　　(6) $-2x^2+\dfrac{3}{2x}$

9.2　(1) 第 4 象限　　(2) 第 3 象限

(3) 第 2 象限

9.3　(1) x 軸方向に 3，y 軸方向に 1

(2) x 軸方向に -2，y 軸方向に 5

9.4　(1) $y=-x^2$　　(2) $y=\sqrt{x-2}+5$

9.5　(1) $y=-x^2+4x-5$

(2) $y=x^2+4x+5$

(3) $y=-x^2-4x-5$

9.6　(1) x 軸に関して対称移動

(2) 原点に関して対称移動

9.7　(1) 奇関数　　(2) 偶関数

(3) どちらでもない　　(4) 奇関数

(5) 偶関数　　(6) 偶関数

9.8

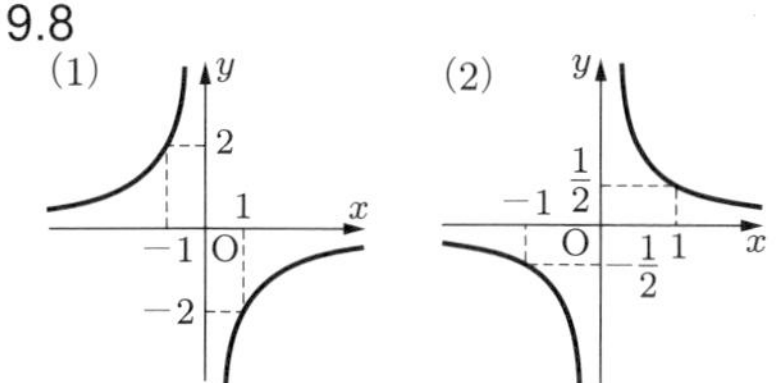

9.9 (1) 漸近線：$x = 2$, $y = -1$，座標軸との共有点：$(0, -2)$, $(4, 0)$

(2) 漸近線：$x = -1$, $y = 0$，座標軸との共有点：$(0, -2)$

(1)

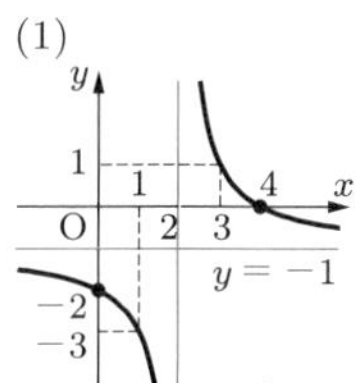

(2)

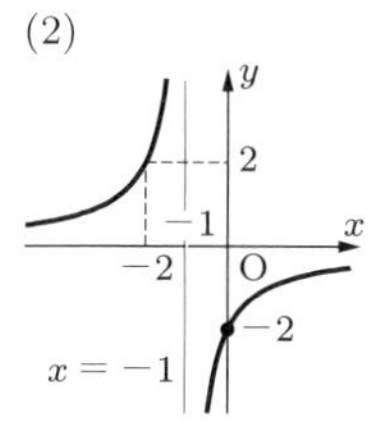

9.10 (1) 漸近線：$x = 1$, $y = 1$，座標軸との共有点：$(0, -1)$, $(-1, 0)$

(2) 漸近線：$x = -1$, $y = 2$，座標軸との共有点：$(0, 1)$, $\left(-\dfrac{1}{2}, 0\right)$

(1)

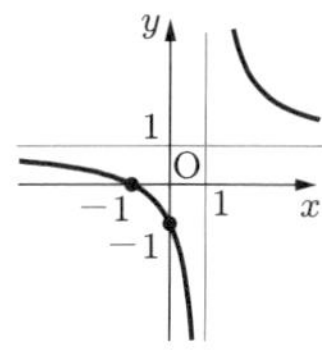

(2)

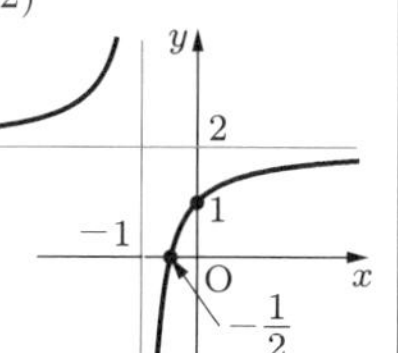

9.11 $-3 < x < -1,\ 0 < x$

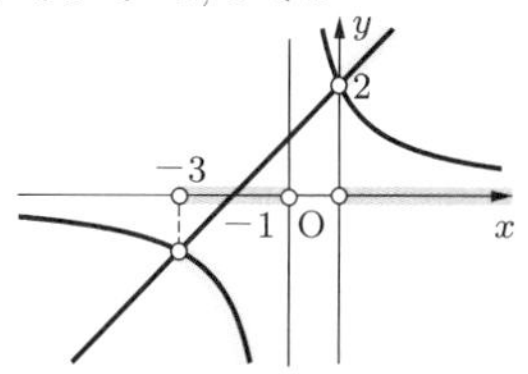

9.12 (1) 定義域は $x \geqq 0$，値域は $y \geqq -1$，座標軸との共有点：$(0, -1)$, $\left(\dfrac{1}{2}, 0\right)$

(2) 定義域は $x \geqq -2$，値域は $y \leqq 0$，座標軸との共有点：$(0, -\sqrt{2})$, $(-2, 0)$

(1)

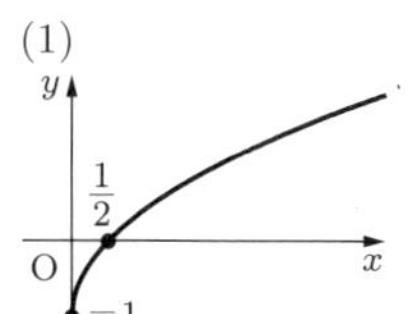

(2)

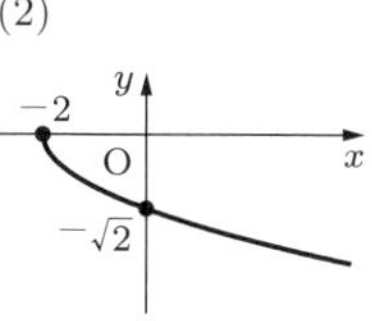

9.13 $x < -1$

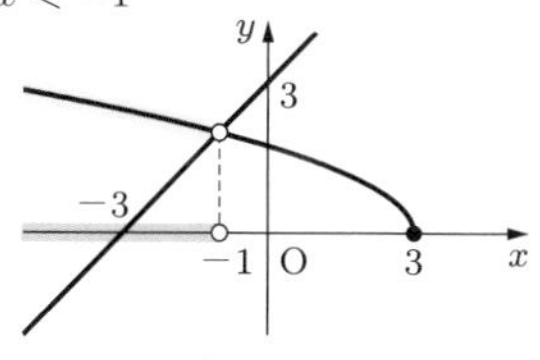

9.14 (1) $y = -\dfrac{x}{2} + 2 \quad (-2 \leqq x \leqq 6)$

(2) $y = -\sqrt{x} \quad (x \geqq 0)$

(3) $y = \dfrac{2}{x+1} \quad (x \neq -1)$

(4) $y = \sqrt{x-3} + 2 \quad (x \geqq 3)$

9.15 (1) $y = -\sqrt{x-1} \quad (x \geqq 1)$

(2) $y = -x^2 \quad (x \geqq 0)$

(1)

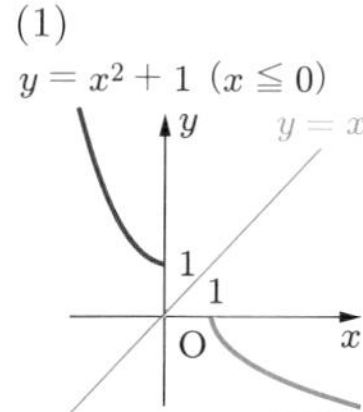

(2)

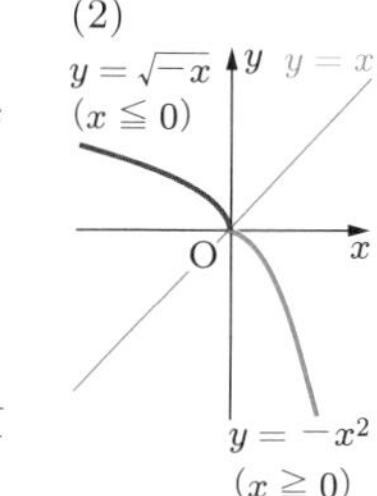

練習問題 9

[1] (1) $-4a^2 + 6$

(2) $10a \quad [f(-a) = -2a^2 - 5a + 3]$

(3) $-2(a + b) + 5$

[2] (1) $y = x^2 - 7x + 13$

(2) $y = -x^2 - x - 2$

[3] (1) x 軸に関して対称移動してから，x 軸方向に 1 平行移動

(2) y 軸に関して対称移動してから，x 軸方向に 1 平行移動

[4] (1) 奇関数　(2) 偶関数

(3) どちらでもない　(4) 偶関数

(5) 奇関数　(6) 偶関数

[5] 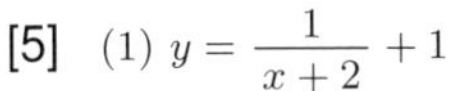
(1) $y = \dfrac{1}{x+2} + 1$

漸近線：$x = -2$, $y = 1$,

座標軸との共有点：$\left(0, \dfrac{3}{2}\right)$, $(-3, 0)$

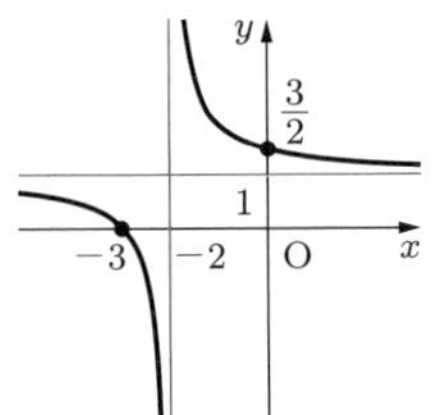

(2) $y = -\dfrac{3}{x+1} + 2$

漸近線：$x = -1$, $y = 2$,

座標軸との共有点：$(0, -1)$, $\left(\dfrac{1}{2}, 0\right)$

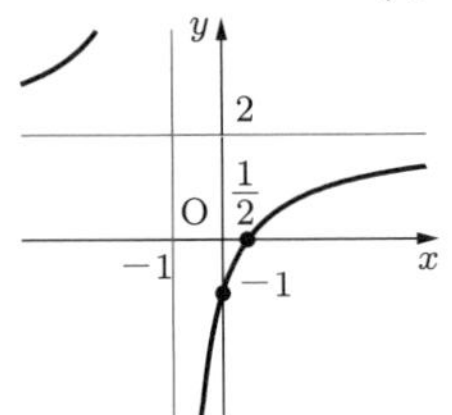

[6] (1) 定義域 $x \geqq -4$, 値域 $y \geqq -1$, 座標軸との共有点：$(0, 1)$, $(-3, 0)$

［$x+4 \geqq 0$ から定義域，$y+1 = \sqrt{x+4} \geqq 0$ から値域を求める］

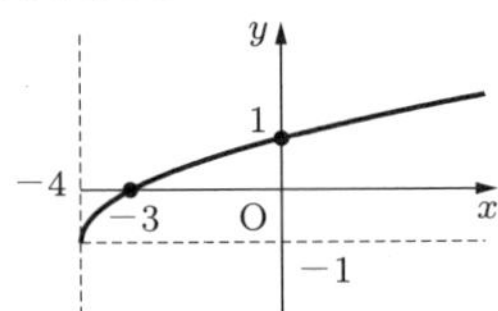

(2) 定義域 $x \leqq 3$, 値域 $y \leqq 1$,
座標軸との共有点：$(0, 1-\sqrt{3})$, $(2, 0)$

［$3 - x \geqq 0$ から定義域，$y - 1 = -\sqrt{3-x} \leqq 0$ から値域を求める］

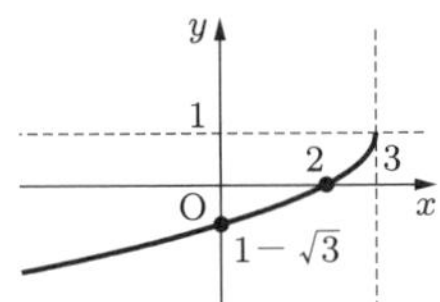

[7] (1) $x < -1$, $0 < x < 2$

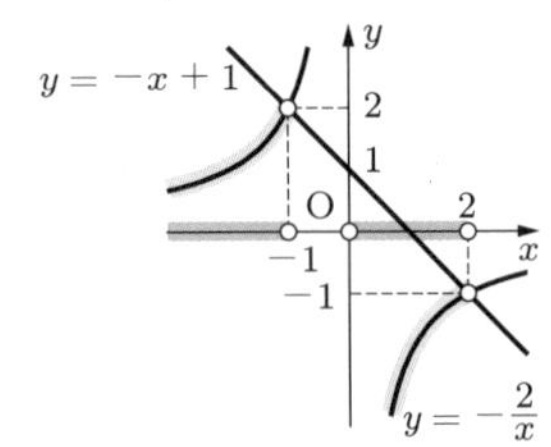

(2) $-2 \leqq x < -1$

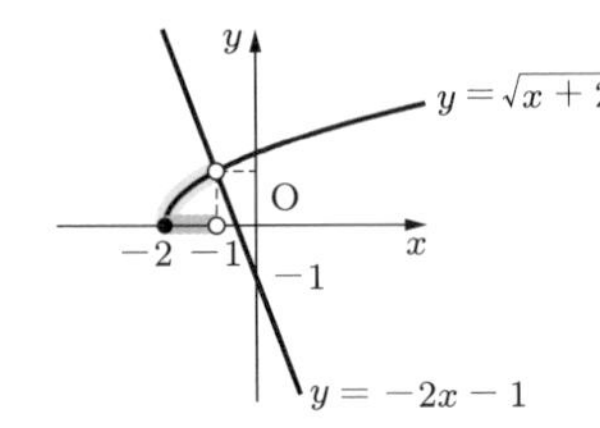

[8] (1) $y = \dfrac{-x+3}{4}$ $(-9 \leqq x \leqq 7)$

(2) $y = -\sqrt{6-x}$ $(x \leqq 6)$

(3) $y = 3 - (x-1)^2$ $(x \leqq 1)$

［$y - 1 = -\sqrt{3-x}$ を 2 乗する］

(4) $y = \dfrac{x+5}{x-3}$ $(x \neq 3)$

［$(x-1)y = 3x + 5$ を x について解く］

第3章の章末問題

1. (1) 標準形 $y = 3\left(x - \dfrac{1}{2}\right)^2 + \dfrac{5}{4}$, 頂点 $\left(\dfrac{1}{2}, \dfrac{5}{4}\right)$, 軸の方程式 $x = \dfrac{1}{2}$, y 軸との共有点 $(0, 2)$

(2) 標準形 $y = -2\left(x - \dfrac{3}{2}\right)^2 - 1$, 頂点 $\left(\dfrac{3}{2}, -1\right)$, 軸の方程式 $x = \dfrac{3}{2}$, y 軸との共有点 $\left(0, -\dfrac{11}{2}\right)$

2. (1) $x = 1$ のとき最大値 $y = 7$ をとる．$x = -1$ のとき最小値 $y = -1$ をとる．

(2) $x = -1$ のとき最大値 $y = 4$ をとる．$x = 1$ のとき最小値 $y = 0$ をとる．

3. 両端から長さ $4x$ [cm] のところを切るとする．x の範囲は $0 < x < 15$ となる．針金の長さは，$4x$ [cm] が 2 本と $120 - 8x$ [cm] が 1 本となるので，正方形は面積が x^2 [cm] のものが 2 つと $(30 - 2x)^2$ [cm] のもの

が 1 つとなる．よって，面積の和 S は $S = 2x^2 + (30-2x)^2$ となる．

$$S = 2x^2 + (30-2x)^2 = 6x^2 - 120x + 900$$
$$= 6(x-10)^2 + 300$$

なので，$0 < x < 15$ の範囲では $x = 10$ のとき，S は最小の 300 となる．よって，両端から長さ 40 cm のところを切ればよい．

4. $y = -2x + 5$ より，

$$x^2 + y^2 = x^2 + (-2x+5)^2$$
$$= 5x^2 - 20x + 25 = 5(x-2)^2 + 5$$

となるので，$x = 2$ のとき最小値をとる．このとき，$y = 1$ である．よって，$x = 2$, $y = 1$ のとき $x^2 + y^2$ は最小値 5 となる．

5. (1) 求める 2 次関数を $y = ax^2 + bx + c$ とおくと，3 点 $(1,1), (2,4), (3,11)$ を通ることから，

$$\begin{cases} 1 = a + b + c \\ 4 = 4a + 2b + c \\ 11 = 9a + 3b + c \end{cases}$$

が成り立つ．これを解くと，$a = 2, b = -3$, $c = 2$．したがって，求める 2 次関数は $y = 2x^2 - 3x + 2$ である．

(2) x 軸との交点の x 座標が $x = 1$, 3 であるから，求める 2 次関数を $y = a(x-1)(x-3)$ とおく．点 (0, 3) を通るので，$3 = 3a$ より $a = 1$ である．したがって，求める 2 次関数は $y = (x-1)(x-3)$ である．

(3) 放物線が x 軸と 2 点 $(-1,0), (3,0)$ で交わることから，$y = a(x+1)(x-3)$ とおくことができる．標準形は $y = a(x-1)^2 - 4a$ となるので，頂点は $(1, -4a)$ である．頂点が $y = x$ 上にあるから $-4a = 1$，よって $a = -\dfrac{1}{4}$ であるから，求める 2 次関数は $y = -\dfrac{1}{4}(x-1)^2 + 1$ である．

6. (1) ① $x^2 > 1$ の解は $x < -1, 1 < x$ である．また，② $x^2 - 2x - 15 \leqq 0$ の解は $-3 \leqq x \leqq 5$ である．これらの共通部分をとれば，求める解は $-3 \leqq x < -1$, $1 < x \leqq 5$ である．

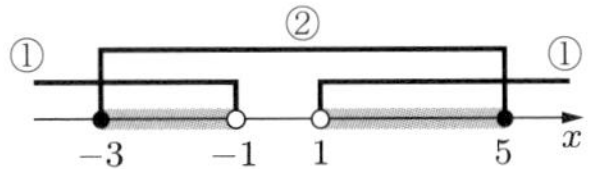

(2) ① $x^2 + x + 1 > 0$ の解はすべての実数である．また，② $6x^2 - 7x + 2 < 0$ の解は $\dfrac{1}{2} < x < \dfrac{2}{3}$ である．よって，求める解は $\dfrac{1}{2} < x < \dfrac{2}{3}$ である．

7. 点 $(1, -1)$ を通る直線の傾きを m とすると，$y = m(x-1) - 1 = mx - (m+1)$ である．この直線と放物線 $y = 2x^2 - x$ との共有点の x 座標は $2x^2 - x = mx - (m+1)$，つまり $2x^2 - (m+1)x + (m+1) = 0$ の解である．接するのは判別式 $D = 0$ のときであるから，$D = (m+1)^2 - 8(m+1) = (m-7)(m+1) = 0$ より，$m = 7$ または $m = -1$ である．$m = 7$ のとき，接線の方程式は $y = 7x - 8$，接点の座標は $(2, 6)$ である．$m = -1$ のとき，接線の方程式は $y = -x$，接点の座標は $(0, 0)$ である．

8. $y = \dfrac{a(x+c) - ac + b}{x+c} = a + \dfrac{b - ca}{x+c}$ と変形できる．

(1) 直線 $y = 1$ を漸近線にもつから，$a = 1$ である．

$(-2, 6)$ を通ることから，

$$6 = \frac{-2+b}{-2+c}$$

$(2, 2)$ を通ることから，

$$2 = \frac{2+b}{2+c}$$

である．これらを解いて，$b = 8$, $c = 3$ である．

(2) 直線 $x = -2$, $y = -2$ を漸近線にもつから，$a = -2$, $c = 2$ である．$(-1, 1)$ を通ることから，$1 = \dfrac{2+b}{-1+2}$ であるので，$b = -1$ が得られる．

9. (1) $x \leqq -1,\ \dfrac{5}{3} \leqq x < 2$

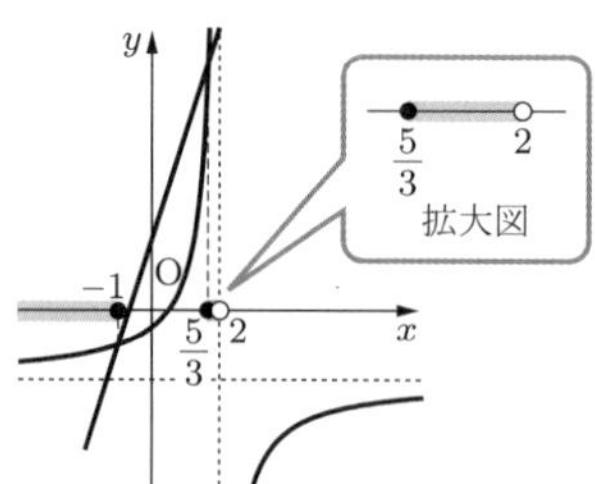

(2) $x \geqq 2+\sqrt{6}$

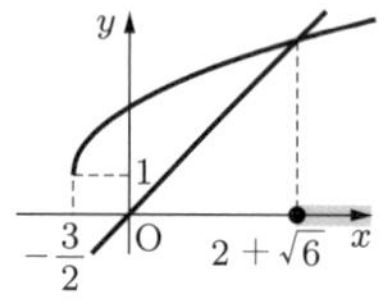

10. (1) $x^2-4x-y=0$ を x について解くと，$x=2\pm\sqrt{4+y}$ である．$x \geqq 2$ より，$x=2+\sqrt{y+4}$ なので，x と y を交換して，求める逆関数は $y=2+\sqrt{x+4}\ (x \geqq -4)$ である．

(2) $y = \dfrac{x}{ax+b}$ の分母を払うと $axy+by=x$ である．x について整理すると $(ay-1)x=-by$ であるから，$x=-\dfrac{by}{ay-1}$ となる．x と y を交換して，$y=-\dfrac{bx}{ax-1}$ が求める逆関数である．

第4章

第10節の問

10.1 (1) $1,\ \dfrac{-1\pm\sqrt{3}\,i}{2}$　(2) $\pm 3,\ \pm 3i$

10.2 (1) 2　(2) 4　(3) 5　(4) -2

10.3 (2) $x=\sqrt[m]{\sqrt[n]{a}}$ とおく．両辺を mn 乗すると，$x^{mn}=(x^m)^n=\left\{\left(\sqrt[m]{\sqrt[n]{a}}\right)^m\right\}^n=\left(\sqrt[n]{a}\right)^n=a$，すなわち，$x^{mn}=a$ となる．$x>0$ であるから，$x=\sqrt[mn]{a}$

(3) $x=\sqrt[n]{a}\sqrt[n]{b}$ とおく．両辺を n 乗すると，$x^n=\left(\sqrt[n]{a}\sqrt[n]{b}\right)^n=\left(\sqrt[n]{a}\right)^n\left(\sqrt[n]{b}\right)^n=ab$，すなわち，$x^n=ab$ となる．$x>0$ であるから，$x=\sqrt[n]{ab}$

(4) $x=\dfrac{\sqrt[n]{a}}{\sqrt[n]{b}}$ とおく．両辺を n 乗すると，$x^n=\left(\dfrac{\sqrt[n]{a}}{\sqrt[n]{b}}\right)^n=\dfrac{(\sqrt[n]{a})^n}{(\sqrt[n]{b})^n}=\dfrac{a}{b}$ となる．$x>0$ であるから，$x=\sqrt[n]{\dfrac{a}{b}}$

10.4 (1) 27　(2) 3　(3) 2　(4) 2

10.5 (1) 1　(2) $\dfrac{1}{9}$　(3) $-\dfrac{1}{4}$　(4) $\dfrac{64}{27}$

10.6 (1) 2　(2) 32　(3) $\dfrac{1}{27}$

10.7 (1) $\sqrt{a}$　(2) $\sqrt[4]{a^3}$　(3) $\dfrac{1}{\sqrt[5]{a^2}}$

10.8 (1) $a^{\frac{1}{3}}$　(2) $a^{\frac{3}{4}}$　(3) $a^{-\frac{1}{2}}$

10.9 (1) $\sqrt[6]{a^7}$　(2) $\sqrt[5]{a^6}$　(3) $\sqrt[6]{a}$

10.10 (1) $a^{-\frac{5}{12}}$　(2) $a^{\frac{2}{5}}$　(3) $a^{\frac{25}{12}}$

10.11

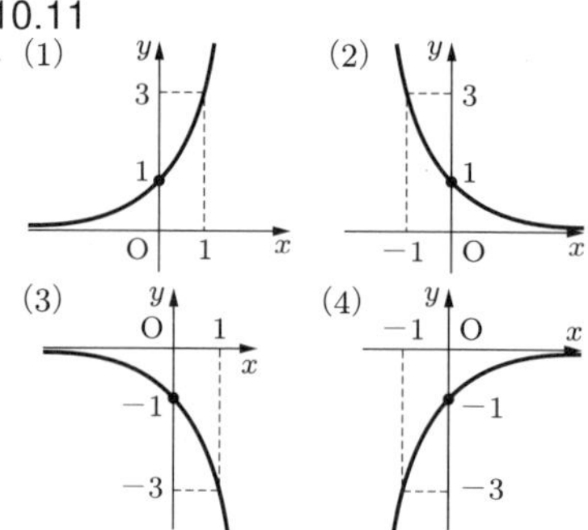

10.12

(1) 漸近線：$y=-1$　(2) 漸近線：$y=0$

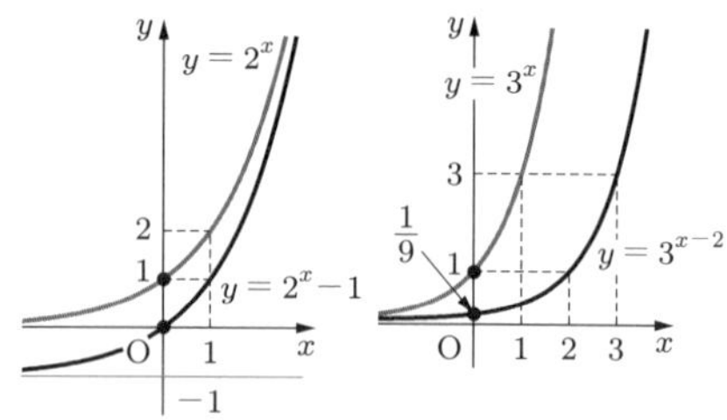

(3) 漸近線：$y=2$　(4) 漸近線：$y=0$

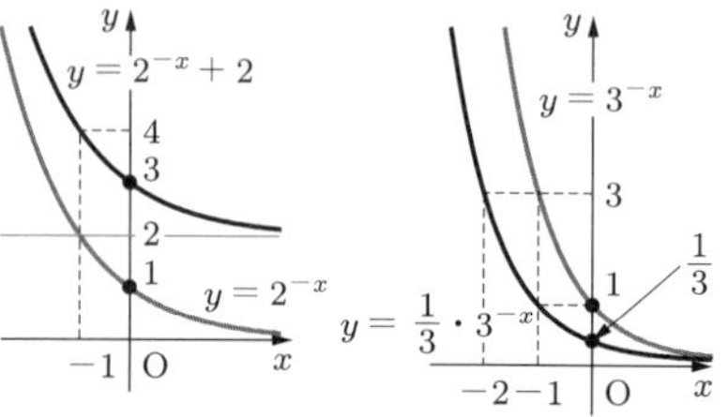

10.13 (1) 3 (2) $\dfrac{3}{2}$ (3) -1

(4) -2 (5) $-\dfrac{8}{3}$ (6) $\dfrac{1}{4}$

10.14 (1) $x < -3$ (2) $x \leqq 2$

(3) $x \leqq -\dfrac{1}{4}$ (4) $x < \dfrac{7}{2}$

(5) $x < -\dfrac{1}{2}$ (6) $x > -\dfrac{3}{2}$

練習問題 10

[1] (1) $\dfrac{1}{27}$ (2) 8 (3) $\dfrac{1}{4}$

(4) 2 (5) 4 (6) 1

[2] (1) $a^{\frac{11}{12}}$ (2) $a^{\frac{8}{5}}$ (3) $a^{-\frac{1}{3}}$

[3] (1) $4t$ (2) $\dfrac{8}{t}$ (3) t^2 (4) $\sqrt{t}$

[4]

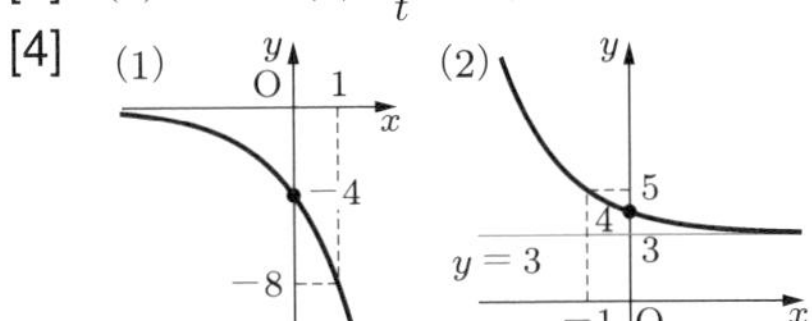

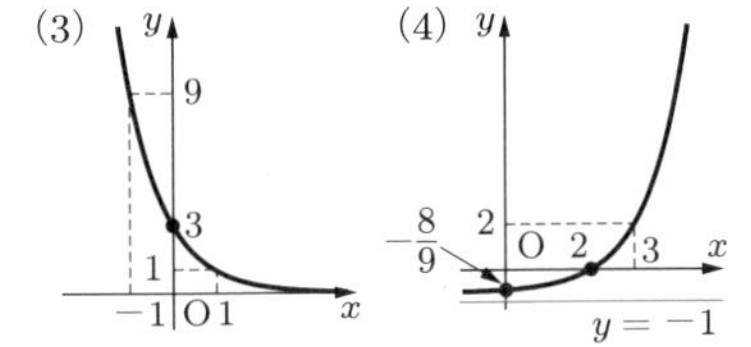

[5] (1) $x = \dfrac{1}{2}$ (2) $x = \dfrac{1}{4}$

(3) $x = -2$ (4) $x = -\dfrac{4}{3}$

[6] (1) $x < -1$ (2) $x > -\dfrac{3}{4}$

(3) $x < \dfrac{1}{6}$ (4) $x \leqq -\dfrac{7}{2}$

[7] (1) 3

［$\sqrt{x} + \dfrac{1}{\sqrt{x}} = \sqrt{5}$ の両辺を 2 乗する］

(2) $2\sqrt{5}$

［$\sqrt{x} + \dfrac{1}{\sqrt{x}} = \sqrt{5}$ の両辺を 3 乗する］

[8] (1) 6 分後

(2)

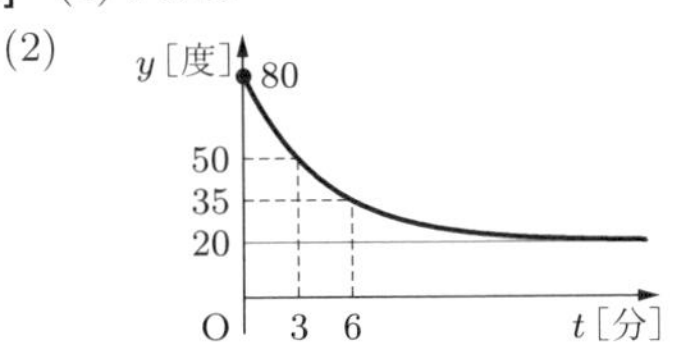

[9] (1) A 社の年利 16.8%, B 社の月利 1.17%

(2) A 社：約 47 万円, B 社：約 40 万円

［A 社の年利は 1.013^{12}, B 社の年利は $\sqrt[12]{1.15}$ で求める］

第 11 節の問

11.1 (1) 4 (2) -4 (3) -1 (4) $\dfrac{1}{2}$

(5) 0 (6) 1 (7) $-\dfrac{1}{2}$ (8) $-\dfrac{2}{5}$

11.2 記号は本文の証明と同じものを使う.

(2) $\log_a \dfrac{M}{N} = \log_a a^{r-s} = r - s$

$= \log_a M - \log_a N$

(3) $\log_a M^p = \log_a a^{rp} = rp$

$= p \log_a M$

11.3 (1) -1 (2) 1 (3) 3 (4) $-\dfrac{1}{2}$

11.4 (1) $s + t$ (2) $2s + t$

(3) $s - t + 1$ (4) $2s + t - 1$

(5) $2s + \dfrac{t}{2}$ (6) $\dfrac{t - s}{2}$

11.5 (1) $-\dfrac{3}{4}$ (2) $\dfrac{3}{4}$ (3) 1

(4) 2 (5) 1 (6) 3

11.6 (1) 漸近線：$x = -2$

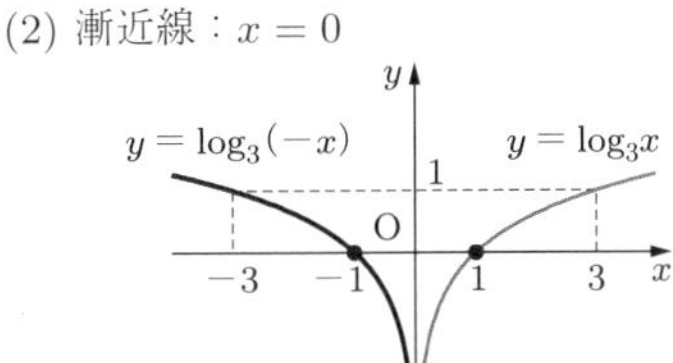

(2) 漸近線：$x = 0$

$y = \log_3(-x)$, $y = \log_3 x$

(3) 漸近線：$x = 0$

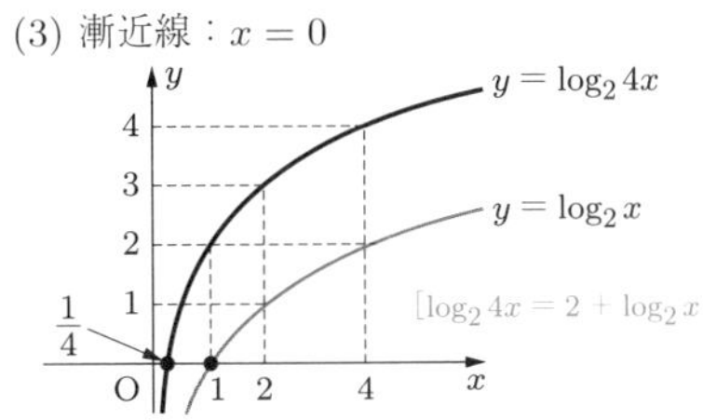

11.7 (1) $y = ax^2$ (2) $y = a^{x-3}$

11.8 (1) $x=3$　(2) $x=\pm 2$
(3) $x=5$　(4) $x=1,\ 3$

11.9 (1) $0<x<27$　(2) $x>\dfrac{5}{2}$
(3) $-24 \leqq x < 1$
(4) $-2<x\leqq -\dfrac{3}{2}$

11.10 (1) 1.76×10^{13}，14 桁
(2) 3.19×10^{-11}，小数第 11 位

11.11 $\log_{1.15} 10 \fallingdotseq 16.5$[年]

練習問題 11

[1] (1) 5　(2) -2　(3) $\dfrac{1}{2}$
(4) $\dfrac{1}{3}$　(5) 0　(6) 3

[2] (1) 8　(2) $\dfrac{1}{9}$　(3) 2
(4) $\sqrt[3]{5}$　(5) 2　(6) $\dfrac{1}{16}$

[3] (1) 2　(2) -2　(3) $\dfrac{5}{6}$　(4) 6

[4] (1) $3s+t$　(2) $2(t-s)$
(3) $s-1$　$\left[5=\dfrac{10}{2}\right]$
(4) $\dfrac{2t}{3s}$　$\left[与式 = \dfrac{\log_{10} 9}{\log_{10} 8}\right]$
(5) $\dfrac{1-s}{t}$　(6) $\dfrac{t+1-s}{s}$

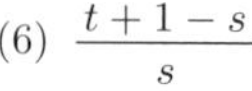

[5] (1)

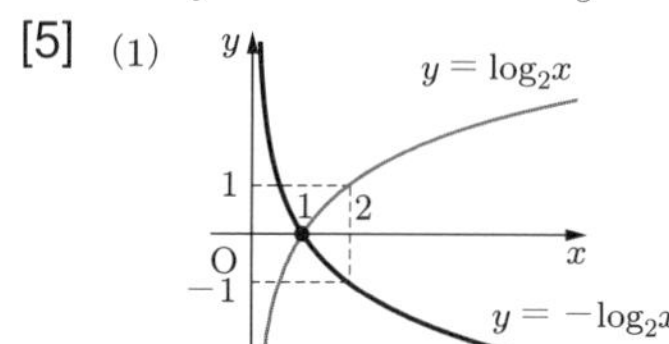

(2)

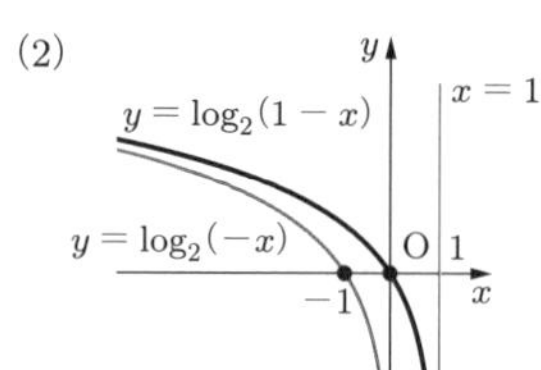

(3)

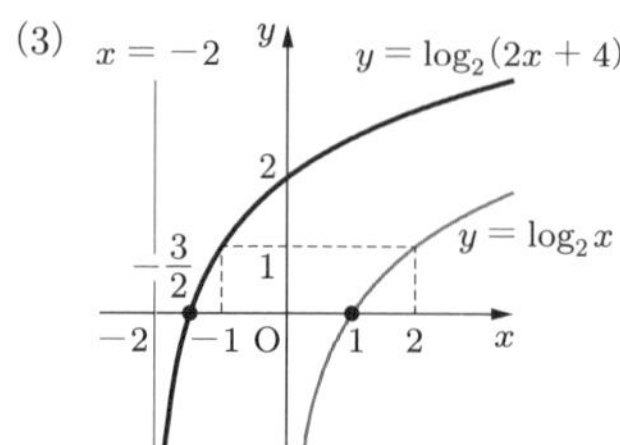

$\left[\log_2(2x+4) = \log_2 2(x+2) = 1+\log_2(x+2)\right]$

[6] (1) $x=5$　(2) $x=3$

[7] (1) $0<x<1$　(2) $x>2\sqrt{2}$
(3) $2<x<27$
$\left[0<\dfrac{1}{5}<1 であるから\ x-2<\left(\dfrac{1}{5}\right)^{-2}\right]$
(4) $-1<x<0,\ 3<x<4$
[真数条件 $x^2-3x>0$ に注意]

[8] (1) $y=10^{mx+n}$　(2) $y=x^m\cdot 10^n$

[9] (1) $x=\log_3 5=\dfrac{\log_{10} 5}{\log_{10} 3}\fallingdotseq 1.47$
(2) $x=\log_5 \dfrac{1}{2}=-\dfrac{\log_{10} 2}{\log_{10} 5}\fallingdotseq -0.43$
(3) $x=-\log_3 \dfrac{1}{1000}=\dfrac{3}{\log_{10} 3}\fallingdotseq 6.29$
(4) $x=1-\log_{10} 18=-\log_{10} 1.8\fallingdotseq -0.26$

[10] $n=8$　$\left[n>\dfrac{\log_{10} 2}{\log_{10} 1.1}\right]$

[11] $\log_{0.5} 0.03\times 100\fallingdotseq 506$[年]，
$-\log_{0.5} 5\times 100\fallingdotseq 232$[年]

第 4 章の章末問題

1. (1) 与えられた式を 2 乗すると，$x+2x^0+x^{-1}=9$ となるので，$x+x^{-1}=7$ である．
(2) 与えられた式を 3 乗すると，$x^{\frac{3}{2}}+3x^1x^{-\frac{1}{2}}+3x^{\frac{1}{2}}x^{-1}+x^{-\frac{3}{2}}=27$ となるので，$x^{\frac{3}{2}}+x^{-\frac{3}{2}}+3\left(x^{\frac{1}{2}}+x^{-\frac{1}{2}}\right)=27$ である．$x^{\frac{1}{2}}+x^{-\frac{1}{2}}=3$ なので，$x^{\frac{3}{2}}+x^{-\frac{3}{2}}=18$ である．
(3) $\left(x^{\frac{1}{4}}+x^{-\frac{1}{4}}\right)^2=x^{\frac{1}{2}}+2x^0+x^{-\frac{1}{2}}=3+2=5$ であり，$x>0$ より $x^{\frac{1}{4}}+x^{-\frac{1}{4}}>0$ なので，$x^{\frac{1}{4}}+x^{-\frac{1}{4}}=\sqrt{5}$ である．

2. (1) $2^x=X$ とおくと，$2^{2x+1}=(2^x)^2\cdot 2=2X^2$ であるので，与えられた方程式は，$2X^2+3X-2=0$ である．これより，$X=-2,\ \dfrac{1}{2}$ である．$X=2^x>0$ なので，$X=\dfrac{1}{2}=2^{-1}$ である．よって，$x=-1$ である．
(2) $2^x=X,\ 2^y=Y$ とおくと，与えられた

方程式は，$X+4=Y$，$X^2+48=Y^2$ となる．$Y=X+4$ を代入すると，$X=4$ が得られるので $Y=8$ である．したがって，求める解は $x=2$，$y=3$ である．

3\. (1) $\sqrt[3]{54}+\sqrt[3]{16}-\sqrt[3]{\dfrac{1}{4}}$

$=\sqrt[3]{27\cdot 2}+\sqrt[3]{8\cdot 2}-\sqrt[3]{\dfrac{2}{8}}$

$=3\sqrt[3]{2}+2\sqrt[3]{2}-\dfrac{\sqrt[3]{2}}{2}=\dfrac{9}{2}\sqrt[3]{2}$

(2) $\left(27^{\frac{2}{3}}\times 64^{-\frac{2}{3}}\right)^{\frac{1}{2}}$

$=\left\{(3^3)^{\frac{2}{3}}\times(4^3)^{-\frac{2}{3}}\right\}^{\frac{1}{2}}=(3^2\times 4^{-2})^{\frac{1}{2}}$

$=3\times 4^{-1}=\dfrac{3}{4}$

(3) $16^{\frac{1}{3}}\times 36^{\frac{1}{3}}\div 3^{\frac{5}{3}}=(16\times 36\div 3^5)^{\frac{1}{3}}$

$=(2^4\times 2^2\times 3^2\div 3^5)^{\frac{1}{3}}=(2^6\times 3^{-3})^{\frac{1}{3}}$

$=2^2\times 3^{-1}=\dfrac{4}{3}$

(4) $\sqrt{a^5\sqrt[3]{a^7}}\times\sqrt[3]{a}=(a^5a^{\frac{7}{3}})^{\frac{1}{2}}\times a^{\frac{1}{3}}$

$=a^{\left(5+\frac{7}{3}\right)\frac{1}{2}+\frac{1}{3}}=a^4$

4\. (1) それぞれを 3 乗した値は，49，81，64 となり，$49<64<81$ なので，$\sqrt[3]{49}<4<3\sqrt[3]{3}$ である．

(2) 指数の形で表すと，$2^{\frac{3}{4}}$，$2^{\frac{3}{5}}$，$2^{\frac{2}{3}}$ となり，2^x は単調増加で $\dfrac{3}{5}<\dfrac{2}{3}<\dfrac{3}{4}$ なので，$\sqrt[5]{2^3}<\sqrt[3]{4}<\sqrt{2\sqrt{2}}$ である．

5\. $\dfrac{a^{3x}+a^{-3x}}{a^x+a^{-x}}$

$=\dfrac{(a^x+a^{-x})(a^{2x}-a^xa^{-x}+a^{-2x})}{a^x+a^{-x}}$

$=a^{2x}-a^xa^{-x}+a^{-2x}=3-1+\dfrac{1}{3}$

$=\dfrac{7}{3}$

6\. $\log_a M$ は，$M=a^r$ となる r のことであるから，$a^{\log_a M}=M$ であることを利用する．

(1) x　(2) $\dfrac{1}{x}$　(3) x^p　(4) $\sqrt[n]{x}$

7\. 題意より，$\log_{10}1.26=0.1004, \log_{10}2.31=0.3636$ である．対数の性質や底の変換公式を使って変形すればよい．

(1) $\log_{10}\dfrac{2.31}{1.26}=\log_{10}2.31-\log_{10}1.26=0.3636-0.1004=0.2632$

(2) $\log_{10}\sqrt[3]{2.31}=\dfrac{1}{3}\log_{10}2.31=\dfrac{1}{3}\times 0.3636=0.1212$

(3) $\log_{1.26}2.31=\dfrac{\log_{10}2.31}{\log_{10}1.26}=\dfrac{0.3636}{0.1004}=3.621513\cdots\fallingdotseq 3.622$

8\. いずれも，底の変換公式を利用して底をそろえて考える．

(1) 底を 2 にそろえる．$3\log_4 3=3\cdot\dfrac{\log_2 3}{2}=\dfrac{3}{2}\log_2 3$ であり，$\dfrac{3}{2}\log_2 3<2\log_2 3$ である．よって，$3\log_4 3<2\log_2 3$ である．

(2) 底を 2 にそろえて，真数を比較する．$\log_4 7=\dfrac{1}{2}\log_2 7=\log_2\sqrt{7}$，$\log_8 28=\dfrac{1}{3}\log_2 28=\log_2\sqrt[3]{28}$ である．$(\sqrt{7})^6=7^3=343$，$(\sqrt[3]{28})^6=28^2=784$ より，$\sqrt{7}<\sqrt[3]{28}$（または，$\sqrt{7}<\sqrt{9}=3$，$3=\sqrt[3]{27}<\sqrt[3]{28}$ より，$\sqrt{7}<\sqrt[3]{28}$）．よって，$\log_4 7<\log_8 28$ である．

9\. 最初の濃度を a [%] とすると，塩の量は a [g] である．最初に取り出す 20 g の食塩水には，$\dfrac{1}{5}a$ [g] の塩が含まれるので，残りの塩の量は $\dfrac{4}{5}a$ [g] である．同様に考えると，n 回目の塩の量は $\left(\dfrac{4}{5}\right)^n a$ [g] である．これが，最初の $\dfrac{1}{10}$ になることから，$\left(\dfrac{4}{5}\right)^n a\leqq\dfrac{1}{10}a$ であればよい．つまり，$\left(\dfrac{4}{5}\right)^n\leqq\dfrac{1}{10}$ であればよいので，両辺の対数をとると，$n\log_{10}0.8\leqq -1$ となる．$\log_{10}0.8=\log_{10}\dfrac{8}{10}=3\log_{10}2-1<0$ であることから，$n\geqq\dfrac{-1}{3\log_{10}2-1}=10.309\cdots$ となるので，11 回目ではじめの濃度の $\dfrac{1}{10}$ 以下になる．

10\. (1) $a_{H+}=10^{-7}$

(2) $-\log_{10}a_{H+}<7$ より，$\log_{10}a_{H+}>-7$．よって，$a_{H+}>10^{-7}$

(3) $a_{H+} = a$ のとき $\mathrm{pH} = p$ とすると，$p = -\log_{10} a$ である．このとき，イオン活量が 2 倍になると，そのときの pH の値は，

$$\begin{aligned}\mathrm{pH} &= -\log_{10} 2a = -\log_{10} 2 - \log_{10} a \\ &= -\log_{10} 2 + p\end{aligned}$$

となる．したがって，pH の値は $\log_{10} 2$ だけ減少する．

第5章

第12節の問

12.1 (1) $\sqrt{89}$, $\sin\theta = \dfrac{5\sqrt{89}}{89}$, $\cos\theta = \dfrac{8\sqrt{89}}{89}$, $\tan\theta = \dfrac{5}{8}$

(2) $\sqrt{91}$, $\sin\theta = \dfrac{\sqrt{91}}{10}$, $\cos\theta = \dfrac{3}{10}$, $\tan\theta = \dfrac{\sqrt{91}}{3}$

12.2 (1) $x \fallingdotseq 5.6$, $y \fallingdotseq 8.3$

(2) $x \fallingdotseq 15.6$, $y \fallingdotseq 16.7$

12.3 水平方向に進んだ距離 906 m，上がった高さ 423 m

12.4 17.7 m

12.5 (1) 42°　(2) 58°

12.6 22°

12.7 高さ $10\sqrt{3}$ cm，面積 $100\sqrt{3}\,\mathrm{cm}^2$

12.8 (1) $\dfrac{\pi}{2}$ (2) $\dfrac{\pi}{4}$ (3) $\dfrac{2\pi}{3}$ (4) $\dfrac{3\pi}{2}$

(5) 30° (6) 60° (7) 135° (8) 210°

12.9 (1) $l = \dfrac{3\pi}{2}$，$S = \dfrac{9\pi}{2}$

(2) $l = \dfrac{15\pi}{2}$，$S = \dfrac{75\pi}{4}$

12.10 (1) $\theta = \dfrac{3\pi}{5}$，$S = \dfrac{15\pi}{2}$

(2) $r = 3$，$\theta = \dfrac{\pi}{3}$

12.11

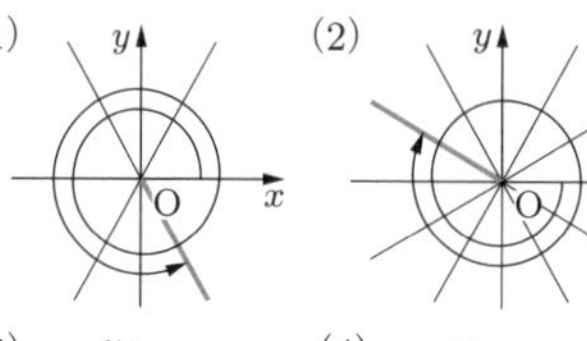

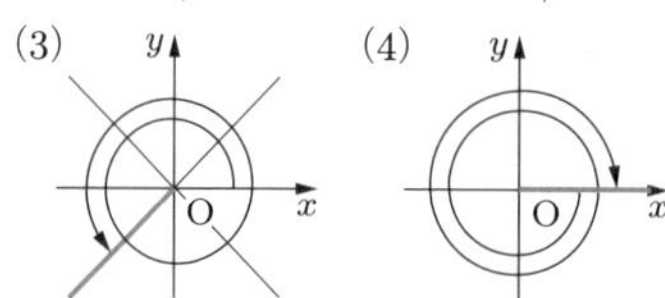

12.12 (1) $\dfrac{3\pi}{8} + 2\pi$　(2) $\dfrac{3\pi}{5} + 4\pi$

(3) $\dfrac{\pi}{2} - 4\pi$　(4) $\dfrac{\pi}{3} - 4\pi$

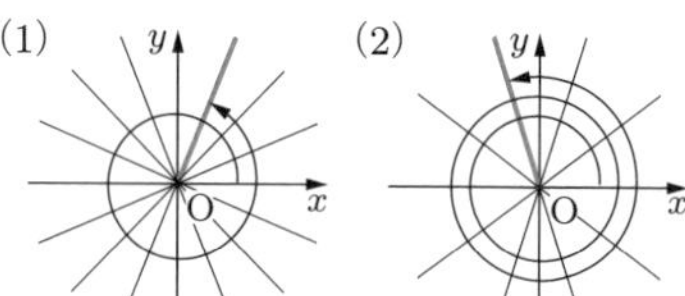

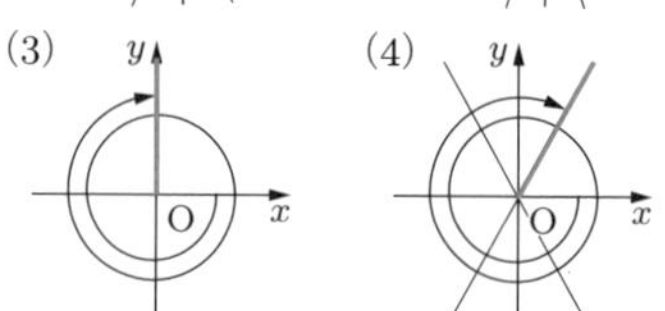

12.13 (1) 0, −1, 0

(2) −1, 0, 存在しない　(3) 0, 1, 0

12.14 (1) $\sin\dfrac{2\pi}{3} = \dfrac{\sqrt{3}}{2}$, $\cos\dfrac{2\pi}{3} = -\dfrac{1}{2}$，$\tan\dfrac{2\pi}{3} = -\sqrt{3}$

(2) $\sin\dfrac{5\pi}{4} = -\dfrac{\sqrt{2}}{2}$, $\cos\dfrac{5\pi}{4} = -\dfrac{\sqrt{2}}{2}$，$\tan\dfrac{5\pi}{4} = 1$

(3) $\sin\dfrac{11\pi}{6} = -\dfrac{1}{2}$, $\cos\dfrac{11\pi}{6} = \dfrac{\sqrt{3}}{2}$，$\tan\dfrac{11\pi}{6} = -\dfrac{\sqrt{3}}{3}$

12.15 (1) $-\dfrac{1}{2}$ (2) $\dfrac{1}{2}$ (3) 1

(4) $\dfrac{\sqrt{2}}{2}$ (5) $\dfrac{\sqrt{3}}{2}$ (6) 0

12.16 (1) $-\dfrac{\sqrt{3}}{2}$ (2) $-\dfrac{\sqrt{3}}{2}$ (3) 1

12.17 (1) $-\cos\theta$　(2) $-\cos\theta$

12.18 $\tan\left(\theta + \dfrac{\pi}{2}\right) = \dfrac{\sin\left(\theta + \dfrac{\pi}{2}\right)}{\cos\left(\theta + \dfrac{\pi}{2}\right)} = \dfrac{\cos\theta}{-\sin\theta} = -\dfrac{1}{\tan\theta}$

12.19 (1) $\sin\theta = -\dfrac{\sqrt{5}}{3}$，$\tan\theta = -\dfrac{\sqrt{5}}{2}$

(2) $\cos\theta = -\dfrac{\sqrt{5}}{5}$，$\sin\theta = -\dfrac{2\sqrt{5}}{5}$

12.20 (1) 左辺 $= \dfrac{1 - \sin\theta + 1 + \sin\theta}{(1 + \sin\theta)(1 - \sin\theta)}$

$= \dfrac{2}{1 - \sin^2\theta} = \dfrac{2}{\cos^2\theta} =$ 右辺

(2) 左辺 $= \dfrac{\sin^2\theta}{\cos^2\theta} - \sin^2\theta$

$= \sin^2\theta\left(\dfrac{1}{\cos^2\theta} - 1\right) = \sin^2\theta\tan^2\theta$

$=$ 右辺

練習問題 12

[1] (1) $a\cos\theta$ (2) $\dfrac{a}{\sin\theta}$

(3) $\dfrac{a}{\tan\theta}$ $[\angle\mathrm{ABC} = \theta]$

[2] (1) 高低差 $a\sin\theta$, 水平距離 $a\cos\theta$

(2) 全長 $\dfrac{b}{\sin\theta}$, 水平距離 $\dfrac{b}{\tan\theta}$

[3] (1) $\dfrac{\pi}{6}$ (2) $\dfrac{7\pi}{12}$

(3) $\dfrac{\pi}{24}$ (4) $\dfrac{17\pi}{24}$

[15 分で長針は $\dfrac{\pi}{2}$, 短針は $\dfrac{\pi}{24}$ 進む]

[4] $\sin\theta$, $\cos\theta$ の順に示す.

(1) $\dfrac{1}{2}$, $-\dfrac{\sqrt{3}}{2}$ (2) -1, 0

(3) $-\dfrac{\sqrt{2}}{2}$, $-\dfrac{\sqrt{2}}{2}$ (4) $-\dfrac{\sqrt{3}}{2}$, $\dfrac{1}{2}$

(5) 0, -1 (6) $\dfrac{\sqrt{2}}{2}$, $-\dfrac{\sqrt{2}}{2}$

(7) $\dfrac{\sqrt{3}}{2}$, $\dfrac{1}{2}$ (8) $-\dfrac{1}{2}$, $\dfrac{\sqrt{3}}{2}$

[5] (1) $\cos\theta = \dfrac{5}{13}$, $\tan\theta = -\dfrac{12}{5}$

(2) $\cos\theta = \dfrac{\sqrt{10}}{10}$, $\sin\theta = -\dfrac{3\sqrt{10}}{10}$

$\left[\tan^2\theta + 1 = \dfrac{1}{\cos^2\theta},\ \sin\theta = \tan\theta\cos\theta\right]$

[6] (1) $\cos\theta = -\dfrac{1}{\sqrt{t^2+1}}$

(2) $\sin\theta = -\dfrac{t}{\sqrt{t^2+1}}$

[7] (1) $-\dfrac{3}{8}$

[$\sin\theta + \cos\theta = \dfrac{1}{2}$ の両辺を 2 乗]

(2) $\dfrac{11}{16}$

[$\sin\theta + \cos\theta = \dfrac{1}{2}$ の両辺を 3 乗]

[8] (1) 左辺

$= \dfrac{1 - (\sin^2\theta + 2\sin\theta\cos\theta + \cos^2\theta)}{\sin\theta\cos\theta}$

$= \dfrac{-2\sin\theta\cos\theta}{\sin\theta\cos\theta} = -2 =$ 右辺

(2) 左辺 $= \cos\theta\cdot\dfrac{\sin\theta}{\cos\theta}$

$- \sin\theta(1 - \sin^2\theta)$

$= \sin\theta - \sin\theta + \sin^3\theta = \sin^3\theta$

$=$ 右辺

第 13 節の問

13.1 n は整数とする.

(1) $\theta = 2n\pi$

(2) $\theta = (2n+1)\pi$

(3) $\theta = \dfrac{\pi}{2} + n\pi$

13.2 (1) 振幅 3, 周期 2π

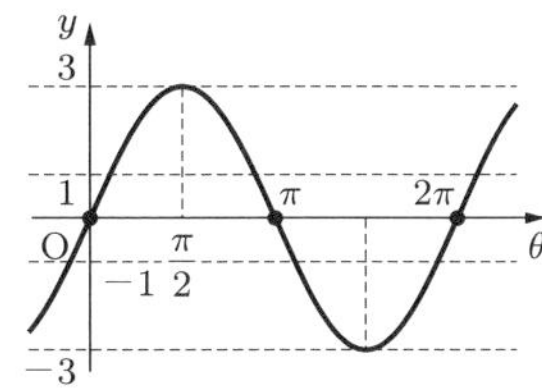

(2) 振幅 1, 周期 π

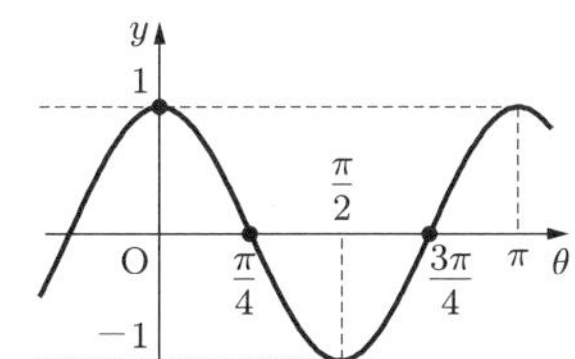

(3) 振幅 1, 周期 2π

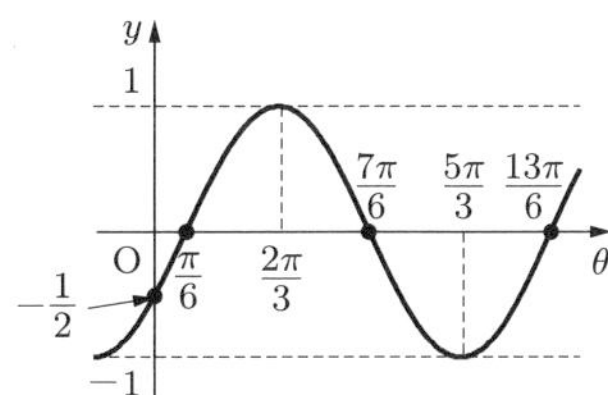

(4) 振幅 $\dfrac{1}{2}$, 周期 2π

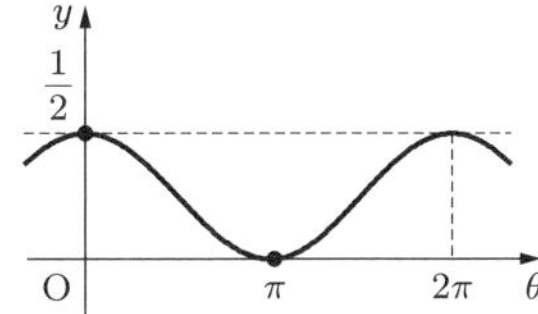

13.3　n は整数とする．

(1) $\dfrac{\pi}{4}+n\pi$　(2) $\dfrac{\pi}{6}+n\pi$

(3) $n\pi$　(4) $-\dfrac{\pi}{3}+n\pi$

13.4　(1) $x=\dfrac{7\pi}{6},\ \dfrac{3\pi}{2}$

(2) $x=\dfrac{\pi}{4},\ \dfrac{7\pi}{4}$　(3) $x=\dfrac{2\pi}{3},\ \dfrac{5\pi}{3}$

13.5　(1) $0\leqq x<\dfrac{\pi}{6},\quad \dfrac{5\pi}{6}<x<2\pi$

(2) $\dfrac{3\pi}{4}\leqq x\leqq\dfrac{5\pi}{4}$

(3) $0\leqq x<\dfrac{\pi}{2},\quad \dfrac{3\pi}{4}<x<\dfrac{3\pi}{2},$
$\dfrac{7\pi}{4}<x<2\pi$

13.6　(1) $\dfrac{\pi}{6}$　(2) $-\dfrac{\pi}{2}$　(3) $\dfrac{3\pi}{4}$

(4) $\dfrac{\pi}{2}$　(5) $\dfrac{\pi}{6}$　(6) $-\dfrac{\pi}{4}$

練習問題 13

[1]　(1) 振幅 3，周期 6π

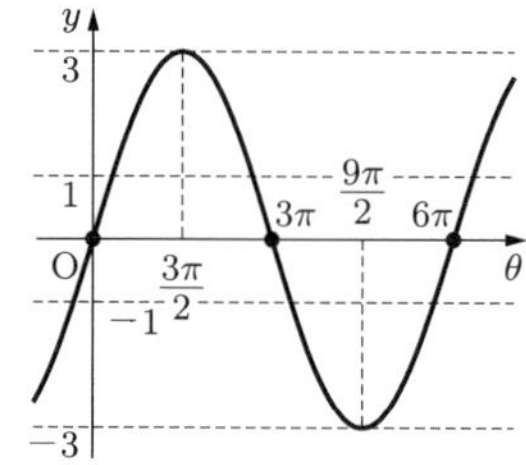

(2) 振幅 $\dfrac{1}{2}$，周期 $\dfrac{2\pi}{3}$

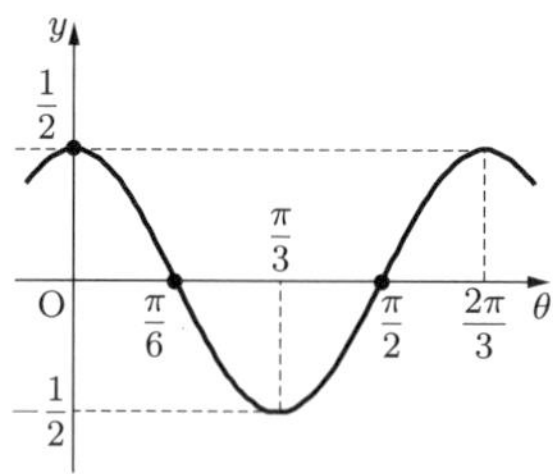

(3) 振幅 2，周期 2π

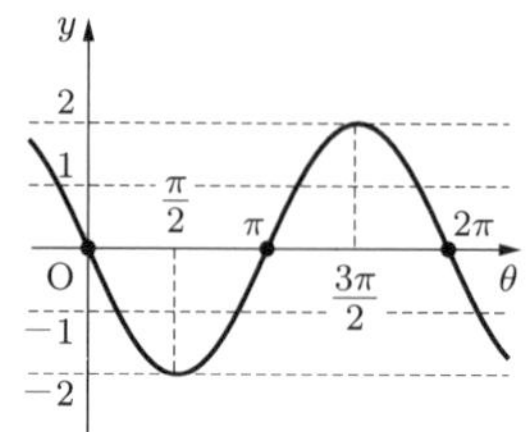

(4) 振幅 $\sqrt{2}$，周期 2π

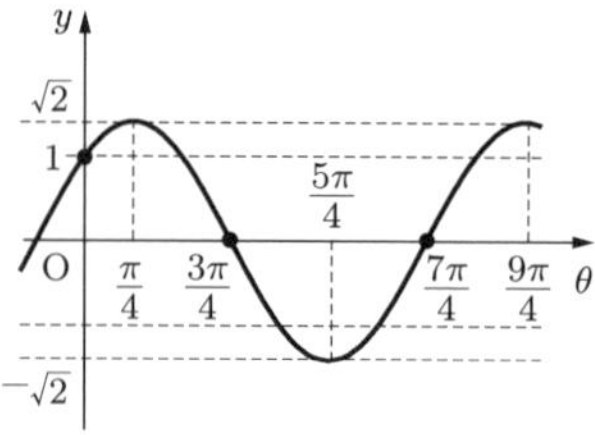

[2]　(1) θ 軸方向に $\dfrac{1}{2}$ 倍して，y 軸方向に 2 平行移動

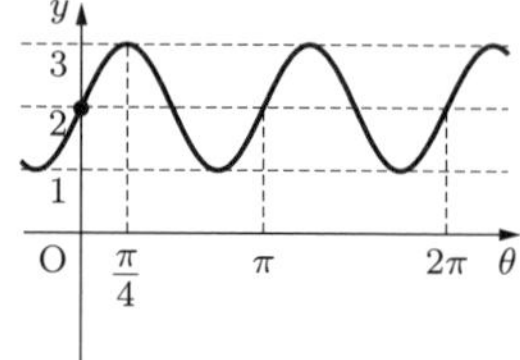

(2) y 軸方向に 2 倍して，y 軸方向に 2 平行移動

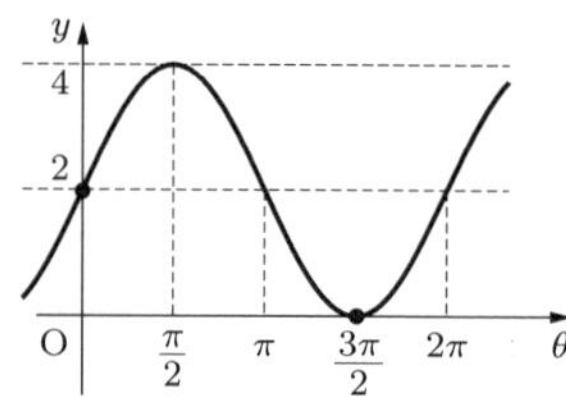

(3) y 軸方向に 3 倍して，θ 軸方向に $\dfrac{\pi}{6}$ 平行移動

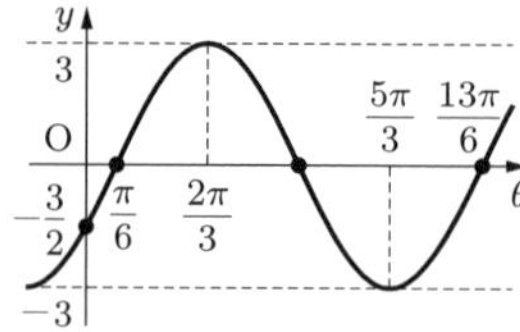

(4) θ 軸方向に $\dfrac{1}{3}$ 倍して，θ 軸方向に $\dfrac{\pi}{6}$ 平行移動

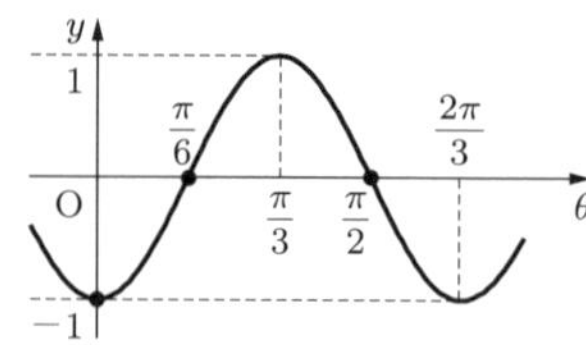

[3]　85 m, $h=60+50\sin\left(\dfrac{2\pi}{15}t-\dfrac{\pi}{2}\right)$

［ゴンドラは 1 分で $\dfrac{2\pi}{15}$ 回転する．時刻 0 での動径の位置は $-\dfrac{\pi}{2}$］

[4] (1) $x = 0,\ \dfrac{2\pi}{3},\ \pi,\ \dfrac{4\pi}{3}$

(2) $x = \dfrac{\pi}{4},\ \dfrac{3\pi}{4},\ \dfrac{5\pi}{4},\ \dfrac{7\pi}{4}$

(3) $x = \dfrac{19\pi}{12},\ \dfrac{23\pi}{12}$

［$X = x + \dfrac{\pi}{4}$ $\left(\dfrac{\pi}{4} \leqq X < \dfrac{9\pi}{4}\right)$ とおく］

(4) $x = \dfrac{\pi}{8},\ \dfrac{5\pi}{8},\ \dfrac{9\pi}{8},\ \dfrac{13\pi}{8}$

［$X = 2x$ $(0 \leqq X < 4\pi)$ とおく］

[5] (1) $x = \dfrac{\pi}{6},\ \dfrac{7\pi}{6},\ \dfrac{\pi}{3},\ \dfrac{4\pi}{3}$

(2) $x = \dfrac{\pi}{3},\ \pi,\ \dfrac{5\pi}{3}$

［$X = \cos x$ $(-1 \leqq X \leqq 1)$ とおくと $(2X-1)(X+1) = 0$］

[6] (1) $\dfrac{4\pi}{3} < x < \dfrac{5\pi}{3}$

(2) $0 \leqq x < \dfrac{5\pi}{6},\ \dfrac{7\pi}{6} < x < 2\pi$

(3) $0 \leqq x \leqq \dfrac{5\pi}{12},\ \dfrac{11\pi}{12} \leqq x < 2\pi$

［$X = x - \dfrac{\pi}{6}$ $\left(-\dfrac{\pi}{6} \leqq X < \dfrac{11\pi}{6}\right)$ とおく］

(4) $0 \leqq x < \dfrac{\pi}{4},\ \dfrac{\pi}{2} < x < \dfrac{5\pi}{4},\ \dfrac{3\pi}{2} < x < 2\pi$

[7] (1) $\dfrac{\pi}{3}$　(2) $\dfrac{\pi}{3}$　(3) $\dfrac{\pi}{3}$　(4) $-\dfrac{\pi}{3}$　(5) π　(6) $-\dfrac{\pi}{6}$

第 14 節の問

14.1
$$\begin{aligned}\sin(\alpha-\beta) &= \sin(\alpha+(-\beta))\\ &= \sin\alpha\cos(-\beta)+\cos\alpha\sin(-\beta)\\ &= \sin\alpha\cos\beta-\cos\alpha\sin\beta\end{aligned}$$

$$\begin{aligned}\cos(\alpha-\beta) &= \cos(\alpha+(-\beta))\\ &= \cos\alpha\cos(-\beta)-\sin\alpha\sin(-\beta)\\ &= \cos\alpha\cos\beta+\sin\alpha\sin\beta\end{aligned}$$

14.2
$$\begin{aligned}\tan(\alpha\pm\beta) &= \frac{\sin(\alpha\pm\beta)}{\cos(\alpha\pm\beta)}\\ &= \frac{\sin\alpha\cos\beta\pm\cos\alpha\sin\beta}{\cos\alpha\cos\beta\mp\sin\alpha\sin\beta}\\ &= \frac{\dfrac{\sin\alpha}{\cos\alpha}\pm\dfrac{\sin\beta}{\cos\beta}}{1\mp\dfrac{\sin\alpha}{\cos\alpha}\dfrac{\sin\beta}{\cos\beta}}\\ &= \frac{\tan\alpha\pm\tan\beta}{1\mp\tan\alpha\tan\beta}\end{aligned}$$
（複号同順）

14.3 (1) $\dfrac{\sqrt{6}+\sqrt{2}}{4}$　(2) $\dfrac{\sqrt{6}-\sqrt{2}}{4}$

(3) $2+\sqrt{3}$　(4) $\dfrac{\sqrt{6}-\sqrt{2}}{4}$

(5) $\dfrac{\sqrt{6}+\sqrt{2}}{4}$　(6) $2-\sqrt{3}$

14.4 $\sin(\alpha+\beta) = \dfrac{-8+3\sqrt{5}}{15}$,

$\cos(\alpha+\beta) = \dfrac{6+4\sqrt{5}}{15}$

14.5 $\sin 2\alpha = -\dfrac{\sqrt{15}}{8}$, $\cos 2\alpha = -\dfrac{7}{8}$,

$\sin\dfrac{\alpha}{2} = \dfrac{\sqrt{6}}{4}$, $\cos\dfrac{\alpha}{2} = -\dfrac{\sqrt{10}}{4}$

14.6 次の計算による．以下略．

定理 **14.5**(2)，**14.6**(6)

$$\begin{array}{rl} & \sin(\alpha+\beta) = \sin\alpha\cos\beta+\cos\alpha\sin\beta\\ -) & \sin(\alpha-\beta) = \sin\alpha\cos\beta-\cos\alpha\sin\beta\\ \hline & \sin(\alpha+\beta)-\sin(\alpha-\beta) = 2\cos\alpha\sin\beta\end{array}$$

定理 **14.5**(3)，**14.6**(7)

$$\begin{array}{rl} & \cos(\alpha+\beta) = \cos\alpha\cos\beta-\sin\alpha\sin\beta\\ +) & \cos(\alpha-\beta) = \cos\alpha\cos\beta+\sin\alpha\sin\beta\\ \hline & \cos(\alpha+\beta)+\cos(\alpha-\beta) = 2\cos\alpha\cos\beta\end{array}$$

定理 **14.5**(4)，**14.6**(8)

$$\begin{array}{rl} & \cos(\alpha+\beta) = \cos\alpha\cos\beta-\sin\alpha\sin\beta\\ -) & \cos(\alpha-\beta) = \cos\alpha\cos\beta+\sin\alpha\sin\beta\\ \hline & \cos(\alpha+\beta)-\cos(\alpha-\beta) = -2\sin\alpha\sin\beta\end{array}$$

14.7 (1) $\dfrac{1}{2}(\sin 4x - \sin 2x)$

(2) $\dfrac{1}{2}(\cos 7x + \cos x)$

(3) $-\dfrac{1}{2}(\cos 5x - \cos x)$

14.8 (1) $2\cos 4x\,\sin 3x$

(2) $2\cos\dfrac{7x}{2}\,\cos\dfrac{x}{2}$

(3) $-2\sin 4x\,\sin 2x$

14.9 (1) $y = 2\sin\left(x+\dfrac{\pi}{6}\right)$，振幅 2

(2) $y = \sqrt{2}\sin\left(x+\dfrac{3\pi}{4}\right)$，振幅 $\sqrt{2}$

14.10 (1) $x=\dfrac{5\pi}{6}$ のとき最大値 $y=2$, $x=\dfrac{11\pi}{6}$ のとき最小値 $y=-2$

(2) $x=\dfrac{\pi}{4}$ のとき最大値 $y=2\sqrt{2}$, $x=\dfrac{5\pi}{4}$ のとき最小値 $y=-2\sqrt{2}$

練習問題 14

[1] (1) $\dfrac{3+2\sqrt{14}}{12}$ (2) $\dfrac{\sqrt{7}+6\sqrt{2}}{12}$

(3) $\dfrac{3\sqrt{7}}{8}$ (4) $-\dfrac{1}{8}$

(5) $-3\sqrt{7}$ (6) $\dfrac{\sqrt{6}}{3}$

[2] (1) $\sin(\pi-\theta)=\sin\pi\cos\theta-\cos\pi\sin\theta$ $=\sin\theta$

(2) $\cos\left(\dfrac{3\pi}{2}+\theta\right)=\cos\dfrac{3\pi}{2}\cos\theta$ $-\sin\dfrac{3\pi}{2}\sin\theta=\sin\theta$

(3) $\sin\left(\theta-\dfrac{5\pi}{2}\right)=\sin\theta\cos\dfrac{5\pi}{2}$ $-\cos\theta\sin\dfrac{5\pi}{2}=-\cos\theta$

(4) $\cos\left(\dfrac{\pi}{2}-\theta\right)=\cos\dfrac{\pi}{2}\cos\theta$ $+\sin\dfrac{\pi}{2}\sin\theta=\sin\theta$

[3] (1)
$$\begin{aligned}\sin 3\theta&=\sin(2\theta+\theta)\\&=\sin 2\theta\cos\theta+\cos 2\theta\sin\theta\\&=2\sin\theta\cos^2\theta+(1-2\sin^2\theta)\sin\theta\\&=2\sin\theta(1-\sin^2\theta)+\sin\theta-2\sin^3\theta\\&=3\sin\theta-4\sin^3\theta\end{aligned}$$

(2)
$$\begin{aligned}\cos 3\theta&=\cos(2\theta+\theta)\\&=\cos 2\theta\cos\theta-\sin 2\theta\sin\theta\\&=(2\cos^2\theta-1)\cos\theta-2\sin^2\theta\cos\theta\\&=2\cos^3\theta-\cos\theta-2(1-\cos^2\theta)\cos\theta\\&=4\cos^3\theta-3\cos\theta\end{aligned}$$

[4] (1) $\dfrac{\sqrt{2-\sqrt{2}}}{2}$

$\left[\sin^2\dfrac{\pi}{8}=\dfrac{1}{2}\left(1-\cos\dfrac{\pi}{4}\right)\right]$

(2) $\dfrac{\sqrt{2+\sqrt{2}}}{2}$

$\left[\cos^2\dfrac{\pi}{8}=\dfrac{1}{2}\left(1+\cos\dfrac{\pi}{4}\right)\right]$

(3) $\dfrac{\sqrt{2-\sqrt{3}}}{2}$ (4) $\dfrac{\sqrt{2+\sqrt{3}}}{2}$

[5] (1)
$$\tan 2\alpha=\frac{\sin 2\alpha}{\cos 2\alpha}=\frac{2\sin\alpha\cos\alpha}{\cos^2\alpha-\sin^2\alpha}=\frac{2\dfrac{\sin\alpha}{\cos\alpha}}{1-\dfrac{\sin^2\alpha}{\cos^2\alpha}}=\frac{2\tan\alpha}{1-\tan^2\alpha}$$

(2)
$$\tan^2\alpha=\frac{\sin^2\alpha}{\cos^2\alpha}=\frac{\dfrac{1}{2}(1-\cos 2\alpha)}{\dfrac{1}{2}(1+\cos 2\alpha)}=\frac{1-\cos 2\alpha}{1+\cos 2\alpha}$$

[6] (1) 左辺 $=\cos^2\theta+2\cos\theta\sin\theta+\sin^2\theta=1+\sin 2\theta=$ 右辺

(2)
$$\begin{aligned}\text{左辺}&=\left(\sin^2\frac{\theta}{2}\right)^2+\left(\cos^2\frac{\theta}{2}\right)^2\\&=\left(\frac{1-\cos\theta}{2}\right)^2+\left(\frac{1+\cos\theta}{2}\right)^2\\&=\frac{1-2\cos\theta+\cos^2\theta+1+2\cos\theta+\cos^2\theta}{4}\\&=\frac{1+\cos^2\theta}{2}=\text{右辺}\end{aligned}$$

[7] (1) $\dfrac{\sqrt{3}+1}{4}$ (2) $\dfrac{\sqrt{3}-1}{4}$

(3) $-\dfrac{\sqrt{2}}{2}$ (4) $\dfrac{\sqrt{2}}{2}$

[8] (1) $x=0,\ \dfrac{\pi}{3},\ \pi,\ \dfrac{5\pi}{3}$

[左辺 $=2\sin x\cos x-\sin x=(2\cos x-1)\sin x$]

(2) $x=\dfrac{\pi}{2},\ \dfrac{11\pi}{6}$

[合成により左辺 $=2\sin\left(x+\dfrac{\pi}{3}\right)$ となる. $X=x+\dfrac{\pi}{3}\ \left(\dfrac{\pi}{3}\leqq X<\dfrac{7\pi}{3}\right)$ とおく]

[9] $x=\dfrac{4\pi}{3}$ のとき最大値 $y=2$, $x=\dfrac{\pi}{3}$ のとき最小値 $y=-2$

[合成すると $y=2\sin\left(x+\dfrac{7\pi}{6}\right)$]

第 15 節の問

15.1 (1) $\dfrac{1}{2}$ (2) $-\dfrac{\sqrt{2}}{2}$ (3) $-\sqrt{3}$

15.2 (1) $c=\dfrac{10\sqrt{6}}{3}$, $R=\dfrac{10\sqrt{3}}{3}$

(2) $60°$ または $120°$

(3) $\dfrac{5\sqrt{6}}{3}$　(4) $30°$

15.3 (1) $3\sqrt{5}$　(2) $120°$

15.4 (1) $2\sqrt{15}$　(2) $\dfrac{33\sqrt{2}}{2}$

15.5 $\sin A = \dfrac{\sqrt{11}}{6}$, $S = 2\sqrt{11}$

15.6 (1) $4\sqrt{6}$　(2) $12\sqrt{5}$

練習問題 15

[1] (1) $-a\cos\beta$　(2) $a\sin\beta$
(3) $\dfrac{a\sin\beta}{\sin\alpha}$

[2] (1) $\dfrac{3\sqrt{6}}{2}$　(2) $60°, 120°$　(3) $\sqrt{61}$
(4) $60°$　(5) $12\sqrt{3}$　(6) $\sqrt{1463}$
[(1), (2) は正弦定理，(3), (4) は余弦定理，(6) はヘロンの公式を使う]

[3] 正弦定理から $b = \dfrac{c\sin B}{\sin C}$ となるから

$$\begin{aligned} S &= \frac{1}{2}bc\sin A \\ &= \frac{1}{2}\cdot\frac{c\sin B}{\sin C}\cdot c\sin A \\ &= \frac{c^2\sin A\sin B}{2\sin C} \end{aligned}$$

[4] 左辺

$$= c\left(a\cdot\frac{c^2+a^2-b^2}{2ca} - b\cdot\frac{b^2+c^2-a^2}{2bc}\right)$$

$$= \frac{c(2a^2-2b^2)}{2c} = a^2-b^2 = \text{右辺}$$

[5] (1) $21\sqrt{3}\,\mathrm{m}^2$　(2) $18\sqrt{6}\,\mathrm{m}^2$
[A を通り，DC に平行な補助線を引く]

第 5 章の章末問題

1. (1) $(\sin\theta+\cos\theta)^2 = \dfrac{36}{25}$ より，
$\sin\theta\cos\theta = \dfrac{1}{2}\left(\dfrac{36}{25}-1\right) = \dfrac{11}{50}$
(2) 与式 $= (\sin\theta+\cos\theta)(\sin^2\theta-\sin\theta\cos\theta + \cos^2\theta) = \dfrac{6}{5}\left(1-\dfrac{11}{50}\right) = \dfrac{117}{125}$
(3) 与式 $= (\sin^2\theta+\cos^2\theta)^2 - 2\sin^2\theta\cos^2\theta = 1-2\times\left(\dfrac{11}{50}\right)^2 = \dfrac{1129}{1250}$

2. (1) $2x = X$ とおくと，$0 \leqq X < 4\pi$ であり，この範囲で $\sin X = \dfrac{1}{\sqrt{2}}$ を解く．$X = \dfrac{\pi}{4}, \dfrac{3\pi}{4}, \dfrac{9\pi}{4}, \dfrac{11\pi}{4}$ であるので，$x = \dfrac{\pi}{8}, \dfrac{3\pi}{8}, \dfrac{9\pi}{8}, \dfrac{11\pi}{8}$
(2) $\cos^2 x = 1-\sin^2 x$ より $1-\sin^2 x = 3\sin^2 x$ である．整理すると，$4\sin^2 x = 1$ より $\sin x = \pm\dfrac{1}{2}$ となる．これを解いて，
$x = \dfrac{\pi}{6}, \dfrac{5\pi}{6}, \dfrac{7\pi}{6}, \dfrac{11\pi}{6}$
(3) $(2\cos x-1)(\cos x+1) = 0$ となるので，$\cos x = -1$ または $\cos x = \dfrac{1}{2}$ である．これを解いて，$x = \dfrac{\pi}{3}, \pi, \dfrac{5\pi}{3}$

3. (1) $x+\dfrac{\pi}{3} = X$ とおくと，$\dfrac{\pi}{3} \leqq X < \dfrac{7\pi}{3}$ である．この範囲で，$2\cos X \geqq 1$ を解く．$X = \dfrac{\pi}{3}, \dfrac{5\pi}{3} \leqq X < \dfrac{7\pi}{3}$ となるので，$x = 0, \dfrac{4\pi}{3} \leqq x < 2\pi$
(2) $(2\sin x+1)(2\sin x-1) < 0$ より $-\dfrac{1}{2} < \sin x < \dfrac{1}{2}$ となるから，$0 \leqq x < \dfrac{\pi}{6}$, $\dfrac{5\pi}{6} < x < \dfrac{7\pi}{6}$, $\dfrac{11\pi}{6} < x < 2\pi$

4. (1) $\sin\theta > 0$ より，θ は第 1 象限または第 2 象限の角である．$\sin^2\theta+\cos^2\theta = 1$ より，$\dfrac{4}{25}+\cos^2\theta = 1$．よって，$\cos\theta = \pm\dfrac{\sqrt{21}}{25}$ となる．$\tan\theta = \dfrac{\sin\theta}{\cos\theta}$ より，$\tan\theta = \pm\dfrac{2}{\sqrt{21}}$（複号同順）となる．したがって，$\theta$ が第 1 象限の角のとき $\cos\theta = \dfrac{\sqrt{21}}{5}$, $\tan\theta = \dfrac{2}{\sqrt{21}}$．$\theta$ が第 2 象限の角のとき $\cos\theta = -\dfrac{\sqrt{21}}{5}$, $\tan\theta = -\dfrac{2}{\sqrt{21}}$.
(2) $\tan\theta < 0$ より，θ は第 2 象限または第 4 象限の角である．$1+\tan^2\theta = \dfrac{1}{\cos^2\theta}$ より，$\cos^2\theta = \dfrac{1}{1+\left(-\dfrac{1}{2}\right)^2} = \dfrac{4}{5}$ である．
よって，$\cos\theta = \pm\dfrac{2\sqrt{5}}{5}$ となる．
また，$\sin\theta = \tan\theta\cos\theta = \mp\dfrac{\sqrt{5}}{5}$（複号

同順）となる．したがって，θ が第 2 象限の角のとき $\sin\theta = \dfrac{\sqrt{5}}{5}$, $\cos\theta = -\dfrac{2\sqrt{5}}{5}$.
θ が第 4 象限の角のとき $\sin\theta = -\dfrac{\sqrt{5}}{5}$, $\cos\theta = \dfrac{2\sqrt{5}}{5}$.

5. (1) $$\begin{aligned}左辺 &= \frac{(1+\sin\theta)(1-\sin\theta)}{\cos\theta(1-\sin\theta)} \\ &= \frac{1-\sin^2\theta}{\cos\theta(1-\sin\theta)} \\ &= \frac{\cos^2\theta}{\cos\theta(1-\sin\theta)} = \frac{\cos\theta}{1-\sin\theta} \\ &= 右辺\end{aligned}$$
(2) $$\begin{aligned}左辺 &= \frac{1}{\sin\theta} - \frac{\sin^2\theta}{\sin\theta} = \frac{1-\sin^2\theta}{\sin\theta} \\ &= \frac{\cos^2\theta}{\sin\theta},\end{aligned}$$
$$右辺 = \frac{\cos\theta}{\dfrac{\sin\theta}{\cos\theta}} = \frac{\cos^2\theta}{\sin\theta} = 左辺$$

6. 第 1 象限の角だから $\sin\theta > 0$ なので，$\sin\theta = \sqrt{1-a^2}$ であることに注意する．
(1) $\cos 2\theta = 2\cos^2\theta - 1 = 2a^2 - 1$
(2) $\sin 2\theta = 2\sin\theta\cos\theta = 2a\sqrt{1-a^2}$
(3) $\tan 2\theta = \dfrac{\sin 2\theta}{\cos 2\theta} = \dfrac{2a\sqrt{1-a^2}}{2a^2-1}$

7. (1) $\cos^2\dfrac{\pi}{8} = \dfrac{1}{2}\left(1+\cos\dfrac{\pi}{4}\right) = \dfrac{1}{4}(2+\sqrt{2})$ だから，$\cos\dfrac{\pi}{8} = \dfrac{1}{2}\sqrt{2+\sqrt{2}}$
(2) $\cos^2\dfrac{\pi}{16} = \dfrac{1}{2}\left(1+\cos\dfrac{\pi}{8}\right)$ だから，
$$\begin{aligned}\cos\frac{\pi}{16} &= \sqrt{\frac{1}{2}\left(1+\frac{1}{2}\sqrt{2+\sqrt{2}}\right)} \\ &= \frac{1}{2}\sqrt{2+\sqrt{2+\sqrt{2}}}\end{aligned}$$
(3) $\cos\dfrac{\pi}{32} = \dfrac{1}{2}\left(1+\cos\dfrac{\pi}{16}\right)$ だから，
$$\begin{aligned}\cos\frac{\pi}{32} &= \sqrt{\frac{1}{2}\left(1+\frac{1}{2}\sqrt{2+\sqrt{2+\sqrt{2}}}\right)} \\ &= \frac{1}{2}\sqrt{2+\sqrt{2+\sqrt{2+\sqrt{2}}}}\end{aligned}$$

8. (1) $\sin 2\theta + \sin\theta = 2\sin\theta\cos\theta + \sin\theta = \sin\theta(2\cos\theta+1)$ となるから，与えられた方程式は $\sin\theta(2\cos\theta+1) = 0$ となる．よって，$\sin\theta = 0$ または $2\cos\theta+1 = 0$ である．
$\sin\theta = 0$ より $\theta = n\pi$. $\cos\theta = -\dfrac{1}{2}$ より $\theta = \dfrac{2\pi}{3} + 2n\pi$, $\dfrac{4\pi}{3} + 2n\pi$ （n は整数）
(2) $\cos\theta = t$ とおくと，$\cos 2\theta + \cos\theta = 2\cos^2\theta - 1 + \cos\theta = 2t^2 + t - 1$ となるから，与えられた方程式は $(2t-1)(t+1) = 0$ となる．よって，$2\cos\theta - 1 = 0$ または $\cos\theta + 1 = 0$ である．$\cos\theta = \dfrac{1}{2}$ より $\theta = \dfrac{\pi}{3} + 2n\pi$, $\dfrac{5\pi}{3} + 2n\pi$. $\cos\theta = -1$ より $\theta = (2n+1)\pi$ （n は整数）
(3) $\sqrt{3}\sin\theta + \cos\theta = 2\sin\left(\theta + \dfrac{\pi}{6}\right)$ より，$2\sin\left(\theta + \dfrac{\pi}{6}\right) = 1$ となり，$\sin\left(\theta + \dfrac{\pi}{6}\right) = \dfrac{1}{2}$
よって，$\theta + \dfrac{\pi}{6} = \dfrac{\pi}{6} + 2n\pi$, $\dfrac{5\pi}{6} + 2n\pi$ より $\theta = 2n\pi$, $\dfrac{2\pi}{3} + 2n\pi$ （n は整数）

9. (1) $f(\theta) = \sqrt{5}\sin(\theta+\alpha)$，最大値 $\sqrt{5}$，最小値 $-\sqrt{5}$

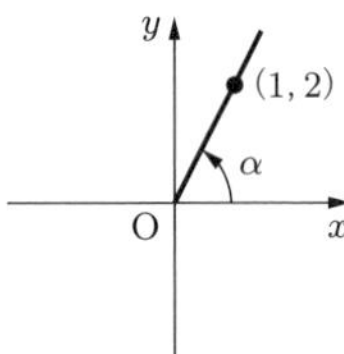

(2) $f(\theta) = \sqrt{26}\sin(\theta+\alpha)$，最大値 $\sqrt{26}$，最小値 $-\sqrt{26}$

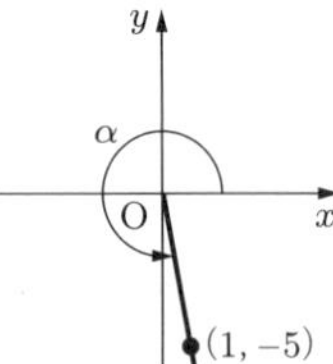

いずれも，$f(\theta)$ が最大となるのは $\theta = \dfrac{\pi}{2} - \alpha + 2n\pi$，最小となるのは $\theta = \dfrac{3\pi}{2} - \alpha + 2n\pi$ のとき（n は整数）である．

10. 対角線の交点を O とし，OA $= a$, OB $=$

b, $\mathrm{OC} = c$, $\mathrm{OD} = d$, $\angle\mathrm{AOB} = \theta$, $\mathrm{AC} = l$, $\mathrm{BD} = m$ とする．

$$\begin{aligned} S &= \triangle\mathrm{ABO} + \triangle\mathrm{ODA} + \triangle\mathrm{OCD} + \triangle\mathrm{OBC} \\ &= \frac{1}{2}ab\sin\theta + \frac{1}{2}ad\sin(\pi - \theta) \\ &\quad + \frac{1}{2}cd\sin\theta + \frac{1}{2}bc\sin(\pi - \theta) \\ &= \frac{1}{2}(ab + ad + bc + cd)\sin\theta \\ &= \frac{1}{2}\{a(b + d) + c(b + d)\}\sin\theta \\ &= \frac{1}{2}(am + cm)\sin\theta \\ &= \frac{1}{2}(a + c)m\sin\theta \\ &= \frac{1}{2}lm\sin\theta \end{aligned}$$

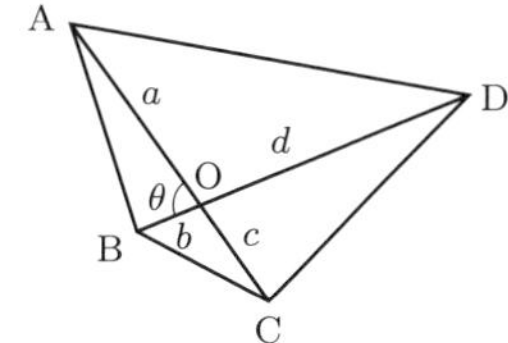

11．塔の高さを $h\,[\mathrm{m}]$，近づいたあとの塔までの距離を $x\,[\mathrm{m}]$ とすれば，連立方程式 $\tan 23^\circ = \dfrac{h - 1.6}{100 + x}$, $\tan 47^\circ = \dfrac{h - 1.6}{x}$ が成り立つ．これを解いて $h = 71.9\,\mathrm{m}$

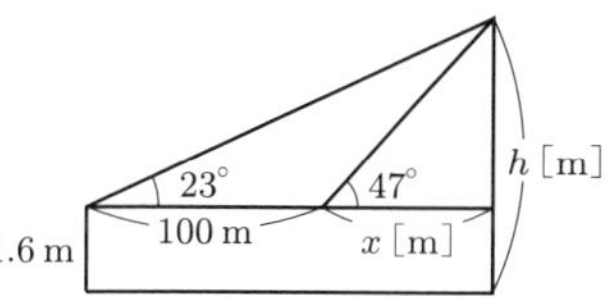

第6章

第16節の問

16.1 (1) 1　　(2) $|2a|$

16.2 $(x_1 - x) : (x - x_2) = m : n$ を x について解けば，目的の公式が得られる．

16.3 (1) $x = 2$　　(2) $x = 1$

16.4 (1) $\left(-\dfrac{1}{3}, \dfrac{11}{3}\right)$　　(2) $\left(\dfrac{1}{2}, 4\right)$

16.5 $(2, 3)$

16.6 $(2, -2)$

16.7 (1) 5　　(2) $2\sqrt{13}$　　(3) $\sqrt{6}$

16.8 $(5, 0)$

16.9 (1) $3x - y - 5 = 0$
(2) $2x + y + 1 = 0$

16.10 (1) $x - 4y + 7 = 0$
(2) $3x + 7y - 32 = 0$
(3) $x - 3 = 0$
(4) $4x + 3y - 12 = 0$

16.11

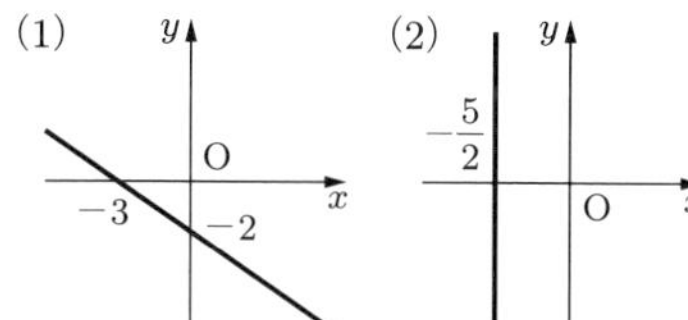

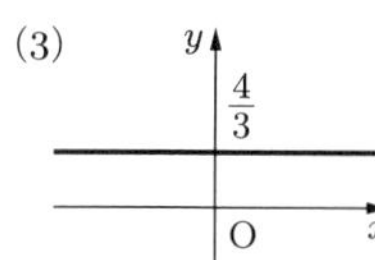

16.12 (1) $3x - y - 9 = 0$
(2) $2x + 3y + 5 = 0$

16.13 (1) $3x - 5y - 14 = 0$
(2) $2x + 3y - 3 = 0$

16.14 $(3, 5)$

練習問題16

[1] $x = 17$　$[\{x - (-1)\} : (x - 5) = 3 : 2]$

[2] (1) $(4, 0)$　(2) $(0, -2)$　(3) $(2, 2)$
［求める点は $P(x, x)$ とかける］

[3] $(3, 1)$　$\left[\mathrm{O}(x, y)\text{ とすると } x^2 + y^2 = (x - 6)^2 + y^2 = (x - 4)^2 + (y - 4)^2\right]$

[4] $2x - y - 4 = 0$

[5] ここでは $a \neq 0$ かつ $b \neq 0$ の場合だけを示す．(1), (2) とも $a = 0$ または $b = 0$ のときも成り立つ．

(1) ℓ の傾きは $-\dfrac{a}{b}$ であるから，求める方程式は

$$y - y_1 = -\frac{a}{b}(x - x_1)$$

よって　$a(x - x_1) + b(y - y_1) = 0$

(2) ℓ に垂直な直線の傾きは $\dfrac{b}{a}$ であるから，求める方程式は

$$y - y_1 = \frac{b}{a}(x - x_1)$$

よって　$b(x - x_1) - a(y - y_1) = 0$

[6] (1) $3x+y+9=0$

(2) $3x-2y-1=0$

(3) $x-2y-5=0$

(4) $2x-3y+11=0$

[7] 点 B から AC に下ろした垂線の方程式は $y=\dfrac{c}{a}(x-b)$, 点 C から AB に下ろした垂線の方程式は $y=\dfrac{b}{a}(x-c)$ で，ともに y 切片は $-\dfrac{bc}{a}$ となる．よって，3 つの垂線は点 $\mathrm{H}\left(0,-\dfrac{bc}{a}\right)$ で交わる．

[8] 直線 $(3+a)x+6y+2(a-3)=0$ が a の値に関わらず定点を通ることから，この式は a についての恒等式である．a について整理すると $(x+2)a+3(x+2y-2)=0$ となり，これが恒等式であるから $x+2=0, x+2y-2=0$ である．したがって，$x=-2, y=2$ となる．つまり，定点の座標は $(-2,2)$ である．

第 17 節の問

17.1 (1) $x^2+y^2=16$

(2) $(x+2)^2+(y-3)^2=4$

(3) $(x-1)^2+(y+3)^2=10$

(4) $(x-3)^2+(y-3)^2=5$

(1)

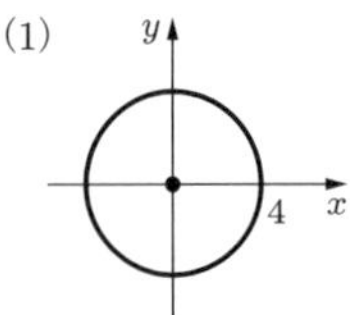

(2)

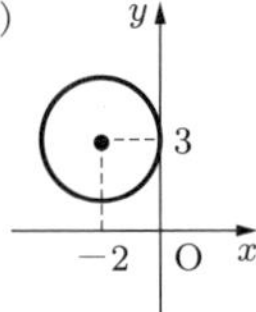

(3)

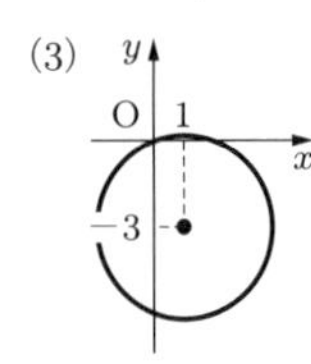

(4)

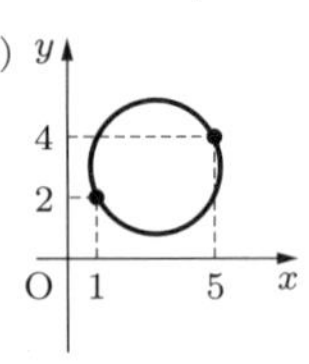

17.2 (1) 中心 $(0,2)$, 半径 2 の円

(2) 中心 $(-3,2)$, 半径 1 の円

17.3 $(x-2)^2+(y-1)^2=5$, 中心 $(2,1)$, 半径 $\sqrt{5}$

17.4 中心 $(-6,0)$, 半径 4 の円

17.5 頂点と焦点の座標は次の図に示す．

(1) 距離の和：10　(2) 距離の和：8

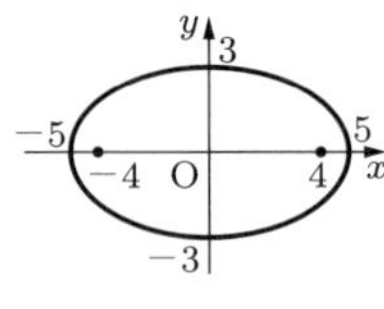

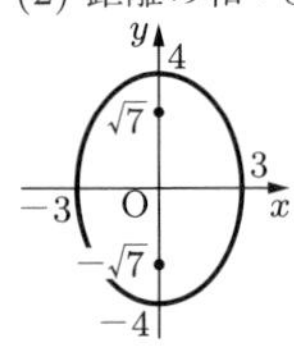

17.6 頂点と焦点の座標は次の図に示す．

(1) 漸近線：$y=\pm\dfrac{\sqrt{6}}{2}x$, 距離の差：4

(2) 漸近線：$y=\pm\dfrac{2}{3}x$, 距離の差：4

(1)

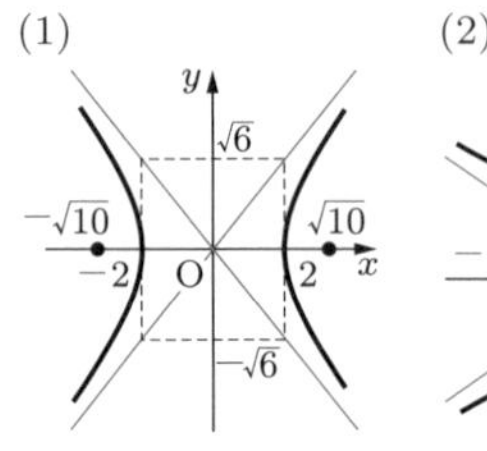

(2)

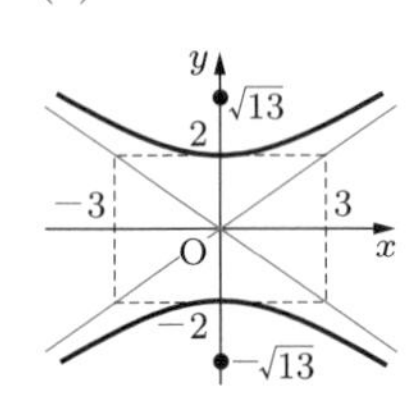

17.7 (1) 焦点 $\mathrm{F}\left(\dfrac{1}{4},0\right)$, 準線：$x=-\dfrac{1}{4}$

(2) 焦点 $\mathrm{F}(0,3)$, 準線：$y=-3$

(1)

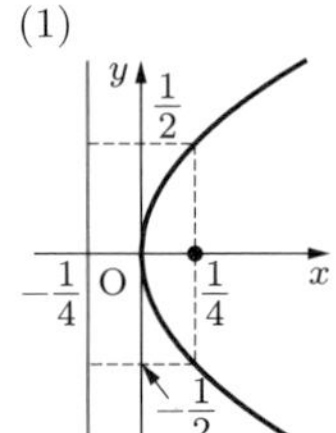

(2)

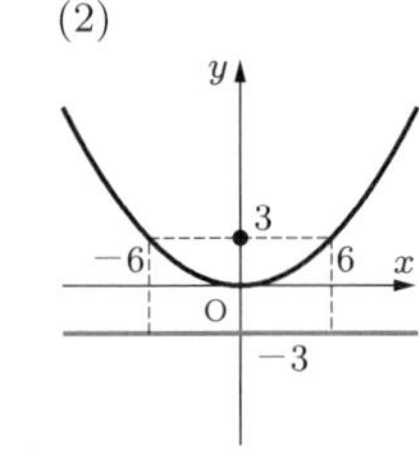

17.8 (1) $(0,2)$, $(3,-1)$

(2) $(-1,0)$, $(3,4)$

17.9 (1) $k=\pm10$, 接点 $(\pm3,\pm1)$ （複号同順）

(2) $k=\pm1$, 接点 $(\mp\sqrt{5},\sqrt{5})$ （複号同順）

17.10 図に P(0) を ● で，動く方向を矢印で示す．

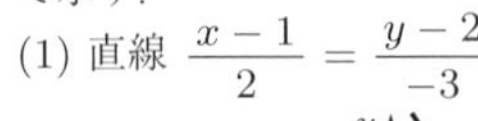
(1) 直線 $\dfrac{x-1}{2}=\dfrac{y-2}{-3}$

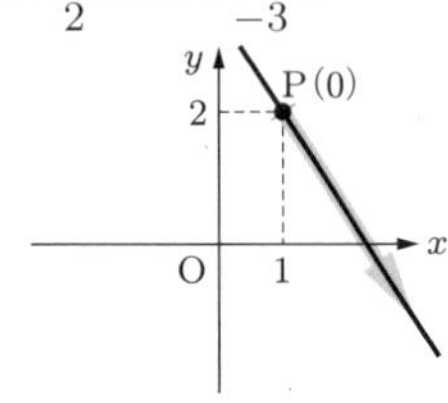

(2) 円 $(x-3)^2+(y-1)^2=4$

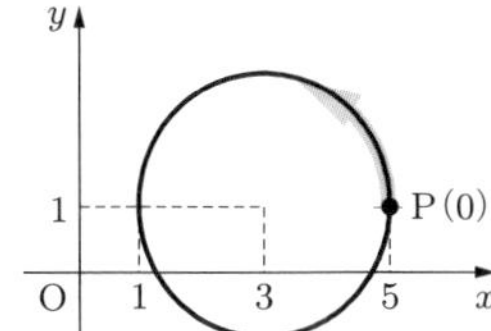

(3) 楕円 $\dfrac{x^2}{9}+\dfrac{y^2}{4}=1$

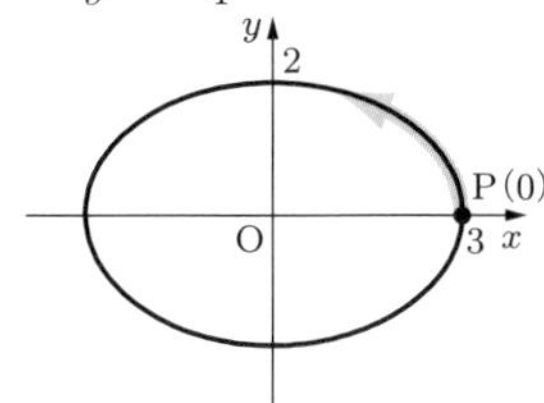

(4) 放物線 $y^2=4x$

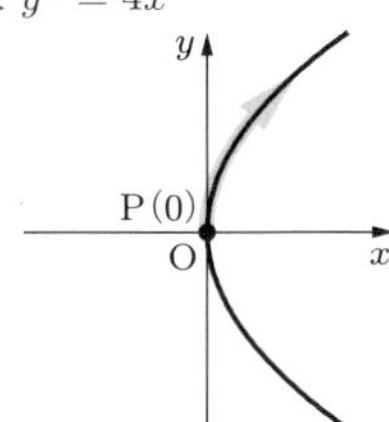

17.11 (1) $\left(\dfrac{1}{2},\dfrac{\sqrt{3}}{2}\right)$ (2) $(-3,0)$

(3) $\left(\sqrt{2},-\sqrt{2}\right)$

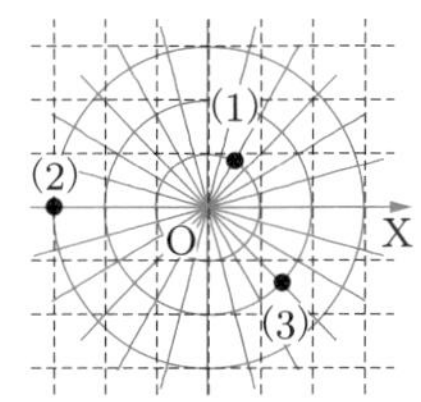

17.12 (1) $\left(2\sqrt{2},\dfrac{5\pi}{4}\right)$ (2) $\left(1,\dfrac{3\pi}{2}\right)$

(3) $\left(2\sqrt{3},\dfrac{5\pi}{6}\right)$

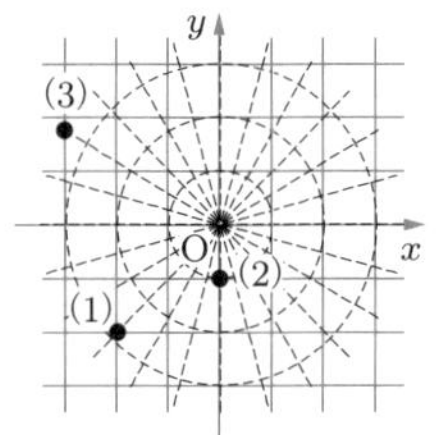

17.13 (1) $r=\dfrac{6}{\cos\theta+\sin\theta}$

$\left(-\dfrac{\pi}{4}<\theta<\dfrac{3\pi}{4}\right)$

(2) $r=-10\cos\theta \quad \left(\dfrac{\pi}{2}\leqq\theta\leqq\dfrac{3\pi}{2}\right)$

17.14 (1)

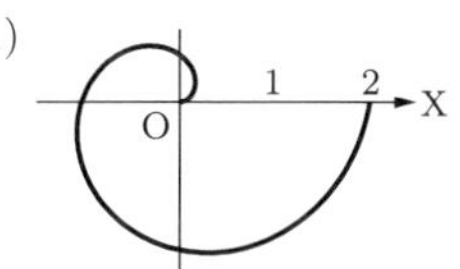

(2)

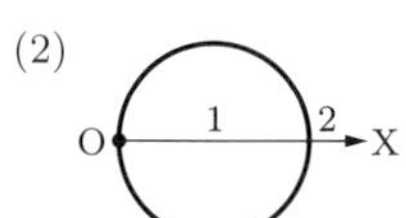

練習問題 17

[1] (1) $(x-1)^2+(y-5)^2=25$

(2) $(x-3)^2+(y+4)^2=16$

(3) $(x-1)^2+(y-2)^2=5$

[2] (1) $\dfrac{x^2}{25}+\dfrac{y^2}{16}=1$

(2) $x^2-\dfrac{y^2}{3}=1$

(3) $y^2=12x$

[3] (1) $\dfrac{x^2}{9}+\dfrac{y^2}{4}=1$

(2) $x^2-y^2=-1$ (3) $y^2=-4x$

[4] (1)

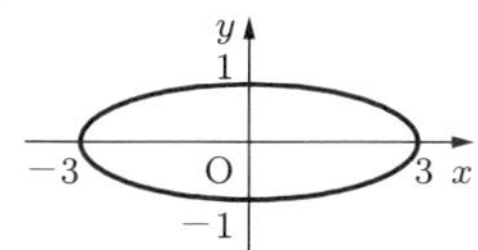

(2) (3)

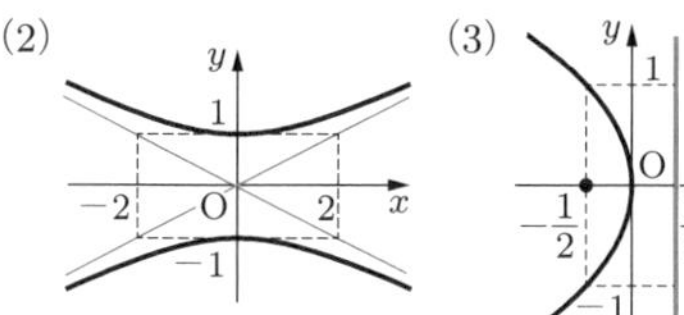

[5] $(x-2)^2+(y+1)^2=10$

［円の方程式を $x^2+y^2+kx+ly+m=0$ とおく］

[6] (1) $(3,2)$, $(-2,-3)$ (2) $(1,1)$

[7] (1) $k=\pm 2$, 接点 $(\pm 2,4)$（複号同順）

(2) $-2<k<2$

［円と直線の共有点の x 座標は，$x^2+(kx-5)^2=5$，つまり $(k^2-1)x^2-10kx+20=0$ の解である．(1) は $D=0$，(2) は $D<0$］

[8]　$x-3y=0,\ 3x+y=0$

［原点を通る直線を $y=mx$ とする．接点の x 座標は $(x-2)^2+(mx-4)^2=10$ の 2 重解である］

[9]　(1) 条件より $x \geqq 0$ である．$t=x^2-1$ であるから，曲線は放物線 $y=\dfrac{1}{2}\left(x^2+1\right)$ $(x \geqq 0)$ となる．t が増加すると，点 $\mathrm{P}(t)$ は曲線上を矢印の方向に移動する．

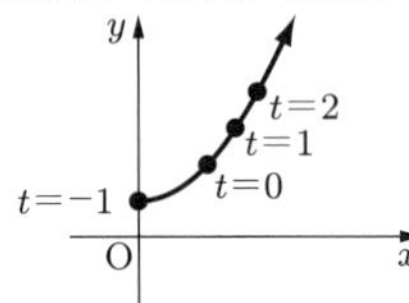

(2) $\sin^2 t+\cos^2 t=1$ であることから，曲線は円 $x^2+y^2=2$ である．t が増加すると，点 $\mathrm{P}(t)$ は曲線上を矢印の方向に移動する．

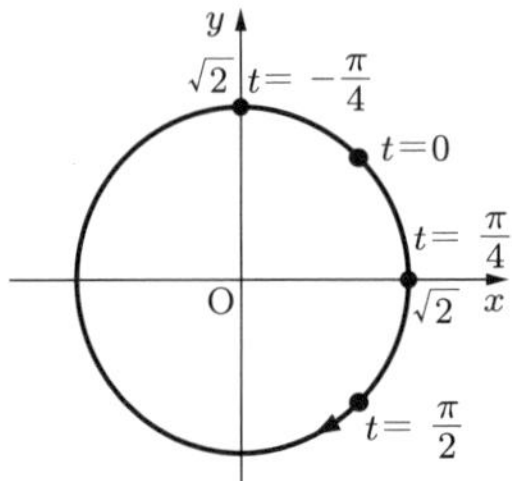

[10]　(1) 螺旋　　(2) 円 $x^2+(y-2)^2=4$

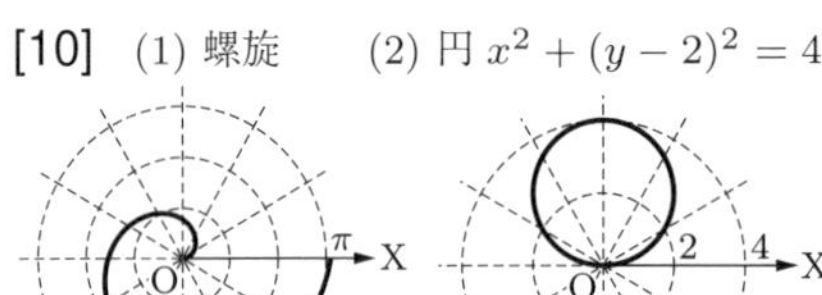

第 18 節の問

18.1

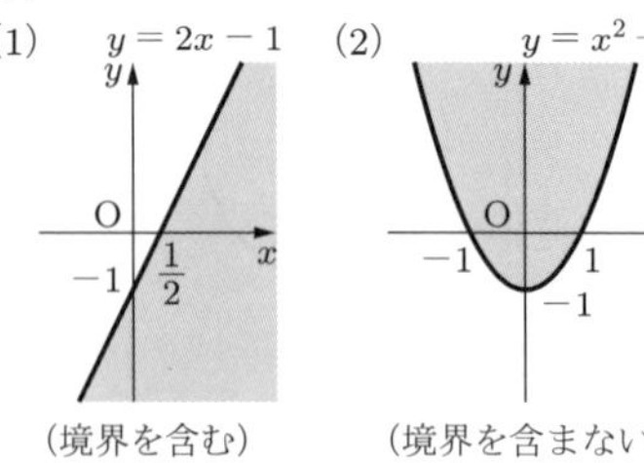

（境界を含む）　　（境界を含まない）

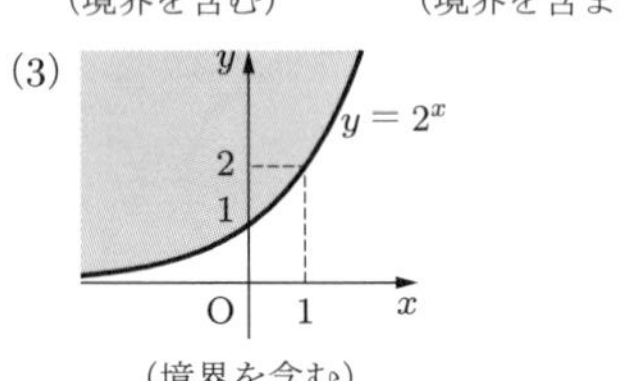

（境界を含む）

18.2

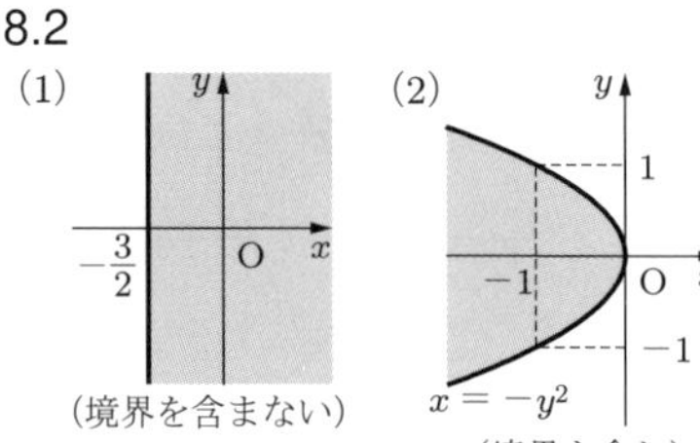

（境界を含まない）　　（境界を含む）

18.3

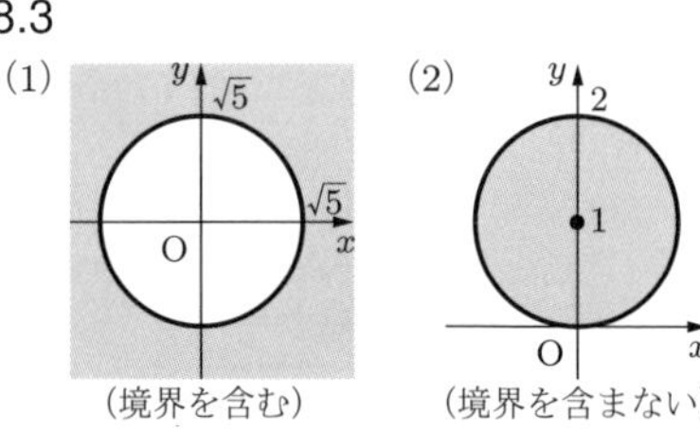

（境界を含む）　　（境界を含まない）

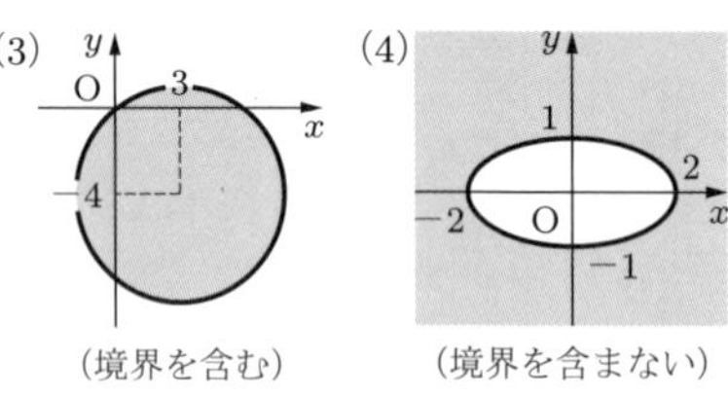

（境界を含む）　　（境界を含まない）

18.4

(1)

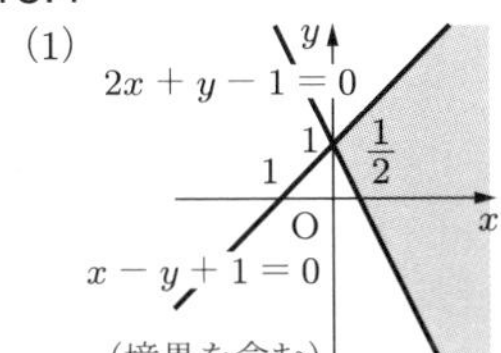

(2)

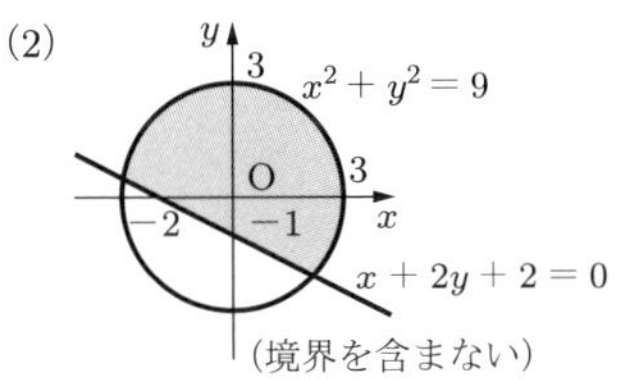

18.5 $x=3,\ y=2$ のとき最大値 5, $x=y=0$ のとき最小値 0

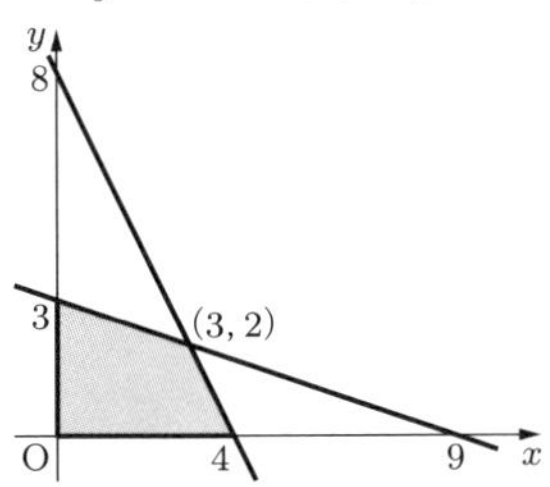

練習問題 18

[1] (1)

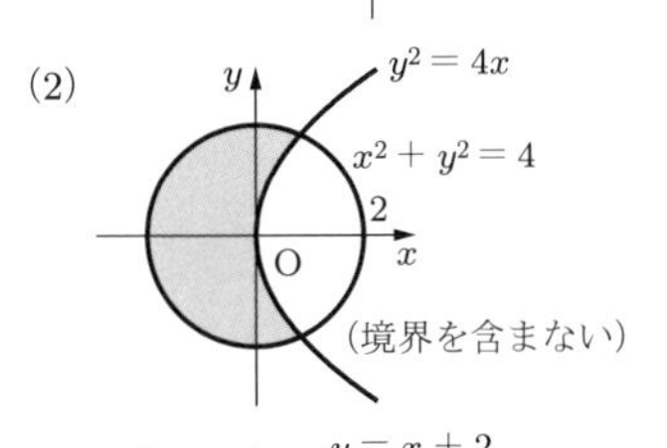

(2)

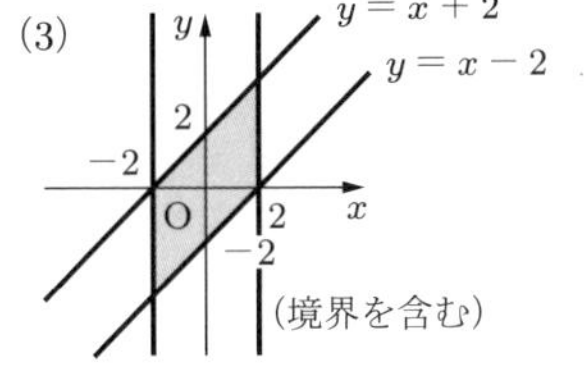

(3)

(4)

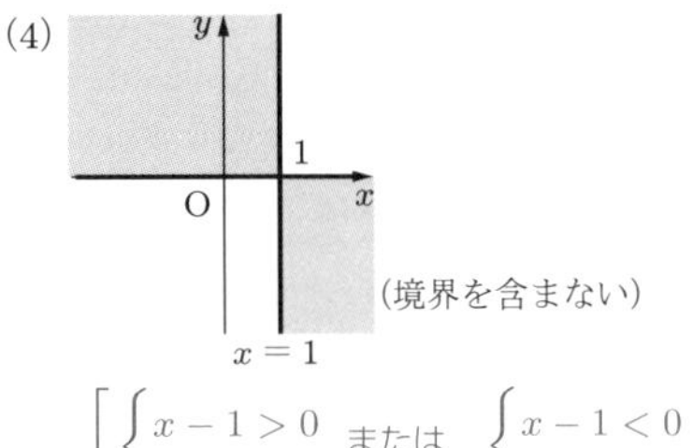

$\left[\begin{cases}x-1>0\\y<0\end{cases}\ \text{または}\ \begin{cases}x-1<0\\y>0\end{cases}\right]$

[2] (1) $\begin{cases}y \leqq 2x-1\\y \geqq -x+2\end{cases}$

(2) $1 \leqq x^2+y^2 \leqq 9$

(3) $\begin{cases}x \geqq 0\\x \leqq y \leqq 1\end{cases}$　(4) $\begin{cases}x^2+y^2 \leqq 1\\y \geqq x\end{cases}$

[3] $x=1,\ y=3$ のとき最大値 4, $x=y=0$ のとき最小値 0

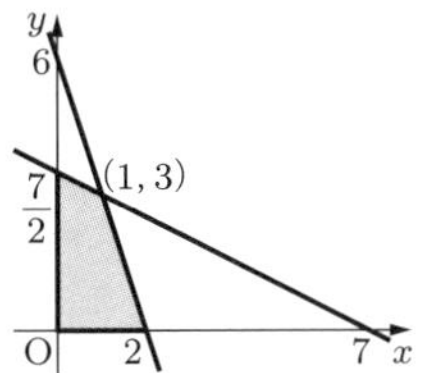

[4] $x=-\sqrt{2},\ y=\sqrt{2}$ のとき最大値 $2\sqrt{2}$, $x=\sqrt{2},\ y=-\sqrt{2}$ のとき最小値 $-2\sqrt{2}$

[円 $x^2+y^2=4$ と直線 $y-x=k$ の接点を考える]

第 6 章の章末問題

1. (1) 点 E は線分 AC の中点であるから，座標は $\left(0, \dfrac{5}{2}\right)$ である.

(2) 点 D の座標を $(p,\ q)$ とすると，点 E は線分 BD の中点 $\left(\dfrac{p}{2}, \dfrac{q+9}{2}\right)$ であるから，$\dfrac{p}{2}=0,\ \dfrac{q+9}{2}=\dfrac{5}{2}$ である．これを解いて $p=0, q=-4$ となる．したがって，点 D の座標は $(0,-4)$ である.

2. 求める点の座標を $P(x,y)$ とすると，$AP^2=BP^2$ と $BP^2=CP^2$ から,

$$(x-5)^2+y^2=(x+2)^2+(y-1)^2,$$
$$(x+2)^2+(y-1)^2=(x-4)^2+(y-1)^2$$

である．これらから，$7x-y=10$, $x=1$ が得られる．したがって，$y=-3$ であり，求める点の座標は $(1,-3)$ となる．

3. (1) 直線 ℓ の傾きは $\dfrac{4}{3}$ であるから，点 A を通って直線 ℓ に垂直な直線の方程式は $y=-\dfrac{3}{4}(x-5)-1$．したがって，$3x+4y=11$ である．この方程式と ℓ の方程式を連立させて解けば，$x=1$, $y=2$ が得られる．したがって，点 H の座標は $(1,2)$ である．

(2) 点 A と直線 ℓ との距離は 2 点 A, H の距離であるから，$\sqrt{(1-5)^2+(2+1)^2}=5$ となる．

4. 円の中心を (a,a)，半径を r とすると，円の方程式は $(x-a)^2+(y-a)^2=r^2$ となる．原点を通ることから，$2a^2=r^2$ である．また，$(2,4)$ を通ることから，$(2-a)^2+(4-a)^2=2a^2$ となる．これを解いて，$a=\dfrac{5}{3}$ である．したがって，求める円の方程式は $\left(x-\dfrac{5}{3}\right)^2+\left(y-\dfrac{5}{3}\right)^2=\dfrac{50}{9}$ となる．

5. 円と直線の交点の座標を求める．直線の方程式を $y=-x+1$ と書き直して円の方程式に代入して整理すると，$x^2+4x+3=0$ となる．これを解いて，$x=-1,\ -3$ を得る．これらの値を $y=-x+1$ に代入して，円と直線の交点の座標は $\mathrm{A}(-1,2)$, $\mathrm{B}(-3,4)$ となる．求める円の中心を C，半径を r とすれば，点 C は線分 AB の中点であるから，$\mathrm{C}(-2,3)$ であり，半径は $\mathrm{AC}=\sqrt{2}$ であることがわかる．したがって，求める円の方程式は $(x+2)^2+(y-3)^2=2$ となる．

6. M (x,y), P (a,b) とすると，$x=\dfrac{a+6}{2}$, $y=\dfrac{b}{2}$ であるから，$a=2x-6$, $b=2y$ となる．これらを $a^2+b^2=4$ に代入して，$(2x-6)^2+(2y)^2=4$．したがって，$(x-3)^2+y^2=1$ を得る．よって，M の軌跡は，中心 $(3,0)$ で半径 1 の円である．

7. $y=x+k$ を楕円の方程式に代入して，$\dfrac{x^2}{4}+(x+k)^2=1$．したがって，

$$5x^2+8kx+4(k^2-1)=0\cdots①$$

を得る．この 2 次方程式の判別式は $D=(8k)^2-4\cdot5\cdot4(k^2-1)$ である．楕円と直線が接するのは $D=0$ のときであるから，2 次方程式 $(8k)^2-4\cdot5\cdot4(k^2-1)=0$ を解いて，$k=\pm\sqrt{5}$ を得る．① の解は $x=-\dfrac{4}{5}k$ なので，$k=\sqrt{5}$ のとき，$x=-\dfrac{4}{5}\sqrt{5}$ より接点の座標は $\left(-\dfrac{4\sqrt{5}}{5},\ \dfrac{\sqrt{5}}{5}\right)$．$k=-\sqrt{5}$ のとき，$x=\dfrac{4}{5}\sqrt{5}$ より接点の座標は $\left(\dfrac{4\sqrt{5}}{5},\ -\dfrac{\sqrt{5}}{5}\right)$．

8. 曲線の方程式，点 P(0) の座標，グラフの順に示す．

(1) 放物線 $y=2(x-2)^2+1$, $(2,1)$

(2) 楕円 $x^2+\dfrac{y^2}{4}=1$, $(1,0)$

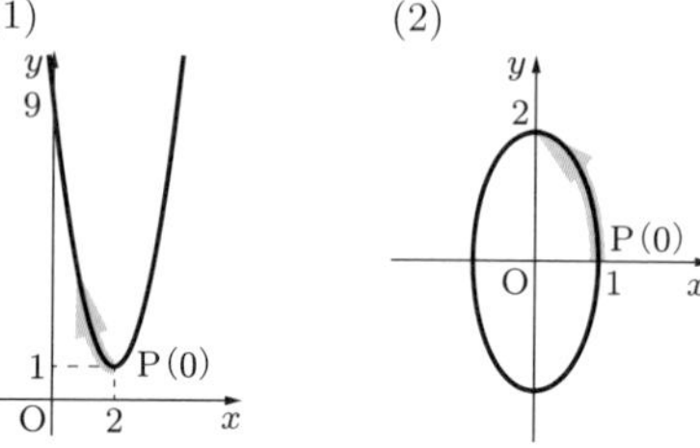

9. (1) $r=\dfrac{1}{\cos\theta-\sin\theta}$ $\left(-\dfrac{3\pi}{4}<\theta<\dfrac{\pi}{4}\right)$

(2) $r=6\sin\theta\quad(0\leqq\theta\leqq\pi)$

10. (1) $\begin{cases}x-y>0\\x^2+y^2-4>0\end{cases}$ または $\begin{cases}x-y<0\\x^2+y^2-4<0\end{cases}$

(2) $(2x-y-1)(x+y-2)<0$ より

$\begin{cases}2x-y-1>0\\x+y-2<0\end{cases}$ または $\begin{cases}2x-y-1<0\\x+y-2>0\end{cases}$

(1)

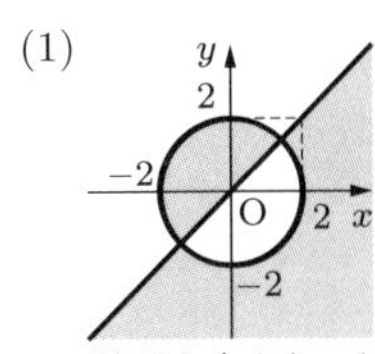

（境界を含まない）

(2)

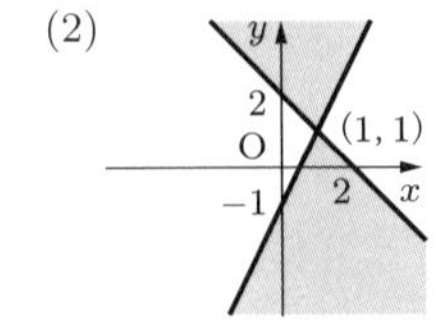

（境界を含まない）

11.　P(x, y) とすると，

$$\sqrt{x^2+y^2} < \frac{1}{2}\sqrt{(x-a)^2+y^2}$$

である．この両辺は 0 以上の数であるから，両辺を 2 乗しても同値である．よって，$4(x^2+y^2) < (x-a)^2+y^2$ となるから，$\left(x+\dfrac{a}{3}\right)^2 + y^2 < \left(\dfrac{2}{3}a\right)^2$ となる．したがって，点 P の存在する領域は，$\left(-\dfrac{a}{3}, 0\right)$ を中心とし，半径が $\dfrac{2}{3}a$ の円の内部（境界を含まない）である．

12.　連立方程式が表す領域は，下図のようになる．

(1) $x = \dfrac{8}{7}$，$y = \dfrac{15}{7}$ のとき，最大値 11

(2) $x = 2$，$y = 0$ のとき，最大値 10

(3) $x = 0$，$y = 3$ のとき，最大値 9

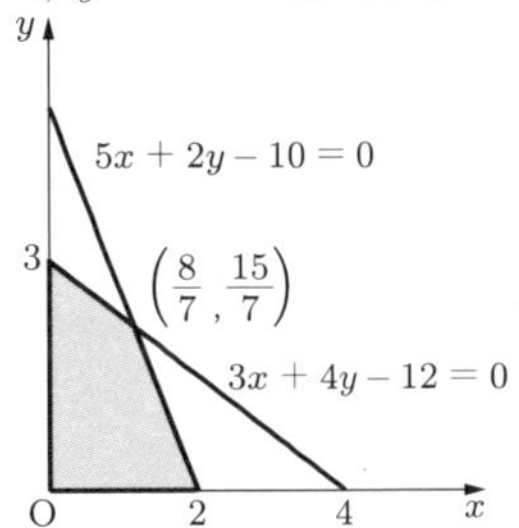

第 7 章

第 19 節の問

19.1　12 通り

19.2　7 通り

19.3　12 個

19.4　60 個

19.5　16 通り

19.6　(1) 42　(2) 360　(3) 120

19.7　${}_{10}\mathrm{P}_3 = 720$ 通り

19.8　(1) 6　(2) 24　(3) 720　(4) 336

19.9　(1) 300 個　(2) 108 個

19.10　12 通り

19.11　256 通り

19.12　(1) 6　(2) 70　(3) 84

19.13　120 通り

19.14　35 個

19.15　(1) 1260 通り　(2) 1680 通り

19.16　(1) ${}_{12}\mathrm{C}_8 = 495$ 通り

(2) 白を含む場合：${}_{11}\mathrm{C}_7 = 330$ 通り，白を含まない場合：${}_{11}\mathrm{C}_8 = 165$ 通り

19.17　(1) -96　(2) -280

19.18　$a^6 + 6a^5b + 15a^4b^2 + 20a^3b^3 + 15a^2b^4 + 6ab^5 + b^6$

練習問題 19

[1]　(1) 126 通り　(2) 15 通り

(3) 111 通り　(4) 45 通り

[2]　2520

[3]　30 通り

[底面を固定して色を決めたときの，上面と側面の色の場合の数]

[4]　(1) 84 通り

[右への 6 回の移動と上への 3 回の移動を 1 列に並べる場合の数]

(2) 40 通り

[5]　150 個

[縦線 2 本，横線 2 本の選び方の場合の数]

[6]　(1) 2^n　[$(a+b)^n$ の展開式に $a = b = 1$ を代入する]

(2) 0　[$(a+b)^n$ の展開式に $a = 1$，$b = -1$ を代入する]

[7]　(1) 420 個　(2) 120 個

(3) 60 個　(4) 360 個

[8]　(1) 60　(2) -12

[9]　8 通り

[10]　(1) 45 通り

[8 個の○と 2 個の | を 1 列に並べる場合の数．たとえば，○○○|○|○○○○はりんご 3 個，みかん 1 個，なし 4 個を表す]

(2) 21 通り

[5 個の○と 2 個の | を 1 列に並べる場合の数．たとえば，○○○○||○はりんご 5 個，みかん 1 個，なし 2 個を表す]

索 引

英数字

あ 行

か 行

さ 行

た 行

な　行

は　行

ま　行

や　行

ら　行

わ　行

監修者　上野　健爾　京都大学名誉教授・四日市大学関孝和数学研究所長
理学博士

編　者　工学系数学教材研究会

編集委員（五十音順）
阿蘇　和寿　石川工業高等専門学校名誉教授［執筆代表］
梅野　善雄　一関工業高等専門学校名誉教授
佐藤　義隆　東京工業高等専門学校名誉教授
長水　壽寛　福井工業高等専門学校教授
馬渕　雅生　八戸工業高等専門学校教授
柳井　忠　　新居浜工業高等専門学校教授

執筆者（五十音順）
阿蘇　和寿　石川工業高等専門学校名誉教授
梅野　善雄　一関工業高等専門学校名誉教授
小原　康博　熊本高等専門学校名誉教授
片方　江　　一関工業高等専門学校准教授
勝谷　浩明　豊田工業高等専門学校教授
古城　克也　新居浜工業高等専門学校教授
小鉢　暢夫　熊本高等専門学校准教授
佐藤　義隆　東京工業高等専門学校名誉教授
冨山　正人　石川工業高等専門学校教授
長岡　耕一　旭川工業高等専門学校名誉教授
長水　壽寛　福井工業高等専門学校教授
馬渕　雅生　八戸工業高等専門学校教授
宮田　一郎　元金沢工業高等専門学校教授
森本　真理　秋田工業高等専門学校准教授
柳井　忠　　新居浜工業高等専門学校教授

（所属および肩書きは 2021 年 10 月現在のものです）

編集担当　太田陽喬（森北出版）
編集責任　上村紗帆（森北出版）
組　　版　ウルス
印　　刷　丸井工文社
製　　本　　同

工学系数学テキストシリーズ
基礎数学（第 2 版）

2014 年 10 月 28 日　第 1 版第 1 刷発行
2020 年 8 月 28 日　第 1 版第 3 刷発行
2021 年 10 月 26 日　第 2 版第 1 刷発行

編　　者　工学系数学教材研究会
発 行 者　森北博巳
発 行 所　**森北出版株式会社**
東京都千代田区富士見 1–4–11（〒102–0071）
電話 03–3265–8341 ／ FAX 03–3264–8709
https://www.morikita.co.jp/
日本書籍出版協会・自然科学書協会　会員
JCOPY <（一社）出版者著作権管理機構　委託出版物>

落丁・乱丁本はお取替えいたします．

Printed in Japan ／ ISBN978–4–627–05712–8

三角関数表

θ	$\sin\theta$	$\cos\theta$	$\tan\theta$	θ	$\sin\theta$	$\cos\theta$	$\tan\theta$
0°	0.0000	1.0000	0.0000	45°	0.7071	0.7071	1.0000
1°	0.0175	0.9998	0.0175	46°	0.7193	0.6947	1.0355
2°	0.0349	0.9994	0.0349	47°	0.7314	0.6820	1.0724
3°	0.0523	0.9986	0.0524	48°	0.7431	0.6691	1.1106
4°	0.0698	0.9976	0.0699	49°	0.7547	0.6561	1.1504
5°	0.0872	0.9962	0.0875	50°	0.7660	0.6428	1.1918
6°	0.1045	0.9945	0.1051	51°	0.7771	0.6293	1.2349
7°	0.1219	0.9925	0.1228	52°	0.7880	0.6157	1.2799
8°	0.1392	0.9903	0.1405	53°	0.7986	0.6018	1.3270
9°	0.1564	0.9877	0.1584	54°	0.8090	0.5878	1.3764
10°	0.1736	0.9848	0.1763	55°	0.8192	0.5736	1.4281
11°	0.1908	0.9816	0.1944	56°	0.8290	0.5592	1.4826
12°	0.2079	0.9781	0.2126	57°	0.8387	0.5446	1.5399
13°	0.2250	0.9744	0.2309	58°	0.8480	0.5299	1.6003
14°	0.2419	0.9703	0.2493	59°	0.8572	0.5150	1.6643
15°	0.2588	0.9659	0.2679	60°	0.8660	0.5000	1.7321
16°	0.2756	0.9613	0.2867	61°	0.8746	0.4848	1.8040
17°	0.2924	0.9563	0.3057	62°	0.8829	0.4695	1.8807
18°	0.3090	0.9511	0.3249	63°	0.8910	0.4540	1.9626
19°	0.3256	0.9455	0.3443	64°	0.8988	0.4384	2.0503
20°	0.3420	0.9397	0.3640	65°	0.9063	0.4226	2.1445
21°	0.3584	0.9336	0.3839	66°	0.9135	0.4067	2.2460
22°	0.3746	0.9272	0.4040	67°	0.9205	0.3907	2.3559
23°	0.3907	0.9205	0.4245	68°	0.9272	0.3746	2.4751
24°	0.4067	0.9135	0.4452	69°	0.9336	0.3584	2.6051
25°	0.4226	0.9063	0.4663	70°	0.9397	0.3420	2.7475
26°	0.4384	0.8988	0.4877	71°	0.9455	0.3256	2.9042
27°	0.4540	0.8910	0.5095	72°	0.9511	0.3090	3.0777
28°	0.4695	0.8829	0.5317	73°	0.9563	0.2924	3.2709
29°	0.4848	0.8746	0.5543	74°	0.9613	0.2756	3.4874
30°	0.5000	0.8660	0.5774	75°	0.9659	0.2588	3.7321
31°	0.5150	0.8572	0.6009	76°	0.9703	0.2419	4.0108
32°	0.5299	0.8480	0.6249	77°	0.9744	0.2250	4.3315
33°	0.5446	0.8387	0.6494	78°	0.9781	0.2079	4.7046
34°	0.5592	0.8290	0.6745	79°	0.9816	0.1908	5.1446
35°	0.5736	0.8192	0.7002	80°	0.9848	0.1736	5.6713
36°	0.5878	0.8090	0.7265	81°	0.9877	0.1564	6.3138
37°	0.6018	0.7986	0.7536	82°	0.9903	0.1392	7.1154
38°	0.6157	0.7880	0.7813	83°	0.9925	0.1219	8.1443
39°	0.6293	0.7771	0.8098	84°	0.9945	0.1045	9.5144
40°	0.6428	0.7660	0.8391	85°	0.9962	0.0872	11.4301
41°	0.6561	0.7547	0.8693	86°	0.9976	0.0698	14.3007
42°	0.6691	0.7431	0.9004	87°	0.9986	0.0523	19.0811
43°	0.6820	0.7314	0.9325	88°	0.9994	0.0349	28.6363
44°	0.6947	0.7193	0.9657	89°	0.9998	0.0175	57.2900
45°	0.7071	0.7071	1.0000	90°	1.0000	0.0000	—

常用対数表（1）

数	0	1	2	3	4	5	6	7	8	9
1.0	**.0000**	**.0043**	**.0086**	**.0128**	**.0170**	**.0212**	**.0253**	**.0294**	**.0334**	**.0374**
1.1	.0414	.0453	.0492	.0531	.0569	.0607	.0645	.0682	.0719	.0755
1.2	.0792	.0828	.0864	.0899	.0934	.0969	.1004	.1038	.1072	.1106
1.3	.1139	.1173	.1206	.1239	.1271	.1303	.1335	.1367	.1399	.1430
1.4	.1461	.1492	.1523	.1553	.1584	.1614	.1644	.1673	.1703	.1732
1.5	.1761	.1790	.1818	.1847	.1875	.1903	.1931	.1959	.1987	.2014
1.6	.2041	.2068	.2095	.2122	.2148	.2175	.2201	.2227	.2253	.2279
1.7	.2304	.2330	.2355	.2380	.2405	.2430	.2455	.2480	.2504	.2529
1.8	.2553	.2577	.2601	.2625	.2648	.2672	.2695	.2718	.2742	.2765
1.9	.2788	.2810	.2833	.2856	.2878	.2900	.2923	.2945	.2967	.2989
2.0	**.3010**	**.3032**	**.3054**	**.3075**	**.3096**	**.3118**	**.3139**	**.3160**	**.3181**	**.3201**
2.1	.3222	.3243	.3263	.3284	.3304	.3324	.3345	.3365	.3385	.3404
2.2	.3424	.3444	.3464	.3483	.3502	.3522	.3541	.3560	.3579	.3598
2.3	.3617	.3636	.3655	.3674	.3692	.3711	.3729	.3747	.3766	.3784
2.4	.3802	.3820	.3838	.3856	.3874	.3892	.3909	.3927	.3945	.3962
2.5	.3979	.3997	.4014	.4031	.4048	.4065	.4082	.4099	.4116	.4133
2.6	.4150	.4166	.4183	.4200	.4216	.4232	.4249	.4265	.4281	.4298
2.7	.4314	.4330	.4346	.4362	.4378	.4393	.4409	.4425	.4440	.4456
2.8	.4472	.4487	.4502	.4518	.4533	.4548	.4564	.4579	.4594	.4609
2.9	.4624	.4639	.4654	.4669	.4683	.4698	.4713	.4728	.4742	.4757
3.0	**.4771**	**.4786**	**.4800**	**.4814**	**.4829**	**.4843**	**.4857**	**.4871**	**.4886**	**.4900**
3.1	.4914	.4928	.4942	.4955	.4969	.4983	.4997	.5011	.5024	.5038
3.2	.5051	.5065	.5079	.5092	.5105	.5119	.5132	.5145	.5159	.5172
3.3	.5185	.5198	.5211	.5224	.5237	.5250	.5263	.5276	.5289	.5302
3.4	.5315	.5328	.5340	.5353	.5366	.5378	.5391	.5403	.5416	.5428
3.5	.5441	.5453	.5465	.5478	.5490	.5502	.5514	.5527	.5539	.5551
3.6	.5563	.5575	.5587	.5599	.5611	.5623	.5635	.5647	.5658	.5670
3.7	.5682	.5694	.5705	.5717	.5729	.5740	.5752	.5763	.5775	.5786
3.8	.5798	.5809	.5821	.5832	.5843	.5855	.5866	.5877	.5888	.5899
3.9	.5911	.5922	.5933	.5944	.5955	.5966	.5977	.5988	.5999	.6010
4.0	**.6021**	**.6031**	**.6042**	**.6053**	**.6064**	**.6075**	**.6085**	**.6096**	**.6107**	**.6117**
4.1	.6128	.6138	.6149	.6160	.6170	.6180	.6191	.6201	.6212	.6222
4.2	.6232	.6243	.6253	.6263	.6274	.6284	.6294	.6304	.6314	.6325
4.3	.6335	.6345	.6355	.6365	.6375	.6385	.6395	.6405	.6415	.6425
4.4	.6435	.6444	.6454	.6464	.6474	.6484	.6493	.6503	.6513	.6522
4.5	.6532	.6542	.6551	.6561	.6571	.6580	.6590	.6599	.6609	.6618
4.6	.6628	.6637	.6646	.6656	.6665	.6675	.6684	.6693	.6702	.6712
4.7	.6721	.6730	.6739	.6749	.6758	.6767	.6776	.6785	.6794	.6803
4.8	.6812	.6821	.6830	.6839	.6848	.6857	.6866	.6875	.6884	.6893
4.9	.6902	.6911	.6920	.6928	.6937	.6946	.6955	.6964	.6972	.6981
5.0	**.6990**	**.6998**	**.7007**	**.7016**	**.7024**	**.7033**	**.7042**	**.7050**	**.7059**	**.7067**
5.1	.7076	.7084	.7093	.7101	.7110	.7118	.7126	.7135	.7143	.7152
5.2	.7160	.7168	.7177	.7185	.7193	.7202	.7210	.7218	.7226	.7235
5.3	.7243	.7251	.7259	.7267	.7275	.7284	.7292	.7300	.7308	.7316
5.4	.7324	.7332	.7340	.7348	.7356	.7364	.7372	.7380	.7388	.7396